Kathy Agazzini

Mécanismes des phénomènes religieux et pérennisation des cultes

Kathy Agazzini

Mécanismes des phénomènes religieux et pérennisation des cultes

Apparitions mariales en Campanie après le séisme de 1980

Presses Académiques Francophones

Impressum / Mentions légales
Bibliografische Information der Deutschen Nationalbibliothek: Die Deutsche Nationalbibliothek verzeichnet diese Publikation in der Deutschen Nationalbibliografie; detaillierte bibliografische Daten sind im Internet über http://dnb.d-nb.de abrufbar.
Alle in diesem Buch genannten Marken und Produktnamen unterliegen warenzeichen-, marken- oder patentrechtlichem Schutz bzw. sind Warenzeichen oder eingetragene Warenzeichen der jeweiligen Inhaber. Die Wiedergabe von Marken, Produktnamen, Gebrauchsnamen, Handelsnamen, Warenbezeichnungen u.s.w. in diesem Werk berechtigt auch ohne besondere Kennzeichnung nicht zu der Annahme, dass solche Namen im Sinne der Warenzeichen- und Markenschutzgesetzgebung als frei zu betrachten wären und daher von jedermann benutzt werden dürften.

Information bibliographique publiée par la Deutsche Nationalbibliothek: La Deutsche Nationalbibliothek inscrit cette publication à la Deutsche Nationalbibliografie; des données bibliographiques détaillées sont disponibles sur internet à l'adresse http://dnb.d-nb.de.
Toutes marques et noms de produits mentionnés dans ce livre demeurent sous la protection des marques, des marques déposées et des brevets, et sont des marques ou des marques déposées de leurs détenteurs respectifs. L'utilisation des marques, noms de produits, noms communs, noms commerciaux, descriptions de produits, etc, même sans qu'ils soient mentionnés de façon particulière dans ce livre ne signifie en aucune façon que ces noms peuvent être utilisés sans restriction à l'égard de la législation pour la protection des marques et des marques déposées et pourraient donc être utilisés par quiconque.

Coverbild / Photo de couverture: www.ingimage.com

Verlag / Editeur:
Presses Académiques Francophones
ist ein Imprint der / est une marque déposée de
OmniScriptum GmbH & Co. KG
Heinrich-Böcking-Str. 6-8, 66121 Saarbrücken, Deutschland / Allemagne
Email: info@presses-academiques.com

Herstellung: siehe letzte Seite /
Impression: voir la dernière page
ISBN: 978-3-8381-7373-3

UNIVERSITÉ DE LORRAINE
UFR LETTRES ET LANGUES
DÉPARTEMENT D'ITALIEN
E.A. 7305 LIS
CIVILISATION ITALIENNE

KATHY AGAZZINI

MÉCANISMES DES PHÉNOMÈNES RELIGIEUX ET PÉRENNISATION DES CULTES.

APPARITIONS MARIALES EN CAMPANIE APRÈS LE SÉISME DE 1980.

SOUS LA DIRECTION
DE MONSIEUR **ORESTE SACCHELLI**,
PROFESSEUR ÉMERITE

THÈSE SOUTENUE LE 2 DÉCEMBRE 2013

MEMBRES DU JURY, **LES PROFESSEURS** :
MADAME **ELSA CHAARANI-LESOURD**
MONSIEUR **EMANUELE CUTINELLI RENDINA**
MADAME **ISABELLE FELICI**
MONSIEUR **DIDIER FRANCFORT**
MONSIEUR **MATTEO PALUMBO**

MÉCANISMES DES PHÉNOMÈNES RELIGIEUX ET PÉRENNISATION DES CULTES.

Apparitions mariales en Campanie après le séisme de 1980.

Avertissement *: les œuvres reportées ont été traduites par nos soins sauf en cas de mention contraire.*

Dédicace

À Jacques Amos.

REMERCIEMENTS

Ce travail de recherche n'aurait pu se faire sans le soutien constant de nombreuses personnes que je voudrais donc remercier trés vivement.

En premier lieu, je remercie mon directeur de thése, M. Oreste Sacchelli, qui a accepté de diriger mon travail durant ces six années de recherche et dont les précieux conseils m'ont été extrêmement utiles et formateurs.

Je tiens également à remercier M. Giovanni Araldi, Docteur en Histoire Médiévale à l'Università Federico II de Naples, qui a soutenu mon projet en répondant à mes innombrables questions et qui a accepté de m'accompagner dans les bibliothèques parfois difficilement accessibles du sud italien.

D'autre part, je remercie les membres du jury de thèse, les professeurs Elsa Chaarani-Lesourd, Isabelle Felici, Didier Francfort, Emanuele Cutinelli Rendina et Matteo Palumbo qui ont accepté de lire mon travail et qui se sont rendus disponibles pour participer à mon jury de soutenance.

Je remercie aussi le laboratoire d'accueil et le département d'Italien de l'Université de Lorraine qui m'ont fourni un excellent cadre de travail, ainsi qu'un soutien financier conséquent qui m'a permis de réaliser ces nombreux voyages en Campanie.

Je remercie les membres du CERCLE (Centre de Recherches sur les Cultures et les Littératures Européennes) de l'Université de Lorraine qui ont accepté de relire une partie de mes travaux au cours de leurs séminaires et dont les conseils m'ont été fort utiles.

Je tiens aussi à remercier toutes les autres personnes qui ont participé à ma recherche, en particulier et par ordre alphabétique : Stéphane Agazzini, Ghislaine Chognot, Céline Defeux, Fabrice De Poli, Joanna Dubost, Prescilla Durand, Paul Gradvohl, Laurent Grandbarbe, Marie L'Etang-Cardellini, Jean-Sébastien Noël, Frédéric Paulien, Tom Pilott et Laura Toppan.

Un remerciement particulier à Brigitte Bougriot pour sa relecture patiente et avisée.

Enfin, mes remerciements s'adressent aussi à mon employeur principal, M. Éric Maier, Président Directeur Général d'Euro Moselle Loisirs et à sa collaboratrice Stéphanie Bettinger, qui ont consenti, au fil des années, à moduler mon emploi du temps afin de me permettre de poursuivre, en toute sérénité, l'écriture de cette thèse.

SOMMAIRE

Introduction Générale

INTRODUCTION

L'origine de notre recherche doit beaucoup à la curiosité suscitée par Carlo Levi (1902-1975) qui, en résidence surveillée en Basilicate pour ses idées contraire au régime fasciste, raconte son expérience dans son roman *Cristo si è fermato a Eboli* [1]. Il parvient à saisir certaines coutumes méridionales en mettant en avant l'analphabétisme ou les conditions précaires d'hygiène du sud italien par rapport aux régions septentrionales. Il évoque les graves problèmes sanitaires de cette région qui entraînent des épidémies de paludisme et plonge le lecteur dans la vie quotidienne pénible des paysans et dans leur monde spirituel, imprégné à la fois des coutumes païennes et de foi chrétienne.

L'auteur révèle au public un monde inattendu, celui des conditions de vie dans le Sud de l'Italie. Il est assigné à résidence en Lucanie, à Grassano, puis à Aliano, deux lieux synthétisés dans le roman en Gagliano, de décembre 1943 à juillet 1944. Son expérience se révèle comme un témoignage riche d'enseignements sur le combat qu'il livre aux lecteurs contre la dictature de Mussolini. Néanmoins, le titre de l'ouvrage peut surprendre et c'est la raison pour laquelle l'auteur explicite son choix dès la première page. Il reprend une expression utilisée par les paysans :

Noi, non siamo cristiani, Cristo si è fermato a Eboli. Cristiano vuol dire, nel loro linguaggio, uomo : e la frase proverbiale che ho sentito tante volte ripetere, nelle loro bocche non è forse nulla più che l'espressione di uno sconsolato complesso d'inferiorità.[2]

Nous ne sommes pas des chrétiens, disent-ils ; le Christ s'est arrêté à Eboli. Chrétien veut dire, dans leur langage, Homme - et ce proverbe que j'ai entendu répéter si souvent n'est peut-être dans leurs bouches que l'expression désolée d'un complexe d'infériorité.

---

[1] LEVI, Carlo, *Cristo si è fermato a Eboli*, [Le Christ s'est arrêté à Eboli], Torino, Einaudi, 1990[3]. En 1929, Carlo Levi, ainsi que d'autres antifascistes turinois, diffusent en Italie un périodique imprimé à l'étranger, *Lotta Politica* [Lutte politique], qui ne dépassera pas le premier numéro. Giuseppe Marotta a ainsi confirmé dix ans plus tard, les propos de Carlo Levi sur la religiosité populaire très forte du sud italien.

[2] Ibid., p.3. Toutes les traductions de l'ouvrage de *Cristo si è fermato a Eboli* que nous utilisons dans notre travail sont de Jeanne Modigliani, Paris, Gallimard, 1948. Ici, p.9

Le récit constitue un éclairage important sur la condition du sud italien : l'auteur participe à la vie du village et le rituel des coutumes et croyances ancestrales, qui semble demeurer immuable et éternel au cœur du paysage de la Lucanie, suscite sa curiosité.

À travers une galerie de portraits, il tente de comprendre le monde paysan. De cette façon, il nous révèle avec beaucoup d'humanité une région où le temps semble s'être arrêté. En témoignent les coutumes et les mentalités qui se présentent à lui comme une réalité étrangère. Il découvre un monde fermé, administré par des lois immémoriales et dominées par de vieilles superstitions qui constituent un témoignage exceptionnel pour comprendre certaines caractéristiques culturelles du sud de la péninsule.

L'écrivain et essayiste Dominique Fernandez (1929-) rappelle que si Carlo Levi « *a découvert et compris le Sud de l'Italie comme personne, c'est qu'il a trouvé dans ce monde archaïque et primitif le contrepoids nécessaire à l'Europe trop humaniste et trop civilisée* »[3]. L'expérience inédite de Carlo Levi, qui révèle les aspects sociaux de la « question méridionale » en apportant un regard sur la religion telle qu'elle est vécue en 1935, interpelle incontestablement le lecteur. L'auteur y livre d'une part quelques aspects de la religion populaire en Italie du sud et, d'autre part, décrit un mode de vie basé sur les valeurs humaines malgré l'indéniable pauvreté. Levi dépeint une réalité à laquelle il n'appartient pas et son rôle d'observateur sociologique l'amène à constater que le mode de vie immuable des paysans est rythmé par des pratiques superstitieuses. En effet, le jour, ces paysans sont occupés à inventer ou à composer une variété de filtres, formules ou amulettes, tandis que la nuit, tous s'enferment chez eux pour échapper à la peur qu'exercent sur eux les ténèbres. À de nombreuses reprises, il décrit des processions religieuses qui se déroulent au village comme par exemple, celle de la Vierge Noire : « *Era una povera Madonna di cartapesta dipinta [che] aveva il viso nero : era tutta coperta di abiti di gala, di collane e di braccialetti* »[4]. Il y raconte le déroulement pittoresque de la procession avec ses aspects plus mondains que religieux, plus matériels que spirituels :

---

[3] FERNANDEZ, Dominique, *Le Voyage d'Italie. Dictionnaire amoureux*, Paris, Plon, 1997, p.202.

[4] LEVI, Carlo, *op.cit.*, p.103. Trad. p.132. (C'était une pauvre Madone de carton-pâte colorié [qui] avait le visage noir. Elle était recouverte d'habits de gala, de colliers, de bracelets).

La Madonna dal viso nero, tra il grano e gli animali, gli spari e le trombe, non era la pietosa Madre di Dio, ma una divinità sottorranea, nera delle ombre del grembo della terra, una Persefone contadina, una dea infernale delle messi[5]

La Madone au visage noir, entre le blé et les animaux, les détonations et les trompettes, n'était pas la miséricordieuse Mère de Dieu, mais une divinité souterraine ayant puisé sa noirceur au pays des ombres dans les entrailles de la terre, une Perséphone paysanne, une déesse infernale des moissons.

À plusieurs reprises, l'auteur tente aussi de rationaliser et de comprendre les pratiques superstitieuses que revêt la magie populaire comme en témoigne cet extrait :

La magia popolare cura un po' tutte le malattie ; e quasi sempre, per la sola virtù di formule e incantesimi. Ve ne sono delle particolari, specifiche per un male determinato, di generiche. Alcune sono, a quel che credo, di origine locale ; altre appartengono al corpus classico dei formulari magici, capitate quaggiù chissà quando e chissà per che vie[6].

La sorcellerie populaire soigne à peu près toutes les maladies ; et presque toujours par la seule vertu de formules et d'incantations. Il y en a des particulières, spécifiques d'un mal déterminé, et d'universelles. Certaines sont, à ce que je crois, d'origine locale ; d'autres appartiennent au corpus classique des formulaires magiques, échouées ici Dieu sait d'où et comment.

1 - LA QUESTION MÉRIDIONALE

Mais si Carlo Levi, qui s'inscrit dans ce qu'il est convenu d'appeler la seconde période de la « question méridionale »[7], a décrit des rites populaires empreints de magie

[5] Ibid., p.104. Trad. pp.133-134.
[6] Ibid., p 209. Trad. p.238.
[7] L'expression « question méridionale » (en italien *questione meridionale*) est utilisée pour la première fois en 1873 par le député radical lombard Antonio Billia et sous-entend la désastreuse situation économique du sud italien en comparaison aux autres régions. ROMANO, Salvatore Francesco, *Storia della questione meridionale, [Histoire de la question méridionale], Palermo, Edizioni Pantea, 1945, p.42.* Si l'état unitaire italien naît en 1861, l'unification est principalement politico-administrative et les problèmes du sud, au lieu d'être enrayés, s'aggravent. En effet, les enquêtes parlementaires sur la situation paysanne, comme celle de Jacini, qui font l'objet d'un rapport volumineux sur les conditions de l'agriculture en Italie de 1881 à 1886 montrent que l'Italie des campagnes, surtout le Mezzogiorno, possède un des plus bas niveaux de vie européens.

et de superstition[8], il aussi dénoncé la misère des paysans. De ce point de vue en particulier, son ouvrage est une autre contribution importante puisqu'il a été publié à une période charnière de l'Italie (chute du fascisme et naissance de la république) et l'auteur, au contact de la population rurale, retrace l'irrémédiable opposition entre le paysan et l'État. Ce dernier étant toujours synonyme d'oppression, la seule issue serait sans doute une forme nouvelle d'État qui respecterait les particularismes locaux. À la fin du livre, Carlo Levi qui repense aux paysans, avec qui il a partagé plusieurs mois de sa vie, nous fait part de l'incompréhension qui caractérise la classe politique du pays au sujet du monde hermétique des paysans et de « *l'impossibilità fra i politici e i miei contadini, di intendere e di essere intesi* »[9]. Cette remarque, imprégnée d'humanité comme en témoigne l'utilisation du pronom possessif, nous montre la participation sentimentale de l'écrivain à son récit et explique l'amplitude du « problème méridional » qui resurgit après quinze ans de fascisme. L'auteur nous livre ses états d'âme en rappelant que les discours de l'époque envisageaient le sud « *come [...] un peso morto per l'Italia del nord, e studiavano le provvidènze per ovviare, dall'alto, a questo doloroso stato di fatto* »[10]. On remarque que Carlo Levi s'interroge sur ce qu'il observe, sans pour autant expliquer les raisons historiques d'une telle situation. Il tente de donner une explication métaphysique sans proposer de solution :

Siamo anzitutto di fronte al coesistere di due civiltà diversissime, nessuna delle quali è in grado di assimilare l'altra. Campagna e città, civiltà precristiana e civiltà non più cristiana, stanno di fronte ; e finchè la seconda continuerà ad imporre alla prima la sua teocrazia statale, il dissidio continuo[11].

Deux civilisations très différentes coexistent l'une à côté de l'autre, dont aucune n'est en mesure d'assimiler l'autre. Campagne et ville, civilisation préchrétienne et civilisation qui n'est plus chrétienne, sont en présence et aussi longtemps que la deuxième imposera à la première sa théocratie étatique, le conflit demeurera entier.

---

8 Nous reviendrons sur l'importance de ces deux notions dans la société méridionale contadine dans le chapitre 4 concernant Pietrelcina, le village natal de Padre Pio.

9 LEVI, Carlo, *op.cit.*, p 219. Trad. p.249. (L'impossibilité pour les politiciens et mes paysans d'avoir un langage commun).

10 Ibid., p.220.Trad. p.250. (Comme un poids mort pour l'Italie du Nord, et étudiaient les mesures qu'il faudrait prendre pour remédier d'en haut à ce douloureux état des choses).

11 Ibid., p.221. Trad. p.252.

Mais rappelons que déjà au Moyen Âge, les différences entre le nord et le sud sont présentes, notamment d'un point de vue politique où le nord regroupe des communes indépendantes à forte présence de classes marchandes tandis que le Royaume du sud a subi de nombreuses occupations notamment par les Grecs, les conquêtes des Normands ou encore des Angevins. Ces dominations successives ont provoqué d'importants déséquilibres économiques sur un territoire où se regroupent les travailleurs agricoles, prisonniers d'un régime féodal. Mais c'est surtout au cours de la crise du XVIIe siècle (recul démographique, effets de la malnutrition et épidémie de peste)[12] que le Sud perdra définitivement contact avec le reste de la péninsule et connaîtra un déclassement considérable. L'Unité semble donc avoir aggravé une situation déjà précaire pour le Sud sans pour autant annihiler une histoire religieuse qui survit aujourd'hui encore dans la vie culturelle méridionale.

Cependant, du fait de la complexité des raisons qui expliquent le profond déséquilibre entre les deux parties de la péninsule, les intellectuels n'ont pas cessé de s'interroger. Un ouvrage essentiel est écrit en 1902 par l'écrivain et juriste Giustino Fortunato (1848-1932), qui s'intitule « *Che cosa è la questione meridionale*? »[13]. Il s'agit d'une critique emblématique de la conscience du sud au moment de l'unification italienne et d'une réflexion historico-politique, quelque peu désenchantée, sur les rapports entre l'État et le *Mezzogiorno* au lendemain de l'Unité[14]. Pour Fortunato, *« che esista una questione meridionale nel significato economico e politico della parola, nessuno più mette in dubbio »* [15]. L'auteur tente de comprendre en quoi elle consiste et, pour expliquer les « retards » accumulés au cours des siècles par ces régions, il évoque

---

[12] GUICHONNET, Paul, *Histoire de l'Italie*, Paris, Presses Universitaires de France, 1969[8], pp.61-62.

[13] FORTUNATO, Giustino, *Che cosa è la questione meridionale* ? [Qu'est ce que la question méridionale ?], Rionero in Vulture (Potenza), Calice Editori, 1993. Les propos de ce recueil ont été écrits et imprimés en 1904 sous le titre : *La questione meridionale e la riforma tributaria*. [La question méridionale et la réforme tributaire]. Le titre de l'éditeur actuel reprend la première phrase de l'ouvrage. La question doit être entendue plutôt comme « problème » puisque l'unification principalement politico-administrative, n'a aucunement enrayé les problèmes du sud.

[14] Le roman *Il Gattopardo* [Le Guépard] (TOMASI DI LAMPEDUSA, Giuseppe, Il *Gattopardo*, Milano, Feltrinelli, 1985[8]) offre une passionnante illustration de la période d'unification en Sicile. L'auteur (1896-1957), palermitain de grande culture, fait commencer son roman au moment du débarquement de Garibaldi en Sicile en mai 1860 et illustre la montée de la bourgeoisie face à la décadence des valeurs aristocratiques. Un certain pessimisme face aux moyens utilisés pour aboutir à l'unité italienne et l'impossibilité de progrès pour le Sud italien sont présents tout au long du roman. Néanmoins, le substrat du roman n'est pas le contexte historique mais bien les pensées et l'amertume du protagoniste Don Fabrizio Corbera face à ces changements révolutionnaires.

[15] FORTUNATO, Giustino, *op. cit.*, p.11. Trad. (Qu'il existe une question méridionale au sens économique et politique du terme, personne n'en doute).

l'aspect géographique de la question. Mais il existe aussi, selon lui, une différence importante entre le nord et le sud dans le domaine des activités humaines, de la vie collective ainsi qu'une diversité profonde dans les habitudes et les traditions. La classe dirigeante prend conscience que les régions du Sud n'ont été que formellement englobées dans l'État national d'autant plus que les structures sociales méridionales demeurent inchangées. Il s'agit du point de départ de la *question méridionale* qui tourmentera toute l'histoire de l'État italien. Affirmer que le Sud est en retard depuis le Moyen Âge peut sembler un point de vue radical mais qui s'explique aussi par le fait que l'auteur a essentiellement vécu après l'unité italienne et son constat de la situation sociale et économique désastreuse s'insère en ce début de XXe siècle. Si le *Risorgimento*[16] suppose *a priori* l'idée du passage d'une période d'inexistence nationale à celle d'une revendication d'appartenance à une nation et à un État, le Sud semble avoir été laissé pour compte. L'Unité a bouleversé la vie sociale et politique de nombreuses générations et pour cette raison, le Mezzogiorno présente des disparités visibles avec le nord, « *un dualismo economico e sociale* »[17] encore visible de nos jours. Des auteurs et journalistes comme Pino Aprile ont des opinions plutôt virulentes sur les conséquences de cette période historique, expliquant que « *l'impoverimento del Meridione per arricchire il Nord non fu la conseguenza, ma la ragione dell'Unità dell'Italia* »[18] et dans ce contexte, l'Unité peut représenter un retour en arrière dans la mesure où la situation aurait empiré. Nous sommes bien conscients que des préjugés considérables se sont accumulés au fil des siècles comme par exemple, l'Italie méridionale dans le langage journalistique anglais et américain, qui est désignée sous le nom *Mezzogiorno*, comme s'il s'agissait non pas d'une réalité géographique mais d'une « maladie sociale » que l'on réprouve[19].

[16] Le terme dérive du verbe « *risorgere* » qui signifie dans le cas présent « *renaître* ». Il désigne la seconde moitié du XIXe siècle au terme de laquelle les rois de la Maison de Savoie unifient la péninsule italienne.

[17] BEVILACQUA, Piero, *Breve storia dell'Italia meridionale dall'Ottocento ad oggi*, [Brève histoire de l'Italie méridionale du XIXe siècle à aujourd'hui], Roma, Donzelli Editore, 1993, p.VIII. Trad. (Un dualisme économique et social).

[18] APRILE, Pino, *Terroni*, Milano, Edizioni Piemme, 2010, p.94. Trad. (L'appauvrissement du Sud pour enrichir le Nord ne fut pas la conséquence mais la raison de l'unité italienne). Nous reviendrons plus tard sur le sens de ce substantif *terrone*.

[19] BEVILACQUA, Piero, *op. cit.*, p.VIII.

2 - CAMPANIE, LITTÉRATURE ET PRATIQUES RELIGIEUSES

Par ailleurs, de nombreux écrivains voyageurs, dès le XIXe siècle, ont aussi été frappés par les pratiques religieuses des populations méridionales. Au milieu du XXe siècle, rappelons que Simone de Beauvoir relate son incursion napolitaine :

> *Soudain, le Midi bascule. Le soleil n'est plus présent comme une lumière au ciel mais sur terre comme une énorme poche d'ombre ; plus rien de minéral au fond de ce cloaque, tout grouille, tout fermente [...]. La vie des hommes s'exhibe dans sa nudité organique, dans sa chaleur viscérale : c'est sous cet aspect qu'elle nous a étourdis, écœurés, envoûtés [...].Les Vierges bénisseuses souriant à tous les coins de rue, couvertes d'oripeaux dorés, parmi les fleurs et les lumignons*[20].

Même s'il s'agit d'une description littéraire, elle offre au lecteur un document pertinent car l'auteure, très intriguée par Naples, s'attache à décrire des lieux saturés de sens, presque picturaux, à la façon de Bruegel l'Ancien (1527-1569), au travers de compositions dominées par des scènes de vie quotidienne populaire et fourmillant de personnages. C'est un tableau qui correspond bien à un certain nombre de fêtes religieuses populaires aux origines lointaines.

À ce titre, à Naples par exemple, l'un des événements populaires les plus connus et les plus anciens est la fête de la Vierge de Piedigrotta dont les origines lointaines remontent à la célébration de Priape, dieu de la fertilité. L'importance du culte est telle que Petrarque (1304-1374) parle d'un « *tempio situato alle falde di Posilipo e frequentato dai naviganti (1258)* »[21]. Dès le XVIIe siècle, la dévotion s'est transformée en un spectacle haut en couleurs, au cours duquel la statue précieuse de la Vierge est emmenée en procession dans le quartier de Chiaia, durant la première semaine de

[20] DE BEAUVOIR, Simone, *La force de l'âge*, Paris, Gallimard, 1960, p.305.

[21] PETRARCA, Francesco, *Itinerarium Syriacum*, 1358. Trad. (Un temple situé sur les pentes du Pausilipe et fréquenté par les marins). Dans cet opuscule, l'auteur recueille des connaissances géographiques indispensables pour les auteurs anciens.

septembre[22]. Lorsque le christianisme étend son influence, le fond païen antique est absorbé tandis qu'au XIIIe siècle, une église et un *Hospitale* pour les voyageurs et malades indigents sont construits. La dévotion, qui perdure au cours des siècles, est aussi décrite par des écrivains comme Enzo Striano (1927-1987) qui évoque le moment historique où des Illuministes napolitains tentent en 1799 de mettre sur pied la fragile république parthénopéenne tout en offrant une description de Naples : « *Folla d'uomini, ragazzi [...] calzavano elmi di cartone dipinto, con pennacchi di carta colorata, altri provavano maschere* »[23]. Selon la tradition, l'événement se répète tous les cinquante ans ou lors d'occasions extraordinaires comme la fin de la Seconde Guerre Mondiale ou le jubilé de l'an 2000[24].

De leur côté, les auteurs italiens ont bien sûr évoqué le caractère religieux de la Campanie, à l'instar de Giuseppe Marotta (1902-1963) qui ouvre un chapitre original de la littérature contemporaine en proposant de relater avec un humour pétri de tendresse, la vie quotidienne du peuple méridional[25] : « *Mio padre era stato un signore, il pane con sale e olio : lo trasmise mia nonna a mia madre, ci pervenne da chi sa quali*

---

[22] Auparavant, cette procession en l'honneur de la Vierge comportait un aspect plutôt étonnant : chaque mari était obligé de tenir au moins une fois son épouse dans ses bras à la vue de tous, familiarité inhabituelle entre les hommes et les femmes. On y voit aussi l'ambivalence de la coutume religieuse car, si le rapport entre les sexes était réglementé dans la vie sociale, au cours de cette procession, une infraction était commise au nom d'une exigence commune perçue comme prééminente.

[23] STRIANO, Enzo, *Il resto di niente*, [Le reste de rien], Milano, Arnoldo Mondadori Editore, 2005, p.20. Trad. (Des foules d'hommes, d'enfants, portaient des casques de carton peint, avec des panaches de papier coloré, d'autres essayaient des masques).

[24] Le culte marial est encore très vivace à Naples aujourd'hui et nombreuses sont les célébrations à travers la ville tout au long de l'année. Certaines églises sont dédiées à la Vierge de Constantinople ou encore à la Vierge de la Neige. On pourra consulter l'ouvrage de CORSICATO, Nina, *Santuari, luoghi di culto, religiosità popolare. Il culto mariano nella Napoli d'oggi*, [Sanctuaires, lieux de culte, religiosité populaire. Le culte marial dans la ville de Naples d'aujourd'hui], Napoli, Liguori Editore, 2006.

[25] MAROTTA, Giuseppe, *L'oro di Napoli*, [L'or de Naples], Milano, Rizzoli, 1947 *(L'or de Naples*, Paris, Mercure de France, 1954. Traduit de Michel Arnaud). Si Naples et sa société sont au centre d'une tradition narrative avec des écrivains comme Giuseppe Marotta, d'autres auteurs du sud italien ont mis en avant, grâce à une écriture néo-réaliste, les spécificités régionales pour alerter les consciences politiques. C'est le cas avec Ignazio Silone (1900-1978) qui publie *Fontamara* en 1930, roman évoquant le combat des paysans des Abruzzes contre les injustices sociales de l'État. La littérature qui constitue une forme de combat concerne aussi Francesco Jovine (1905-1950) en abordant les problèmes de sa région de façon plus romanesque. En 1950, paraît le roman *Le terre del Sacramento* [Les terres du Saint-Sacrement] qui relate une vieille tradition populaire dans le Molise et qui parle de ces terres comme de terres maudites. Le protagoniste Luca Marano meurt au cours de la rixe qui oppose les paysans aux fascistes. Citons aussi l'écrivain calabrais Saverio Strati (1924-) et son premier roman en 1956 intitulé *La Marchesina* [La petite Marquise]. Ces douze récits évoquent le microcosme paysan, l'extrême pauvreté ou encore la « Ndrangheta ». La nouvelle, homonyme du titre de l'œuvre, qui fait référence à une boutiquière moderne, a gagné, en 1957, le Prix Calabria.

lontananze borboniche e plebee »[26]. Il suffit de lire cet extrait pour qu'apparaisse immédiatement une image de Naples dans laquelle on retrouve l'évocation des croyances et des pratiques culturelles (« transmettre »), les détails historiques (« bourbons »), la condition sociale souvent misérable (« plèbe »), l'importance de la famille pour ne pas dire l'obsession familiale (« le père », « la mère » et « la grand-mère ») et enfin les tourments liés au manque de nourriture (« pain », « sel » et » huile ») des populations pauvres. Le dessein de l'auteur ne nourrit aucune prétention idéologique, il puise son inspiration dans les comportements qui lui sont familiers pour adhérer à une réalité matérielle précise et nous livre, de ce fait, une image de la cité parthénopéenne très personnelle mais néanmoins conforme à l'idée générale. Le recueil décrit aussi les habitudes religieuses de la Campanie qui deviennent un sentiment fluide, omniprésent, avec lequel l'imaginaire du lecteur se familiarise à travers des ambiances teintées de ferveur religieuse. Giuseppe Marotta nous présente une galerie de personnages à l'instar de sa grand-mère Teresa évoquée au cours de l'extrait suivant :

Aggiungo che vestendoti per il seppellimento mia madre ti trovò intorno alle reni un cilizio di grosse funi ; e così la tua storia finisce, nonna : se ti avessero sottoposta all'autopsia, non dubito che la tua spina dorsale l'avrebbero trovata fatta di grani di rosario, sette poste e i misteri[27].

J'ajoute qu'en t'habillant pour ta tombe, ma mère trouva autour de tes reins un cilice de grosses cordes ; et c'est ainsi que s'achève ton histoire, grand'mère : si l'on avait fait ton autopsie, on aurait trouvé, je n'en doute pas, que ton épine dorsale était faite de grains de rosaire, sept dizaines et les mystères.

Le texte s'inscrit dans une veine autobiographique et nostalgique tout en exprimant le lien indéfectible entre la ville et ses habitants. Néanmoins, si l'auteur recourt à un portrait stéréotypé de son aïeule, il nourrit, au-delà du cliché du récit folklorique et coloré, une volonté de témoigner du poids de la religion sur ce peuple. L'écrivain nous livre un point de vue impressionniste et subjectif de Naples, veiné d'ironie. Son dessein est cependant d'expliciter la relation entre le peuple et la religion tout en nous rappelant

---

[26] MAROTTA, Giuseppe, *op.cit.* p.61. Trad. p.60. (Mon père avait été un monsieur et c'est ma grand-mère qui transmit à ma mère le pain avec du sel et de l'huile, et ce mets nous parvint de Dieu sait quelles époques reculées, *bourboniques* et plébéiennes).

[27] Ibid., p.57. Trad. p.64.

que cette ferveur se caractérise depuis toujours par « *la sua presenza diffusa, quotidiana in ogni atto della vita, nei comportamenti, nelle abitudini, nelle cerimonie che scandivano il tempo* »[28]. L'ouvrage cité, comme le précise Serena Prina (1956-), traductrice et critique littéraire, répond à un vide générationnel qui s'est créé après des œuvres d'envergure comme celles de Matilde Serao (1856-1927) et « ressuscite » dans une certaine mesure la tradition littéraire napolitaine[29]. Le « méridionalisme » littéraire de Marotta[30] a la volonté d'insister sur une vitalité populaire débordante, faite de symboles et de croyances[31].

Ces diverses lectures ont éveillé notre intérêt pour une région dont le particularisme se traduit par une « *pietà non religiosa ma umana, quindi capricciosa soggetta al gioco degli umori e delle circostanze* »[32].

Au demeurant, les textes sur la « question méridionale » ne s'articulent pas seulement autour de motifs historiques, ils traitent aussi une autre thématique que l'on pourrait qualifier d'anthropologique[33] et qui s'illustre par exemple au travers des propos

---

[28] « La tradizione religiosa nel Mezzogiorno nell'Italia Unita » [La tradition religieuse dans le Mezzogiorno de l'Italie unifiée] in *Enciclopedia Storia del Mezzogiorno*, vol. XII, chap. III, Roma, Editalia, 1994, p.416. Trad. (Sa présence diffuse, quotidienne dans chaque acte de la vie, dans les comportements, les habitudes, les cérémonies qui ponctuaient le temps).

[29] PRINA, Serena, *Invito alla lettura di Domenico Rea*, [Invitation à la lecture de Domenico Rea], Milano, Mursia Editore, 1980, p.29.

[30] L'œuvre de Giuseppe MAROTTA s'inscrit postérieurement au roman de la chroniqueuse littéraire et mondaine, Matilde SERAO (1856-1927) qui, dans *Il ventre di Napoli* [Le ventre de Naples] Milano, Trèves, 1884, s'attache à décrire les difficultés de la vie quotidienne à Naples en proie à une terrible épidémie de choléra. À noter que Matilde Serao est parvenue à s'imposer dans une discipline, qui à l'époque, était essentiellement réservée aux écrivains masculins.

[31] D'autres écrivains comme Raffaele La Capria (1922-) ou Domenico Rea (1921-1994) proposent des images interprétatives de Naples et illustrent la notion d'identité napolitaine appelée aussi « napoletanità ». Cette conception peut se révéler quelque peu embarrassante à expliquer car ses contenus sont « fuyants », d'où l'impossibilité de proposer une définition catégorique. Les nombreux paramètres caractéristiques de la métropole ne peuvent être tous énumérés mais on retient néanmoins des notions telles que le tumulte continu de la ville, l'inévitable promiscuité, l'inventivité sans cesse renouvelée et bien sûr, la profonde sensibilité religieuse ou « religiosité ».

32 GHIRELLI, Antonio, Storia di Napoli [Histoire de Naples], Torino, Einaudi, 1973, p.274. Trad. (Piété non religieuse mais humaine, donc capricieuse et sujette au jeu des humeurs et des circonstances).

[33] Le terme « anthropologie » en Italie correspond à ce que l'on appelle « ethnologie » en France et Ernesto De Martino, auteur très fécond sur le sujet, s'est chargé d'une ambition interprétative de type historico-théorique. Il s'est intéressé au thème de « l'identité » et les méthodes d'analyse des sources orales. Des revues récentes prolongent l'étude de la religion populaire à travers une analyse de la société contemporaine : Uomo e Cultura, Rivista di studi antropologici [Homme et culture. Revue d'études anthropologiques], née à Palerme en 1968, *L'Uomo, Società, Tradizione, Sviluppo* [Homme, société, tradition, développement], éditée depuis 1977 par la chaire d'ethnologie de l'Université de Rome ou encore *La Ricerca folklorica. Contributi allo studio della cultura delle classi popolari* [La recherche folklorique. Contributions à l'étude de la culture des classes populaires], née à Milan en 1980 prolongent l'étude de la religion populaire à travers une analyse de la société contemporaine. Le bilan de ces trois revues confirme l'ouverture et le dynamisme de la discipline. CLEMENTE, Pietro, « L'anthropologie

de Giustino Fortunato, pour qui « *c'è fra il nord e il sud della penisola, [...], una profonda diversità fra le consuetudini, le tradizioni* »[34]. L'impulsion est venue des écrits de l'anthropologue Ernesto De Martino qui, dès les années 1950, ouvre cette nouvelle voie en rassemblant de nombreux témoignages ethnologiques sur les sociétés rurales de l'Italie du sud.

Notre intérêt pour cette question doit beaucoup aux recherches conduites par cet anthropologue. Ses textes ont permis d'approfondir d'autres éléments de la question du Sud italien que les problèmes économiques et ont alimenté la curiosité du sentiment religieux des populations méridionales. L'auteur consacre ses recherches à certains aspects de l'histoire religieuse méridionale où le peuple, courbé sous l'oppression économique, trouve dans la religion un soutien indéfectible. De Martino tente de comprendre les pratiques religieuses de la société paysanne de son époque qui, souvent, dépassent les pratiques dévotionnelles dictées par l'Église, mais aussi la façon dont elles apparaissent à l'intérieur d'une situation économique, sociale et politique. Pour l'auteur, « *la condizione dell'uomo immerso nella precarietà e nella contingenza, difficilmente potrebbe sopravvivere se non disponesse di quella forma protettiva che è la magia* »[35]. L'anthropologue explique que la magie s'appréhende aussi à travers un contexte historique bien déterminé, à l'instar de la religion. L'auteur met ainsi en évidence à la fois le rapport étroit entre la religion et la magie, cette dernière étant fondée sur la croyance en l'existence de pouvoirs surnaturels[36].

Comme les croyances populaires, la magie n'a besoin ni de Dieu, ni de la raison pour exister, le contexte historique, seul, suffit. Elle devient, comme la religion, un ordre supérieur qui permet de trouver du réconfort dans les situations difficiles de l'existence. En effet, le discours de De Martino sur la magie peut s'étendre à la religion,

---

italienne et l'Italie » in *Terrain*, 12, 1989, pp.101-109. Dans la tradition des études historico-religieuses, l'ethnologue Annabella Rossi (1933-1984) a longuement étudié les rites et les pèlerinages dans le sud italien. Ses travaux ont également concerné le déroulement des fêtes et le folklore religieux. *Le feste dei poveri*, [La fête des pauvres] Bari, Editori Laterza, 1971.

[34] FORTUNATO, Giustino, *op.cit*, p.11. Trad. (Il y a entre le nord et le sud de la péninsule [...] une profonde diversité entre les habitudes, les traditions).

[35] DE MARTINO, Ernesto, *Sud e magia* [Sud et magie], Milano, Feltrinelli Editore, 2007[6], p.IX. Trad. (La condition de l'homme plongé dans la précarité et l'incertitude, pourrait difficilement survivre s'il ne disposait pas de cette forme protectrice qu'est la magie).

[36] Une définition possible de la magie est « doctrine qui postule la présence dans la nature de forces immanentes et surnaturelles qui peuvent être utilisées par souci d'efficacité pour produire au moyen de formules [...], des effets qui semblent irrationnels. http://www.lexilogos.com (site consulté le 10 mars 2012).

car l'une et l'autre appartiennent à des horizons irrationnels qui deviennent pourtant des espaces de sérénité et de confiance. Elles regroupent un ensemble de règles qui fondent un ordre efficace dont le contenu demeure bénéfique pour le croyant. L'auteur a mis en évidence le rapport structurel étroit entre la religion et la magie, par exemple dans le « tarentisme »[37], phénomène qui fut l'objet d'un documentaire[38]. Ainsi :

> *Le cinéma ethnographique, en se concentrant sur ces phénomènes, va populariser cette représentation d'un sud italien marqué par la persistance de manifestations magico-religieuses significatives d'un syncrétisme catholico-païen qui serait spécifique d'une "culture populaire".*[39]

Les livres de De Martino, *Sud e magia* ou *La terra del rimorso*[40], ont fait découvrir au grand public des pratiques magico-religieuses auxquelles les populations villageoises avaient parfois recours. Les guérisseurs des villages très pauvres y sont évoqués, comme Zio Giuseppe à Albano (Latium), qui, grâce à leurs formules magiques, parviennent à persuader leurs « patients » qu'ils ne sont pas seuls face au monde. La frontière entre la magie et la religion est ténue car, lorsque le Malin est chassé de la maison, le guérisseur recommande d'accrocher un crucifix à côté de la porte ou de la fenêtre. Le seuil de la maison doit être protégé et le crucifix, dans ce cas de figure, s'inscrit dans un dispositif symbolique qui rappelle le seuil de l'église et y

---

[37] Il s'agit d'une maladie qui sévissait dans la région de Tarente (Pouilles) et affectait essentiellement les femmes. On la croyait causée par la morsure d'une araignée, la tarentule, et on la soignait par la musique et la danse. Les malades étaient prises de convulsions et pour les guérir, des musiciens les faisaient danser sur des airs de « pizzica », une musique aux rythmes forts et rapides en crescendo. L'anthropologue analyse cette particularité comme la conséquence d'une pression sociale sévère exercée sur le monde féminin dans une société au contexte d'androcratie et l'envisage comme le retour de ce qui a été refoulé sous forme de symptômes névrotiques indéfinissables. Selon la croyance, ce rituel de possession durait jusqu'au moment où Saint Paul de Galatina, en tant que protecteur, accordait sa grâce aux malades. Cet exemple est typique d'une forme de syncrétisme quand l'Église catholique a dû intégrer des cultures et des systèmes sociaux remontant à la période préromaine. Chaque année, le 29 juin, toutes les malades se retrouvaient traditionnellement à Galatina (Pouilles) pour remercier Saint Paul, tout en revivant, dans la chapelle de l'église, leur possession. On peut considérer que l'enquête sur le tarentisme menée par De Martino s'inscrit dans un cadre interdisciplinaire jamais réalisé auparavant en Italie. Nous en profitons pour préciser que nous ne traiterons pas dans notre travail les chants populaires religieux qui rythmaient le travail et que l'on entendait pendant les oraisons ou aux différents moments de la journée. L'une des raisons majeures est l'utilisation du dialecte qui rend difficile la compréhension profonde de ces chants.

[38] *Tarentula*, MINGOZZI, Gianfranco, Italie, 1962, documentaire, 20 min. Le documentaire tourné à Galatina (Pouilles) découle des travaux menés par Ernesto De Martino sur la forme de possession que représente le « tarentisme », phénomène qui se rattache à la sphère magico-religieuse.

[39] PIAULT, Marc Henri, *Anthropologie et cinéma*, Paris, Nathan, 2000, p.143.

[40] DE MARTINO, Ernesto, *La terra del rimorso : contributo a una storia religiosa del Sud* [La terre du remords : contribution à une histoire religieuse du sud], Milano, Il Saggiatore, 1976[3].

reproduit son espace. Zio Giuseppe est donc « *il mago contadino della zona, colui dal quale la gente si reca per le questioni di magia, l'amico della povera gente come abbiamo sentito qualche volta chiamarlo dai clienti*»[41]. La réputation du magicien réside dans sa connaissance supposée des sciences et dans son don de deviner, par exemple, le nom des clients chez qui il se rend. Dans le Sud italien, le fidèle semble rechercher une force protectrice et une aide contre les malheurs de la vie quotidienne, en recourant à des forces bénéfiques surnaturelles et irrationnelles afin qu'elles interagissent en sa faveur et « absorbent » les moments négatifs de son existence.

Plus récemment, à la fin des années soixante, un personnage charismatique originaire de Calabre, Fratel Cosimo, a enrichi le panorama des prétendus guérisseurs. De vocation franciscaine, il assiste à des apparitions mariales dans son village de Placanica et fonde des groupes de prières. Rapidement, l'endroit qui accueille les événements surnaturels devient un lieu de pèlerinage pour les fidèles en quête de guérisons et les rassemblements donnent lieu à des phénomènes typiques de transes extatiques. Aujourd'hui encore, plusieurs centaines de fidèles se réunissent lors de prières collectives deux fois par semaine[42]. Imprégné de mysticisme profond, Fratel Cosimo relate que la Vierge lui apparaît souvent afin de lui indiquer la route qu'il doit suivre s'il souhaite apaiser la souffrance des hommes.

La démarche d'Ernesto De Martino, fortement conditionnée par la doctrine historiciste de Benedetto Croce, nous porte à dire que l'historiographie, ayant pour sujet la piété populaire en Italie méridionale, s'est considérablement développée ces dernières décennies avec, notamment, la publication d'ouvrages de l'historien Giuseppe Galasso (1929-) qui, dans *L'Altra Europa* [43], s'inscrit dans la continuité d'Ernesto De Martino. Elle enrichit notre compréhension des mentalités traditionnelles paysannes du Sud en mettant en exergue les habitudes religieuses séculaires qui, pour la plupart, sont encore en vigueur aujourd'hui. L'auteur retrace l'histoire quotidienne des populations, histoire

[41] DE MARTINO, Ernesto, *Sud e magia, op. cit.*, p.70. Trad. (Le magicien qui est un paysan du village, celui chez qui les gens se rendent concernant les sujets sur la magie, l'ami des pauvres comme nous avons entendu parfois les gens l'appeler).
[42] On peut se référer, pour de plus amples informations, à la publication de CARDAMONE, Giuseppe et SCHIRRIPA, Pino « Lo scoglio e la salvezza : un culto terapeutico in Calabria » [L'écueil et le salut : un culte thérapeutique en Calabre] in *Quaderni del laboratorio di storia Daedalus*, 4, 1990, pp.127-145.
[43] GALASSO, Giuseppe, *L'altra Europa* [L'autre Europe], Milano, Mondadori, 1982.

qui s'articule fréquemment autour de gestes et de rites religieux visant à invoquer le Ciel pour affronter vicissitudes, peurs ou maladies.

Un autre historien méridional, Giuseppe De Rosa[44], à la différence de Giuseppe Galasso, révèle qu'il est difficile de distinguer les comportements religieux des comportements magiques car la ferveur s'associe non seulement à une demande de miracle qui peut émaner des villageois mais aussi à celle du prêtre lui-même[45]. Cette situation dénote la façon dont le message chrétien peut pénétrer les strates populaires grâce à un discours religieux officiel mettant en avant la notion de miracle afin que les paroissiens se sentent concernés par la prière dominicale. L'Église reconnaît parfois les miracles car, la religiosité[46] individuelle plus ou moins spontanée et la religiosité organisée et collective pourraient être considérées comme les deux faces d'une même médaille[47]. Il est bien entendu que ce besoin de surnaturel qui émane de l'âme collective est difficilement traduisible pour la conscience humaine, même si la Bible évoque les nombreux miracles de Jésus et fait de l'Église le point d'un impact divin sur Terre.

Ces dernières considérations nous permettent de remarquer que les croyances religieuses officielles et miraculeuses se trouvent à la frontière entre deux

---

[44] Il a étudié l'aspect religieux du Midi italien au cours des trois derniers siècles et a mis en avant le fait que certaines populations adoptent des attitudes religieuses pétries de croyances et de magie, parfois intégrées à la religion officielle dictée par l'Église. De ROSA, Gabriele, *La religione popolare : storia, teologia, pastorale*, [La religion populaire : histoire, théologie, pastorale], Roma, Edizioni Palatine, 1981.

[45] À ce propos, nous pouvons rappeler le film *L'albero degli zoccoli* , [L'arbre aux sabots], OLMI, Ermanno, avec Luigi Ornaghi, Italie, 1978, drame, 170 min. Nous nous contenterons seulement de le citer car l'action se déroule à Bergame (Lombardie), un lieu géographique qui n'est pas l'objet de notre propos. Néanmoins, l'histoire, qui se situe à la fin du XIXe siècle, témoigne de la réalité des requêtes aux miracles dans les campagnes italiennes et insiste sur le rôle omniprésent du curé. Ce dernier exhorte, dans une langue dialectale, ses paroissiens : « *Cari amici miei ! Senza i miracoli, non saremo qui ! I miracoli è la forza che l'uomo non ha, è la forza dell'amore di Dio. E questo amore a noi c'è necessario come l'aria che respiriamo, come la terra che ci dà i suoi frutti e l'acqua e la luce che ci dà la vita.* » Trad. (Chers amis ! Sans les miracles, nous ne serions pas là ! Les miracles, c'est la force que l'homme n'a pas. C'est la force de l'amour de Dieu. Et cet amour, à nous, il est utile, comme l'air que nous respirons, comme la terre qui nous donne ses fruits, comme l'eau et la lumière qui nous donnent la vie). De plus, ce même sujet est aussi traité par Giuseppe Galasso, qui rappelle le lien existant entre le bas-clergé et les paysans sur la participation à des pratiques magiques (GALASSO, Giuseppe, *op. cit.*, pp.271-272).

[46] Une définition de la religiosité peut être : « *disposition religieuse à forte tendance affective, sans référence à une religion particulière, sans contenu dogmatique précis* ». http://www.lexilogos.com (site consulté le 20 juin 2012).

[47] Au sujet de la période qui nous intéresse, le XXe siècle, peu d'apparitions ou de prétendues apparitions mariales ont reçu l'approbation ecclésiastique dans le monde. Depuis le début du XXe siècle, il y eu 362 apparitions (recensement des apparitions à caractère public dont le but est de délivrer un message à tous les fidèles) et seuls quatre cas ont été reconnus (Fatima au Portugal, Beauraing et Banneux en Belgique ainsi que Betania au Vénézuela). CHIRON, Yves, *Enquêtes sur les apparitions de la Vierge*, Paris, Perrin/Mame, 1995, p.408-414.

comportements qui pourraient sembler, par définition, antinomiques : la religion d'élite, dictée par l'Église, et la religion populaire.

Deux questions de fond se profilent en ce sens : « La religion du peuple » a-t-elle des correspondances avec « la religion de l'élite » ou bien encore la religion des plus démunis intellectuellement s'affronte-t-elle avec celle des doctes ? En effet, le terme de « religion populaire » pose de nombreux problèmes, comme nous l'avons déjà évoqué, mais pour aller plus loin dans l'analyse, force est de remarquer que ses contenus restent difficiles à cerner car :

Storicamente, questo contrasto non c'è stato, perchè quella che si chiama religione popolare è stata la religione di tutti, popolo minuto ed aristocratici. Il contrasto vero è stato, sempre storicamente, non tra religione del popolo o delle classi subalterne e religione degli aristocratici o delle classi dominanti, ma tra le deformazioni della religione popolare e le sue contaminazioni con la superstizione e la magia da una parte, e la teologia e le autorità della Chiesa, dall'altra, che hanno cercato di purificare la religione popolare dagli abusi [48].

Car sur le plan historique, ce contraste n'a pas existé puisque ce que l'on appelle la religion populaire a été la religion de tous, des petites gens et des aristocrates. Le vrai contraste s'est situé, toujours sur le plan historique, non entre la religion du peuple ou des classes subalternes et la religion des aristocrates ou des classes dominantes, mais entre les déformations de la religion populaire et ses contaminations avec la superstition et la magie d'une part, et la théologie et les autorités de l'Église d'autre part, qui ont toujours essayé de purifier la religion populaire de ses abus.

En effet, ce concept, introduit à l'époque moderne[49], a surtout permis de faire prendre conscience que des populations présentaient des formes de piété en marge de la religion officielle. Mais, peut-on afiirmer pour autant que des croyances propres à la religion, comportant des subsistances de cultures précédentes païennes, ne possèdent pas une dynamique spécifique ? À l'opposé, il est difficile de considérer ces pratiques comme une culture autonome, dérivant de la seule créativité d'un peuple. La réalité est

---

[48] DE ROSA, Gabriele, *op.cit.*, p.18.

[49] Selon Franco Bolgiani, professeur d'histoire des religions, cette prise de conscience remonte à la seconde moitié du XVIIIe siècle. BOLGIANI, Franco, « La religione popolare, problematica storico-critica » [La religion populaire, problématique historique et critique], in *Pellegrinaggio e religiosità popolare*, a cura di Luigi Sartori, Padova, Edizioni Messagero Padova, 1983, p.11-12.

plus complexe car ces croyances ne sont ni complètement dépendantes, ni complètement autonomes.

Dans le Mezzogiorno, par exemple, les curés, par le passé, arpentaient la campagne, pour attirer sur les récoltes à venir, la bénédiction du ciel : ils devenaient donc « une interface » entre la religion officielle et les rites paysans. De même, depuis la fin du XIIe siècle, le cochon, animal qui revêt une importance capitale dans l'économie du monde paysan, était placé sous la protection de Saint Antoine[50]. Ainsi aujourd'hui, la notion de religion populaire continue de susciter de vives controverses. A-t-elle encore une réalité ou n'est-elle qu'une idée construite ? Et le cas échéant, son existence, tient-elle aux croyances du « peuple » qui se serait « désocialisé » par rapport aux normes établies par l'Église ?

3 - PRÉSENTATION DE LA PROBLÉMATIQUE

Lors du colloque international concernant « *La notion de "religion populaire" en Europe Occidentale, du Moyen Age à nos jours*» organisé au musée des Arts et Traditions Populaires (Paris, 17-19 octobre 1977), les historiens de la communauté scientifique internationale ont tenté de cerner un concept qui s'est imposé durant la dernière décennie[51]. Si le débat n'a pas permis de proposer une définition scientifique définitive, il a eu l'avantage de susciter une confrontation interdisciplinaire au cours de

[50] Une légende populaire rapporte que Saint Antoine l'Ermite gardait des cochons avant d'être canonisé et pour cette raison, il est le protecteur de cet animal. Un aspect intéressant de cette croyance est que Saint Antoine qui subissait les tentations du diable, a vaincu les flammes de l'enfer et a chassé de son corps le diable incarné par un animal que la tradition populaire rapproche de la figure du cochon. De plus, de nombreuses représentations du saint nous le montrent accompagné d'un cochon portant une clochette. Certains historiens rapportent que dans cette tradition, le cochon n'a rien à voir avec la vie du saint mais avec un ordre religieux fondé en Dauphiné en 1095 (les Antonins) : les porcs n'avaient pas le droit d'errer librement dans les rues, à l'exception de ceux des Antonins, reconnaissables à leur clochette. Ces différentes considérations nous prouvent que la culture contadine se réapproprie des saints officiels qui se retrouvent chargés d'un rôle de protection. NIOLA, Marino, *I santi patroni* [Les saints patrons], Bologna, Il Mulino, 2007, pp.104-107.

[51] Ce colloque a été organisé sous l'égide du C.N.R.S, la Société de l'Histoire de l'Église de France, la Société de l'Histoire du Protestantisme français, le Groupement de Sociologie des religions et le Centre d'Ethnologie Française. Il a réuni cent quarante-huit spécialistes provenant de treize pays. Pour comprendre l'intérêt de la notion de religion populaire au cours des années soixante et soixante-dix qui a donné lieu à ce symposium, voir notamment l'article de LALIBERTÉ, Micheline, « L'émergence pour l'intérêt de la religion populaire et son histoire : aux origines d'un débat (1960-1970) » in *Rabaska : revue d'ethnologie de l'Amérique française*, 7, 2009, pp. 7-26.

laquelle l'historien méridional Gabriele de Rosa (1917-2009) a rappelé que la religion populaire appartenait tout autant au cadre de la vie rurale qu'à celui de la vie urbaine. À l'issue de ce colloque, aucune définition précise n'a été arrêtée en raison de la complexité du concept. Néanmoins, trois directions d'analyse ont émergé. La première fut l'intégration de la religion populaire dans un ensemble global et anthropologique. La suivante, équilibrant la précédente, demeura la spécificité de la notion, empreinte de créativité et correspondant à des besoins personnels plus profonds que la religion officielle. La troisième s'orienta vers la place de la religion populaire dans un système cognitif rationnel, ainsi que le vécu de l'objet dans son environnement social et profond. La fluidité des propos a alimenté plusieurs disciplines et n'a pas permis que des limites précises enserrent le concept en aboutissant à une seule définition.[52].

Cette thématique soulève, aujourd'hui encore, de nombreux problèmes de nature interdisciplinaire. Aussi ne sera-t-elle pas abordée de manière globale au cours de nos recherches, afin de ne pas alourdir une problématique déjà assez complexe.

En effet, nous considérerons la religion populaire comme un assemblage d'éléments originaux et d'éléments empruntés à la religion officielle sans l'assimiler naturellement aux classes subalternes. Nous souhaitons, en cela, suivre la pensée de Gabriele De Rosa qui explique qu'une telle assimilation s'assortit d'un jugement de valeur : l'exclusion totale du pouvoir et de la vie cultuelle des classes subalternes. Par conséquent, nous envisagerons la religion populaire « *comme la religion vécue par la masse des fidèles : vécue ici par opposition à prescrite, par la masse, c'est-à-dire le peuple et non seulement les clercs ou quelques âmes* »[53].

Pour débuter notre recherche, nous nous sommes appuyés sur l'observation suivante :

---

[52] Pour les actes du colloque, on pourra se référer à *La religion populaire*, Paris, Éditions CNRS, 17-19 octobre 1977. Une décennie plus tard, confirmation est donnée que le terme « populaire » peut aussi être appréhendé comme un objet « *au contour imprécis qui ne se saisit précisément que par la multiplicité des points de vue qui le représente* ». Préface de Jean le Goff dans BOLLÉME, Geneviève, *Le peuple par écrit*, Paris, Éditions du Seuil, 1986, p.8.

[53] SAVARD, Pierre, « L'historien et la religion populaire au Canada français » in LACROIX, Benoixt et BOLGIONI, Pietro, *Les religions populaires*, Colloque international 1970, Québec, Les Presses de l'Université, 1972, p.102.

Nelle più varie società ed epoche storiche, specie in corrispondenza con momenti di intenso travaglio sociale, economico, culturale, psicologico, prodotto da fattori perturbanti di origine interna o esterna, sorsero e pur oggi, sorgono, movimenti social-religiosi nei quali i rispettivi gruppi sociali o etnici, esprimono il loro malessere, la loro insoddisfazione per il presente e l'ansia del miglioramento. In questi momenti, essi proiettano la speranza e l'attesa di una pronta e radicale trasformazione delle condizioni generali di esistenza, sia fisiche che sociali e psicologiche[54].

Dans les sociétés et les époques les plus variées, surtout en relation avec des moments de difficultés sociales, économiques, culturelles, psychologiques intenses, résultat de facteurs perturbants d'origine interne et externe, surgirent et surgissent encore aujourd'hui, des mouvements socioreligieux dans lesquels les groupes sociaux et ethniques respectifs expriment leur mal-être, leur insatisfaction pour le présent et la demande d'une amélioration. Dans ces moments, ceux-ci projettent l'espérance et l'attente d'une transformation rapide et radicale des conditions générales d'existence, autant physiques que sociales et psychologiques.

Par conséquent, l'objectif de notre étude reste de tenter de nous rapprocher d'une des facettes de la religion populaire qui consiste à saisir des phénomènes religieux, telle l'apparition mariale dans le contexte de la région de la Campanie, soumise à un séisme en 1980[55].

En effet, selon nous, il est difficile d'isoler l'étude d'événements surnaturels des autres aspects de la vie quotidienne tels le milieu de vie, la cellule familiale ou des événements extérieurs comme le tremblement de terre. Nous voudrions saisir les mécanismes dévotionnels qui entraînent parfois la naissance d'un culte. Ainsi, nous souhaitons replacer la religion populaire dans un ensemble de faits plus larges que les seuls critères de distinction sociale. Nous avons donc choisi de nous intéresser à la dévotion mariale contemporaine dans des villes de Campanie car, aujourd'hui encore, le culte marial y revêt une importance considérable. En effet, si depuis toujours,

---

[54] CIPRIANI, Roberto, « et. *al.* », *Sociologia della religione*, [Sociologie de la religion], Roma, Edizioni Borla, 1985, p.123

[55] Nous avons dû, pour des raisons évidentes liées à l'étendue du sujet, nous limiter à la seule région de la Campanie, même si les régions des Pouilles et de la Basilicate ont aussi souffert de ce tremblement de terre.

l'attachement indéfectible à l'image mariale s'explique en partie parce que « *la Madonna era rappresentata soprattutto come madre capace d'intercedere presso Dio per i suoi figli, dispensatrice di grazie, consolatrice dei peccatori, dei poveri, degli orfani, dei vecchi, dei malati* »[56] , sa présence irradie aujourd'hui encore les pratiques religieuses du Sud de l'Italie.

Depuis le XIXe siècle, les apparitions mariales dans le monde se sont multipliées, à Lourdes[57], Fatima ou à Medjugorje (Bosnie-Herzégovine) pour ne citer que les trois exemples les plus médiatisés, dont nous aurons l'occasion de reparler postérieurement. Leur aspect novateur tient dans le fait qu'elles ne concernent plus seulement des religieux mais aussi des laïcs et qu'elles sont ensuite relayées à grands renforts médiatiques, contribuant à faire de ces lieux d'apparitions des sites touristiques internationaux.

Envisager d'analyser des apparitions mariales récentes en Campanie consiste en premier lieu à situer le commencement de ce type de phénomène. Ce choix de méthode revêt avant tout une décision théorique. La nôtre n'est pas de réaliser un historique des apparitions en Campanie depuis des temps ancestraux mais, au contraire, de faire reposer nos recherches sur un événement tragique : le séisme de l'Irpinia en 1980 dont « *la forza sprigionata dalla scossa è stata impressionante, pari all'energia di 10-15 bombe atomiche come quelle sgnaciate nella seconda guerra mondiale su Hiroshima e Nagasaki* »[58].

Quelques années plus tard, en 1985, la Vierge « apparaît » dans plusieurs villes et villages de la Campanie. Nous avons choisi de retenir deux de ces lieux : Casavatore (Naples) et Oliveto Citra (Salerne) afin de comprendre si ces apparitions, non reconnues par l'Église à ce jour, peuvent être le signe d'une dévotion, en lien avec la situation

---

[56] STORIA DEL MEZZOGIORNO, Vol.XII, *Il Mezzogiorno nell'Italia unita*, Napoli, Edizioni del Sole, 1994, p.420. Trad. (La Vierge était surtout représentée comme la mère capable d'intercéder auprès de Dieu pour ses enfants, comme dispensatrice de grâces, consolatrice des pécheurs, des pauvres, des orphelins, des vieux, des malades).

[57] Une étude très documentée sur les dix-huit apparitions mariales à Lourdes a été réalisée récemment et explique l'essor du pèlerinage dès 1858. CLAVERIE, Elisabeth, *Le monde de Lourdes*, Paris, Gallimard, 2008.

[58] CATARINELLA, Giuseppe, *Memorie di un terremoto* 1985 [Mémoires d'un tremblement de terre 1985], Potenza, U.N.L.A, 2006, p.7. Trad. (La force dégagée par la secousse a été impressionnante, égale à la puissance de dix à quinze bombes atomiques, semblables à celles larguées pendant la Seconde Guerre Mondiale sur Hiroshima et Nagasaki).

sociale de l'époque, ce qui ne revient pas à supposer systématiquement, pour l'examen critique, qu'une ressemblance est nécessairement un emprunt. En supposant qu'il y ait une relation de cause à effet entre ces deux faits, nous avons établi notre objet. Par conséquent, nous avons souhaité donner toute sa place à la relation entre les récits de l'apparition et la situation religieuse de l'époque, caractérisée par la décision de remettre en cause l'heure de religion hebdomadaire obligatoire dans les écoles laïques de la péninsule. En effet, l'accord du 18 février 1984, révisant le Concordat de 1929, met juridiquement fin au monopole de l'Église catholique ; l'État devient pluriconfessionnel. De plus, l'époque est aussi marquée par le phénomène de la sécularisation, considérée comme une réduction progressive des espaces du sacré.

Notre recherche s'est vite heurtée à un obstacle majeur : le petit nombre des récits, le laconisme de la presse et l'absence des voyants. En conséquence, une question importante s'est imposée. Il s'agissait de comprendre les motifs et les modalités selon lesquels s'opère la médiatisation ou, le cas échéant, la non-médiatisation d'un événement surnaturel. Ces observations nous ont permis de démontrer, par la suite, comment une entreprise religieuse plus vaste et plus complexe, peut aboutir à une reconnaissance internationale, en analysant l'histoire de la construction du culte à Padre Pio qui a transformé San Giovanni Rotondo, cette petite ville du Gargano, en un lieu de culte universel.

De la même façon, nous nous sommes intéressés à un cas de figure particulier qui s'articule autour de la réactivation d'un culte, abandonné depuis le XVIIe siècle, suite à la redécouverte d'un groupe sculpté marial en 2001, à Montecalvo Irpino (Avellino). Le cas de la Nuova Pompei (Pompei) est encore plus emblématique, car il ne repose que sur la fondation, pour des raisons éducatives, d'une basilique et d'une ville dédiées à la Vierge à la fin du XIXe siècle. La ville est devenue un lieu de pèlerinage dont le rayonnement jouit aujourd'hui d'une renommée mondiale. Le mérite en revient, en partie, aux premiers immigrés italiens partis faire fortune en Amérique.

Cela nous amène à évoquer l'initiateur de cette entreprise, Bartolo Longo, qui souhaitait délibérément mettre en place une tradition religieuse officielle afin de contrer les rites de croyances et de magies des paysans et de pallier les conditions d'indigence extrême dans lesquelles ceux-ci sont plongés. La diffusion de ces cultes s'est effectuée d'abord par les moyens de communication traditionnels puis les outils modernes de médiation sont intervenus.

Le propos de notre étude n'est nullement de nous appesantir sur les anomalies, retards ou faiblesses de l'Italie méridionale, dus, entre autres, à la modernisation inachevée de cette partie du pays. Il est bien évident que les écarts économiques entre Nord et Sud sont encore présents aujourd'hui, mais notre dessein consiste à comprendre comment les différentes localités étudiées se sont structurées d'un point de vue identitaire et culturel. Pour cette raison, nous ne souhaitons pas aborder les concepts « d'arriération » ou de « sous-développement » qui sont souvent mis en corrélation avec la notion de croyance populaire. Notre volonté subsiste de saisir, comment, à un moment opportun, l'histoire de ces localités a exercé un pouvoir d'attraction sur la presse régionale et le cas échéant, internationale. Pour apporter des éléments à nos interrogations, notre étude a requis l'approfondissement de problèmes spécifiques, comme l'analyse du processus du culte populaire, mais aussi l'histoire culturelle de la Campanie. Nous avons veillé à inscrire l'événement surnaturel dans une réalité fluide, mobile et actuelle.

Néanmoins, ce type de travaux s'inscrit forcément dans une perspective politique bien déterminée. Aussi, nous avons choisi, pour limiter notre recherche, de ne pas aborder pleinement ce terrain même si, au cours de nos travaux, nous avons consulté les écrits d'Antonio Gramsci (1891-1937) qui a proposé une réflexion politico-historique sur la situation du Mezzogiorno. Conscient de cette hégémonie du nord de la péninsule, Gramsci a étudié le phénomène religieux en analysant la société méridionale :

> *Tout au long de sa vie de militant, [...] il s'est interrogé sur le contenu politique et idéologique de l'alliance entre la classe ouvrière et la paysannerie. [...]. Cette alliance est une nécessité évidente si l'on considère le poids considérable des masses rurales italiennes et notamment dans le Mezzogiorno. La résolution du problème paysan passe donc par celle du problème religieux*[59]

[59] PORTELLI, Hugues, *Gramsci et la question religieuse*, Paris, Éditions Anthropos, 1974, p13. En outre, des historiens se sont intéressés au fil du destin particulier de l'individu plutôt qu'à l'étude des masses. Deux courants ont marqué cette historiographie : le premier concerne la microhistoire sociale qui a pour chef de file Giovanni Lévi (1939-) dont l'objectif principal est de restituer la cohérence d'un monde

4 - ORGANISATION DE LA RECHERCHE

Tout au long de notre travail, nous avons cherché à diversifier le corpus documentaire. Ainsi, nous avons d'abord consacré notre recherche sur la dimension vécue du tremblement de terre et l'image qu'en ont donné les diverses sources journalistiques qui ont eu l'avantage d'être fécondes en témoignages, en présentant les différentes réactions, individuelles et politiques, sous différentes perspectives. Mais nous nous sommes aussi appuyés sur des ouvrages historiques et scientifiques qui relatent le traumatisme populaire vécu par ce séisme, ainsi que sur des passages bibliques. Les sources orales, étant principalement des entretiens avec des représentants religieux, nous ont permis, d'une part, de comprendre, dans le cas particulier de Casavatore, le point de vue de l'Église au moment de l'apparition et d'autre part, de pallier le manque d'informations auquel nous étions confrontés.

Les enquêtes menées auprès des croyants, sur la réalité des apparitions, ont été rapidement abandonnées, avec multiples réponses sans intérêt, mettant ainsi en exergue le sujet par là trop personnel de nos recherches. Le propos est apparu comme un sujet intime qui touchait des sphères privées et nos questions, qui s'articulaient autour des diverses apparitions mariales, donnaient lieu à des réponses évasives et nous emmenaient vers une impasse du fait du « blocage » sociétal des personnes interrogées. Pour des raisons similaires, la réalisation d'un questionnaire a été aussi rapidement écartée après un essai non concluant. En outre, nous avons pris en compte, dans notre travail, des biographies populaires sur les saints car les détails fournis sont souvent significatifs. Néanmoins, sur l'origine et la mise en place des cultes, nous nous sommes attardés sur les ouvrages d'historiens.

Concernant la réactivation du culte à Montecalvo Irpino, nous nous sommes intéressés à des écrits monographiques d'approfondissement, anciens et actuels, rédigés

restreint en faisant varier les différents angles de vue. Le second est la microhistoire culturelle représenté par Carlo Ginzburg (1939), dont l'intérêt pour la culture populaire, provient principalement de sa lecture de Gramsci.

notamment par des professeurs de théologie, afin d'en avoir un point de vue scientifique. Puis nous sommes allés *in situ* pour réaliser des clichés qui nous permis d'appréhender la permanence (ou non) du culte. Enfin, les ressources électroniques ont également constitué une source d'informations importante, notamment dans le cas des modifications et des nouvelles réglementations du Traité du Latran de 1929.

De plus, des auteurs comme Carlo Lévi, qui ont suscité la curiosité sur le thème de la piété populaire dans le Mezzogiorno et ont ainsi ouvert un terrain d'enquête après la Seconde Guerre Mondiale, ou Ernesto De Martino, qui a alimenté l'intérêt pour le sentiment religieux des populations méridionales, ont préalablement nourri notre réflexion. En outre, des anthropologues comme Paolo Apolito ont proposé une méthode d'analyse des sources orales qui ont enrichi notre compréhension de l'événement surnaturel. Pour Padre Pio, notre étude se base principalement sur un ouvrage historique[60] car on remarque, au sujet du saint capucin, qu'il y a de nombreux ouvrages aux accents religieux et hagiographiques et peu d'essais analytiques de chercheurs. Notre travail a soulevé le problème des sources puisque un tel programme imposait soit l'observation directe des survivances actuelles soit la recherche de documents écrits des pratiques passées. L'une et l'autre voie ont été pratiquées : nous sommes allés *in situ* à Casavatore et Oliveto Citra pour effectuer des relevés de terrain, nous avons découvert l'enjeu des textes historiques pour San Pomipilio (Montecalvo Irpino) et Bartolo Longo (Pompei) et de la presse locale (*Il Mattino* pour Casavatore) et nous avons tenté de redimensionner l'espace médiatique donné aux apparitions.

Nous tenons cependant à préciser quelques-unes des difficultés rencontrées au cours de nos recherches. L'une d'elles réside dans la notion d'apparition qui est source de controverse car il s'agit d'une notion difficile à expliciter à ceux qui la nient. Ce besoin humain, irrationnel, est souvent le fruit de la création collective. De plus, les trois localités retenues (Casavatore, Oliveto Citra et Montecalvo Irpino) ont été peu médiatisées. En outre, il s'est révélé parfois difficile d'enquêter sur l'espace concerné et de suivre le processus de maturation du culte car les sources sont lacunaires, dispersées dans de nombreuses bibliothèques (exception faite pour le sanctuaire de Pompéi dont la bibliothèque est très fournie).

[60] LUZZATO, Sergio, Padre Pio. *Miracoli e politica nell'Italia del Novecento*, [Padre Pio. Miracles et politique dans l'Italie du XXe siècle], Torino, Einaudi, 2007.

Par conséquent, notre travail s'est organisé autour de trois parties.

La première d'entre elles, « **Une interprétation du séisme** » veut évoquer le lien entre la catastrophe naturelle et l'apparition mariale. Le séisme confronte indéniablement l'Homme et la Nature. Après avoir analysé le sens religieux du séisme de l'Irpinia en 1980, que nous avons d'emblée considéré comme un puits de causalité aux différentes apparitions mariales en Campanie, nous étudierons la réalité sociale et économique de Naples et de sa périphérie à cette époque afin d'en saisir les principaux aspects. Ensuite, après avoir évoqué le séisme, jugé facteur de déstabilisation, nous nous intéresserons non seulement au sens biblique à attribuer à la catastrophe, mais au jugement moral de l'Église qui, souvent, fait partie du bagage interprétatif du phénomène séisme. Des différents lieux concernés par ces événements surnaturels[61], nous en avons retenu deux, à notre sens les plus représentatifs : Casavatore et Oliveto Citra. Nous les étudierons respectivement dans cet ordre pour une raison particulièrement évidente à nos yeux : ce sont les informations du diacre Gaetano Marino à Casavatore qui nous ont permis d'avancer dans nos recherches. L'apparition mariale dans la cour du collège le 13 décembre 1985 n'a pas donné lieu à une médiatisation comme nous le développerons et rapidement, nous avons eu connaissance que ces mêmes élèves s'étaient rendues quelques mois plus tôt à Oliveto Citra avec leur enseignante, motivées par l'apparition mariale survenue le 24 mai 1985. Il paraissait ici intéressant de déterminer si d'une part, Oliveto Citra avait pu être un laboratoire d'expérience religieuse pour Casavatore et d'autre part, de saisir pourquoi, dans le second cas, la médiatisation a fonctionné aussitôt et généré des flux de fidèles.

La seconde partie, « **Constructions et re-constructions identitaires** », a pour objet d'étudier, en premier lieu, au fil des années, l'élaboration d'un personnage devenu aujourd'hui protagoniste du paysage religieux international, Padre Pio (1887-1968) qui a, entre autres, reproduit le modèle de Saint François. Ensuite, nous nous intéresserons à une personnalité d'un autre genre, le missionnaire laïc Bartolo Longo (1841-1926) qui a construit, à la fin du XIXeme siècle, une ville de toutes pièces, la Nuova Pompei, dont l'exigence sociale était de réaliser un projet religieux et civil. Le point commun entre

[61] On recense Cardito, Frattamaggiore, Grumo Nevano, Boscotrecase, Sant'Antonio Abate, Pagani, Battipaglia, Agropoli, Brusciano et Camposano. APOLITO, Paolo, *Il cielo in terra. Costruzioni simboliche di un'apparizione mariana*, Bologna, Il Mulino, 1992, p.38.

ces deux personnages reste que Padre Pio nourrissait une dévotion personnelle à la Vierge du Rosaire de Pompei. Enfin, nous développerons la reconstruction d'une dévotion mariale abandonnée depuis le XVIIIe siècle, mais rendue à nouveau possible grâce à la redécouverte casuelle, en 2001, d'un groupe sculpté qui appartenait à San Pomipilio Maria Pirrotti (1710-1766) dans l'ancien palais nobiliaire de la famille. La statue est considérée aujourd'hui comme le catalyseur de la réactivation du culte.

La troisième partie, « **Les médias et l'Église** » se propose d'étudier les différents modes de médiatisation des dévotions religieuses et la manière dont ils fonctionnent pour les individus et la société. Nous verrons comment s'établissent les liens entre les moyens de communications traditionnels et les inventions technologiques qui exercent un impact sur plusieurs plans : la communication et les nouvelles pratiques. Nous nous attacherons à examiner comment la promotion culturelle de la croyance passe par les moyens de communication et à quelles intentions répondent ces outils.

⁂

Première partie :

« Une interprétation du séisme »

CHAPITRE 1

SÉISME, SOCIÉTÉ ET RELIGION

INTRODUCTION

Selon l'historien Serge Briffaud, « *la catastrophe naturelle ponctue l'histoire des relations des sociétés à leur environnement ; phénomène d'interface, elle nous parle avant tout du dialogue entre un système social et un écosystème* »[62].

Le 23 novembre 1980, un tremblement de terre, d'une magnitude de 6,9 sur l'échelle de Richter, dévaste une région comprise entre les provinces de Naples, Avellino[63], Salerne et Potenza. Ce bouleversement géologique dont l'épicentre se trouve à quelques kilomètres de Conza (en Irpinia) détruit aussi le cœur historique de la ville de Naples. À l'issue de cette tragédie, la cité parthénopéenne se trouve dans une situation tragique et les différentes provinces sont détruites. Les conditions naturelles difficiles de la Campanie, caractérisées par l'absence de vastes plaines et par une terre aride à l'intérieur de la région et des zones vésuviennes très fertiles, ont été aggravées au fil du temps par des fléaux tels que des épidémies de malaria, de peste ou de nombreuses inondations.

Cette dégradation du territoire pourrait expliquer, en partie, l'infériorité économique du Mezzogiorno due à ses caractéristiques géographiques et climatiques[64]. En ce qui concerne la récurrence de l'activité sismique au fil des siècles, l'une des raisons principales demeure que la Campanie se trouve sur deux aires sismiques majeures : la première concerne Bénévent et sa province, et la seconde se situe essentiellement en Basilicate.

Bien entendu, ces tremblements de terre successifs ont altéré un patrimoine artistique considérable[65] d'autant que depuis des millénaires, Naples est aussi en proie à

---

[62] BRIFFAUD, Serge, « Vers une nouvelle histoire des catastrophes » in *Histoire des catastrophes naturelles, Paysages-Environnement*, Rencontres de Toulouse, 15 juin 1991, 1993, p.2.

[63] Précisons que le village de Lioni (Avellino) a reçu de nombreuses aides grâce à la fondation « La Stampa ». Cette institution, créée le 17 décembre 1955 par le directeur du quotidien turinois Giulio De Benedetti, se présente sous la forme d'une rubrique dédiée à la solidarité. Insérée dans le quotidien, elle vise à promouvoir les initiatives sociales et à fournir une assistance aux personnes, familles ou communautés frappées par des tragédies. Les actions caritatives concernent tous les continents et la localité de Lioni a été choisie pour être *Il villagio Specchio dei tempi* (Le village miroir des temps)

[64] BRANCACCIO, Giovanni, « L'immagine del Mezzogiorno» in *Storia del Mezzogiorno*, vol. XIV, Napoli, Edizioni del Sole, 1991, p.299.

[65] Sur les destructions successives des tremblements de terre dans les villes et villages de la Campanie, voir l'article de FILANGIERI, Angerio, « I centri storici minori della Campania » [Les centres mineurs

un autre risque naturel appelé « le phénomène du bradyséisme »[66] dont la dernière manifestation eut lieu de 1982 à 1984 et fut particulièrement alarmante pour la ville de Pouzzoles (Naples). En effet, le niveau du sol a été soulevé de près de deux mètres et l'évacuation de la moitié des habitants, soit trente mille personnes, s'est faite dans la précipitation le 4 octobre 1984 dans une zone sismique menaçante depuis le début des années soixante-dix. Et c'est précisément dans cette région dangereuse que le 23 novembre 1980, les habitants de l'Irpinia, une région située dans l'Apennin central, ont revécu la catastrophe ancestrale du séisme qui a anéanti plus de six cents villages. La tragédie a causé la mort de trois mille personnes et laissé deux cent mille personnes sans abri. Les conséquences se sont avérées dramatiques :

Saltate le comunicazioni, soltanto nei giorni seguenti si sarebbero potute conoscere le reali dimensioni della tragedia. Popolazioni naufraghe nell'emergenza sradicte fisicamente e psicologicamente da condizioni antiche[67].

Les communications ayant sauté, ce n'est qu'au cours des jours suivants que l'on put connaître les dimensions réelles de la tragédie. Les populations sombrées dans l'urgence, déracinées physiquement et psychologiquement par des conditions archaïques.

Malheureusement, il n'existe pas, à cette époque, de prévention antismique en Italie, puisque le territoire national ne compte guère plus de quarante géologues et que, sur les 649 villages touchés par le séisme, 544 ne sont pas classés parmi les communes à risques sismiques[68].

---

de la Campanie] in *Cultura, materiali, arti e territorio in Campania*, [Culture, matériels, arts et territoire en Campanie], Napoli, 1979, pp.225-227.

[66] Le bradyséisme, d'origine volcanique, désigne une remontée ou une baisse lente du niveau du sol. Ce phénomène a été observé sur les Champs Phlégréens en Campanie. Bien entendu, le nuage radioactif de Tchernobyl en 1986 permet à des partis politiques comme la Lega per l'Ambiente (qui deviendra ensuite Legambiente) de s'affirmer dans le paysage social et civique. FUGENZI, Manuela, *Il mito del benessere. 1981-1990* [Le mythe du bien-être. 1981-1990], Roma, Editori Riuniti, 1999, p. 95.

[67] CATARINELLA, Giuseppe, *Memorie di un terremoto, 1980 : disastri, ricostruzione e solidarietà* [Mémoires d'un tremblement de terre, 1980 : désastres, reconstruction et solidarité], Lavello, U.N.L.A, 2006.

[68] DE SETA, Cesare, *Dopo il terremoto, la ricostruzione*, [Après le tremblement de terre, la reconstruction], Roma-Bari, Laterza, 1983, p. 100.

I. CHRONIQUE D'UN SÉISME

A. ABANDONNER LES LIEUX OU PRÉSERVER ?

Pendant quarante-huit heures, sous une pluie violente, la situation échappe à tout contrôle. En effet, les lignes téléphoniques sont coupées et ce n'est que le lendemain que l'on apprend que « *nel tal paese erano arrivati i giornalisiti ma non ancora gli aiuti dei soccorritori ufficiali. Ovvero che una colonna d'esercito aveva sbagliato obiettivi* »[69]. Jusqu'alors, le dernier tremblement de terre qui avait touché le sud italien était celui du Belice (Sicile) le 15 janvier 1968[70] suivi d'un raz-de marée qui avait rendu les secours difficiles. En revanche, dans le cas du séisme de l'Irpinia, les partis politiques, en particulier la Démocratie Chrétienne, ont rejeté toutes les responsabilités sur l'armée. Néanmoins, on compare les deux séismes : « *Non fate di questo terremoto un Belice annacquato* ! »[71].

En outre, les voies de communication étaient toutes interrompues et l'Irpinia semblait être devenue un gigantesque cratère. Quelques minutes après la terrible secousse, la radio était en mesure de fournir de premiers comptes-rendus terrifiants. Puis la télévision[72] diffusa les images de la catastrophe. « *Queste immagini, documenti terribili che hanno riempito di costernazione il cuore degli italiani, erano su milioni di televisori quando ancora il Governo e i pubblici poteri non avevano preso coscienza di quanto era accaduto, dell'immane tragedia che si era abbattuta su due regioni*

[69] Supplément à *Il Mattino* du 25 janvier 1981 ayant pour titre « *Quei giorni delle macerie, della paura e della rabbia* » [Ces jours des décombres, de la peur et de la colère] qui recueille tous les articles parus après le séisme par le quotidien, p. 8. Trad. (Dans tel village, les journalistes étaient arrivés mais les secouristes officiels se faisaient encore attendre. Ou encore qu'une unité de l'armée s'était trompée d'objectifs).

[70] Le second séisme important après la Seconde Guerre Mondiale est celui du Frioul en mai 1976 qui occasionna la mort de mille personnes.

[71] CASERTA, Renato, « *Vergogna ! Hanno gridato a Pertini* » [Quelle honte ! ont-ils crié à Pertini] in *Il Mattino*, 25 décembre 1980. L'article relate la venue du président de la république Sandro Pertini (1896-1990) à l'hôpital d'Avellino suite au tremblement de terre qui ravage la vallée du Belice en 1968. Le Président a essuyé des critiques sur la désorganisation des secours et la phrase « *Ne faites pas de ce tremblement de terre un Belice décoloré* » prononcée lors de sa venue signifie que le gouvernement doit déployer tous les moyens nécessaires pour éviter que la situation ne dégénère comme ce fut le cas en Sicile douze ans plus tôt.

[72] Le quotidien napolitain *Il Mattino* ainsi que le siège de la Rai à Naples se sont beaucoup investis pendant trois mois. En relatant et en diffusant quotidiennement des sujets sur le séisme, ils ont permis de mettre en place une solidarité nationale et internationale en faveur des sinistrés. MIELI, Paolo, *Terremoto e trent'anni di cricca*, [Tremblement de terre et trente ans de mafia], Roma, UGSI, 2010, p. 7.

meridionali »[73]. La télévision et les journaux persévérèrent et s'appliquèrent à informer le gouvernement et la population de l'extrême gravité de l'événement. Pendant deux jours, les secours se firent attendre car à cette époque, la Protection Civile n'était encore qu'une utopie[74] et la population se retrouva sans électricité, sans eau et sans nourriture. Les problèmes à gérer furent nombreux, notamment pour se prémunir contre l'hiver qui arrivait à grands pas. Les premiers problèmes sanitaires apparurent comme le manque d'eau potable, les épidémies de typhus et de méningite, tandis que de nombreux hôpitaux n'étaient plus en service [75].

Les autorités politiques, quant à elles, avouèrent avoir eu connaissance tardivement du drame, à l'instar de Flaminio Piccoli, le secrétaire de la Démocratie Chrétienne, parti politique essentiel à l'époque, qui déclara avoir été informé de la catastrophe en regardant la télévision[76]. Des journalistes du quotidien napolitain *Roma* révélèrent ensuite, dans leurs articles, des détails invraisemblables comme la conversation téléphonique angoissée, plus d'heure après le séisme, du vice-secrétaire de la Démocratie Chrétienne, Ciriaco De Mita au ministre de l'Intérieur Rognoni qui se trouvait à Pavie (Lombardie) à l'heure du drame et qui lui répondait « *Appelle-le toi-même, le chef des pompiers !* »[77].

Dix heures après la tragédie, les services de secours n'avaient pas encore pris de décision car ils n'étaient informés que d'une « présomption de gravité ». L'État resta impuissant face à l'urgence et les secours se firent attendre. Le pape Jean-Paul II se rendit sur les lieux le 26 novembre[78] mais la situation semblait tellement désespérée

---

[73] BIAZZO, Salvatore, CARATELLI, Mimmo, DE FRANCESCO, Aldo, *Ultime voci dell'epicentro* [Dernières rumeurs de l'épicentre], Napoli, Tullio Pironti Editore, 1981, p. 6. Trad. (Ces images, des documents terribles qui ont rempli de consternation le cœur des italiens alors que le gouvernement et les pouvoirs publics n'avaient pas pris conscience de ce qui s'était produit, de l'immense tragédie qui s'était abattue sur deux régions méridionales).

[74] La Protezione Civile (Protection Civile) comme elle existe aujourd'hui en Italie est née en 1992.

[75] MIELI, Paolo, *op. cit.*, p. 26.

[76] BIAZZO, Salvatore, CARATELLI, Mimmo, DE FRANCESCO, Aldo, *op. cit.*, p. 6.

[77] Ibid., p. 9. Les trois journalistes cités dans la note précédente expliquent que la reconstruction n'a pas été qu'un problème d'argent mais aussi le résultat de nombreuses incompétences politiques comme ils le révèlent avec cet épisode.

[78] *Il Mattino* titre « Solo di corsa ». (En coup de vent). En effet, le pape, arrivé en hélicoptère à Avellino, rencontre les équipes de secours qui s'affairent sur les lieux. Il se rend à l'hôpital mais le bâtiment menace de s'écrouler et pour cette raison, les blessés ne s'y trouvent plus car ils ont été transférés deux jours auparavant dans des tentes non loin de l'hôpital. Le ministre des Affaires Etrangères, face à cette situation, s'adresse à un fonctionnaire de police : « *E'incredibile ! Ma c'è un questore qui ? Se c'è, lo mandi subito da me, gli dica che gli devo parlare, che voglio insegnargli come si predispone un servizio d'ordine pubblico* ». Trad. (C'est incroyable ! Mais y-a-t-il un préfet ici ? S'il y en a un, envoyez-moi le

qu'une polémique explosa et que le président de la République, Sandro Pertini, bouleversé par la situation, s'exprima durement à la télévision le 26 novembre :

Italiane e italiani, sono tornato ieri sera dalle zone devastate dalla tremenda catastrofe sismica. Ho assistito a spettacoli che mai dimenticherò. Perchè a distanza di quarantotto ore, non si è fatta sentire la presenza dello Stato ? Vi sono state mancanze gravi, non vi è dubbio. Tutti debbono mobilitarsi per andare in aiuto di questi loro fratelli. [...] Non vi abbandoneremo![79]	Italiennes et Italiens, je suis revenu hier soir des zones dévastées par la terrible catastrophe sismique. J'ai assisté à des spectacles que je n'oublierai jamais. Pourquoi, après quarante-huit heures, l'État n'est-il pas présent ? Il y a eu des manquements graves, cela ne fait aucun doute. Tous doivent se mobiliser pour aller aider leurs frères. [...] Nous ne vous abandonnerons pas !

Dans son discours, Pertini s'attaqua vertement aux responsables politiques et lorsque les secours arrivèrent en ayant perdu beaucoup de temps, notamment dans les villages détruits à 98% à l'instar de Laviano (Salerno), épicentre du tremblement de terre, 300 personnes, soit un tiers de la population, avaient trouvé la mort[80].

Bien entendu, la disparition de ce village constituait un élément majeur remettant en cause son équilibre vital, mais la situation demeurait très complexe car les populations vivant dans les villages accrochés à la montagne refusaient de partir. Ce fut

---

sur le champ, dites-lui que je dois lui parler, que je veux lui apprendre comment il faut faire pour mettre en place un service d'ordre !).

[79] CATARINELLA, Giuseppe, *op. cit.*, p. 8. Trad. (Italiennes et Italiens, je suis revenu hier soir des zones dévastées par la terrible catastrophe sismique. J'ai assisté à des spectacles que je n'oublierai jamais. Pourquoi, après quarante huit heures, l'État n'est-il pas présent ? Il y a eu des manquements graves, cela ne fait aucun doute. Tous doivent se mobiliser pour aller aider leurs frères. [...] Nous ne vous abandonnerons pas !).

[80] À l'époque du séisme, de nombreux habitants émigrés à Cologne souhaitent revenir dans leur village natal pour espérer revoir des membres de leurs familles restés au village. De plus, en 2012, trente deux ans après le drame, Rocco Falivena, le maire de Laviano, explique que depuis 1980, la misère est le lot quotidien de son village. L'argent de la reconstruction n'a pas amélioré les conditions de vie des habitants mais, au contraire, les aides financières ont généré l'apparition de la cocaïne et sa consommation parmi de nombreux habitants. Le maire a décidé d'abattre les abris en ciment armé construits pour reloger les sinistrés et de transformer les habitations en bois érigées après le tremblement de terre en chalets populaires qu'il loue aux vacanciers pour une centaine d'euros par mois. Le village a été rebaptisé *villaggio antistress*. CAPORALE, Antonio, « Un paese orribile ma gli ho dato un futuro » [Un village horrible mais je lui ai donné un futur], in *Il Fatto Quotidiano*, 4 octobre 2012, p.8. Nous pouvons ajouter l'exemple du village de Romagnano al Monte (Salerne) qui a été détruit aussi en 1980. Les habitants, après avoir vécu pendant de longues années dans des préfabriqués, se sont installés à trois kilomètres, dans un nouveau village. En 2007, un travail sur la réhabilitation du bourg abandonné a été initié par l'École Nationale d'Architecture de Versailles.

un véritable bras de fer qui s'amorça avec le gouvernement qui ordonnait leur départ pour de simples raisons de sécurité. Ainsi, les autorités furent obligées de retirer les troupes militaires qui avaient pour mission de contraindre les populations à évacuer les zones dangereuses. Ce choix, basé sur la mise à l'abri des personnes, fut confronté à des résistances historiques et culturelles beaucoup plus profondes qu'il n'y paraissait, les habitants se refusant à abandonner leurs villages[81]. Certes, ce phénomène n'était pas nouveau car déjà dans l'Antiquité,

> *les habitants d'une cité partiellement ou totalement détruite par un séisme pouvaient avoir deux attitudes opposées : ou bien, accablés par la malédiction, abandonner les lieux, ou bien reconstruire leurs maisons et leur temple et aller de l'avant*[82]*et cette répugnance à abandonner les lieux du désastre est en général qualifiée d'irrationnelle par les personnes chargées des secours*[83].

Prendre congé des lieux devint alors inconcevable ainsi que le refus irrationnel de partir qui s'expliqua *« par l'incapacité des victimes à se projeter dans le temps et le poids des intérêts particuliers et égoïstes »*[84].

D'autres solutions furent apportées pour remplacer les « *tendopoli* », ces tentes provisoires pour abriter les victimes. Même si 25 000 maisons préfabriquées et 14 000 containers furent offerts aux familles[85], le problème essentiel demeurait la reconstruction du tissu urbain, un sujet qui alimenta les appétits voraces des entrepreneurs malhonnêtes qui tentèrent de gonfler artificiellement les programmes urbanistiques et déchaînèrent, de fait, des rivalités. Une situation urbaine et territoriale désastreuse[86] qui n'était pas nouvelle puisqu'en 1967, Cesare De Seta (1941-) évoquait déjà une crise urbaine :

---

[81] Il nous semble utile de préciser que de nombreux sinistrés refusent de quitter les ruines de leur maison car sous les décombres se trouvent « *il pacchetto di dollari mandato dai parenti americani, le poche cose d'oro della moglie, qualche risparmio, gli attrezzi per lavorare* » in *Il Mattino*, anno LXXXIX, 25 novembre 1980, Trad. (Le paquet de dollars envoyé par la famille installée en Amérique, le peu d'objets en or des femmes mariées, les quelques économies, les outils pour travailler).

[82] GUIDOBONI, Emanuela et POIRIER, Jean-Paul, *Quand la terre tremblait*, Paris, Odile Jacob, 2004, p. 114.

[83] SIGNORELLI, Amalia, « Catastrophes naturelles et réponses culturelles » in *Terrain*, 19, 1992, pp.147-158, p. 149.

[84] QUENET, Grégory, *Les tremblements de terre aux XVIIe et XVIIIe siècles. La naissance d'un risque*, Seyssel, Champ Vallon, 2005, p. 404.

[85] DE SETA, Cesare, *op. cit.*, p. 2.

[86] Outre les problèmes séculaires de congestion et d'insalubrité du tissu urbain, la région de Naples souffre déjà en 1976 d'une omniprésence industrielle problématique car obsolète depuis les années 1960 :

I nostri problemi non sono quelli di far diventare produttivo il deserto ed abitabile la "terra del fuego". Il nostro problema è quello di un territorio sfruttato in ogni suo riposto angolo ed intensamente urbanizzato[87].

Nos problèmes ne sont pas de rendre productif le désert et habitable la « terre du feu ». Notre problème est celui d'un territoire exploité dans sa moindre parcelle et intensément urbanisé.

Face à ces éléments, force était de constater, d'une part, la désorganisation des secours et d'autre part, l'incurie des pouvoirs politiques. En outre, la tragédie de cet événement, comme nous allons l'évoquer, a connu un retentissement médiatique de premier ordre.

B. Le séisme et les médias.

Lors du séisme, la couverture médiatique a promu l'Irpinia au rang des catastrophes d'envergure[88]. Les médias, dans les différents périodiques et surtout dans le quotidien *Il Mattino* ont permis de reconstituer le désastre[89]. La presse d'informations accéléra la diffusion de la nouvelle et la catastrophe devint rapidement un événement

les raffineries Mobil Oil (vendues à la Kuwait Petroleum Corporation il y a une vingtaine d'années), les installations sidérurgiques de l'Italsider (quartier de Bagnoli), la cimenterie de la Cementir, c'est-à-dire des industries de base à haute capacité de pollution. À l'époque, la question est de savoir si le quartier de Bagnoli où les aménagements métallurgiques et pétrochimiques deviennent archaïques ne tendra pas, dans les futures années, à s'étendre toujours plus sans pour autant créer de nouveaux emplois mais en générant des dommages considérables sur la santé publique et sur l'environnement urbain et rural.

[87] DE SETA, Cesare, « La terra desolata » [La terre désolée], in *Magna Grecia*, anno XIV, février 1967, 86 (147).

[88] Le premier séisme qui a obtenu un tel retentissement médiatique est celui de Lisbonne en 1755 puisqu'il a laissé des textes littéraires importants et amplement documentés comme en attestent le témoignage de Goethe (1749-1832) intitulé *Poésie et vérité, souvenirs de ma vie,* Paris, Éditions Montaigne, 1992 ou celui de Kant (1724-1804) qui rédige en 1756, soit un an après le drame, un ouvrage intitulé *Histoire et description des plus remarquables événements relatifs au tremblement de terre qui a secoué une grande partie de la terre à la fin de l'année 1755.* ainsi que celui de Voltaire (1694-1778) qui a écrit *Poème sur le désastre de Lisbonne* en 1756. Le tremblement de terre de Lisbonne a détruit la plupart des édifices importants comme la cathédrale de Santa Maria et a causé un traumatisme profond dans les esprits.

[89] Voici quelques titres d'articles publiés dans *Il Mattino* quelques jours après la catastrophe : « Un minuto di terrore. I morti sono centinaia », [Une minute de terreur. Des morts par centaines], « Sotto le rovine si vive ancora ma i soccorsi arrivano tardi », [Sous les ruines, il y a encore de la vie mais les secours arrivent trop tard], « Neve e calce sui morti », [Neige et chaux sur les morts] « Un palazzo in polvere : venti famiglie sepolte ? », [Un édifice en poussière : vingt familles enterrées].

médiatique. En témoigna, par exemple, l'édition de *Il Mattino* du 26 novembre qui titrait « *Fate presto* »[90] ou le titre du journal *L'Unità* du 11 janvier 1981 : « *Quanto può resistere la gente dell'Irpinia* ? »[91] dans lequel l'article comparait la date du 23 novembre 1980 à celle du 8 septembre 1943[92], c'est-à-dire le jour de la capitulation, sans conditions, de l'armée italienne, après de difficiles pourparlers qui conduisirent à un armistice.

En outre, à l'époque du tremblement de terre, les journalistes dénoncèrent le désintérêt des hommes politiques en ce qui concernait les précautions à prendre pour anticiper tous séismes.

Le 27 novembre 1980, le journaliste Paolo Rufini écrivait un article intitulé « *L'Irpinia era fatta per tremare* »[93] en expliquant qu'en 1978, suite aux différents tremblements de terre, le vulcanologue Franco Barberi (1938-) avait établi un rapport sur la forte probabilité, à brève échéance, d'un séisme dans l'Apennin méridional. Mais sa théorie, à l'époque, n'avait intéressé aucun politique, « *come meravigliarsi allora della lentezza dei soccorsi ? La verità è che non si sapeva neanche dove andare* »[94].

De son côté, Leonardo Sciascia (1921-1989) qui, au travers de son œuvre, proposait une réflexion sur la réalité historique et politique de la Sicile, avait écrit un article, le 4 décembre 1980, dans *Il Mattino*. Il prenait position sur le fait que le séisme avait fait disparaître le « faux culte » de l'idyllique ordre paysan :

Suggestionati dal fatto che la catastrofe è giunta improvvisa a cancellare tutto, si è quasi portati a credere che abbia cancellato quel particolare tipo di vita :

Influencés par le fait que la catastrophe a tout détruit à l'improviste, on a presque été portés à croire qu'elle avait détruit ce mode de vie particulier : les villages à

[90] Trad. (Faites vite).

[91] Trad. (Combien de temps les habitants de l'Irpinia peuvent-ils résister ?).

[92] Nous signalons un ouvrage qui traite de manière très documentée les différents aspects des conséquences du séisme : RUSSO, Giovanni, *Terremoto : le due Italie sulle macerie del Sud : volontari e vittime, camorristi e disoccupati, notabili e razzisti, borghesi e contadini, emigranti e senzatetto*, [Tremblement de terre : les deux Italies sur les décombres du Sud : volontaires et victimes, gens de la Camorra et chômeurs, notables et racistes, bourgeois et paysans, émigrants et sans abris], Milano, Garzanti, 1981.

[93] RUFINI, Paolo, « L'Irpinia era fatta per tremare » [L'Irpinia était faite pour trembler] in *Il Mattino*, 27 novembre 1980.

[94] Ibid. Trad. (Comment s'étonner alors de la lenteur des secours ? La vérité est qu'on ne savait même pas où il fallait aller).

la vita [...] nei paesi –presepi. Ma basta un momento di distacco, di riflessione, per prendere coscienza che quel tipo di vita già da un pezzo era stata cancellata. Quelli che ora si chiamano paesi-presepi già rigurgitavano di automobili, di televisori, di elettrodomestici, di abusi e scempi edilizi, di fragori, di prodotti industriali, di pane fatto con improbabile farina e di formaggi fatti con improbabili veleni. E - si capisce - di corruzione : come le grandi città, le regioni e l'intero Paese[95].	décors de crèches. Mais, il suffit d'un instant de recul, de réflexion pour prendre conscience que ce type de vie a déjà été détruit depuis longtemps. Ceux qui maintenant s'appellent décor de crèche regorgeaient déjà de voitures, de la télévision, d'électroménager, d'abus et de massacres urbanistiques, de fracas, de produits industriels, de pain fait avec de la farine improbable et de fromages faits avec des venins improbables. Et - on comprend bien - de corruption : comme dans les grandes villes, les régions, le pays entier.

Il déplorait que l'expression « *paesi-presepe*» (décor de crèches), qui provenait du fait que de nombreux villages médiévaux étaient accrochés à flanc de montagne et que les habitations regroupées évoquaient le décor d'une crèche, ne correspondît plus à la réalité de la société moderne, caractérisée par l'omniprésence de la télévision et de l'automobile. Il ajoutait aussi que des villages organisés de cette sorte revêtaient un sens à l'époque où le monde paysan possédait aussi une culture paysanne, bien avant le boum économique, mais qu'aujourd'hui, ils n'existaient plus. L'auteur s'opposait au possible projet de reconstruire ces villages *in situ* et à l'identique car, bien avant le séisme, la structure de ces villages était déjà en totale contradiction avec la réalité sociale. Et cette civilisation paysanne, chère à Carlo Levi, avait déjà disparu bien avant 1980. Enfin, il rappelait qu'il ne fallait pas laisser ces bourgs aux mains des entrepreneurs corrompus comme c'était le cas dans les grandes villes de la péninsule et dans le pays tout entier. À l'instar de Sciascia, Alberto Moravia (1907-1990) écrivit, lui aussi, dans les journaux à l'époque et partagea l'opinion de Sciascia sur la fragilité des petits centres urbains détruits par le séisme : « *Dall'elicottero mentre voliamo verso l'Irpinia sconvolta dal terremoto si può vedere quanto fitto e quanto delicato sia il tessuto di rapporti umani, sociali, economici e storici della nostra antica e disgraziata*

[95] SCIASCIA, Leonardo, « Terremoto : quei presepi fanno comodo », [Tremblement de terre : ces villages-crèches sont pratiques] in *Il Mattino*, 5 décembre 1980.

patria »[96]. Il y décrivait les drames d'une population mais aussi les limites d'un pays entier[97].

Après le drame, Alfa 102 devint la « radio symbole du séisme » et les quotidiens *Il Mattino* et *Paese Sera* la surnommèrent « *Radio terremoto* » (« La radio du tremblement de terre »), parce qu'elle relatait, heure après heure, la tragédie vécue par les populations. Les artistes voulurent aussi rendre compte de l'événement catastrophique à l'instar de l'avant-gardiste Andy Warhol (1928-1987) qui réalisa, en s'inspirant des tabloïds, un triptyque monumental intitulé *Fate presto* (fig.1 et 2) en reprenant ainsi le titre du quotidien *Il Mattino* du 26 novembre 1980. L'exposition appelée *Terrae Motus*[98] (littéralement « *le mouvement de la terre* ») fut commandée par le galeriste Lucio Amelio[99]. Ce titre, délibérément provocateur et suggestif, permit de souligner la situation d'urgence dans laquelle était plongée une région toute entière. La volonté de l'artiste était de démontrer comment la culture peut transformer la solidarité en une action concrète.

Le triptyque de Warhol, de par sa taille exceptionnelle et sa palette de couleur réduite, semble effectivement avoir un aspect sacré. Il se compose de trois reproductions, en sérigraphies aux aplats de couleur noir et blanc, suggérées par la première page du quotidien napolitain. La force de ce travail de la part de Warhol fut d'utiliser une information tragique véhiculée par les médias et de la traiter avec la

---

[96] MORAVIA, Alberto, *Ho visto morire il Sud*, [J'ai vu mourir le sud], L'Espresso, a.XXVI, 49, 7 dicembre 1980, pp. 4-11. Trad. (De l'hélicoptère, alors que nous volons vers l'Irpinia bouleversée par le tremblement de terre, on peut voir combien le tissu des rapports humains, sociaux, économiques et historiques de notre ancienne et malheureuse patrie est dense et délicat).

[97] D'autres écrivains interviennent à l'époque à propos du séisme. Par exemple, on peut retenir Domenico REA, « *Una storia del sud* » [Une histoire du Sud] ou Michele PRISCO, « *Poi su Napoli calò il silenzio* », [Puis le silence tomba sur Naples]. Les articles ont été regroupés dans un volume intitulé : 19.35-Scritti dalle macerie, [19.35- Écrits depuis les ruines], a cura di Paolo SPERANZA, Avellino, Laceno, 2005.

[98] La collection qui présente plus de soixante-dix œuvres d'artistes contemporains propose comme thématique commune l'événement catastrophique. Elle est exposée pour la première fois à Herculanum (Campanie) en 1984 puis à Paris au Grand Palais en 1987. Actuellement, une partie des œuvres est visible à la Reggia de Caserte (Naples).

[99] Lucio Amelio (1931-1984), galeriste napolitain de renommée mondiale, a raconté qu'après le désastreux séisme, de nombreux artistes du monde entier le contactèrent et que cet intérêt fit naître un chantier *work in progress* afin de communiquer sur le drame. L'intérêt majeur de ce projet est de confronter des générations, des styles et des disciplines différentes. Le contraste entre les appartements historiques du XVIIIe de la Reggia où se tient l'exposition et la grande modernité du projet permet de créer un langage entre l'art et la condition humaine.

distance et la froideur d'une reproduction en série. Ainsi, l'artiste fut à même de proposer un art à la pointe de l'actualité[100].

Face à l'inertie des pouvoirs politiques, les médias et l'art se révélèrent donc être un lien entre les populations et œuvrèrent comme un service social. L'ampleur de la catastrophe se mesura ainsi à l'importante documentation fournie par les supports médiatiques qui livrèrent des informations brutes et les véhiculèrent rapidement. Pour cette raison, le rôle des médias dans la construction du séisme en événement de 1980 demeure primordial.

Fig.1
Fate presto par Andy Warhol
Acrylique et sérigraphie (chaque panneau 270 x 200 cm)
© specchi-e-riflessi.blogspot.com

[100] « *Fate presto* » rappelle la série « Désastres » (1963) peinte au début des années soixante où l'artiste réalise des compositions basées sur un principe de répétition et qui sont soumises au même processus d'érosion que dans la presse. L'image nous dit à la fois l'absence de singularité de ces désastres quotidiens (accidents de voitures – *Orange Car Crash Ten Times*, 1963 ou *Foot and Tire*, 1963, suicides, *Suicide*, 1963), et leur poignante insistance à vouloir revenir nous hanter. La mort ne passe pas. Elle persiste jusque dans le silence neutre des sections monochromes des diptyques. Elle devient reproductible, à l'instar des images hollywoodiennes et des produits de consommation qui parfois deviennent mortels. **BERNARD, Catherine**, « Spectres d'Andy Warhol », in *Sillages critiques* [En ligne], 8 | 2006, http://sillagescritiques.revues.org/1183 (page consultée le 4 décembre 2012).

Fig.2
Fate presto par Andy Warhol
© Eolopress.it 1981

C. L'ASPHYXIE URBANISTIQUE ET LES PROJETS DE RECONSTRUCTION.

Quelques mois avant le drame, la commune de Naples s'était résolue à lutter contre les constructions abusives et avait décidé, d'une part, la démolition de quatre cents bâtiments et d'autre part, la confiscation de dix mille logements construits sans permis. Cette volonté d'appliquer la loi avait déchaîné des réactions de la part de la camorra et les tribunaux avaient donné raison aux propriétaires. Mais cette tentative de faire appliquer la loi fut brutalement freinée par le séisme du 23 novembre 1980 et de nombreuses habitations, construites hors norme, ne résistèrent à la puissance du séisme. À Baronissi (Salerne) par exemple, deux immeubles s'écroulèrent, ôtant la vie à vingt-trois personnes. Il s'avéra que les entrepreneurs, emprisonnés après enquête, n'avaient pas respecté les règles de construction en vigueur et avaient bâti des édifices dont la structure présentait des risques d'effondrement[101]. Les quartiers anciens de Naples, quant à eux, résistèrent mieux, en dépit des nombreuses lézardes apparues lors des secousses telluriques qui avaient duré pendant plusieurs jours[102]. Cependant, le tuf, pierre volcanique provenant du sous-sol de Naples, commençait à montrer des signes de faiblesse et les architectes mandatés par la municipalité comprirent aisément que les *bassi*[103] du centre historique, qui abritaient des gens sans ressources, s'avéraient depuis longtemps inhabitables[104].

De façon surprenante et contrairement à ce que l'on aurait pu penser, ce fut une tour résidentielle récente, de neuf étages et construite environ vingt ans auparavant (fig.3), qui s'écroula à Naples, entraînant la mort de cinquante-deux personnes. Cet immeuble, surnommé *le gratte-ciel*, que l'on aperçoit dans le film de Francesco Rosi *Le*

---

[101] En effet, l'enquête a permis de découvrir que les trois inculpés (Giovanni D'Agostino, Giovanni Sarlo et Antonio Ariano) avaient utilisé des piliers en ciment armé qui présentaient des malfaçons et qui ont par conséquent fragilisé les édifices. Voir l'article intitulé. « Ecco i tre Baronissi » [Voici les trois habitants de la ville de Baronissi] in *Il Mattino*, 1981. Baronissi se trouve dans la province de Salerne.

[102] Au cours de cette nuit tragique, on compte à Naples 67 morts dont 13 personnes cardiaques, foudroyées par la terreur. RENARD, J, « La grande peur de Naples » in *L'Express*, 28 février 1981, p. 49.

[103] Les *bassi* napolitains sont des habitations composées d'une ou deux pièces, au rez-de chaussée, avec un accès direct sur la rue. Ces logements, caractéristiques de Naples, sont incontestablement significatifs de la dégradation urbanistique et sociale de la ville. En 1980, 98 000 personnes vivent dans 31000 *bassi*, 30 000 logements sont dépourvus de sanitaires et 24 000 sont sans eau courante. RENARD, J, *op. cit.*, p. 50.

[104] Ibid. Les architectes relatent que de nombreuses lésions sont obstruées par du carton pour bloquer le chemin aux rats.

mani bassi sulla città [105] est symptomatique de la spéculation foncière des années soixante. En effet, sous l'impulsion d'entrepreneurs peu scrupuleux, une période de bataille électorale, accompagnée de tractations immobilières débridées, contrôlées par des politiciens, fit naître des stratagèmes de corruption toujours plus inventifs.

La trame du film de Rosi, empreint de réalisme social, met en avant le système immobilier corrompu qui gangrénait le paysage napolitain. Dans un quartier populaire surpeuplé, une opération immobilière fait effondrer un bâtiment, situé dans le *vicolo* San Andrea à Naples[106]. Lors de la destruction du bâtiment, aucune mesure de sécurité n'est respectée et la violence de la scène est filmée

> *avec la même violence qu'une scène de bombardements. L'expulsion manu-militari des habitants du vicolo, sous prétexte de la vétusté des maisons, renvoie implicitement au déplacement des personnes des quartiers populaires par les Allemands durant les journées historiques de la bataille de Naples*[107].

Les dialogues, teintés de menaces, ont pour but de dénoncer un système et une société non schématiques. Selon le réalisateur, le film « *partait de l'énonciation d'un théorème : un mètre carré de terrain agricole situé à la périphérie d'une grande ville voit sa valeur augmentée de façon démesurée s'il devient constructible* »[108]. Le principe qui perturbe la mairie ne constitue nullement le drame mais celui des prochaines élections, puisque l'un des conseillers municipaux est un riche promoteur immobilier qui requiert la connivence des services de la mairie. Le film n'est pas construit comme un documentaire mais présente les caractères authentiques des aspects sociaux et des manipulations politiques de cette époque. Celle-ci, marquée par de nombreuses expulsions des habitants du centre historique, plus particulièrement des *Quartieri Spagnoli*[109], tend à préparer la voie aux opérations urbanistiques. En raison de son expérience probante lors du séisme du Belice en 1968, un commissaire

[105] *Le mani sulla città*, [Main basse sur la ville], ROSI, Francesco, avec Rod Steiger et Salvo Randone, Italie, 1963, drame, 105 mn. Lion d'Or de Venise en 1963.
[106] Un *vicolo* étant une rue étroite souvent imbriquée dans un tissu urbain médiéval très dense.
[107] TANANT, Myriam, « Voir Naples-Dire Naples. Le cinéma de Francesco Rosi avec Raffaele La Capria » in *Chroniques Italiennes*, 5 (1/2004), Série Web, p. 9. [En ligne], http://www.chroniques italiennes.univ-paris3.fr (page consultée le 10 décembre 2012)
[108] ROSI, Francesco, « Ma façon de faire du cinéma » in *Francesco Rosi*, sous la direction de Jean Gili, Études cinématographiques, vol. 66, 2001.
[109] Les Quartiers Espagnols sont appelés ainsi car ils ont été, à partir de la moitié du XVIe siècle, le repaire des troupes espagnoles établies à Naples.

« extraordinaire », nommé par le gouvernement, Giuseppe Zamberletti est chargé de coordonner les secours.

De plus, un drame supplémentaire se produisit le 14 décembre 1980. Sous l'effet d'une nouvelle secousse, une partie de l'Albergo dei Poveri, édifié au XVIIIe siècle par la dynastie des Bourbons, s'écroula et causa la mort de neuf personnes supplémentaires. Les spécialistes, qui avaient en charge, à l'époque, de contrôler l'état des édifices, avaient décrété qu'il ne présentait aucun danger. Un nouvel élan de panique se propagea et les journaux accusèrent : « *Rimane il dubbio angoscioso, però, se nel 1979 o in quest'anno, il governo avesse investito anche solo 2 mila miliardi per restaurare il patrimonio abitativo irpino, certamente avremmo contato meno morti* »[110]. Cette administration déficiente provoqua évidemment l'indignation de la population et entraîna la comparaison avec le séisme du Frioul, le 21 mai 1976, qui avait affecté 80000 habitants et provoqué la mort de près de mille personnes.

Le Frioul, contrairement à l'Irpinia, s'était organisé rapidement autour du leitmotiv « *Fasin de bessoi* », « *Facciamo da soli* »[111]. En effet, si le séisme du Frioul est synonyme d'une étroite collaboration entre les partis politiques qui travaillèrent de concert pour remédier à la situation, le séisme de l'Irpinia fut considéré, quant à lui, comme le symbole d'un gâchis, d'une mauvaise administration et d'un manque d'organisations techniques et sociales. Indéniablement, tous ces événements successifs ont renforcé la vision d'un Mezzogiorno défaillant.

[110] RUFINI, Paolo, *op. cit.*, Trad. (Mais il reste le doute angoissant que, si en 1979 ou même cette année, le gouvernement n'avait investi, ne serait-ce que deux mille milliards [de lires] pour restaurer le patrimoine de l'habitat de l'Irpinia, il y aurait sans soute eu moins de morts).
[111] Trad. (« Faisons-le nous-mêmes »).

Fig.3
Immeuble au 87 via Stadera
© www.commune.napoli.it

D. Un cas particulier.

Paradoxalement, le tremblement de terre de 1980 permit de sauver le bourg historique d'Apice[112] (Bénévent), figé dans le temps depuis le séisme du 21 août 1962 (fig.4). Après le tremblement de terre de 1980, la population fuit le village et décida de s'installer dans la vallée pour reconstruire une ville sur un territoire plus sûr. Aujourd'hui, le village d'Apice est cristallisé, au même titre que Pompei depuis le 1er siècle : son château normand, ses places et ses ruelles sont encore visibles mais le village a été reconstruit ex-novo, grâce à un plan de construction étalé sur trente ans.

C'est un cas étonnant dans le panorama samnite puisque le vieux et le nouveau centres sont reliés par un pont en ciment. Le plan urbanistique avait prévu, et ce ne fut pas un hasard, de nommer la place principale « Piazza della Ricostruzione »[113] (Fig.5).

[112] L'histoire particulière du village d'Apice est relatée par LEONE, Filomena, « Apice : due terremoti, una rinascita » [Apice : deux tremblements de terre, une renaissance] in *Terremoto e trent'anni di cricca*, Roma, UGSI, 2010, pp. 93-100.
[113] Trad. (Place de la Reconstruction).

Fig.4
Les habitations après le séisme de 1980 à Apice (Av)
© CdA 2012

Fig.5
La nouvelle ville d'Apice (Av) après le séisme
© CdA 2012

II. Chronique de l'après séisme

A. Planification périphérique et urbaine

Sans entrer dans les détails d'une opération complexe d'un point de vue urbanistique et financier, nous souhaitons mettre en évidence quelques points essentiels concernant la requalification urbanistique post-tremblement de terre.

Il est à souligner qu'en premier lieu le programme régulateur de 1972 a engendré une paralysie urbaine et a favorisé, par conséquent, l'économie illégale. Le plan découlait de la loi 167 promulguée en 1962 sur l'habitat social qui obligeait les villes de plus de cinquante mille habitants à construire des logements sociaux. Concrètement, ce projet qui concernait une zone située au nord et nord-est de Naples semblait très intéressant, voire révolutionnaire. L'objectif premier était de déplacer le centre ville vers l'intérieur de la province et de créer de nouveaux centres urbains sur le territoire. Le plan fusionna ensuite avec le plan d'urbanisme de 1972 et la loi 167 fut modifiée pour la dernière fois en 1971, avec l'édification de nouveaux quartiers populaires dans la zone nord, comme celui de Scampia[114].

Fig.6
Le Vele di Scampia © Andrea Santoro 2012

[114] DE SETA, Cesare, *Dopo il terremoto*, *op. cit.*, p. 16.

La loi 167 avait pour but de favoriser la construction de logements, accessibles à tous avec un loyer modéré. L'exemple de construction le plus emblématique qui résulta de cette décision fut sans nul doute, le quartier des *Sette Vele*[115] (fig.6) à Scampia qui concernait un projet de sept bâtiments initié par l'architecte urbaniste Franz Di Salvo (1913-1977). À l'origine, en 1962, il s'agissait d'un projet moderne de constructions d'édifices-quartiers (appelés *rioni*) capables d'accueillir des centaines de familles. Les édifices, de formes triangulaires, étaient dotés de vastes couloirs de liaison, servant de passages, semblables aux ruelles caractéristiques de Naples. Cette similitude, on l'aura compris, avait pour objectif de favoriser l'intégration des habitants. Rapidement, ce quartier accueillit les personnes pauvres hébergées jusqu'alors à l'hôtel.

En 1980, suite au tremblement de terre, le développement du projet s'arrêta complètement mais les habitants décidèrent d'occuper des appartements non terminés, sans les installations de gaz, d'eau et d'électricité. Certains murèrent même les balcons et s'aménagèrent un lieu de vie ou bien s'installèrent dans les sous-sols destinés aux garages. Ainsi, ce qui devait être considérée comme une ville modèle et utopique, avec une optimisation des espaces d'habitation, connut un naufrage catastrophique puisqu'en 1982, pour parer à l'urgence de nouvelles habitations, on termina les *Sette Vele* en utilisant des matériaux défectueux, abandonnant ainsi le projet de l'architecte, décédé en 1977.

Dix ans plus tard, la ville de Naples déclarait le lieu inhabitable, en raison de la présence d'amiante et d'infiltrations d'eau. Ensuite, trois des sept constructions furent détruites pour faire place à de nouveaux projets en vue de la requalification du territoire, projets qui attendent encore de voir le jour. Aujourd'hui, le quartier reste un haut lieu de criminalité organisée, et *le vele* sont devenues les icônes d'un échec urbanistique au sujet duquel nous pourrions reprendre une remarque du journaliste Gian Antonio Stella :

Guardatevi intorno e cercate con gli occhi, ovunque siate, gli edifici che hanno più di mezzo secolo : è difficile trovarne uno davvero brutto. Poi fate il contrario: cercate con gli occhi, ovunque siate, gli edifici che hanno meno di una

Regardez autour de vous et cherchez des yeux, où que vous soyez, les édifices qui ont plus d'un demi-siècle : il est difficile d'en trouver un vraiment très laid. Puis faites le contraire : cherchez des yeux les édifices qui ont moins d'une cinquantaine d'années,

[115] La traduction littérale est *Les Sept Voiles* en raison de la forme triangulaire des bâtiments qui rappelle les voiles d'un navire.

cinquantina di anni: è difficile trovarne uno davvero bello[116].	il est difficile d'en trouver un vraiment beau.

Ce projet est toujours considéré comme une utopie et de nombreux habitants ont fui, laissant leur quartier devenir un ghetto, envahi par les gangs et les revendeurs de drogue. Le rêve urbanistique s'est donc transformé en un spectre où malversation et exactions planent en permanence. La destruction a marqué l'échec d'un projet initié quelques dizaines d'années auparavant[117].

Cet exemple nous permet de comprendre combien le développement de la périphérie de Naples a souffert d'une organisation insuffisante, avant la tragédie du séisme. Après le 23 novembre 1980, on assista à la mise en place d'un plan d'urgence en faveur des victimes du tremblement de terre, avec la réalisation de quartiers-dortoirs pour les classes défavorisées, sans que ne soient entrepris de travaux considérables mais seulement nécessaires à consolider le tracé urbanistique reliant le centre historique à la périphérie.

En effet, Naples possède toutes les caractéristiques communes aux grandes villes européennes, mais l'agglomération présente aussi des traits particuliers comme une démographie exceptionnelle, un surpeuplement, un manque d'espace et une forte densité[118]. Le plan urbanistique concernant la périphérie appelé « *Piano delle periferie* » (Plan des banlieues) fut adopté par le Conseil communal sept mois avant le tremblement de terre[119]. Le programme était novateur car il s'agissait de requalifier l'autre ville, la *non-ville* qui s'était développée durant les trente dernières années, et à laquelle on souhaitait redonner une certaine dignité civile.

Effectivement, cette périphérie, aux racines séculaires, conserve une mémoire qu'il ne faut pas négliger et qui se traduit par la présence de *casali* (maisons rurales très

[116] STELLA, G.A, « *Abbiamo perduto l'idea di bellezza : i barbari sono tra noi e spesso costruiscono edifici nei quali non abiterebbero* », [Nous avons perdu l'idée de beauté : les barbares sont parmi nous et construisent souvent des édifices dans lesquels ils n'habiteraient pas] in *Corriere della Sera*, 14 marzo 2012.

[117] Le critique américain Charles Jencks, au sujet des destructions, parle de mort de l'architecture moderne en évoquant Saint Louis, Missouri, le 15 juillet 1972 où une première phase de destruction du quartier de Pruitt Igoe fait disparaître un ensemble de trente-trois barres de logements, réalisé seulement seize ans plus tôt.

[118] En 1981, la densité moyenne du quartier de San Lorenzo est de 47 000 habitants au km^2 alors que la densité moyenne est de 10 418 habitants au km^2. On est donc face à une sur-densification de ce quartier de San Lorenzo. VALLAT, Colette, « Pression socio-démographique et construction abusive dans l'agglomération napolitaine » in *Méditerranée*, 3-4, 1992, p.13-18, p.14.

[119] DE SETA, Cesare, *Dopo il terremoto*, *op. cit.*, p. 174.

anciennes) dont certaines faisaient partie de la structure urbaine à la période ducale du XIIe siècle et de *masserie* (fermes) datant du XVIIe siècle. En effet :

questi casali, che si leggono bene – almeno per una parte – nella mappa del duca di Noja (1775), nonostante lo stato d'abbandono, sono un patrimonio ambientale non trascurabile, ma soprattutto un aggregato umano e civile da salvaguardare[120].

Ces *casali* que l'on reconnaît très bien – au moins sur la carte du duc de Noja (1775), malgré leur état d'abandon, sont un patrimoine naturel non négligeable, mais surtout une communauté humaine et civile à sauvegarder.

Dans ce cas précis, le plan concevait la récupération du système de noyaux ruraux, lourdement urbanisés et rattachés à la ville pendant le fascisme, dans le but d'offrir une réponse cohérente au problème de la dégradation sociale et urbanistique de ce vaste territoire. La banlieue devait donc se greffer sur des anciens bourgs ruraux et devenir la partie intégrante de l'identité historique et anthropologique du lieu. Ainsi, le nord de la périphérie napolitaine se dota de nombreux logements, mais rapidement ces nouveaux quartiers se transformèrent en ghettos dépourvus de lieux culturels et d'hôpitaux. Le centre historique, quant à lui, face à l'extension de la périphérie, se dépeupla, même si la requalification urbanistique prévoyait aussi de normaliser les habitats, de « ressusciter » les palais nobiliaires en les restaurant afin de les transformer en locaux pour des associations culturelles.

B. DÉVELOPPEMENT ÉCONOMIQUE LOCAL.

En 1982, l'architecte Kenzo Tange commença la construction du Centre Directionnel de Naples (C.D.N) afin de dynamiser la ville et de participer à un aménagement du quartier de Poggioreale, situé à l'est, devenu une friche urbaine[121]. En effet, pour rationnaliser l'espace urbain et faire face aux carences des infrastructures et des services administratifs, une des solutions proposées fut la construction d'un centre d'affaires futuriste (fig.7). Si le projet était considéré comme le point d'ancrage des activités nouvelles, force fut de constater que le résultat se révéla aux antipodes du programme initial.

[120] Ibid. p. 90-91.

[121] Sur l'aménagement du quartier de Poggioreale, voir l'article de Colette VALLAT, « Naples : du centre historique au nouveau centre directionnel ou du désordre urbain à la recomposition des pouvoirs et des territoires » in *Annales de Géographie*, 573, 1993, pp. 503.518.

En effet, le défaut majeur de ce projet fut d'avoir envisagé ce Centre Directionnel comme un îlot, coupé du centre urbain. Cette rupture urbaine renforça l'isolement des quartiers limitrophes. De plus, l'achèvement du projet demeura incomplet et il semblerait que la municipalité ait décidé, obligée par la loi 142 de 1990, de qualifier l'ensemble urbain par la construction de pôles plus petits (et donc à l'encontre du CDN) visant une destination précise. Ces petits pôles devaient être disséminés dans l'ensemble du paysage napolitain[122].

Le centre administratif devait se regrouper sur trois quartiers (San Ferdinando, San Giuseppe et Porto).Il devait aussi permettre la construction de nouvelles activités pour générer, par voie de conséquence, de nouvelles perspectives de travail, tout en regroupant une grande partie des emplois tertiaires. La déficience d'un équipement adéquat de transports publics expliqua par ailleurs l'échec du projet.

Fig.7
Centro Direzionale di Napoli
© ioenoi.it

[122] Ibid., p .518.

À titre d'exemple, un autre projet urbanistique, non abouti à Naples, fut celui concernant le quartier de Secondigliano (fig.8), voisin de celui de Scampia, qui fit l'objet d'une étude scientifique en 1980.

Les deux principaux thèmes examinés furent, à l'époque, l'habitat et les conditions socio-économiques de la population. La partie du quartier la plus imposante reste le Rione 167 dont le problème majeur demeure la surpopulation[123]. Cette situation génère, inexorablement, la formation de bandes rivales qui sèment la terreur parmi les habitants.

[123] Collettivo di ricerche sociali Port'Alba, *Ai margini della città. Il comprensorio 167 di Secondigliano : condizione abitativa e socio-economica della popolazione*, [En marge de la ville. Le territoire 167 de Secondigliano : conditions de logement et socioéconomiques de la population], Napoli, SVAIMEC, 1980. L'étude explique que le nombre de personnes vivant dans une même pièce est normalement un mais que dans ce quartier, il oscille entre 1,8 et 1,9.

Fig.8
Secondigliano
© Luciano Ferrara. 1980

Il est bien évident que la vie dans les quartiers populaires périphériques était déjà caractérisée par la marginalité et la perte de liens sociaux. Mais, on connaissait beaucoup moins les éléments nécessaires pour qualifier et quantifier de telles conditions, comme la présence de structures associatives, le niveau d'instruction ou encore les conditions d'hygiène de la population. Les différents plans d'urbanisme initiés avant le séisme se sont donc retrouvés au cœur d'une spéculation immobilière qui se traduisit par des projets inachevés. De plus, la situation dramatique provoquée par le tremblement de terre fit augmenter la criminalité ; dans l'arrière-pays napolitain et le centre ville, le chômage était devenu un véritable fléau qui provoqua des dommages collatéraux puisque « *il disoccupato è un potenziale adepto di quella che i criminologi chiamano "società deviante" : la cui disoccupazione e miseria alimentano la prostituzione, il traffico della droga, il contrabbando, ecc...* »[124].

Nous avons donc remarqué une « inversion » du processus habituel dans le projet urbanistique post-séisme de 1980, puisque la concentration des efforts de requalification s'est surtout effectuée sur les faubourgs et non sur le centre historique. La politique urbanistique a ainsi maintenu sur place la population résidant en périphérie.

C. Le climat social post-catastrophe

Indéniablement, les années quatre-vingts se sont caractérisées, en Italie, par une situation d'instabilité économique qui s'est peu à peu installée, conjuguée à des années de terreur marquées par des attentats. L'un des plus retentissants est celui de la gare de Bologne le 02 août 1980[125]. À cette époque, l'Italie n'était pas encore sortie des années

[124] DE SETA, Cesare, *Dopo il terremoto*, *op. cit.*, p. 83. Trad. (Le chômeur est un adepte potentiel que les criminologues appellent "société déviante" : le chômage et la misère alimentent la prostitution, le trafic de drogue, la contrebande, ...).

[125] L'attentat fait 85 morts et blesse plus de 200 personnes. De plus, le 27 juin 1980, un avion de la compagnie italienne Itavia explose en vol et disparaît en mer. L'une des thèses retenues, après des années d'enquêtes, est celle d'un complot terroriste dont on suppose un lien avec l'attentat de Bologne qui a lieu

de Plomb, et la Campanie, qui venait de connaître une épidémie de choléra en 1973[126], vivait des années difficiles de criminalité organisée avec l'omniprésence de la Camorra. En effet, la reconstruction post-séisme déchaînait des appétits féroces.

1. L'ASSASSINAT DE GIANCARLO SIANI

Après le tremblement de terre, les intérêts pour la reconstruction représentèrent des sommes considérables. Dans les années quatre-vingts, Raffaele Cutolo, dit *Il Professore,* le chef de la Nuova Camorra Organizzata (NCO), souhaita réunir tous les groupes mafieux de Campanie sous l'autorité d'un seul *boss*, s'inspirant ainsi du modèle sicilien. Mais des conflits âpres se déchaînèrent entre les différents clans. Un jeune journaliste napolitain, Giancarlo Siani (1959-1985), se retrouva dans l'enfer de cette guerre, mêlant politiciens corrompus et policiers impuissants. Le 23 septembre 1985, la Camorra assassina le journaliste du quotidien *Il Mattino*, alors qu'en tant que correspondant à Torre Annunziata, il menait une enquête (Naples) à propos des connivences entre la Camorra et les politiciens, après le tremblement de terre. Il s'intéressa non seulement à la réalité des quartiers de cette périphérie mais aussi à l'aspect criminel qu'il eut l'occasion d'approfondir au cours d'une enquête sur la contrebande de cigarettes, ainsi qu'à l'expansion économique du boss local, Valentino Gionta. À ce moment-là :

La Camorra diventa una vera e propria holding di imprese produttive, non si limita al settore edilizio, estendendo le sue ramificazioni tentacolari anche in quello del credito, dei servizi e del

La Camorra devient une vraie *holding* d'entreprises productives, elle ne se limite pas au secteur du bâtiment mais étend aussi ses ramifications tentaculaires dans celui du crédit, des services et du grand marché de l'économie locale. Dans ces

---

35 jours après. Rappelons aussi l'attentat à la bombe par un groupe terroriste qui s'est produit le 23 décembre 1984 dans le train Naples-Milan et causa la mort de 15 personnes.

[126] Une terrible épidémie de choléra a touché la ville en 1884 et ce fléau a contribué à diffuser une image négative de la ville comme l'explique l'historien Giuseppe Galasso : « *Fu allora che i luoghi comuni approssimativi su Napoli anche come reazione all'immagine precedente della città, divennero sempre più esagerati e frequenti.* » in GALASSO, Giuseppe, *Intervista sulla storia di Napoli*, a cura di Percy Allum, Roma-Bari, Laterza, 1978, pp. 171-172. Trad. (Ce fut à ce moment-là que les lieux communs approximatifs sur Naples, aussi comme réaction à l'image précédente de la ville, devinrent de plus en plus excessifs et fréquents).

grande mercato dell'indotto. In questi contesti, prolificano le complicità e alleanze con l'imprenditoria e con coloro che per le loro funzioni politiche e burocratiche detengono poteri decizionali[127].

domaines, les complicités et les alliances avec les entrepreneurs prolifèrent et avec ceux-là mêmes qui détiennent les pouvoirs décisionnels, grâce à leurs fonctions politiques et administratives.

Le journaliste devint forcément un protagoniste dérangeant car son action était aussi respectée et encouragée par les citoyens. Il n'avait pas encore publié son article mais s'affairait à recueillir des documents sur les rapports entre la Camorra, la politique et le monde des affaires. L'article du 10 juin 1985 racontait « *l'ultima goccia che ha fatto traboccare il vaso : Giancarlo era considerato un nemico perchè aveva concentrato il suo interesse su una serie di appalti* »[128]. En effet, l'article révèlait l'alliance de Valentino Gionta et de Lorenzo Nuvoletta, un ami de Toto Riina, le chef de la mafia sicilienne et son représentant en Campanie. Mais Lorenzo Nuvoletta avait un différend avec un autre boss de la Camorra. Il refusait la requête de Riina qui lui demandait de tuer son allié mafieux. Nuvoletta, pour ne pas trahir son honneur en tuant un allié, préfèra le dénoncer en fournissant des informations à la police. Le journaliste fit paraître ce détail dans son article du 10 juin 1985 et c'est ainsi que Nuvoletta et Riina décidèrent de l'éliminer. La préparation de l'assassinat prit trois mois.

Ce drame fut repris, en 2011, dans le film de Marco Risi, *Fortapàsc*[129]. Le titre est « *un mot volontairement bancal qui fait penser au Fort Apache des westerns traditionnels et évoque l'idée d'une ville assiégée par des bandits. En même temps, il décrit la situation dramatique que vivait la ville de Naples en 1985* »[130]. Le dernier article de Siani qui s'intitulait « *Nonna manda il nipote a vendere l'eroina* »[131] nous permit de comprendre pleinement la situation critique de Naples et de sa périphérie où

[127] Mieli, Paolo, *op. cit.*, p.215.

[128] DE STEFANO, Bruno, *Giancarlo Siani. Passione e morte di un giornalista scomodo*, [Giancarlo Siani. Passion et mort d'un journaliste dérangeant], Roma, Giulio Perrone Editore, 2012, p. 9. Trad. (La dernière goutte qui fit déborder le vase : Giancarlo était considéré comme un ennemi car il s'intéressait de près à une série d'appels d'offres).

[129] *Fortapàsc*, [Fort Apache], Marco RISI, avec Libero De Rienzo, Italie, 2011, drame, 110 mn. À noter aussi l'existence d'un court métrage sur Siani : *Mehari*, DE ROSA, Gianfranco. Italie, drame, 2000, 11 mn.

[130] Marco RISI dans une interview pour Bellissima Film (Paris) en 2011.

[131] SIANI, Giancarlo, « Nonna manda il nipote a vendere l'eroina » [La grand-mère envoie son petit-fils vendre de l'héroïne] in *Il Mattino*, 22 settembre 1985.

« in provincia di Napoli lo spaccio della droga è diffuso, ramificato, controllato dai grossi clan della camorra. A Torre Annunziata un traffico che fino all'agosto dell'anno scorso era direttamente gestito dal boss Valentino Gionta »[132]. L'article éclairait également sur un aspect sordide du trafic en précisant que la vente au détail, quant à elle, restait une activité plus facile à organiser en famille et qu'elle devenait rapidement familière pour les enfants. Ce phénomène répandu fit naître une rébellion des mères qui s'opposèrent à la drogue dans les Quartiers Espagnols de Naples. Nous pouvons rappeler que Giancarlo Siani fut l'un des rares journalistes tués par la Camorra.

2. L'infiltration de la Camorra dans la reconstruction

Après le séisme, on note que « *la politica massiccia dei villaggi prefabbricati alimentò appetiti, indusse alla formazione di programmi edilizi gonfiati, scatenò rivalità campanilistiche ed indusse [...] ad una corsa all'accapparramento degli stanziamenti previsiti per la ricostruzione* »[133]. Parmi ses nombreux combats, Giancarlo Siani enquêta aussi sur les infiltrations de la Camorra après le séisme et plus particulièrement sur le fait que le clan Cutolo bénéficia en 1982 de 180 millions de lires pour reconstruire sa maison. Cependant, la loi n°304 de mai 1982 accordait des remises de peine en cas de témoignages ou d'informations permettant de collaborer avec la justice. Cette nouvelle proposition avait pour but de faire reculer la loi du silence, l'*omertà*. L'un des principaux protagonistes de ces nouvelles dispositions fut un présentateur populaire de l'émission de la RAI *Portobello*, Enzo Tortora[134].

Ce dernier se vit accusé de trafic de drogue et fut arrêté en 1983 après les aveux d'un repenti de la Nuova Camorra de Raffaele Cutolo. Le procès contre la Camorra se termina le 17 septembre 1985 (une semaine avant l'assassinat de Giancarlo Siani) et 137

---

[132] Ibid. Trad. (Et dans la province de Naples, le trafic de la drogue est fréquent, ramifié, contrôlé par les gros clans de la Camorra. À Torre Annunziata, jusqu'en août dernier, le trafic était directement géré par le boss Valentino Gionta).

[133] DE SETA, Cesare, *Dopo il terremoto, la ricostruzione*, *op. cit.*, p.3. Trad. (La politique massive des villages préfabriqués alimenta les appétits, incita à la création de programmes urbanistiques gonflés, déchaîna les rivalités de clocher et provoqua [...] une course à l'accaparement des crédits prévus pour la reconstruction).

[134] En octobre 2012, la Rai 1 a diffusé un téléfilm en deux parties sur la vie d'Enzo Tortora : « ***Il caso Enzo Tortora – Dove eravamo rimasti?*** », [Le cas Tortora. Où en étions-nous restés ?] de Ricky TOGNAZZI, avec Ricky TOGNAZZI, Italie, 200 min. Le titre de la série reprend la phrase que le présentateur prononçait en début d'émission.

personnes furent condamnées, dont le présentateur de la télévision. La sentence condamna l'animateur à dix ans de réclusion et à cinquante millions de lires pour association de malfaiteurs. Cependant, trois ans plus tard, il parvint à démontrer l'effroyable méprise : il s'agissait d'une homonymie. Il fut finalement reconnu innocent et mourut deux ans plus tard de maladie. Les détournements de fonds pour le tremblement de terre de l'Irpinia figuraient parmi les différentes accusations qui pesaient sur lui.

La Camorra peut s'infiltrer dans tous les projets de reconstruction du fait de la gestion des financements publics confiée à une structure législative basée sur l'urgence. Ainsi furent alloués au total plus de cinquante mille milliards de lires provenant de l'État, mais aussi de fonds privés et étrangers. Par conséquent, les nombreuses dérogations concernant la gestion des dépenses et la multiplication des procurations des pouvoirs publics aux entreprises privées rendirent quasiment impossible les contrôles et facilitèrent aussi la pénétration de la criminalité organisée dans la reconstruction post-séisme.

Par exemple, l'appel d'offres pour les maisons préfabriquées d'Avellino avait été remporté par une entreprise où travaillait Roberto, le fils de Raffaele Cutolo. Les clans, en contrôlant les fournitures et en s'imposant comme garants des transactions, créèrent un véritable « marché protégé » qui fit figure de monopole aux possibilités financières illimitées. Le point d'orgue fut de proposer des tarifs inférieurs de 50% au prix du marché, qui inévitablement eut des répercussions sur la qualité des travaux exécutés[135]. Une autre victime de Cutolo fut Marcello Torre, le maire de Pagani (Salerne), assassiné par la Camorra le 11 décembre 1980, qui s'opposa aux exactions de la Nuova Camorra Organizzata alors que le boss se trouvait emprisonné à Poggioreale. De sa prison, Raffaele Cutolo continuait à contrôler ses propres activités et considérait le séisme comme une occasion envoyée de Dieu pour éliminer certains rivaux de la Nouvelle Famille[136].

---

[135] Ces informations sont longuement détaillées dans le texte de SCOGNAMIGLIO, Claudia, « Le mani della Camorra sulla ricostruzione » [Les mains de la Camorra sur la reconstruction] in MIELI, Paolo, *op. cit.*, pp. 213.220.

[136] MIELI, Paolo, *op. cit,* p .26

Après le séisme, face aux lourds bilans tant en pertes humaines qu'en dommages matériels, les régions sinistrées ne purent être reconstruites puisqu'une partie de l'argent débloquée par le Fond Monétaire Européen et le gouvernement italien fut détournée par des administrateurs et des élus. Enfin, l'incurie des pouvoirs politiques et l'omniprésence mafieuse focalisèrent l'attention et le débat sur une reconstruction difficile à mettre en œuvre.

III. INTERPRÉTATION DU SÉISME

À ce stade de notre travail, nous souhaitons orienter notre réflexion sur le sens et la valeur que peut avoir un séisme sur le psychisme des populations. En effet,

> *Quand un tremblement de terre frappe une ville où se concentre toute la puissance de la domination humaine sur la nature, c'est cette puissance qui semble succomber, disparaître, ensevelie sous les décombres, ébranlant fortement la certitude de cette domination mais détruisant également la confiance en une nature amie de l'homme*[137].

Dans l'Histoire, le tremblement de terre demeure, à l'évidence, porteur de dégâts. Mais, il peut aussi représenter une fracture entre le passé et le futur comme, par exemple, le séisme du 5 février 1663 en Nouvelle-France (Canada) qui endommagea une grande partie des centres habités. Face à la détresse ambiante, les missionnaires considérèrent le séisme comme un message divin, message d'avertissement, visant à condamner toutes sortes de débauches, telle la fête de carnaval[138].

Les populations sinistrées ont donc besoin d'aide et, très souvent, le soutien apporté dans ce type de situation reste avant tout d'ordre matériel, même si depuis quelques années, des pays, tels les États-Unis, pensent que les populations touchées nécessitent davantage d'une assistance sur le plan psychologique, ceci afin de reconstruire les structures sociales et individuelles qui se sont effritées. De ce fait, nous assistons à l'émergence d'un nouveau terrain de recherche, appelé « *sociologie des désastres* »[139] qui considère le tremblement de terre dans sa propre dimension culturelle.

Ainsi le tremblement de terre revêt deux interprétations possibles : l'une étant métaphysique et l'autre naturelle. À titre d'exemple, à l'époque de la Renaissance, l'humaniste florentin Giannozzo Manetti (1369-1459) expliqua dans un traité[140] que le

[137] SIGNORELLI, Amelia, *op.cit,* p. 151. L'auteur explique qu'un séisme est à considérer comme un « problème » d'immense envergure et comme tout problème, se doit d'être résolu. La solution apportée doit être rationnelle et dans le cas d'une catastrophe naturelle, deux valeurs sont essentielles : la solidarité et l'efficacité.

[138] BERRY, Lynn, « Le ciel et la terre nous ont parlé : comment les missionnaires du Canada français de l'époque coloniale interprètent le tremblement de terre de 1663 » in *Revue d'Histoire de l'Amérique française*, vol.60, 1-2, 2006, pp. 11-35.

[139] SIGNORELLI, Amelia, *op. cit*, pp. 147-158.

[140] MANETTI, Giannozzo, *De Terrœmotus*, trad. de C. Scopelliti, Roma, ENEA, 1983.

séisme pouvaitt provenir d'une décision divine qui rappelait l'omnipotence de Dieu, mais néanmoins, cette catastrophe pouvait aussi avoir une origine naturelle.

A. SIGNE DE LA COLÈRE DIVINE

Tout d'abord, si la catastrophe sismique demeure depuis fort longtemps un objet de fascination dans l'Histoire[141] et dans la Bible, le tremblement de terre est souvent envisagé comme un symbole religieux qui évoque le mystère et la volonté de Dieu lui-même :

> *Si les tremblements de terre de la Bible sont en général de pures manifestations de la puissance de Dieu, souvent dirigées contre les ennemis d'Israël, avec les premiers chrétiens et la notion de péché, il apparaît l'idée que Dieu envoie le tremblement de terre pour châtier les hommes*[142].

D'autre part, si les épidémies, les famines ou les guerres peuvent être considérées comme de véritables fléaux de par leur durée, le tremblement de terre, en revanche, revêt, par sa violence et sa soudaineté, une réalité brutale et immédiate. Il peut être considéré comme un événement surnaturel par excellence et de ce fait, être interprété d'un point de vue religieux[143].

La tradition biblico-évangélique le considère comme l'ultime preuve de la présence de Dieu qui ne veut pas détruire une réalité mais qui souhaite la réinitialiser afin de la préparer à l'action du Bien. Dans les textes historiques, on désigne rarement le tremblement de terre en utilisant la métaphore de « fléau », mais on le présente à travers

---

[141] À titre d'exemple, dans l'Empire romain, lors d'un tremblement de terre, différentes mesures étaient prises en faveur des régions sinistrées. Il s'agissait pour l'essentiel d'exemption d'impôts pendant une certaine période mais aussi de la venue *in situ* d'une personnalité de haut rang, choisie avec soin, dont le rôle était d'évaluer les dégâts et d'apporter des solutions adéquates. GUIDOBONI, Emanuela et POIRIER, Jean-Pierre, *op. cit.*, pp.119-120. On notera qu'un seul séisme biblique semble documenté historiquement et qu'il serait advenu entre 787 et 736 av. J.C. Le prophète Zacharie prédit un tremblement de terre qui cassera les oliviers. Cet événement référencé dans des textes historiques admet la manifestation du séisme dans une vallée, près du mont des Oliviers. Cet épisode a été confirmé lors de fouilles en 1956 conduites par l'archéologue Yigal Yadin sur le site de Hazor, en Galilée du Nord, à l'issue d'excavations datables du VIIIe siècle avt J.C montrant des signes évidents de destruction causée par un séisme. GUIDOBONI, Emanuela et POIRIER, Jean-Pierre, *op. cit.*, pp. 38-39.

[142] Ibid., p. 8.

[143] SCARAMELLA, Pierroberto, « Chiesa e terremoto. Le reazioni ecclesiastiche al sisma del 1688 » [Église et tremblement de terre. Les réactions ecclésiastiques au séisme de 1688] in *Campania Sacra*, 23 1992, pp.229-274, p. 231.

d'autres images qui font allusion à une fin ou à un bouleversement imposé par des forces supérieures, « *il flagello, cioè la frusta impugnata dal Destino, non è tanto strumento di morte, quanto strumento di sofferenza lunga* »[144].

L'auteur explique qu'une guerre ou qu'une épidémie qui présentent une connotation de durée sont à considérer comme un fléau dans la mesure où elles font réfléchir les populations sur la notion de mal, alors qu'un tremblement de terre est immédiat et ne se prête pas à une narration qui s'étale dans le temps. Il est instantané et inguérissable. Il existe pléthore de références bibliques.

Ainsi, dans le *Nouveau Testament*, la scène de la crucifixion est marquée par une secousse sismique qui déchire le voile sacré du temple et ouvre l'accès à la demeure de Dieu. Dans le livre de Mathieu 27, 50-53, on peut également lire : « *À la vue du tremblement de terre et de ce qui venait d'arriver, l'officier romain et ceux qui étaient avec lui pour garder Jésus furent saisis d'une grande frayeur et dirent : "Cet homme est vraiment le Fils de Dieu"* ». Traditionnellement, la mort de Jésus fut suivie d'une secousse sismique[145]. Dans le dernier livre du *Nouveau Testament*, Dieu dit à Jean d'ouvrir sept sceaux, l'un après l'autre. Lorsqu'il ouvrit le sixième, surgit un grand tremblement de terre, le Soleil devint noir, la Lune rougit et les astres tombèrent sur la Terre. Le tremblement de terre demeura l'ultime et la dernière preuve des signes cosmiques lors de l'ouverture du septième sceau et il fut « *l'unica calamità a bussare con piede uguale ai palazzi degli ottimati e alle spelonche dei miseri* »[146].

Néanmoins, dans les textes apocalyptiques, il demeure le signe de la fin des temps et est interprété comme la punition de Dieu pour les péchés des hommes depuis les textes de Saint Philastre de Brescia au IVe siècle[147]tout comme dans la littérature

---

[144] PLACANICA, Augusto « Le conseguenze socioeconomiche dei forti terremoti miti di capovolgimenti e consolidamenti reali » [Les conséquences socioéconomiques des forts tremblements de terre, mythes de renversements et de consolidations réels] in *Rivista Storica Italiana*, a. CVII, fasc. III, Edizioni Scientifiche Italiane, Napoli, 1995, pp.831-839, p. 833. Trad. (Le fléau, c'est-à-dire le fouet empoigné par le Destin, n'est pas tant un instrument de mort mais un instrument de longue souffrance)

[145] *La Bible Illustrée*, Limoges, Droguet-Ardant, 1982, p. 318.

[146] PLACANICA, Augusto, *op. cit.*, p. 834. Trad. (Le tremblement de terre était la seule calamité à frapper de la même façon aux palais des riches et aux taudis des misérables).

[147] Il est l'auteur d'un catalogue d'hérésies intitulé « *Diversarum Hereseon Liber* » [Ouvrage sur différentes hérésies] dans lequel il accuse ceux qui croient que les tremblements de terre sont d'origine naturelle et non des manifestations de la colère divine.

ecclésiastique du XVIIe siècle, qui énonce « *il terremoto resta il monito divino e il giusto castigo di un Dio sdegnato per i peccati della città* »[148].

Alors que les bourgeois argentés découvraient leurs meubles raffinés et leurs demeures luxueuses ravagés par le fléau, les pauvres n'avaient pas grand chose à perdre. En cas d'épidémies ou de famines, les nantis se réfugiaient dans leurs villas, mais après un tremblement de terre, riches et pauvres - ces derniers étant mieux préparés à la famine - se retrouvaient tous sur la place principale de la ville ou du village ou en prière devant les autels des églises.

Le tremblement de terre, au même titre que les épidémies de pestes ou les famines, a facilité des profits conjoncturels d'intercession de différents saints. Ainsi, en Sicile, après le séisme qui dévasta la partie orientale de l'île le 11 janvier 1693, « *Montessus de Ballore révèle [...] que le sanctuaire consacré à Sainte Rosalie, patronne de Palerme, à Monte Pellegrino, aux environs de la ville, fut épargné. En conséquence, une fête solennelle fut instituée en Sicile, en l'honneur de la sainte, protectrice des tremblements de terre et grâce à son intercession, la ville de Palerme subit moins de dommages lors du séisme du 26 septembre 1726* »[149].

En 1755, lors de l'imprtant et meutrier séisme qui se produisit à Lisbonne, les Jésuites, exaspérés par la politique anti-ecclésiastique du gouvernement, saisirent l'occasion pour convaincre la population que le désastre n'était que la voix de Dieu. Les autorités réagirent violemment en envoyant au bûcher le père jésuite italien Gabriel Malagrida[150], ultime victime condamnée à mort par l'Inquisition.

En définitive, la philosophie chrétienne semble avoir toujours su donner une réponse à cette terrible interrogation: « Pourquoi tant de douleur sur cette terre ? » et :

Solo la Fede ci può rispondere e ci dice che il dolore terreno ci purifica, ci rende buoni, ci avverte che non abbiamo qui la

Seule la Foi peut nous répondre et nous dire que la douleur sur terre nous purifie, nous rend meilleurs, nous rappelle que nous n'avons pas notre maison ici. [...],

[148] SCARAMELLA, Pierroberto, *op. cit.*, pp. 239. Trad. (Le tremblement de terre demeure l'avertissement divin et le châtiment juste d'un dieu indigné par les péchés de la ville).
[149] GUIDOBONI, Emanuela et POIRIER, Jean-Pierre, *op. cit.* p. 157.
[150] PLACANICA, Augusto, *op.cit.*, p. 838.

nostra casa [...], che tutto tramonta, tutto rovina : la stamberga del povero ed anche la casa dorata del ricco, finanche il tempio di Dio perchè è fatto dall'uomo ; e che quaggiù solo rimane l'integrità dell'anima [...]. Solo il dolore vale ad indicarci la via del cielo e ad accostarci a Dio[151].

que tout passe, que tout s'abîme : le taudis du pauvre mais aussi la maison dorée du riche, même le temple de Dieu parce qu'il est fait par l'homme ; et qu'ici ne reste que l'intégrité de l'âme [...]. Seule la douleur vaut pour indiquer la voie du ciel et pour nous rapprocher de Dieu.

B. UN FAIT NATUREL

Si, d'une manière générale, les historiens de l'époque moderne considéraient les catastrophes naturelles comme le fruit d'un simple et pur hasard, les travaux scientifiques récents les envisagent comme un dialogue entre « *le système social et l'écosystème* »[152].

En effet, après des siècles de désintérêt complet pour la sismologie, le XIXe siècle renoua avec cette dernière, et, des scientifiques comme l'Irlandais Robert Mallet (1810-1881) ou l'Anglais John Milne (1850-1913) s'intéressèrent au contexte géologique et établirent les premiers fondements de la sismologie. C'est pourquoi, grâce aux apports modernes de la science, ils émirent une nouvelle théorie de l'origine des séismes, « la théorie tectonique »[153]. Leurs travaux revêtirent une importance majeure puisqu'ils remettaient en cause les nombreuses controverses sur les origines diverses des tremblements de terre au XVIe siècle. Ils présumaient ainsi que le séisme demeurait une tempête souterraine qui secouait le sol, ou encore qu'il était provoqué par des gaz provenant de matières combustibles.

---

[151] ALFANO, Giovanni Battista, *Conferenza a proposito del terremoto del 23 luglio 1930*, [Conférence à propos du tremblement de terre du 23 juillet 1930], Pompei, Scuola tipografica di Pompei, 1930. À l'époque, l'auteur était le directeur de l'Observatoire de Pompei.

[152] Nous reprenons l'expression de l'historien français Jacques Berlioz qui expose dans son ouvrage les différentes catastrophes naturelles dans l'Occident médiéval, souvent relayées par des prédicateurs convaincus que la tragédie est déclenchée à un moment précis pour punir certaines transgressions sociales. BERLIOZ, Jacques, *Catastrophes naturelles et calamités au Moyen Age*, Tavarnuzze (Firenze), Sismel Edizioni del Galluzzo, 1998.

[153] Les séismes sont dus en effet aux efforts mécaniques dans la croûte terrestre qui se relâchent finalement par rupture d'une zone fragile, en général sur une faille qui avait déjà joué auparavant. GUIDOBONI, Emanuela et POIRIER, Jean-Pierre, *op. cit.* pp. 200-202.

Ces deux exemples nous renseignent sur les différents paramètres qui se rapportèrent à l'aspect géographique du mouvement tellurique. Mais, un phénomène comme le tremblement de terre est difficile à cerner et lorsqu'au « Siècle des Lumières », en 1755, un fort séisme frappa la ville de Lisbonne, il causa un traumatisme profond dans les esprits. Ainsi, Goethe (1749-1832), qui assista à ce terrible séisme, relata que les âmes pieuses se répandirent en diverses considérations, que les philosophes ne parvinrent pas à trouver des motifs de consolation et que le clergé, quant à lui, évoquait inlassablement les sanctions divines. De ce fait, le tremblement de terre sembla se prolonger en séisme psychique qui parvint à affecter les principes essentiels de la croyance.

Parfois, l'Église, comme ce fut le cas lors du tremblement de terre de Messine (Sicile) le 5 juin 1688, outre la perception de taxes pour aider les personnes en difficulté, recourut au paiement d'indulgences pour trouver l'argent nécessaire à la reconstruction.

Il paraît ainsi évident que, dans l'Histoire, les séismes eurent un effet dévastateur tant au niveau individuel que collectif. L'historien Antonio Baglio, qui enseigne à Messine, explique qu'il existe des effets individuels et collectifs post-séisme comme le sentiment de précarité, qui se concrétise par l'augmentation des violences et des vols et participe à l'abolition des conventions sociales antérieures[154]. En conclusion, le séisme fait émerger des angoisses profondes qui pèsent lourdement sur la société.

En définitive, c'est précisément parce que le tremblement de terre fut longtemps perçu comme le bouleversement ultime et décisif dans la Bible, qu'il exerça une influence sur les mentalités humaines. Pour elles, il semblait provenir, non du tréfonds de la terre, mais de l'au-delà et, de fait, il demeurait un mystère.

S'agissant du séisme d'Assise en 1997, le psychiatre Massimo Ammaniti écrivit : « *La paura del terremoto è come la paura della guerra : può avere effetti molto gravi sulle persone, soprattutto sui più deboli* »[155]. En nous appuyant sur cette

---

[154] BAGLIO, Antonio, *Messina dalla vigilia del terremoto 1908 all'avvio della ricostruzione*, [Messina à la veille du tremblement de terre jusqu'à la reconstruction], Messina, Istituto di Studi Storici Galina Salvemini, 2010.

[155] AMMANITI, Massimo, « Il sisma come la guerra », [Le séisme comme la guerre] in *La Repubblica*, 5 ottobre 1997. Trad. (La peur du tremblement de terre est comme la peur de la guerre : elle peut avoir des effets très graves sur les personnes, surtout sur les plus faibles). On rappelle aussi le texte du poète

pertinente remarque, nous souhaitons reformuler l'événement-séisme dans une dimension sociologique pour l'appréhender ensuite, avec le recul nécessaire, sous un angle religieux et d'y entrevoir une double causalité : la force céleste et le fatalisme des lois de la nature.

Rappelons ainsi que le soir de Noël 1980, une centaine de personnes fut hébergée au couvent des Girolamini, couvent construit au XVIIe siècle dans la Via Duomo de Naples. Les journaux locaux applaudirent cette initiative qui semblait inspirée par la charité. Mais le propriétaire des lieux, en l'occurrence l'État, intima l'ordre de trouver une autre solution pour les sans-abris. Le père Ferrara, pour se justifier, expliqua que toutes ces personnes avaient forcé l'entrée, que les gendarmes se présentant quelques jours plus tard, avaient appris que le religieux avait accueilli les personnes sans domicile, rencontrées dans les quartiers pauvres. Par ces dires, on apprit, comme par hasard, que le ministre socialiste Franco Reviglio avait décidé quelques jours auparavant, d'affecter cet édifice à l'Institut italien des Études Philosophiques. Le Père Ferrara s'était évidemment opposé à cette décision gouvernementale, et par conséquent, il fut aisé de comprendre que la solidarité avec les sans-abris n'était qu'une façon de s'opposer au projet. Son dessein personnel était de louer les cellules des moines à des étudiants, ceci dans un but lucratif. Pour le religieux, l'activité future et culturelle du lieu fut donc évincée « grâce » à cette solidarité douteuse[156]. Cet article démontra que le séisme pouvait aussi être un moment très favorable pour l'Église en accroissant son pouvoir.

Salvatore Quasimodo (1901-1968) dédié à son père et intitulé « Al Padre » in *La terra impareggiabile*, [La terre incomparable]. Le poète, à l'occasion des quatre-vingt dix ans de son père, lui rend hommage et pour montrer la grandeur paternelle, l'auteur évoque le séisme de Messine. À cette époque, son père Gaetano Quasimodo est employé aux Chemins de fer italiens transférés à Messine pour réorganiser les communications ferroviaires. Il découvre les dégâts laissés par le tremblement de terre comme les nombreuses victimes ou la ville presque complètement détruite. Les thèmes majeurs de cette poésie s'articulent autour du souvenir, de la destruction et de l'engagement paternel. QUASIMODO, Salvatore, *Tutte le poesie*, [Toutes les poésies], Milano, Mondadori, 1984.

[156] Cet article intitulé *Lasciate che i senzatetto vengano a me* [Laissez venir à moi les sans-abris] est rédigé par le journaliste Francesco Erbani en 1980. Malheureusement, au moment de nos recherches, ce document se trouvait déjà photocopié et isolé sans autre indication de sa provenance. Il figurait dans le supplément à Il Mattino du 25 gennaio 1981 ayant pour titre « Quei giorni delle macerie, della paura e della rabbia », *op. cit*, qui recueille tous les articles parus après le séisme par le quotidien.

Ce faisant, la religion, lors de telles tragédies, peut aussi devenir un repère sur le plan humain.

Par exemple, lors du tremblement de terre du Belice en 1962, avant que ne s'écroulent toutes les habitations, on entendit cette rengaine : « *Sugnu lu Cristu du Bilici, lu vero Diu ca morsi 'n cruci* » [157]. La présence de la Vierge et des saints constitua une protection divine contre la tragédie. Ainsi, en 1980, on put voir « *le foto degli avi o i quadri con la Madonna o il sacro Cuore di Gesù che campeggiavano su letti e su comò e ora affiorano come schegge di una devozione smarrita tra cumuli di macerie* »[158]. (fig.10).

Fig.10
Ultimi voci dall'epicentro
© Alfredo Capozzi 1981

Des images frappantes circulèrent dans les médias, comme celles présentant des femmes qui dormaient sur des chaises, à côté des statues du Christ ou de différents saints

[157] Supplément a *Il Mattino* du 25 gennaio 1981 intitulé « Quei giorni delle macerie, della paura e della rabbia. » Trad. (Je suis le Christ de Belice, le vrai Dieu est mort sur la croix).
[158] CATARINELLA, Giuseppe, *op. cit.*, p. 9. Trad. (Les photos des ancêtres ou les tableaux à l'effigie de la Vierge ou du Sacré Cœur de Jésus qui campaient sur les lits ou sur les commodes et qui désormais apparaissent comme des éclats d'une dévotion perdue entre des tas de décombres).

baignant dans la boue[159]. Par ailleurs, on nota que la religion demeurait aussi un refuge lors de fléaux autres que le séisme, comme lorsque des tonnes d'ordures envahirent les rues de Naples et sa région il y a quelques années. À cette occasion, on put aussi voir des femmes brandir le rosaire et s'en remettre à la prière. L'évêque de Nola, Beniamino Depalma, à l'époque, s'exprima contre cette guerre des immondices et la pestilence occasionnée, pointant du doigt les risques sanitaires encourus et se réfugiant dans la prière : « *Ascolta la nostra supplica, liberarci dall'angoscia e dal pericolo* »[160].

Le recours à la religion peut aussi concerner d'autres situations sociales précaires, comme par exemple, les difficultés rencontrées par la périphérie napolitaine. En effet, dans le film de Matteo Garrone, *Gomorra*[161], le moine capucin Padre Pio (1887-1968) y fait figure d'apôtre contemporain comme en témoigne le fait que sa statue (fig.9), encordée, descende d'un étage d'un immeuble des *Vele* à Secondigliano (Naples). Padre Pio[162], symbole incontestable de sainteté, représente un cliché surréaliste dans ce microcosme tragique et violent du crime organisé napolitain. Le film, certes, reste une semi-fiction qui relate la puissance économique de la Camorra. Le titre demeure une référence biblique instaurant un parallèle entre le système criminel napolitain et l'ancienne ville palestinienne de Gomorrhe détruite, selon la tradition, par le feu céleste à cause de la méchanceté de ses habitants.

---

[159] À l'époque, un reportage photo réalisé par des journalistes de La Stampa à Turin permet de saisir l'instantanéité de cet événement désastreux en Campanie et en Basilicate. Les 150 photographies qui mettent en relief l'aspect dramatique des dommages matériels, physiques et psychologiques témoignent de cette douloureuse catastrophe. CATARINELLA, Giuseppe, *op. cit.*

[160] TRECCAGNOLI, P, « Trincea Terzigno » [« La tranchée » de Terzigno] in *Il Mattino*, 20 ottobre 2010, p. 31. Trad. (Écoute notre supplique, libère-nous de l'angoisse et du danger).

[161] *Gomorra*, GARRONE, Matteo, d'après le livre de SAVIANO, Roberto, *Gomorra,* 2006, avec Salvatore Abruzzese, Italie, Fandango, 2008, drame, 137 min.

[162] Nous consacrerons le chapitre 4 à Padre Pio.

Fig.9
La statue de Padre Pio
© ilbazar.forumcommunity.net

⁂

CONCLUSION

Le séisme, dans l'histoire des civilisations, a toujours été considéré comme un temps fort qui a marqué les esprits. Envisagé comme un événement mystérieux fomenté par le Ciel, il fait ressurgir la dévotion religieuse. À ce stade de notre travail, nous arrivons à quelques conclusions que nous souhaitons classer en trois catégories.

La première catégorie permet de saisir « l'objet tremblement de terre » comme un fléau qui rompt le cours ordinaire des choses et repropose des thématiques de politique nationale. Dans le cadre du séisme de 1980, on a assisté à l'instauration de la Protection Civile ainsi qu'à l'intervention extraordinaire dans le Mezzogiorno.

Laz seconde catégorie fait intervenir la préoccupation sociale face à une société bouleversée par un phénomène naturel présentant des dangers pour les personnes et les biens. Le monde naturel est perçu comme hostile et mystérieux à la fois, il perturbe l'ordre social et façonne les mentalités. Les populations se retrouvent dans une situation précaire et manquent de perspectives pour affronter les moments critiques de leur existence. Le séisme de 1985 reste présent encore dans toutes les mémoires et éveilla un sentiment religieux.

Nous arrivons à la dernière catégorie concernant l'importance de la religion dans une situation naturelle tragique et qui nous permettra d'émettre une conclusion provisoire : les catastrophes sismiques, ne pouvant donner lieu à des accusations de personnes, à la différence des guerres, des famines ou de la misère, peuvent, dans certains cas, être rattachées à un signe biblique. Dans le cas précis du séisme de l'Irpinia, « *Il terremoto non è una palingenesi e neppure una paralisi : è un formidabile acceleratore di processi di cambiamenti già avviati e intensi* »[163]. Lors de la visite du Pape sur les lieux de la tragédie, on a pu entendre : « *Santità, aiutateci Voi. Abbiamo avuto il terremoto nel '62 ed in alcuni paesi della nostra provincia, vivono ancora nelle*

[163] BIAZZO, Salvatore, CARATELLI, Mimmo, DE FRANCESCO, Aldo, *op. cit.*, p. 10. Trad. (Le tremblement de terre n'est pas une palingénésie ni même une paralysie : c'est un formidable accélérateur de processus de changements déjà en cours et intense).

baracche. Io perdetti mamma mia e la casa. Aiutateci Voi »[164]. Ainsi, notre grille de lecture s'articulera, lors des deux prochains chapitres, autour du tremblement de terre opérant comme consolidateur religieux tout en accélérant le bouleversement social. Il se trouve que :

> *la catastrophe est aussi un événement fédérateur. Elle touche un sous-système social (des individus, des groupes, des communautés, des organisations et des sociétés), qui se trouve ainsi défini, d'autant plus qu'elle a une signification symbolique forte et peut-être la matrice d'une identité*[165].

Un tremblement de terre, c'est aussi l'histoire d'une humanité qui n'accepte pas de subir le fléau sans y trouver une cause, même irrationnelle et de fait, le séisme peut se transformer en un enjeu religieux. L'exposé qui va suivre la résultante d'une interprétation puisque l'on a considéré que les deux apparitions mariales en Campanie, à Casavatore et à Oliveto Citra, pouvaient être un cas de prolongation religieuse du séisme, adressées à des sujets marqués durement par leurs propres conditions sociales.

Ainsi, pour la suite de notre travail, nous souhaitons étudier le cas de la commune de Casavatore (Naples) afin d'étoffer l'hypothèse que l'Église peut souvent tenter d'exploiter la terreur qui découle d'un événement, ceci afin de moraliser la vie citadine. En 1985, cette exagération de dévotion que nous allons démontrer et développer, laisse à penser qu'il s'agissait d'une reconquête symbolique de la société par l'Église.

---

[164] BUONANNO, B, « E quando è arrivato il Papa » [Et quand le pape est arrivé] in *Il Mattino*, 26 novembre 1980. Trad. (Votre Sainteté, Aidez-nous. Nous avons connu le tremblement de terre en 1962 et dans certains villages de notre province, on vit encore dans des baraquements. J'ai perdu ma mère et ma maison. Aidez-nous).

[165] QUENET, Grégory, « La catastrophe naturelle, un objet historique » in *Hypothèses*, 1, 1990, pp. 11-20, p.10.

CHAPITRE 2

CASAVATORE :

UNE APPARITION EN CONTEXTE URBAIN

INTRODUCTION

Comme nous l'avons souligné, la catastrophe a constitué un traumatisme pour les populations victimes et cette constatation fit apparaître un premier point essentiel : il s'agit d'établir le lien éventuel qui peut exister entre le séisme réel de 1980 et les apparitions mariales en Campanie, et plus particulièrement celles traitées dans ce second chapitre, en tenant compte que le fléau physique peut se rattacher au fléau divin.

Dans les années soixante, on assista à Naples à une rupture spatiale : l'espace urbain et l'espace rural n'étaient plus clairement définis pour les nouvelles agglomérations. En 1980, après le tremblement de terre, une autre cassure apparut, celle-ci de type temporel, en ce sens que l'événement séisme provoqua une discontinuité du cours du temps et ébranla le cours de la vie quotidienne. Enfin, une troisième rupture se manifesta, elle fut d'ordre social et conditionna les comportements dominés par la frayeur qui, parfois, n'obéissaient plus à aucune règle.

Après avoir identifié l'événement, notre intérêt va se porter sur la ville de Casavatore, cité de 20 000 habitants au nord de Naples, s'expliquant d'une part par le séisme la concernant, et d'autre part, parce qu'elle est devenue en 1985, pour la première fois de son histoire, le lieu d'une apparition mariale qui ne fut ni condamnée, ni approuvée par l'Église.

Nous avons expliqué précédemment que les scénarios des événements sismiques étaient souvent suivis d'un regain de ferveur religieuse. Notre propos n'est pas d'observer simplement des croyances religieuses dans un cadre urbain mais plutôt d'essayer de comprendre *pourquoi* un tel événement ne donne pas lieu à une reconnaissance générale et officielle et n'est pas maintenu dans la durée.

Dans un premier temps, nous rappellerons les principaux cultes napolitains, puis nous présenterons la localité de Casavatore pour être en mesure de replacer l'apparition dans son contexte historique en évoquant les principaux protagonistes, afin de comprendre pourquoi le culte lié à cette apparition n'a pas été pérennisé.

I. L'APPARITION

A. LE 13 DÉCEMBRE 1985

Le 13 décembre 1985, à 11h30, plusieurs élèves du collège de Casavatore et leur enseignante assistaient à un événement surnaturel au centre de leur propre établissement scolaire. En effet, pendant le cours d'histoire du professeur Rita Rocco, la Vierge serait apparue sur un arbre, dans la cour du collège. Puis, quelques instants plus tard, dix-sept autres élèves auraient été en proie à cette même vision collective. Par la suite, l'enseignante racontera avoir remarqué la présence de quatre arbres, des mimosas, qui ne se trouvaient pas là auparavant (et qui auraient « disparu » aussitôt après). Elle ajouta qu'elle aurait également senti une odeur de clémentine après l'apparition. Enfin, selon les protagonistes, la Vierge aurait dit, avant de disparaître, « *Priez et convertissez-vous !* »[166].

Avant d'analyser cet événement, nous souhaitons nous concentrer plus particulièrement sur quelques cas de tradition mariale dans l'espace napolitain au cours des siècles précédents.

1. QUELQUES DÉVOTIONS MAJEURES EN ESPACE URBAIN

La vénération populaire a toujours été très active à Naples, comme l'atteste la croyance ancienne dédiée à **San Gennaro** (ou Saint Janvier), évêque de Bénévent, persécuté par Dioclétien en 305, et devenu le Saint Patron de la ville. Le miracle le plus déterminant qui se renouvella, selon la tradition plusieurs fois par an[167], depuis des siècles, demeure la liquéfaction et l'ébullition de son sang contenu dans deux ampoules

---

[166] Ces informations nous ont été données par le diacre Gaetano Marino lors de notre entretien le 12 août 2009 au moment où nous lui avions demandé la teneur du message marial. Il nous faut néanmoins préciser que les quelques articles de journaux dont nous ferons mention plus en avant dans ce chapitre ne reprennent aucun message particulier délivré par la Vierge, puisque selon les témoins, le seul message délivré par la Vierge est : « Priez et convertissez-vous ! ».

[167] La liquéfaction peut se produire au maximum à trois reprises au cours de l'année : le 19 septembre, date de la fête de Saint Janvier, le samedi précédant le premier dimanche de mai et le 16 décembre, jour anniversaire de l'éruption du Vésuve de 1631, stoppée selon la tradition grâce aux prières adressées à Saint Janvier.

conservées dans la cathédrale. Peu d'éléments nous sont parvenus quant aux décisionnaires de la reconnaissance du miracle évoqué, mais :

Si narra, infatti, che il 5 febbraio 472, durante una spaventosa eruzione del Vesuvio, molti napoletani si riffuggiarono vicino al seplocro del santo. Cessato il pericolo per intercessione del santo martire, i napoletani decisero di sostituire il vecchio patrono Sant'Agrappino con Gennaro.[168]

On raconte en effet que le 5 février 472, lors d'une terrible éruption du Vésuve, de nombreux napolitains se réfugièrent à côté du sépulcre du saint. Quand le danger cessa grâce à l'intercession du saint martyr, les napolitains décidèrent de remplacer l'ancien patron, Sant'Agrappino par Gennaro.

Le sang devait se liquéfier deux fois par an dans une fiole, sinon la ville pouvait être frappée de malheurs multiples. Chez les écrivains, notamment ceux qui se rendirent à Naples, les récits dithyrambiques abondèrent au sujet de San Gennaro.

Alexandre Dumas (1802-1870), par exemple, ne contesta pas la croyance populaire. Pour l'auteur, « *Saint Janvier n'est pas un saint de création moderne, ce n'est pas un patron banal et vulgaire, acceptant les offres de tous les clients, accordant sa protection au premier venu et se chargeant des intérêts de tout le monde* »[169]. Il insista néanmoins sur le déroulement théâtral et pittoresque des évènements et son recueil foisonnait d'impressions sur la dévotion populaire.

Pourtant, tous les auteurs ne furent pas aussi sensibles à ce « miracle » à l'instar de l'écrivain français, Charles de Brosses (1709-1777) qui définit le phénomène comme « *un graziosissimo capitolo di chimica* »[170]. Cette particularité mit en évidence l'apparition d'une superposition entre les dogmes de la religion officielle et les liturgies de la religion populaire.

Il est donc opportun de noter que l'exemple de Saint Janvier reste complexe par cette rencontre entre deux cultures. L'Église reconnut le phénomène populaire coloré de

[168] GIANNINO, Paolo, *Piccolo libro di SANTI e MADONNE che si festeggiano a Napoli*, [Petit livre des SAINTS et des VIERGES qui se fêtent à Naples], Napoli, D'Auria Editore, 2000, p.116-117.

[169] DUMAS, Alexandre (père), *Voyages en Italie : le Corricolo*, Paris, Boulé, 1846, p.138.

[170] NIOLA, Marino, *I Santi patroni*, Bologna, Il Mulino, 2007, p.70. Trad. (Comme un chapitre de chimie très gracieux).

superstitions, tout en conférant au saint une reconnaissance officielle par la présence de ses reliques dans la cathédrale assurant à la ville une protection divine.

Parmi les nombreux cultes vénérés à Naples, figure aussi celui de **Santa Maria Francesca delle Cinque Piaghe**[171] canonisée le 29 juin 1867 par Pio IX.

De son vrai nom Anna Maria Rosa Nicoletta Gallo (1715-1791), elle endossa l'habit des franciscains et changea de nom. Cependant, son ordre religieux ne l'obligeait pas à rejoindre un couvent, elle devint ainsi une *monaca di casa* ou *bizzoca*[172], c'est-à-dire une religieuse qui vivait au milieu des laïcs et pratiquait une religion en dehors du couvent, par décision ou par volonté ecclésiastique. Au cours de sa vie, elle fut d'ailleurs l'objet de nombreuses persécutions, en raison de ce mode de vie jugé trop libertaire. Elle avait ainsi offert d'elle une image de souffrance qui, peu à peu, lui avait permis de s'intégrer et :

A poco a poco infatti ella diventa soprattutto la santa che protegge le famiglie, la santa sulla cui sedia siedono le madri sterili desiderose di un figlio, la santa che scongiura gli aborti, aiuta nei parti difficili e alla quale si recano in dono le coccarde dopo ogni nascita felice.[173]

Petit à petit, en effet, elle devient surtout la sainte qui protège les familles, la sainte sur la chaise de laquelle les mères stériles qui veulent un enfant s'assoient, la sainte qui conjure les avortements, aide aux accouchements difficiles et à laquelle on offre les rubans après chaque naissance heureuse.

La réputation de Santa Maria Francesca se basait sur des visions et sur des révélations de prophétie relayées par les nombreux laïcs qui lui rendaient visite, mais aussi sur l'identité du personnage qui l'accompagnait souvent :

---

171 « Sainte Marie-Françoise des Cinq -Plaies »

172 Le terme de *bizzoca* apparaît suite au décret *Super Statu Mulierum* de la Congrégation Sacrée des Évêques et des Réguliers le 20 décembre 1616. Les aspects de la vie religieuse de Santa Maria Francesca sont étudiés dans l'ouvrage de BOCCADAMO, Giuliana, « La Santa dei Quartieri. Aspetti della vita religiosa a Napoli nel Settecento » [la Sainte des Quartiers. Aspects de la vie religieuse à Naples au XVIIIe siècle] in *Campania Sacra*, 22, 1991, pp.351-394.

173 PALUMBO, Giuseppe, « Lo spazio urbano della devozione. Malattia e grazia, ex voto per Maria Francesca delle Cinque Piaghe » [L'espace urbain de la dévotion. Maladie et grâce, ex-voto pour Maria Francesca des Cinq Mpalies] in *Campania Sacra*, 22, 1991, pp161-188, p.467.

Si racconta che quando usciva di casa per recarsi a qualche funzione religiosa, la si vedeva accompagnata da un giovane presentatosi col nome di Don Salvatore Buonocore ma che molti sostenevano essere in realtà Gesù Cristo.[174]

On raconte que quand elle sortait de chez elle pour se rendre à quelque cérémonie religieuse, on la voyait accompagnée d'un jeune homme qui se présentait comme Don Salavatore Buonocuore mais tous soutenaient qu'il était en réalité Jésus Christ.

L'une des raisons qui explique l'importance que revêt encore son culte aujourd'hui est *la chaise de la fertilité* qui se trouve dans sa maison des Quartieri Spagnoli, au cœur de Naples, et qui a fait d'elle la protectrice des parturientes.

Aujourd'hui encore, les fidèles visitent sa demeure (Fig.1) pour s'asseoir sur la chaise de la sainte (Fig.2), chaise qu'elle avait occupée pendant les sept années de sa paralysie. Sa maison est devenue un lieu sacré permettant de comprendre le quotidien et l'existence de la sainte ainsi que la familiarité du fidèle avec sa protectrice. Santa Maria était de santé fragile à l'instar de nombreux personnages mystiques et dans son propre cas, il s'agissait d'une forme de tuberculose[175].

Ses attributs restent les attributs classiques des saints : la couronne d'épines qui lui ceint la tête, le crucifix devant lequel elle prie et les stigmates[176]. Tout au long de son existence, elle s'infligea des pénitences comme la flagellation et des jeûnes répétés. Dans ce sanctuaire, sont exposés aujourd'hui de nombreux objets, dont des ex-voto, accrochés aux murs et qui permettent d'appréhender les principaux aspects de la dévotion populaire, et, en particulier, une analogie avec la vie du Christ.

En effet,

L'imitazione di Cristo, che lei, donna, può praticare, non può realizzarsi altrimenti che come imitazione della sua immagine

L'imitation du Christ, qu'elle, en tant que femme, peut pratiquer, ne peut se réaliser autrement que comme imitation de son

---

[174] GIANNINO, Paolo, *op. cit.* p.132.

[175] À ce sujet, rappelons que Thérèse Martin (1873-1897) qui deviendra Sainte Thérèse de Lisieux avait aussi une santé précaire : anorexie, mortifications et flagellations et le cas de Thérèse de Lisieux n'est pas sans rappeler celui de Santa Maria Francesca un siècle auparavant. Les exemples dans ce domaine sont légion. CODDENS, Michel, « Otage d'un absent » in *L'en-je lacanien*, 1/2008, (10), pp.29-46, [en ligne] http:// www.cairn.info (page consultée le 10 mai 2013).

[176] C'est bien entendu en raison des stigmates qu'elle est nommée la Sainte aux Cinq Plaies.

provata e sofferente : può essere solo un'imitazione della sua passione, un'imitazione delle sue cinque piaghe.[177]	image malheureuse et souffrante : elle ne peut être qu'une imitation de sa passion, une imitation de ses cinq plaies.

Et c'est ainsi que les vicissitudes de Maria Francesca ont mis en place un cadre dévotionnel qui a facilité celle du culte annuel, chaque première semaine d'octobre, dont les lieux emblématiques restent sa demeure et sa tombe située dans l'église franciscaine de Santa Lucia del Monte.

Depuis 1884, sa maison reste sous les auspices d'une congrégation religieuse féminine qui a pris le nom de « Suore di Santa Maria Francesca », des religieuses qui vivent *in situ* et s'adonnent à des œuvres de charité.

Fig.1
Maison de Santa Maria Francesca
© it.wikipedia.org

Fig. 2
Chaise de Santa Maria Francesca
©dolcissima.ilcannocchiale.it

Par ailleurs, il existe aussi d'autres rassemblements dévotionnels dans le cadre urbain de Naples, comme la procession à la **Madonna dell'Arco**[178].

[177] PALUMBO, Giuseppe, *op. cit*, p.467.
[178] Le rituel dévotionnel de cette procession a été approfondi par l'anthropologue LANTERNARI, Vittorio, dans son ouvrage *Antropologia religiosa : etnologia, storia, folclore*, [Anthropologie religieuse : ethnologie, histoire, folklore], Bari, Dedalo, 1997 ainsi que par LELIÉVRE, Olivier, dans *Madonna*

Découlant d'une croyance du XVe siècle, elle puise ses racines dans les cultures méditerranéennes de l'Antiquité et tire son origine d'une légende populaire, celle où un jeune garçon, en lançant une balle sur un mur, fit saigner une image de la Vierge. Un siècle plus tard, la construction d'un sanctuaire (1592-1594) fut confiée aux Dominicains.

Traditionnellement, le pèlerinage débute le lundi *in albis* (le jour après Pâques), à proximité du centre industriel d'Alfa Sud de Pomigliano d'Arco. Des fidèles en procession, marchant pieds nus, défilent au son des fanfares, en brandissant des bannières auxquelles d'autres fidèles accrochent, de façon ostentatoire, des billets de banque. Ils soutiennent de singulières constructions de carton pâte, *i toselli,* qui représentent des scènes de l'histoire sacrée et contemporaine, et dont la forme varie en fonction des corporations représentées. Par exemple, les marins réalisent des *toselli* en forme de bateaux ou de caravelles anciennes.

Les participants se déplacent en effectuant des petits pas de danse, s'agenouillent à terre et lèchent le sol. Au fur et à mesure, la tension émotive devient de plus en plus palpable. Les cris et les prières, qui concrétisent des demandes d'aide personnelle ou des remerciements, alternent, s'enchaînent jusqu'au paroxysme de la procession, c'est-à-dire lorsque les *battenti*[179] courent en direction de la représentation de la Vierge. Certains fidèles sont victimes d'évanouissement et sont évacués par les services sanitaires. À travers les crises d'hystérie, les transes et la danse, la procession procure aux fidèles l'assurance d'une protection divine. L'effigie de la Madonna dell'Arco est humaine, moins hiératique et solennelle que d'autres représentations de la Vierge et voici la description qu'en fait l'écrivain Domenico Rea (1921-1994) :

---

dell'Arco : Naples, les pèlerins de la douleur, Bari, Paolo Malagrinò Editore, 1993. On notera que la Madonna dell'Arco fait partie du groupe dit « des Six Sœurs » évoqué par CANZANELLA, Claudio, *I volti di Maria. Miti e riti*, [Les visages de Marie. Mythes et rites], Napoli, Altrastampa Edizioni, 2002. Le groupe est aussi composé de la Madonna di Montevergine (Avellino), la Madonna del Carmine (Naples), la Vierge di Piedigrotta (Naples), la Madonna dell'Annunziata (Naples) et la Madonna delle Galline (Salerne). Ce ne sont pas les seules fêtes dédiées à la Vierge en Campanie. Précisons entre autre l'existence de la Madonna del Castello [du Château] à Somma Vesuviana (Naples) qui débute le premier samedi après Pâques et se termine le 13 mai. Selon la tradition, une image de la Vierge a été retrouvée après l'éruption du Vésuve en 1631. Ce rite, entre paganisme et religion, est étudié dans l'ouvrage de BIROTTI, Fabio, *Fuochi del Vesuvio. Riti e pratiche devozionali*, [Les feux du Vésuve. Rites et pratiques dévotionnels], Perugia, Gramma Editore, 2011.

179 On peut supposer que l'origine du mot *battente* dérive d'une archiconfrérie ancienne, qui pour manifester son culte, se flagellait le corps jusqu'au sang. L'expression peut aussi désigner la fuite de celui qui est possédé par une divinité et qui, de cette façon, obtient libération et purification. LELIÉVRE, Olivier, *op. cit.*, p.9.

La Madonna dell'Arco è una contadinotta. Il figlio, ben nutrito, rassomiglia come una goccia d'acqua a uno di quei tanti bambocci che si vedono tra le braccia [...] di floride paesane. [...] E'una Madonna più intima, più vicina alle donne, a cui si possono confidare peccati [...] e con la quale, parlando parlando, si può finire al tu[180].

La Madonna dell'Arco est une petite paysanne. Son fils, bien nourri, ressemble comme une goutte d'eau à l'un de ces nombreux enfants que l'on voit entre les bras [...] des paysannes resplendissantes. C'est une Vierge plus intime, plus proche des femmes à qui on peut confier ses péchés et, à force de lui parler, que l'on parvient à tutoyer.

Ces exemples nous permettent de comprendre que souvent les dévotions populaires partent de légendes au sujet desquelles il n'y a aucuns documents historiques. Même si, à la différence du passé, les fêtes religieuses populaires actuelles sont moins opulentes et moins démonstratives - comme c'est le cas avec la Vierge de Piedigrotta qui n'est plus invoquée comme auparavant par les pêcheurs pour s'assurer d'une bonne pêche - la pratique dévotionnelle reste assurée dans l'espace urbain.

2. Un autre exemple de culte urbain contemporain : Casavatore

Au cours des dernières décennies, le tissu urbain napolitain a connu une vague de développement consistant, d'une part, avec la formation d'importants complexes industriels et, de l'autre, avec la persistance d'industries de petite dimension dans des secteurs traditionnels comme l'alimentation ou l'habillement.

De surcroît, suite à la spéculation immobilière, dans les années soixante, des mutations spectaculaires influèrent profondément sur la structure urbaine et provoquèrent une croissance démesurée du tissu urbain. Par conséquent, de nouveaux quartiers résidentiels furent construits et occupés par des familles bourgeoises qui, pour des raisons de prestige, quittèrent leurs anciennes demeures du centre ville devenues

[180] REA, Domenico, « A Montevergine » in *Napoli Bella Époque, per il LXXV anniversario della "Old England" di Napol*i, 1973.

vétustes et insalubres. Enfin, de nombreuses procédures d'expulsion redirigèrent les plus pauvres, en périphérie, dans des HLM, les *case popolari*[181].

Casavatore, commune autonome depuis 1946, fait partie de cette périphérie napolitaine à forte densité démographique[182]. Après le séisme de 1980, de nombreux appartements, à vocation sociale, furent construits et le cadre des villes italiennes fut, à la fois, marqué par la migration des méridionaux vers le nord et par l'exode rural. Les problèmes qui s'ensuivirent, découlèrent notamment du manque d'application des lois urbanistiques.

Fig.3

[181] PROVITERA, Gino, RANISIO, Gianfranca, GILIBERTI, Emanuele, *Lo spazio sacro per un'analisi della religione popolare napoletana*, [L'espace sacré pour une analyse de la religion populaire napolitaine], Napoli, Guida Editori, 1978, p.28-29.

[182] Le phénomène est encore d'actualité puisqu'en 2010, la densité était de 11419,1 habitants/km^2. À Arzano, le chiffre est de 7676,5 et à Casoria, la troisième ville du triangle industriel, 6613,6. Source : ISTAT [en ligne] http:// www.comuniverso.it , (page consultée le 15 décembre 2012). Cependant, la densité moyenne de population au km^2 est de 195 habitants, l'Italie est ainsi l'un pays d'Europe les plus intensément peuplés. www.larousse.fr/encyclopedie/divers/italie_population. [En ligne]. (page consultée le 30 mai 2013).

Le centre ville de Casavatore. 2010
(CdA)

En outre, Casavatore fait partie des villes de la périphérie napolitaine qui, dans les années cinquante, au même titre qu'Afragola, Arzano, Caivano, Cardito, Casoria, Crispano, Frattamaggiore, Grumo Nevano et San Antimo, se caractérise surtout par son espace rural mais qui connaît néanmoins un développement économique[183].

Au cours des années s'écoulant, on recense 13 292 habitants en 1971, 20 182 en 1981 et 21 126 en 1984, pour une densité de 13 041 habitants au km^2, la plus importante jamais atteinte[184]. En outre, ces chiffres nous permettent de préciser que si l'industrialisation a généré une modification profonde du tissu économique, dominé auparavant par l'agriculture, le manque de coordination générale a provoqué de profonds déséquilibres. Elle a conduit à la fois à un développement urbanistique désordonné et à une augmentation du chômage, à une époque où les autorités pensaient que « *l'industria da sola potesse determinare una svolta nella vita economica e sociale delle popolazioni* »[185].

On constate que l'explosion démographique de Casavatore, due principalement à l'arrivée massive de napolitains, va altérer de manière importante les caractères traditionnels de la population car « *sulle antiche caratteristiche paesane, si sono innestati modelli di vita cittadina ; alla semplicità della vita rurale si è affiancata quella più complessa degli opifici* »[186].

Si l'anthropologue Paolo Apolito souligna qu'il était question d'une métamorphose sauvage « *con fortissime contradizzioni e preoccupanti e noti fenomeni di caduta del tono civile della convivenza sociale, di intreccio camorra-politica, di*

---

[183] GIORDANO, Rocco. *« I Comuni a nord di Napoli : una strategia per lo sviluppo »*, [Les villes au nord de Naples : une stratégie pour le développement], congrès à Grumo Nevano intitulé « Strutture urbane, economia e sviluppo dei Comuni a nord di Napoli », [Structures urbaines, économie et développement des villes au nord de Naples], maggio 1987, p.16. On pourra aussi consulter l'article de BEAUJEU-GARNIER, Jacqueline, « Aspects de l'économie italienne » in *L'information géographique*, 5, 1953, pp. 177-186.

[184] GIORDANO, Rocco. *op. cit.* p.17.

[185] Ibid., p.7. Trad. (L'industrie à elle seule pouvait amorcer un virage dans la vie économique et sociale des populations).

[186] BONO, Giovanni, *Casavatore*, Naples, Società Storica Napoletana , 1985, p.6. Trad. (Des formes de vie citadine se sont greffées sur les caractéristiques rurales antiques et le mode de vie simple de la campagne a été rejoint par celui plus compliqué des usines).

diffuse paure per l'incolumità personale»[187], il ajoutait aussi qu'en aucun cas il ne s'agissait de :

Paesi emarginati, anzi al contrario essi si trovano al centro di processi di sviluppo unici in Campania, anche se prodotti in modalità selvagge e senza effettivi progressi di benessere collettivo[188].	De villages marginaux et qu'au contraire, ceux-ci se trouvent au cœur de systèmes de développement uniques en Campanie, même s'ils sont construits de manière sauvage et sans amélioration effective du bien-être collectif.

En outre, la désorganisation urbaine et le contexte social douloureux créèrenr un fort taux de chômage et contribuèrent à accentuer le commerce de la drogue orchestré par des groupes mafieux[189]. Cependant, quelques mois après le séisme, le journaliste Franco Recanatesi[190] rappela que, même si l'augmentation des habitations était effective depuis déjà une vingtaine d'années, il fallait néanmoins garder quelques précautions quant aux statistiques annoncées. En effet, les chiffres officiels évoquaient par exemple, une augmentation de 614% de l'habitat dans la ville de Casavatore sur une période totale de vingt ans mais ces données « *suonano come una beffa per quelle migliaia di disgraziati che da più di 4 anni vivono fra le pareti metalliche di un containers»*[191].

Ce processus d'urbanisation atténua la présence de l'Église sur le territoire. En effet, dans les quartiers des métropoles où prévalaient les rapports anonymes, les institutions religieuses conservèrent un rôle important dans les centres historiques, plus

---

[187] APOLITO, Paolo. *Il cielo in terra : costruzioni simboliche di un'apparizione mariana*, [Le ciel sur terre : constructions symboliques d'une apparition mariale], Bologna, Il Mulino, 1992, p.37. Trad. (Qui fait naître de très fortes contradictions et d'importants phénomènes qui inquiètent comme l'abandon de civisme dans les relations sociales, les intrigues liées à la politique et à la Camorra, les peurs sans cesse grandissantes de l'insécurité personnelle).

[188] Ibid., p.37.

[189] En consultant les archives du quotidien « Il Mattino » de 1985, nous avons été frappés par le nombre considérable de premières pages et d'articles consacrés au trafic et à la consommation de drogue dans les quartiers populaires de Naples et sa périphérie.

[190] Il a collaboré entre autres à des journaux comme *La Repubblica* et *Panorama*.

[191] RECANATESI, Franco, « I predatori del terremoto » [Les prédateurs du tremblement de terre], 3 gennaio 1986, [en ligne] http:// www. LaRepublicca.it., (page consultée le 15 janvier 2013). Trad. (Ressemblent à une blague pour ces milliers de malheureux qui vivent depuis plus de quatre ans entre les murs métalliques d'un container).

consolidés culturellement[192]. Cette étude permit de saisir que la présence de la paroisse sur le terrain était due plus à des motivations sociales que religieuses et que cet aspect reflètait une intégration communautaire présente sur un territoire pétri de relations humaines défaillantes.

192 Sur le rapport des italiens et de l'Église dans les années quatre-vingt-dix, on pourra se reporter à l'étude collective de CIPRIANI, Roberto « et *al.* », *La religiosità in Italia*, [La religiosité en Italie], Milano, Mondadori, 1995, pp.237-263, p. 255.

II. MODALITÉS D'UNE APPARITION

Au cours du Moyen Âge, les manifestations de la Vierge furent nombreuses, mais l'apparition mariale à Casavatore de 1985 que nous allons évoquer, présente des caractéristiques qui diffèrent des apparitions historiques traditionnelles.

En effet, d'une part, il ne s'agissait pas d'une révélation privée mais publique puisque les voyants étaient plusieurs. D'autre part, les protagonistes n'occupaient pas un rôle religieux particulier comme le voulait la tradition ancienne qui exposait majoritairement des voyants appartenant à une communauté religieuse. Ce nouveau modèle inauguré à Lourdes, comme nous l'évoquerons plus tard, ouvre un nouveau chapitre dans l'histoire des apparitions mariales. Par le biais de ces événements surnaturels, la religion est entendue comme le produit des nécessités humaines en regard à la doctrine catholique qui impose de confier son propre destin à la volonté de Dieu.

Il n'est pas banal et pourtant tout à fait nécessaire de rappeler que l'Italie est un pays marqué par un fort particularisme en ce qui concerne le panorama religieux car elle est « *fortement laïcisée mais on ne connait pas la culture de la séparation du spirituel et du temporel qui caractérise la société française* »[193].

Depuis deux siècles, les cas d'apparitions de la Vierge ont proliféré de façon impressionnante dans le monde : une centaine de cas a été recensée au XIXe siècle et plus de quatre cents au cours du XXe siècle[194]. Il convient cependant de faire un distinguo entre les termes « *vision* » et « *apparition* ».

Une « *apparition* » est une forme de vision, c'est-à-dire une perception visuelle qui rend apparent un objet ou une personne dont la présence réelle et sensible, à cet instant précis du temps et de l'espace, n'est pas explicable naturellement. Pour le voyant, elle rend visible quelqu'un ou quelque chose qui sont en soi invisibles ou qui ne sont pas visibles dans des circonstances données. Le terme a donc une portée plus restrictive que la notion de « *vision* » qui peut désigner des perceptions ou des

[193] DURAND, Jean-Dominique, « L'aventure fascinante de l'Église » in *Vingtième siècle, Revue d'histoire*, 100, octobre-décembre 2008, pp.162-172, p.169.

[194] Ces chiffres sont cités par BOUFFLET, Joachim et BOUTRY, Philippe dans *Un signe dans le ciel. Les apparitions de la Vierge*, Paris, Grasset, 2005. L'ouvrage est une anthologie commentée de textes sur les apparitions couvrant une période qui va du XVe au XXe siècle.

appréhensions d'ordre intellectuel. De plus, la « *vision* » est une révélation privée qui ne concerne que le récipiendaire tandis que « *l'apparition* » peut être collective[195].

Le premier phénomène d'apparition que nous avons retenu explique en détail le processus par lequel se construit un monde, sensiblement différent du monde ordinaire, dans un pays où une telle affirmation est d'une certaine façon considérée comme « commune » et n'a pas besoin du sceau de l'Église pour être diffusée, comme en atteste le décret A.A.S n°58/16 de la Sacrée Congrégation pour la Propagation de la Foi signé et approuvé le 4 octobre 1966 par Paul VI (1963-1978). Cette ordonnance permet la publication des écrits concernant les nouvelles apparitions, révélations, prophéties mais aussi les miracles. Ainsi, même si une apparition surnaturelle n'est pas reconnue par l'autorité ecclésiastique, elle peut néanmoins être propagée et portée à la connaissance de tous tandis qu'auparavant, il fallait attendre le jugement de l'Église et non le précéder. Cette volonté de libéralisation de l'Église est de respecter la liberté chrétienne en faisant confiance aux actions des laïcs. Il est de même aisé de remarquer que les apparitions ne se produisent pas sur un mode homogène dans le temps. Il existe des périodes particulières où elles sont plus nombreuses. En effet, ces phénomènes :

S'infittiscono nei periodi caratterizzati da guerre, tensioni, difficoltà economiche, epidemie, lotte fratricidi. Si manifestano più facilmente in soggetti segnati duramente da queste tragedie sociali. Anche le vigilie di grandi eventi, i momenti che conoscono l'angoscia dell'attesa di catastrofi acquiscono la percezione del "soprannaturale". Si contano, fra le due guerre mondiali, 41 apparizioni. In periodo bellico, tra il 1939 e il 1945, ne vengono annotate 16. Se ne elencano, nel dopoguerra, in tre anni appena (dal 1946 al 1949), ben 57[196].

Prennent de l'ampleur pendant les périodes caractérisées par les guerres, les tensions, les difficultés économiques, les épidémies, les luttes fratricides. Elles se manifestent plus facilement chez des sujets marqués durement par ces tragédies sociales. Même la veille de grands événements, les moments qui connaissent l'angoisse de l'attente de catastrophes aiguisent la perception du surnaturel. On compte 41 apparitions entre les deux guerres mondiales. En période belliqueuse, entre 1939 et 1945, on en a recensé 16. Si l'on fait une liste, après la guerre, en moins de

[195] BOUFFLET, Joachim, *Encyclopédie des phénomènes extraordinaires de la vie mystique. Tome 1 : phénomènes objectifs*, Paris, F.X De Guibert, 1992, p.19.

[196] TURI, Anna Maria, « Perchè oggi appare la Madonna » [Pourquoi la Vierge apparaît aujourd'hui ?] in *Sette giorni illustri del Corriere della Sera*, 21, supplément du « Corriere della Sera », 21 maggio 1988, p.30.

trois ans, on en dénombre au moins 57.

En outre, précisons qu'à l'origine le nom de *Casavatore* dérive de *Casabuttore*, « casa del batezzatore », soit la « *maison du baptiseur* »[197].

L'église paroissiale de Saint Jean-Baptiste, dédiée au Saint Patron de la ville, dont la forme actuelle est le fruit de divers remaniements exécutés entre 1759 et 1764, abrite, dans la chapelle du Saint Rosaire, une statue de la Vierge qui portait jadis l'Enfant Jésus, appelé « *Bambinello della Cappella* »[198].

La tradition voulait, qu'avant les fêtes de Pâques, on enveloppât, dans un châle blanc, la dite statue. Puis les femmes, les *bizocche*, la portaient en procession dans la maison des fidèles pour la déposer sur un lit, signe de protection pour toute la famille. Elles racontaient que chaque année, lorsqu'elles s'apprêtaient à l'emporter, elles assistaient au même prodige : les chaussettes aux pieds de l'Enfant étaient élimées[199].

À la lecture de ces remarques, il semble important de noter que le tissu religieux de Casavatore présente un arrière-plan dévotionnel marial particulier, même si les écrits historiques du lieu font cruellement défaut. En effet, « *a differenza di quanto avviene per la storia generale, ove, di regola, abbonda la documentazione e chiare sone le fonti, scarsi sono i documenti e dispersi* »[200]. L'apparition dont il est question dans cette partie de notre travail eut lieu le 13 décembre 1985 et ne s'est jamais reproduite depuis. Nous allons tenter de comprendre au cours de notre travail, pourquoi l'apparition n'a pas engendré un culte suivi.

---

[197] BONO, Giovanni, *op. cit*, p.7. On rappelle que la mutation consonantique du "b" en "v" se nomme *betacismo* en italien. Il marque le signe d'une confusion entre deux sons lors du passage du latin aux langues romanes mais qui étaient bien distincts dans le latin classique et demeure caractéristique du dialecte de la Campanie.

[198] Une étude approfondie du groupe sculpté a été réalisée par GIUSTO, Silvana, « Giacomo Colombo e il Battista di Casavatore » [Giacomo Colombo et le Saint Jean Baptiste de Casavatore] *in Raccolta rassegna storica dei comuni*, 20, 2006, Arpino (Caserta), Istituto di Studi Atellani, pp.44-48.

[199] *Chiesa di San Giovanni Battista. Storia, arte e tradizione* [Église de Saint Jean Baptiste. Histoire, art et tradition], Proloco Casavatore, 2009, p.67.

[200] BONO, Giovanni, *op. cit*, Trad. (À la différence de ce qui se produit pour l'histoire générale où, ordinairement, la documentation abonde et les sources sont claires, les documents sont rares et se trouvent dispersés).

III. LA RELIGION COMME CLEF DE VOUTE DE L'ENSEIGNEMENT SCOLAIRE

L'apparition de 1985 se produisit à un moment-clé pour l'Église puisque le rôle du crucifix et sa présence dans les salles de classe furent, à cette époque, remis en question.

A. LE CRUCIFIX

Le crucifix occupe un rang important dans la vie religieuse italienne. On se souviendra du troisième film de Don Camillo, « *Don Camillo e l'onerevole Peppone* »[201] où le spectateur assiste à un dialogue entre Don Camillo et un crucifix réalisé spécialement pour le film par le sculpteur véronais Bruno Avesani[202]. Il s'agissait de représenter une Italie dévote avec la présence d'un crucifix « ambivalent ». Rappelons qu'en 1929, les Accords du Latran signés entre l'État italien représenté par Mussolini et le Vatican avaient fait du catholicisme la religion officielle de l'État italien. Les bénéfices furent réciproques : pour Mussolini, il s'agissait de la légitimation de Rome comme capitale de l'État italien et pour l'Église, la reconnaissance de la religion catholique comme « la seule religion d'État » entraînant obligatoirement son enseignement dans toutes les écoles. Mais, en 1984, un nouveau concordat entre l'Italie et le Vatican stipula que le catholicisme n'était plus la religion d'État mais que la présence du crucifix dans les lieux publics était compatible avec la laïcité du pays.

Il nous faut préciser que l'image du crucifix a surtout été diffusée, à l'origine, avec l'impulsion des nouveaux ordres, tels les Dominicains et les Franciscains. Ils se concentrèrent sur les derniers moments de la vie terrienne de Jésus et cette évolution se concrétisa par la consigne liturgique d'exposer le crucifix sur l'autel majeur des églises.

---

201 *Don Camillo e l'onorevole Peppone*, [Trad. française : *Peppone*], GALLONE, Carmine avec Fernandel et Gino Cervi, Italie, 1963, comédie, 97 mn.

202 Trois crucifix représentant Jésus dans des attitudes différentes furent réalisés pour les besoins du film. Un seul est conservé et se trouve actuellement dans une chapelle de l'église Santa Maria Nascente à Brescello (Reggio Emilia). Le crucifix a été réalisé dans un bois léger, l'arbre à baume, qui a été complètement évidé afin d'en faciliter sa manipulation par Fernandel.

Plus récemment, les anthropologues se sont intéressés à la signification et au sens large du crucifix. Ils ont suggéré quelques pistes de réflexion à l'instar d'Ernesto De Martino qui relata les habitudes des guérisseurs dans les villages de la Lucanie en 1957, dans *Sud e Magia*[203]. Il retraça l'histoire de personnes touchées par le démon et de maisons infestées par le Malin. Une fois le mal éloigné, l'exorciste conseillait d'apposer un crucifix à l'intérieur de la maison, à proximité d'une porte ou d'une fenêtre car, dans des situations de superstition et de magie, il revêtait une fonction défensive[204].

B. Les accords entre l'Italie et le Saint-Siège

Si la fin du XIXe siècle fut marquée en France par le retrait de l'instruction religieuse des programmes scolaires, l'Italie, probablement en regard à son particularisme historique, n'a pas suivi la même voie, comme en témoignent les Accords du Latran de 1929.

Mais les changements de régime intervenus en Italie après la guerre, comme entre autres, la signature de la Constitution de la République Italienne de 1948, rendirent nécessaires cet ajournement. Ainsi, après de longues négociations, un concordat fut signé le 18 février 1984 entre le cardinal Casaroli, secrétaire d'État et le Président du Conseil, Bettino Craxi. Le but de cet accord était de tenir compte des transformations politiques et sociales survenues en Italie.

Ce qui nous intéresse plus particulièrement pour notre travail, demeure la question, particulièrement difficile, de l'enseignement religieux, évoquée par l'article 9. En effet, celui-ci stipule que *« l'enseignement religieux sera assuré dans les écoles publiques et il sera donné ou non aux enfants selon que leurs parents l'auront demandé*

[203] DE MARTINO, Ernesto, *Sud e magia* [Sud et magie], Milano, Feltrinelli, 2007^6, pp. 68-85.

[204] On peut aussi rappeler les vers suivants de *l'Esorcismo di Leone XIII contro Satana e gli angeli ribelli* [L'Exorcisme de Léon XIII contre Satan et les anges rebelles] : « Ecco la croce del Signore, fuggite potenze nemiche. Vinse il leone della tribù di Giuda, il discendente di David. Alleluia » [Voici la croix du Seigneur, fuyez puissances ennemies. Le Lion de la tribu de Judas vainquit, le descendant de David. Alléluia.]. La tradition veut que prononcer ces paroles permette de combattre le Malin. GALLINI, Clara *Croce e delizia. Usi e abusi e disusi di un simbolo* [Supplice et Délice. Utilisations, abus et désuétudes d'un symbole], Torino, Bollati Boringhieri Editore, 2007, p.29. Nous précisons que l'expression « Croce e delizia » dérive du refrain de la Traviata de Giuseppe Verdi (1813-1901), œuvre écrite en 1853. Il s'agit de l'acte 1, scène V entre Violetta et Alfredo.

ou écarté lors de l'inscription de l'enfant à l'école »[205]. L'engagement pris par l'État Italien d'assurer l'enseignement de la religion catholique dans les écoles publiques tenait ainsi compte de ce que les principes du catholicisme faisaient partie du patrimoine italien (art.9, n°2, §1). Mais, on peut noter, tout de même, une modification par rapport à l'article 1 dans lequel l'Italie affirmait que la religion était considérée comme « la seule religion d'État »[206].

Toutefois, l'exposition du crucifix dans les classes, dans les hôpitaux et dans les tribunaux demeure obligatoire. Cette décision a évidemment entraîné des polémiques comme en témoigne la réaction de l'historien Sergio Luzzato qui dénonce: « *La presenza del simbolo cristiano nello spazio pubblico [che]configura una forma di proselitismo religioso »*[207]. En effet, il est tout à fait légitime de se questionner sur la présence du crucifix dans les lieux publics, car il peut représenter une violation des droits fondamentaux comme, par exemple, la liberté de pensée[208]. Il est à noter que dans cette dernière décision, subsiste une contradiction considérable entre le fait que la religion catholique ne soit plus considérée comme la seule religion d'État, et ce dès 1984, mais que la présence du crucifix dans les écoles s'impose encore aux non-chrétiens et aux non-croyants.

---

[205] GAUDEMET, Jean, « L'Accord du 16 février 1984 entre l'Italie et le Saint Siège » in *Annuaire français de droit international*, 30, 1984, pp. 209-220, p.217.

[206] L'intégralité des Accords de 1984 est étudiée scrupuleusement dans l'article de GAUDEMET, Jean, *op. cit.*, pp. 209-220.

[207] LUZZATO, Sergio, *Padre Pio. Miracoli e politica nell'Italia del Novecento* [padre Pio. Miracles et politique dans l'Italie du vingtième siècle], Torino, Einaudi, 2007, p. 5. Trad. (La présence du symbole chrétien dans l'espace public façonne une forme de prosélytisme religieux).

[208] Le 22 mars 1988, l'intellectuelle Natalia Ginzburg (1916-1991) rédige un article dans *L'Unità* le 25 mars 1988 pour exposer son point de vue au sujet de la présence du crucifix dans les lieux publics. Ce pamphlet est intitulé « *Non togliete quel crocifisso : è il segno del dolore umano* » [N'enlevez pas ce crucifix : c'est le signe de la douleur humaine]. Pour elle, si « *l'ora di religione è una prepotenza politica* [*perchè*] *la scuola è di tutti, cattolici e non cattolici* » Trad. (L'heure de religion est un abus politique [car] l'école appartient à tous : catholiques et non-catholiques), le crucifix, selon son point de vue, « *non genera nessuna discriminazione. Tace. E'l'immagine della rivoluzione cristiana che ha sparso per il mondo l'uguaglianza fra gli uomini* » Trad. (Ne génère aucune discrimination. Il est silencieux. Il est l'image de la révolution chrétienne qui a diffusé à travers le monde l'égalité entre les hommes). Sergio Luzzato critiquera Natalia Ginzburg en arguant qu'un tel comportement n'est que le signe d'une superficialité impardonnable. LUZZATO, Sergio, *op. cit.*, p. 15. Le malaise sur cette nouvelle disposition est également exposé par Mario Gozzini, sénateur de la république dans l'article « *Il crocifisso e la religione vera* » [Le crucifix et la vraie religion], *L'Unità*, 3 marzo 1988. Enfin, rappelons la décision du professeur Maria Vittoria Montagnara à Cuneo (Piémont) qui avait demandé au proviseur du lycée technique où elle enseignait en 1987 d'enlever le crucifix de la salle de classe. Face à son refus d'enseigner, elle fera l'objet d'une procédure disciplinaire puis les poursuites seront abandonnées.

En ce qui concerne la période qui nous intéresse, les années quatre-vingt-cinq marquent un tournant de la présence hégémonique de l'Église dans les écoles. Cet état de fait laisse encore supposer un climat susceptible de « mettre en place » des phénomènes d'apparition comme nous allons nous efforcer de l'expliquer.

Rappelons que la notion de laïcité reste à l'origine de profondes divergences entre le catholicisme italien et le catholicisme français, puisque la France fonde ses valeurs et ses traditions, non pas sur un aspect religieux mais sur une mémoire historique.L'Italie, elle, assoit son principe de laïcité sur la garantie que l'État sauvegardera la liberté de religion. Si le processus de laïcité en France fut amorcé par la Révolution Française et adopté par la loi de 1905 sur la séparation des églises et de l'État, il s'articule autour de la liberté de religion et de culte, garantie par l'État qui doit veiller à ce qu'aucun culte ne soit privilégié par rapport à un autre.

Si, en matière d'éducation scolaire en Italie, l'article 9 des Accords du Latran de 1929, déclare que les principes du catholicisme font partie du patrimoine historique et que l'enseignement de la religion catholique dans les écoles publiques non universitaires de toutes catégories et de tous degrés doit être maintenu, en 1984, une autre orientation sur le sujet fut inscrite. Il s'agit de la loi n°121 qui ajoute un protocole au Concordat et modifie les décisions du Latran du 11 février 1929. Cette loi précise au 5ème alinéa de l'article 9 [209] :

> *L'enseignement de la religion catholique [...] est dispensé conformément à la doctrine de l'Église et dans le respect de la liberté de conscience des élèves – par des enseignants reconnus aptes par l'autorité ecclésiastique et nommés, en accord avec elle, par l'autorité scolaire. Dans les écoles maternelles et élémentaires, cet enseignement peut être donné par l'enseignant de la classe, reconnu apte par l'autorité ecclésiastique, s'il est disposé à l'effectuer* [210].

Par conséquent, l'enseignement de la religion ne sera plus uniquement dispensé par les prêtres. Enfin, l'article 9 rappelle que :

> *Dans le respect de la liberté de conscience et de la responsabilité éducative des parents, est garanti à chacun le droit de choisir de suivre ou non cet enseignement. Au moment de l'inscription, les élèves ou leurs parents exerceront*

[209] Source : [en ligne] http:// www.legirel.mineurel.info, (page consultée le 30 décembre 2012).

[210] Dans les écoles maternelles et élémentaires, l'enseignement est assuré par l'enseignant s'il en a été reconnu apte par l'autorité ecclésiastique.

ce droit, à la demande de l'autorité scolaire, sans que leur choix puisse donner lieu à une quelconque forme de discrimination[211]

En effet, les parents qui ne souhaitent pas que leur enfant suive le cours de religion pourront chaque année exercer leur choix en remplissant un formulaire. Cette proposition fait apparaître un aspect particulier du système scolaire italien : susciter, face à des propositions d'adhésion à une doctrine, des problèmes de conscience personnelle d'éducation familiale. Ce texte répond à l'exigence de laisser de l'espace à d'autres croyances religieuses et amenuise, d'une certaine manière, la place de l'Église catholique dans le système scolaire.

Ces nouvelles décisions firent naître de nombreuses polémiques et le 14 décembre 1985, le quotidien *Il Mattino* fit paraître un article concernant ce sujet intitulé : « *L'ora di religione finirà in Parlamento* »[212] (**annexe 1**). Les premières lignes étaient plutôt révélatrices du malaise ressenti : « *Il problema è scottante ed è di nuovo polemica* »[213]. Et de décrire la création de nouvelles mesures, comme la mise en place de normes concernant les enseignants de religion (qui auraient la possibilité de donner leur avis sur le passage en classe supérieure de l'élève ou sur un éventuel redoublement) mais aussi concernant les écoles maternelles et primaires où deux heures, (et non une !), de religion seraient dispensées de façon hebdomadaire.

Le débat suscité s'articula principalement autour du rôle du Parlement sur la question de l'enseignement religieux en milieu scolaire et sur l'ingérence de l'Église au sein de l'école laïque. Si la laïcité ne s'oppose pas à la foi, elle doit s'attacher à distinguer les éléments à caractère rationnel, comme le contexte scolaire, et les tenir à l'écart de la foi. C'est précisément dans ce contexte que se déroula la prétendue apparition mariale à Casavatore, et nous pouvons avancer l'hypothèse que l'événement surnaturel trouva un écho favorable principalement à cette période précise où une situation controversée surgissait au sujet de l'enseignement de la religion.

Pour les italiens, le rôle de l'Église revêt quatre fonctions primordiales : aider les personnes nécessiteuses, éduquer et former les jeunes, promouvoir l'Évangile dans les

---

[211] Source : [en ligne] http:// www.legirel.mineurel.info, *op. cit.*
[212] CASERTA, Renato, « L'ora di religione finirà in Parlamento » (L'heure de religion finira au Parlement) in *Il Mattino*, 14 dicembre 1985, p.6.
[213] Ibid., p.6. Trad. (Le problème est brûlant et fait naître une nouvelle polémique)

différentes actions religieuses et favoriser la paix[214]. Force est de constater que principalement trois modalités sur quatre valorisent, non pas la mission spirituelle de l'Église, mais surtout son action sociale. Il est intéressant, pourtant, d'apporter une constatation intéressante à ce sujet: ce sondage a été réalisé dix ans après l'apparition de Casavatore mais, on peut aisément supposer que les exigences des fidèles soient demeurées similaires pendant cette période. Néanmoins, la motivation récurrente du catholique fervent fut d'obtenir de l'aide et du réconfort dans les moments difficiles[215]. C'est donc dans cette situation très ambivalente où le champ religieux se trouvait en pleine mutation que se produisit l'apparition mariale à Casavatore dans un lieu pour le moins « surprenant ».

IV. Récit de l'apparition

Dans le cas qui nous intéresse, l'apparition mariale n'est pas liée à la mémoire historique du lieu mais découle directement d'un contexte social déterminé, entre autres par l'institution scolaire.

Après avoir défini le contexte religieux de l'époque, sur lequel nous allons nous appuyer, nous souhaitons examiner plusieurs points en rapport avec l'événement surnaturel : le théâtre de l'apparition et ses acteurs, notre rencontre avec le diacre et les références symboliques, ceci afin de saisir pour quelles raisons l'apparition n'a pas donné lieu, par la suite, à un intérêt pérenne.

A. Lieu et protagonistes de l'apparition

Casavatore se présente comme une ville de transition, mal délimitée dans le paysage napolitain, comme nous l'avons expliqué précédemment. L'apparition, quant à elle, se déroula dans un lieu insolite puisqu'il s'agissait de la cour d'un collège. En règle

[214]CESAREO, Vincenzo « et al. », *La religiosità in Italia* [La religiosité en Italie], Milano, Mondadori, 1995, p.148.
[215] Ibid., p.10.

générale, les événements surnaturels se déroulent dans des lieux sauvages et reculés. En ce qui concerne le lieu du phénomène, on constata qu'il n'était pas particulièrement revêtu d'un caractère sacré traditionnel. De plus, lorsqu'on s'intéressa à l'enseignante d'histoire et de géographie, il apparut que c'est à elle qu'était revenue la charge de dispenser les cours de religion ; son rôle est donc primordial. On remarqua, sans tarder, que l'appareil scolaire et l'appareil religieux, deux notions idéologiques et dominantes, pouvaient être dans le cas de Casavatore, étroitement dépendantes.

Nous avons donc rencontré le diacre actuel, Gaetano Marino, en août 2009 et il nous apprit que ce professeur demandait à ses élèves de faire la prière en classe. Force fut de remarquer que le comportement de l'enseignante était déjà ambivalent et que, si la France avait souhaité faire de l'école un espace neutre, l'Italie, elle, considérait encore la religion catholique comme une partie primordiale de son patrimoine. Nous notâmes également, en consultant les articles de journaux parus quelques jours après l'apparition, que le comportement des collégiennes face aux journalistes fut plutôt déroutant même si la typologie du voyant, comme nous le développerons par la suite, avait évolué puisqu'il n'était plus ignorant et isolé comme le souhaitait la tradition au XIXe siècle. De nos jours, les voyants savent s'adresser aux foules qui viennent recueillir leur témoignage et décrire le phénomène surnaturel. L'article du *Mattino* (**annexe 2**) explique que :

Le prime bambine che hanno affermato di avere visto venerdì scorso la Madonna apparire su un albero non sembrano impressionate più di tanto. E i loro racconti si arricchiscono a mano a mano che si parla, di particolari inediti[216].	Les premières élèves qui ont affirmé avoir vu apparaître la Vierge sur un arbre vendredi dernier ne semblent pas impressionnées outre mesure. Et leurs récits s'enrichissent de détails inédits au fur et à mesure qu'elles en parlent.

Suite à ces témoignages, le proviseur, en personne, demanda aux protagonistes de « *mettere tutto nero su bianco [e di descrivere] nel compito di italiano, [...] le loro "visioni "* »[217], ce qui démontrait que la frontière entre le cadre religieux et le cadre scolaire était encore inexistante. Le professeur et le proviseur de l'établissement ne

---

[216] MAIETTA, Carmela, « *Dove si parla di "apparizioni"* » in *Il Mattino*, 17 dicembre 1985, p.10.

[217] IBid. p.10. Trad. (De tout écrire noir sur blanc [et de décrire] dans leur devoir d'italien [...] leurs "visions").

semblèrent pas instaurer de limites entre la pédagogie scolaire et les croyances religieuses. Il est vrai aussi que cette prise de position était rendue possible dans un pays où le calendrier des jours fériés scolaires comporte aussi des événements religieux liés aux traditions régionales[218]. En outre, la journaliste remarqua que les protagonistes ne tenaient pas à rester dans l'ombre et se manifestaient sous leur véritable identité qu'elles revendiquaient :

Ecco Gilda Cangiano, la prima in assoluto a "vedere" un'immagine indistinta, ma subito si fanno avanti Loredana Troncone, Carmela D'Auria, Pamela Manzoni e Filomena Esposito a rivendicare la loro parte di coprotagoniste. [...]. Hanno la parlantina sciolta, ora parlano anche di volti santi, di croci sospese in aria, di cimiteri[219].	Voici Gilda Cangiano, la première sans aucun doute à "voir" une image indistincte, mais rapidement interviennent Loredana Troncone, Carmela D'Auria, Pamela Manzoni et Filomena Esposito pour revendiquer leur rôle de protagonistes dans l'affaire. Elles ont du bagout et se mettent à parler à la fois de Saints Visages, de croix suspendues en l'air et de cimetières.

Néanmoins, le lieu de l'apparition s'éloigne du stéréotype des apparitions mariales traditionnelles et par conséquent, le récit perd en crédibilité et nuit à une possible transmission. Cette remarque ne signifie nullement que les habitants de Casavatore ne sont pas croyants, car aucune apparition n'est indispensable à la foi. En effet, selon la tradition, la Révélation eut lieu avec Jésus qui incarne la Vérité. Cependant, ici, paradoxalement, les autorités ecclésiastiques n'ont pas relayé l'événement et ont freiné une possible création d'un nouveau lieu de culte.

B. EXIGENCE D'INFORMATIONS

[218] À Bénévent en Campanie, par exemple, hormis les fêtes religieuses traditionnelles comme le 8 décembre, fête de l'Immaculée Conception et les évènements historiques comme le 02 juin, fête nationale de la République, on fête Saint Bartholomé, le Saint Patron de la ville. Mais on commémore aussi le 19 mars qui marque l'anniversaire de l'assassinat du prêtre Peppe Diana par la Camorra en 1994 à Casal Del Principe (Naples). On peut donc s'interroger sur le bien fondé religieux de cette décision puisqu'aucune cérémonie officielle n'est célébrée même si l'hommage a lieu le jour de la Saint Joseph (*Peppe* étant le diminutif de *Giuseppe*, Joseph).

[219] MAIETTA, Carmela, *op. cit.*, p.10.

Notre intérêt pour l'apparition mariale de Casavatore s'explique aussi par notre volonté de comprendre, outre les conséquences matérielles, la signification culturelle et sociale de l'événement. Nous souhaitons rappeler que :

Perchè un culto si sviluppi, due sono le condizioni necessarie : l'adesione delle vox populi e l'approvazione del clero : se mancava la prima, anche la causa migliore non aveva corso ma viceversa, anche se suscitava l'entusiasmo delle folle, non durava senza radicamento in un'istituzione ecclesiastica[220].

Pour qu'un culte se développe, il y a deux conditions nécessaires : l'adhésion de la *vox populi* et l'approbation du clergé : s'il n'y avait pas la première, même la meilleure des causes n'aurait plus cours mais vice-versa, même si elle suscitait l'enthousiasme des foules, elle ne durerait pas sans l'enracinement au sein d'une institution ecclésiastique.

Pour saisir l'importance de l'apparition auprès des fidèles, nous avons souhaité interroger le diacre actuel de Casavatore, Gaetano Marino. Nous l'avons rencontré à son domicile, un appartement cossu, auquel on accèda après avoir traversé deux cours protégées par des grilles. Le lieu, aseptisé et bourgeois, nous fit immanquablement penser à la typologie d'un *bunker* avec ses fenêtres protégées par des grilles. Force fut d'observer un intérieur ostentatoire, aux antipodes du monde extérieur, hostile, où les groupes mafieux sévissent régulièrement, comme en atteste l'existence du groupe appelé *la faida di Scampia,* clan issu de la périphérie napolitaine, composé, entre autres, de la famille Ferrone de Casavatore.

Depuis les années quatre-vingts, les tendances à l'économie criminelle furent exaltées comme en témoignent les articles de journaux de l'époque, même si Gaetano Marino insistait sur le fait que Casavatore demeurait une petite ville « tranquille »[221].

---

[220] BOESCH GAJANO, Sofia, « la religione popolare », [La religion populaire] in *La religione popolare : tre interpretazioni : la cattolica, la protestante, la sociologica* [La religion populaire : trois interprétations : la catholique, la protestante, la sociologique], a cura di AGNOLETTO, Attilio, Milano, Istituto Propaganda Libreria, 1991, p.59.

[221] En écoutant le récit du diacre, nous avons pensé au prêtre Don Pino Puglisi assassiné par Cosa Nostra en 1993. Il administrait la paroisse de San Gaetano à Palerme (Sicile), quartier réputé pour sa criminalité. Ce prêtre, au contraire de Gaetano Marino, dénonçait le climat difficile et son engagement social s'est heurté aux intérêts de la mafia. L'année 1998 annonce l'ouverture des procédures pour sa béatification. La démarche du diacre de Casavatore est en parfaite opposition avec celle de Don Puglisi, le premier cherche à étouffer le climat violent ambiant et le second s'est placé au premier plan de la lutte antimafia. Sur la question de l'imbrication entre politique et religieux, on pourra se reporter à l'article de PUCCIO-DEN, Deborah, « Victimes, héros ou martyrs ? » in *Terrain*, 2/2008, 51, pp.94-111.

En premier lieu, lorsque nous demandâmes à notre interlocuteur si Casavatore présentait un profond passé religieux, il acquiesça, nous rappelant que la localité se trouvait sur le chemin qui menait à Sante Marie Capua Vetere qui était jadis, selon la tradition, emprunté par l'apôtre Pierre lorsqu'il se rendait à Rome. Cette précision eut pour objectif de nous corroborer que l'apparition mariale était, en quelque sorte, la confirmation d'héritages anciens même si l'historiographie locale démontrait d'évidentes limites[222].

En second lieu, Gaetano Marino nous expliqua que le maire, en place au moment de l'apparition, était communiste mais qu'il était « croyant »[223]. Par conséquent, il ne se serait pas prononcé contre les apparitions alors qu'au cours des dernières décennies, rappelons le, « *il più grande problema della Chiesa italiana, a giudizio unanime dei suoi responsabili, è però l'avanzata del comunismo* »[224].

En Italie, face à la force du mouvement catholique, on évoque de « problème communiste. » On pourrait donc supposer qu'à Casavatore comme ailleurs, la force électorale de la gauche pouvait remettre en cause l'équilibre de l'Église italienne mais le diacre nous confirma l'exact contraire. On supposa que cette remarque visait à insister sur l'existence tangible de l'événement surnaturel.

Néanmoins, au cours de notre entretien, nous remarquâmes aussi des zones d'ombre plus conséquentes, comme lorsque Gaetano Marino nous expliqua que l'apparition était devenue un phénomène médiatique de grande ampleur. Pourtant, en parcourant les articles du quotidien *Il Mattino*, nous ne trouvâmes que deux modestes articles concernant l'apparition[225] **(annexe 3)**. Après de nombreuses recherches, il s'avèra qu'aucune autre source écrite ne relatait l'événement surnaturel. La première

---

[222] On pourra consulter l'ouvrage de BONO, Giovanni, *op.cit.*,qui demeure à notre connaissance, la seule étude documentée sur les origines et l'histoire de Casavatore.

[223] Nous reviendrons en détail sur les rapports entre l'Église et le communisme dans le chapitre 7.

[224] RICCARDI, Andrea « Il cattolicesimo della Repubblica » [Le catholicisme de la république] in *Studi d'Italia : l'Italia contemporanea*, [Études sur l'Italie : l'Italie contemporaine], Roma-Bari, Laterza e Figli, 1999, pp. 233-319, p. 238. Trad. (Le plus grand problème de l'Église italienne, de l'avis unanime de ses responsables, est pourtant l'avancée du communisme).

[225] Le premier est cité dans une note précédente. Le second article s'intitule : « Le bambine hanno detto d'aver visto la Madonna quando in classe si parlava d'apparizioni mistiche » [Les collégiennes ont dit avoir vu la Vierge tandis qu'en classe on parlait d'apparitions mystiques] in *Il Mattino*, 16 dicembre 1985, p.5 (article non signé) et « *Dove si parla* d'apparizioni » [Là on l'on parle d'apparitions], MAETTA, Carmela, *op. cit*, p.10. Concernant le sujet abordé en classe, nous le développerons dans le chapitre suivant.

observation qu'il fut possible d'émettre au sujet de ce récit est que, si selon le diacre, l'apparition mariale avait fait déplacer des foules considérables à l'époque, l'événement n'avait pas été relayé dans la presse locale, ce qui nous sembla pour le moins étrange. En outre, les auteurs de ces articles ne semblaient pas convaincus par les faits et leur scepticisme était particulièrement palpable dans leur récit :

Centinaia di persone in sosta davanti alla scuola e che osservano attentamente un punto in alto sulla parete dell'edificio [...] e sono sempre parecchi quelli che credono di intravvedere ora il viso della Madonna ora il viso del Volto Santo ; e qualcuno spergiura che la testa in realtà è più piccolina per cui si tratta del bambino Gesù. Ma "l'apparizione" non era avvenuta sull'albero nel cortile della scuola ? La domanda raccoglie occhiate indignate e insieme sorrisi di scetticismo[226].	Des centaines de personnes immobiles devant l'école et qui observent attentivement un point sur la partie haute du mur de l'édifice [...] et celles qui pensent apercevoir soit le visage de la Vierge, soit les traits du Saint Visage, sont sans cesse plus nombreuses. L'une d'elle jure ses grands dieux qu'en réalité la tête est plus petite et qu'il s'agit probablement de l'Enfant Jésus. Mais "l'apparition" n'avait-elle pas eu lieu sur l'arbre de la cour de l'école ? La question provoque à la fois des coups d'œil indignés et des sourires sceptiques.

Par conséquent, nous pouvons retenir que, quelques jours après l'apparition, la prégnance du thème marial fut amplifiée par le caractère immédiat des témoignages qui permirent la création d'une effervescence relative.

Si l'apparition, comme nous pouvons le comprendre à la lecture de cet article, suscita beaucoup d'émoi au sein des habitants, elle eut pour conséquence, toujours selon le diacre, d'accroître la participation des habitants à la messe dominicale. Et d'en déduire que cet élan de dévotion avait trouvé un accueil naturellement favorable auprès du diacre de l'époque. Mais nous ne pûmes manquer d'être surpris par le fait que les informations fussent minimes et plus frappant encore fut le refus du diacre de nous donner des indications sur l'enseignante protagoniste. Nos questions portaient aussi effectivement sur la personnalité du professeur mais notre interlocuteur nous rappela qu'elle n'était pas en fonction au moment de l'apparition. Aucune information concrète

[226] MAIETTA, Carmela, *op. cit.*, p.10.

ne put être recueillie et le diacre ne nous donna pas la possibilité de rencontrer les spectateurs de l'apparition.

Nous avons tout de même souhaité analyser quelques points de cette apparition nonobstant la relative pauvreté des témoignages. Nous avons essayé de surprendre, par voie de confession indirecte, ce qui n'avait pas été formulé au gré des réponses évasives de notre interlocuteur et de comprendre son silence. Nous pensions trouver un informateur qualifié, mais peut-être que « *l'oublieux donne des renseignements apparemment cohérents mais qui peuvent masquer l'essentiel* »[227]. Dans cette situation, nous avons établi les déductions et les hypothèses précédentes.

En conclusion, nous avons pu remarquer, en l'espèce, que le récit du diacre restait « un récit type » dans lequel se retrouvaient des stéréotypes communs aux apparitions traditionnelles et ces divers éléments avaient indubitablement pour but de favoriser un début de reconnaissance sociale et de recréer une « culture de l'apparition ». Néanmoins, si nous observons que les événements à Casavatore reprennent certaines constantes des apparitions mariales, force est de reconnaître la minceur de l'événement.

C. L'ÉLABORATION DE L'OBJET CULTUEL

À Casavatore, on relève plusieurs traits symptomatiques d'une apparition mariale traditionnelle.

En premier lieu, la présence de parfum qui est un ingrédient fondamental dans la tradition des apparitions car il est le signe sensible des personnages pieux. Cette tradition découle de l'épisode au cours duquel Sainte-Hélène (IIIe siècle), mère de l'empereur Constantin, s'est rendue sur le Golgotha où se trouvait enfouie la Vraie Croix : la terre se mit à trembler et une fumée d'aromates se répandit[228]. Mais dans le cas que nous étudions, nous notons le récit d'effluves inédits comme le parfum de

[227] RIVIÉRE, Claude, *Introduction à l'anthropologie*, Paris, Hachette, 1999², p.25.

[228] De cet épisode, Sainte-Hélène rapportera la Scala Santa. L'Escalier Saint se trouve aujourd'hui près de la cathédrale de Rome, Saint-Jean du Latran et est conservé dans un édifice réalisé par Domenico Fontana en 1589. Sainte-Hélène a aussi transmis à Saint Agricius, évêque de Trèves la tunique sans couture du Christ et qui se trouve encore aujourd'hui dans la cathédrale de Trèves.

mandarancio (clémentine) qui rompt avec les codes habituels des apparitions mariales. Traditionnellement, en effet, le parfum se rapproche plutôt du musc ou de l'ambre. L'occurrence d'un parfum inédit que l'on ne peut rattacher à aucune symbolique précise suggère peut-être un manque de conviction du prêtre ou sinon, une volonté de trouver une constante dans l'apparition, mais qui aboutit, dans le cas qui nous intéresse, à une mise en relation maladroite avec les références bibliques habituelles.

Fig.4
Chapelle à Casavatore (août 2009)
CdA

Suite à l'événement surnaturel, une chapelle fut construite, aux frais de plusieurs centaines de fidèles (Fig.4) devant le collège, dans une partie de la rue depuis fermée à la circulation et jonchée d'immondices. La construction de cet espace circonscrit, réservé aux fidèles, fut réalisée en quelques mois et avait pour but de célébrer la Vierge. Sa forme reprit la première lettre de la *Madonna* et le lieu fut agrémenté de quelques bancs pour les fidèles. Compte-tenu du petit espace et du nombre restreint de places assises, nous avons eu des difficultés de penser que cet événement pouvait déplacer des foules entières. Cependant, la création d'un nouvel espace sacré fixa l'événement que l'on fête une fois par an, le 13 décembre. Mais au fil des années, la fréquentation des fidèles diminua ostensiblement[229].

Pour donner de la force à l'apparition, la chapelle fut placée immédiatement sous le vocable de « La Regina della Scuola »[230], ce qui facilita, pour la population, l'association de la sphère scolaire et de la sphère religieuse. Ainsi, au cours du temps, le lieu de l'apparition demeura immuable. Le témoignage des quelques élèves et de leur enseignante ne donna pas lieu à une mobilisation collective.

Aujourd'hui, la foule n'envahit plus les lieux. Le contexte urbain semble être un frein au développement d'un culte dévotionnel car souvent, les sanctuaires se situent dans des localités isolées ou difficiles d'accès[231]. Il existe cependant des sanctuaires urbains récents comme celui dédié au prêtre Don Bosco (1815-1888) à Turin (Piémont) qui fonda en 1854 la Société de Saint François de Sales, plus connue sous le nom de Congrégation des Salésiens et qui fut édifié dans une ville en plein développement industriel, son rôle consistant à s'occuper d'enfants en difficulté en leur indiquant la route à suivre[232].

Cependant, la chapelle de Casavatore, imbriquée dans un tissu urbain, est aujourd'hui désertée par les fidèles alors qu'elle est supposée pétrifier l'apparition, elle absorbe le culte mais ne l'exalte pas. Sa construction n'a pas permis de générer la mise en place d'un culte suivi qui aurait pu, avec un rayonnement appuyé, connaître un succès persistant et mettre en valeur le territoire. Il aurait peut-être fallu d'autres apparitions, et non une seule, pour une attestation possible du phénomène surnaturel. De plus, le message de la Vierge «*Priez et convertissez-vous* ! » manque de force pour faire l'objet d'une expertise de l'Église et permettre aux voyants d'apporter une preuve publique. Par conséquent, les protagonistes de l'apparition n'ont pas obtenu le statut de mandataires autorisés de la Vierge.

---

[229] Cette information émane directement du diacre Gaetano Marino.

[230] Trad. (La reine de l'École).

[231] Pour ne citer qu'un exemple, l'Abbaye de Montevergine (Avellino) est le sanctuaire marial le plus important de la Campanie construit pour rappeler une apparition. L'édifice fut construit sur le mont Partenio au XIIe siècle, lieu isolé et difficile d'accès.

[232] Don Bosco, béatifié le 2 juin 1929, est considéré comme un saint moderne qui aide les enfants à apprendre un métier. Son texte le plus connu écrit en 1874 s'intitule « Il giovane provveduto » (« La jeunesse instruite ») et il propose une méthode austère d'éducation basée sur la confession et la messe quotidienne. Dès 1867, sur l'ordre de Pie IX, il dut noter les communications célestes afin de préparer et de fonder son œuvre.

À ce point de nos travaux, une conclusion provisoire s'impose : Casavatore n'apparaît pas comme un lieu de culte et n'a pas été en mesure de servir de relais à une culture de pèlerinage urbain et populaire. Le public, avide de détails et de nouveauté et démontre un désintérêt total, face à une carence d'événements. En outre, si quelques ingrédients d'une apparition sont, ici, réunis, ils n'engagent pas de démonstration convaincante. Enfin, le diacre n'était pas disposé au dialogue et il lui fut difficile de trouver un fondement cultuel à cette apparition, mis à part le chemin emprunté par l'apôtre Pierre.

V. SOUS-EXPLOITATION DE L'ÉVÉNEMENT SURNATUREL

Précisons d'abord que l'après-séisme présenta un frein certain au tourisme comme à l'économie. Un article paru dans « Il Mattino » en 1984[233] relatait les propos de la *Federazione delle associazioni italiane albergo e turismo* (F.A.I.A.T) et précisait que « *le regioni merdionali oltre ad essere sfavorite dalla distanza, sono penalizzate anche da un "non sistema dei trasporti" che limita la penetrazione della correnti turistiche provenienti dal Nord e dall'Europa* »[234]. Par conséquent, mettre en place un pèlerinage à Casavatore, après l'apparition, se serait avéré difficile par manque d'infrastructures dans un contexte touristique compliqué.

Le contexte social, quant à lui, aurait pu permettre de prendre le relais de l'apparition et ainsi de favoriser sa pérennisation mais notre impression fut que notre interlocuteur cherchait à amplifier les événements afin de combler un vide substantiel. Nous sommes bien conscients qu'il est difficile de prouver un événement surnaturel de cet acabit mais la preuve a pour but de démontrer la factualité de l'apparition de la

[233] «Turismo : il 1984, un anno sprecato. Il Sud paga di più » [Tourisme : 1984, une année gâchée. C'est le sud qui paye plus] in *Il Mattino*, 20 ottobre 2010, p.31.
[234] Trad. (Les régions méridionales, en plus d'être pénalisées par l'éloignement, sont aussi désavantagées par un "non-système de transports" qui limite la pénétration des flux touristiques en provenance du nord et de l'Europe).

Vierge et si elle avait été vue, entendue par plusieurs personnes, elle pouvait devenir mesurable.

Dans le cas qui nous intéresse, les voyantes n'ont pas été en mesure d'accréditer l'existence de l'objet, probablement parce que leurs récits étaient confus et imprécis. Pour aboutir à la reconnaissance d'un miracle, il faut pouvoir compter sur un groupe concerté qui pourrait effectuer une pression sur les autorités. Ce fut ainsi le cas pour Bernadette Soubirous au XIXe siècle[235] où la Congrégation des Augustins de l'Assomption prit rapidement pris le contrôle des opérations dès 1860 pour mettre en place le pèlerinage. Dans le cas de Casavatore, l'apparition fut relayée par une communauté très réduite et n'a pu engendrer un retentissement important. De plus, il aurait fallu que les témoins acquièçassent de l'importance du phénomène aux yeux des autres. Mais dans le cas qui nous intéresse, l'enseignante, en tant que témoin principal, n'a pas été porteuse d'un message aux autorités religieuses, à la différence des grandes apparitions comme celles de Lourdes.

Le voyant reste avant tout un médiateur entre la Vierge et la communauté locale dont il provient. En outre, dans des cas d'apparitions médiatisées comme à Medjugorje en Bosnie-Herzégovine, le 24 juin 1981, on constata que les voyants furent immédiatement mis en cause et accusés : ceux-ci avaient fait des révélations à leurs parents qui s'étaient propagées rapidement dans le voisinage immédiat, puis dans les villages alentours. Ces mises en doute furent portées par des acteurs d'horizons différents et provenaient d'abord de la sphère familiale, puis des médecins et des psychiatres intervinrent, suivis de responsables paroissiaux et enfin de l'évêché. Si l'apparition fut, à l'époque, très médiatisée, c'est parce qu'il y eut une mobilisation dévotionnelle importante de la part de tous les acteurs de poids[236]. Cependant, à Casavatore, la prudence de l'autorité ecclésiastique, qui ne chercha pas à obtenir une « preuve » de l'apparition, provoqua une sous-exploitation du phénomène en ne le relayant pas et empêcha une possible pérennisation du lieu de culte.

La volonté de remettre en question la place de la religion à l'école et le débat suscité à l'époque par la présence du crucifix dans les salles de classe ont probablement

---

[235] Nous reviendrons en détails sur l'apparition à Lourdes qui a été un exemple de référence pour des apparitions postérieures dans le chapitre 3.
[236] L'histoire des apparitions et du pèlerinage est relatée en détail dans l'ouvrage de CLAVERIE, Élisabeth, *Les guerres de la Vierge. Une anthropologie des apparitions*, Paris, Gallimard, 2003.

favorisé un comportement collectif de la foi. Nous pourrions peut-être envisager cette apparition comme une sorte de phénomène social préréglé, motivé par une religiosité toujours latente.

Lors d'une catastrophe naturelle de cette envergure, une assimilation entre une situation naturelle et une situation sociale est toujours possible. Ainsi, l'accueil à un nouveau culte aurait pu être favorable et si l'Église n'a pas repris à son compte l'apparition, c'est peut être parce qu'il n'y avait pas eu de réitération de l'événement surnaturel, mais aussi parce que peu de voyants avaient accrédité l'apparition. Par conséquent, la mobilisation populaire et la mobilisation ecclésiastique s'en sont retrouvées réduites. Enfin, la topographie, qui tient une place non négligeable dans le cadre des apparitions, n'a pas non plus permis de mettre en place à Casavatore une symbolique religieuse même si une partie du territoire de la Campanie semblait dédiée, depuis des siècles, aux apparitions.

En effet, il est difficile d'avoir un recours approfondi aux événements surnaturels face à l'histoire locale de Casavatore, dénuée d'événements prodigieux. Par conséquent, les germes religieux innovateurs s'en sont trouvé ralentis et ont connu des difficultés à se développer.

⁂

CONCLUSION

Nous aurions souhaité comprendre *comment* les acteurs d'un tel phénomène s'adressaient à un être surnaturel. Pour ce faire, il aurait fallu rencontrer les protagonistes de cette apparition qui ne s'était produite qu'une seule fois. Le diacre actuel de Casavatore, Gaetano Marino, n'a pas souhaité nous donner des éléments d'informations. Nous avons néanmoins voulu appréhender le séisme comme une occasion, pour l'Église, de construire une ligne moralisatrice durant une période difficile, accentuée par les changements introduits, en 1985, au sujet l'heure de la religion même si le tableau doit être nuancé, car un tremblement de terre provoque avant tout, et c'est bien là le drame, de nombreuses victimes. Notre enquête était motivée par le fait que nous voulions distinguer un rapport entre le débat occasionné par le maintien ou non de l'heure de religion qui correspondait effectivement à un effritement de la place prépondérante de l'Église, avec les conséquences dramatiques du séisme de 1980 et l'occurrence de l'apparition mariale.

Nous remarquons que de nombreux éléments étaient réunis pour la mise en place d'un culte autour de l'apparition comme par exemple le constat de la détresse morale des habitants après le séisme, de cette ville moderne qui met en exergue ses carences sociales, des protagonistes représentés par des jeunes filles, les attributs de l'apparition avec les effluves de parfum et le message délivré par la Vierge. Notre constat nous amène à conclure que cette apparition n'a pas fonctionné, alors que l'aire napolitaine a favorisé, depuis toujours, l'existence d'une « culture » de l'apparition et les voyantes ont été très peu crédibles.

En théorie, les journaux constituaient une mine d'informations même si l'auteur n'était pas toujours spécifié et si son point de vue n'était non plus pas explicité. Cependant, les informations dans le cas précis qui nous intéresse, sont demeurées floues et peu fiables. Le discours était évasif et sans cesse modulable. Enfin, le professeur d'histoire-géographie, chargé de l'heure de religion, avait outrepassé son rôle, puisque selon ses élèves, elle faisait faire la prière en classe et parlait, au moment de l'apparition, d'un élément similaire[237] survenu dans le village d'Oliveto Citra, six mois auparavant. Nous aborderons ce nouveau sujet dans le prochain chapitre.

De plus, face à une icône religieuse de cet acabit, aucun miracle n'avait découlé de l'événement surnaturel et aucune récurrence du phénomène ne fut notée. Enfin, les autorités religieuses n'ont pas porté plus d'attention à l'apparition et qu'à ses protagonistes. Les lycéennes et leur enseignante n'ont pas été suffisamment convaincantes pour que la police ecclésiale organise des rencontres et établisse une médiation.

La mise en place d'un pèlerinage nécessite, sans doute aucun, de tisser un réseau de significations et de réminiscences symboliques mais à Casavatore, l'événement était composé d'un canevas trop peu stable pour ce faire et d'une symbolique trop faible. Pour l'ensemble de ces raisons, l'apparition mariale est restée sans décision de la part de l'Église.

[237] MAIETTA, C, « *Le bambine hanno detto*.... *op. cit*., p.5.

CHAPITRE 3

OLIVETO CITRA,

UN MODÈLE DE CONTAGION VISIONNAIRE

INTRODUCTION

Nous avons noté, dans notre premier chapitre, que les phénomènes d'apparitions augmentaient durant des périodes caractérisées par des tensions, des difficultés économiques ou des tremblements de terre. Ils se manifestaient plus facilement chez les sujets marqués durement par ces tragédies sociales et/ou à la veille de grands événements où la perception du « surnaturel » se voyait aiguisée. Parmi les objets que l'on ne peut séparer du personnage de la Vierge, figuraient les voyants eux-mêmes, les personnes qui gravitaient autour d'eux et accréditaient l'existence de l'objet ainsi que le contexte socio-historique.

Si le comportement religieux reste, avant tout, l'expression d'une religion ecclésiale composée d'actes rituels essentiels, à l'instar du sacrement, il existe d'autres modèles qui s'enracinent dans la dévotion populaire et deviennent pérennes tels les pèlerinages, la participation aux processions ou les expériences de dévotion envers la Vierge[238].

L'élément qui a motivé notre enquête à Oliveto Citra (Salerne), ville de quatre mille habitants, est le fait que les jeunes filles protagonistes de l'apparition à Casavatore dont nous avons parlé dans le précédent chapitre, fussent précisément des élèves qui s'étaient rendues, six mois plus tôt, dans ce village, à cent kilomètres de leur collège. Nous y avons vu un lien incontestable entre les deux événements, comme si Oliveto Citra avait représenté un laboratoire d'effervescence religieuse.

L'anthropologue contemporain, Paolo Apolito, auteur de nombreux travaux sur les phénomènes d'apparitions mariales en Italie méridionale, a développé une réflexion approfondie sur ces situations religieuses[239]. Il explique notamment qu'il existe des personnes qui vivent une religiosité émotive et qui sont enclines au visionnarisme. Pour

[238]Ces différents composants sont une des possibles définitions de la religiosité populaire. CIPRIANI, Roberto, « et *al.*», *La religiosità popolare*, [La religiosité populaire], Milano, Mondadori, 1995, p.87.

[239] APOLITO, Paolo, *Il cielo in terra : costruzioni simboliche di un'apparizione mariana*, [Le ciel sur la terre : constructions symboliques d'une apparition mariale], Bologna, Il Mulino, 1992, p.34.

cette raison, nous avons noté de nombreuses apparitions, durant cette même époque, sur un même territoire :

Oliveto Citra, per esempio, è richiamato più o meno direttamente in casi di apparizioni ad Agropoli, Battipaglia, Montecorvino, Pagani nel salernitano e Casavatore, Cardito, Frattamaggiore, Grumo Nevano, S. Antonio Abate nel napoletano [240].

Oliveto Citra, par exemple, rappelle plus ou moins directement d'autres cas d'apparitions comme à Agropoli, Montecorvino, Pagani dans la région de Salerne et Casavatore, Cardito, Frattamaggiore, Grumo Nevano, S. Antonio Abate dans la région de Naples.

Dans, ce chapitre, nous allons tenter de retracer les événements de l'apparition et essayer de mettre en évidence les éléments coagulateurs qui ont favorisé la médiatisation modeste de l'événement surnaturel.

I.HISTOIRE ET GÉOGRAPHIE D'UNE APPARITION

A. LA PREMIÈRE ATTESTATION DU PHÉNOMÈNE LE 24 MAI 1985

Dans la province de Salerne, près de Naples, au soir du 24 mai 1985, la Vierge apparut à douze enfants, âgés de huit à douze ans, qui jouaient près du château médiéval (Fig.1), à deux pas de la place Garibaldi où se déroulait la fête organisée en l'honneur de San Macario, Saint Patron du village. Sur le site officiel d'Oliveto Citra, au sujet de l'apparition, on peut y lire le récit suivant :

I ragazzi si trovavano nella piazzetta perchè poco prima avevano visto una stella cadente che si dirigeva verso il castello. I ragazzi sentirono il pianto di un bambino proveniente dal di là del cancello di ferro che taglia lo stradale che porta dalla piazzetta all'ingresso del castello ; non si erano ancora ripresi dallo sbigottimento quando videro al di qua del cancello una giovane Signora bellissima, con il bambino in braccio,

Les enfants se trouvaient sur la petite place parce que, juste avant, ils avaient vu une étoile filante qui se dirigeait vers le château. Les jeunes entendirent les pleurs d'un bébé provenant de l'autre côté de la porte en fer coupant la route qui mène de la place à l'entrée du château ; ils ne s'étaient pas encore remis de leur effroi quand ils virent de ce côté de la grille une jeune femme très belle, qui portait un enfant dans

[240] Ibid., p.15. Ces modèles d'imitation dans ces neuf localités n'ont pas retenu l'attention des médias. Quant à nous, nous avons développé le cas de Casavatore dans le précédent chapitre.

che invitava i 12 piccoli veggenti a non sfuggire e a non aver paura. Una giovane, molto a riguardo, accorse di lì a breve ; dopo pochi istanti vide anche lei la Madonna[241].

ses bras et qui invitait les douze petits voyants à ne pas s'enfuir et à ne pas avoir peur. Et précisément, une jeune fille accourut immédiatement et après quelques instants, elle vit elle aussi la Vierge.

L'apparition mariale d'Oliveto Citra présente des caractéristiques communes aux apparitions historiques traditionnelles, mais aussi une rupture avec les apparitions classiques. Puisqu'il ne nous appartient pas de répondre à la question « la Vierge est-elle apparue *?* » et que nous ne souhaitons pas émettre un jugement de valeur sur la teneur de l'événement, nous avons choisi d'examiner la conviction des voyants sans chercher à y trouver un caractère rationnel. Ainsi, dans un premier temps, nous allons évoquer les principaux événements de Lourdes, datant de 1858, puisqu'ils ouvrent un nouveau chapitre dans l'histoire des apparitions mariales qu'ils nous serviront, dans le cas d'Oliveto Citra, de point de départ[242].

Fig.1

[241] Le texte est repris d'un article publié le 26 mars 2005 dans le journal de la commune, *UNICO* consulté sur http://www.unicosettimanale.it (page consultée le 20 mars 2010).

[242] Nous ne pouvons nier que Lourdes est plutôt le modèle des apparitions de la seconde moitié du XIXe siècle tandis que Medjugorje serait le parangon des événements surnaturels mariaux du XXe siècle. Cependant, pour apporter un angle différent à l'étude de Paolo Apolito qui établit des relations entre Oliveto Citra et la ville yougoslave, nous avons délibérément choisi d'examiner les analogies et les dissemblances avec la ville de Lourdes même si les événements se sont produits au XIXe siècle.

Le château d'Oliveto Citra. (décembre 2009)
(CdA)

B. Les emprunts à Lourdes

Bernadette Soubirous (1844-1879), béatifiée en 1925 et canonisée en 1933, est devenue une figure emblématique au XIXe siècle pour avoir « assisté » à 18 apparitions mariales à la grotte de Massabielle, entre le 11 février et le 16 juillet 1858[243], époque marquée par un courant marial qui traversait l'histoire religieuse.

1. La première apparition à Lourdes

En ce temps-là, Lourdes n'était qu'une bourgade de 4000 âmes qui, à l'instar d'autres communes des Pyrénées, connaissait une importante crise économique et sociale, conséquence de mauvaises récoltes céréalières et de nombreuses épidémies de choléra qui bouleversèrent la région en 1850 et en 1855. Les pénuries frappaient violemment les familles les plus démunies, parmi lesquelles la famille Soubirous qui, autrefois prospère, se retrouva réduite à la misère et perdit, comme beaucoup d'autres, son indépendance sociale et économique. Bernadette, issue de ce cadre social misérable, était l'aînée d'une fratrie importante (huit frères et sœurs dont trois morts en bas âge) et se trouva, par conséquent, d'autant plus affectée par cette situation désespérée qu'elle était devenue, selon la coutume de la région, l'héritière de la maison. La situation d'indigence s'exprima par le fait que Bernadette fut louée, à l'âge de treize ans, comme

[243] Il nous faut de même préciser que le monde pyrénéen dont Lourdes fait partie, est pétri de légendes et de phénomènes d'apparition. En 1515, par exemple, dans le village de Garaison situé à 70 km de Lourdes, la Vierge apparaît plusieurs fois à Anglèze de Sagazan, une jeune bergère qui garde son troupeau non loin de la demeure familiale à qui elle dit : « *Ne craignez rien, je suis la Vierge Marie, Mère de Jésus notre Rédempteur. Allez dire au recteur de Montléon qu'il doit bâtir une chapelle car j'ai choisi ce lieu pour y répandre mes dons* ». CLAVERIE, Élisabeth, *Le monde de Lourdes*, Paris, Gallimard, 2008, p.36. Citons par la même occasion l'ouvrage du théologien LAURENTIN, René, *Les apparitions de Lourdes. Récit authentique*, Paris, José Corti, 1948. Il rassemble des informations très documentées sur les expériences de Bernadette Soubirous. Dès le début du texte, on retrouve la veine complaisante décrivant l'indigence de Bernadette : « Tout allait mal chez les Soubirous ». Cette mise en place de l'état de dénuement et de détresse des Soubirous servira de terreau aux apparitions (p.16).

bergère et servante. A sa vie misérable s'ajoutait une santé précaire rythmée par de fréquentes crises d'asthme.

Ces précisions, empreintes de misérabilisme, demeurent néanmoins essentielles pour supposer que l'expérience surnaturelle de la jeune fille est la conséquence d'un filtre culturel et éducatif, mêlé à un conditionnement mental dû à sa situation misérable. De plus, même si les parents de Bernadette ne l'envoyèrent pas au catéchisme et ne lui imposèrent pas de faire sa première communion, la famille demeurait profondément chrétienne et observait les pratiques de l'Église, comme les prières quotidiennes et la messe du dimanche. À ce titre, les Soubirous ne se démarquaient aucunement des autres foyers du village et s'inscrivaient, comme tant d'autres, dans une démarche de sociabilité.

En outre, l'époque n'était pas seulement marquée par la misère sociale mais aussi par des troubles révolutionnaires qui compromettaient le cœur de l'Église. Cette indication demeure importante car l'autorité ecclésiastique contribuera, par la suite, à appuyer le phénomène de l'apparition. Nous sommes au XIXe siècle, dans un contexte historique particulier où :

L'immagine della chiesa è stata scossa dalla Rivoluzione proprio in quella dolce terra di Francia che aveva eletto Maria a sua Regina ; e ha bisogno perciò di riprendere con forza le sue funzioni di autorità e di guida morale[244].

L'image de l'église a été bouleversée par la Révolution au cœur même de cette douce terre de France qui avait élu Marie comme sa Reine. Elle a donc besoin de reprendre avec force ses fonctions d'autorité et de guide moral.

Au cœur de ces troubles révolutionnaires, l'Église tenta d'attirer l'attention des dévots. Elle centra sa reconquête sur ses principaux dogmes qu'étaient la Rédemption, le Salut par le Christ et l'Assomption. Pour ces raisons, le culte marial faisait figure de point d'appui incontestable pour mettre en place ces dévotions réparatrices.

La promulgation du dogme de l'Immaculée Conception, prononcée le 8 décembre 1854, par Pie IX (1846-1878) atteste, conformément à la bulle pontificale *Ineffabilis Deus*, que la Vierge a été préservée du péché originel et, de ce fait, reste exemptée de la malédiction biblique. La promulgation de ce dogme était très attendue à

[244] MAGLI, Ida, *La Madonna*, Milano, Rizzoli, 1987, pp.124-125.

l'époque, car Pie IX, en accédant au pontificat, mènait une politique ultra conservatrice devant l'évolution libérale de la société et les troubles créés par la société industrielle naissante[245]. En effet :

> *Face aux avancées de la science et à ses promesses, les siennes [les promesses de l'Église] faisaient pâle figure dans les sphères cultivées, voire populaires et attiraient moins. Dans ce contexte positiviste, le miracle et sa capacité à mobiliser redevenaient un enjeu*[246].

Par conséquent, confrontée au progrès scientifique et technique, l'Église devait poser des limites et pour cette raison, la valeur symbolique de l'apparition s'inscrivit implacablement dans une période qui laissait peu de place à un passé mythifié[247]. C'est dans ce contexte que Bernadette Soubirous affirma avoir été témoin, entre le 11 février et le 16 juillet 1858, de plusieurs apparitions de la Vierge dans la petite grotte de Massabielle à Lourdes. Déjà à cette époque, la ville de Lourdes faisait partie des sites emblématiques de vénération de la Vierge comme en témoignent, à proximité de la ville, les nombreux lieux saints dédiés à Marie. En outre, la ville se trouvait au carrefour de routes de pèlerinages anciens comme ceux de Rocamadour, de Montserrat ou de Saint-Jacques de Compostelle. Les événements surnaturels de 1858 s'inscrivirent donc dans la tradition pyrénéenne des récits merveilleux qui avaient lieu sur cette terre.

La première apparition de la Vierge se produisit le 11 février 1858 quand Bernadette et ses sœurs, comme à l'accoutumée, sortaient de chez elles pour faire leurs corvées quotidiennes. Elles se rendaient devant une barrière rocheuse pour ramasser du bois et parvinrent à la grotte de Massabielle. Les cavités de ces roches s'avéraient depuis longtemps fertiles en histoires et contes de toutes sortes et c'est précisément

[245] Il s'oppose notamment aux travaux de Darwin sur l'origine des espèces ou encore aux mouvements socialistes et communistes.

[246] CLAVERIE, Élisabeth, *op.cit.*, p.24.

[247] On notera que d'autres protagonistes au XIXe siècle ont vécu le phénomène de l'apparition. C'est le cas de Catherine Labouré qui, le 19 juillet 1830 relate avoir eu, dans la chapelle de la maison mère des Filles de la Charité, rue du Bac, à Paris, une longue conversation avec la Vierge. En 1832, la médaille de la rue du Bac, dite Médaille Miraculeuse, présente la vision de Catherine où l'on peut voir sur une face, Marie, bras et mains tendus en signe d'accueil et sur l'autre face, un « M » majuscule surmonté d'une croix et en bas, ainsi que deux cœurs ornés d'une couronne d'épines et d'un glaive. Le message insiste sur le caractère apocalyptique de Marie et veut la promouvoir corrédemptrice. Les seconds protagonistes, en 1846, sont Mélanie Calvat et Maximin Giraud, deux bergers qui, à La Salette, dans les Alpes, assistent à une apparition de la Vierge. À l'instar de Lourdes, le village souffre d'une situation alimentaire difficile. Ces deux apparitions ont bénéficié de la reconnaissance officielle ecclésiastique.

l'existence de ces légendes qui offrit, dans un premier temps, la possibilité à la population locale de croire au premier récit de Bernadette, suite à l'interrogatoire mené par le commissaire Jacomet :

> *Elle entend un bruit, comme un coup de vent, puis un second, alors qu'autour d'elle, rien ne bouge, n'entraîne de mouvement dans les arbres alentour. Elle lève alors la tête et voit une niche de la paroi rocheuse à trois mètres du sol et dans l'ouverture emplie de buissons, une lumière l'éclaire et laisse voir une merveilleuse enfant habillée de blanc, qui s'incline vers elle en écartant les bras. [...]. L'enfant en blanc, en face d'elle, fait le geste du signe de croix comme pour le lui réapprendre. Bernadette tombe à genoux. S'engage alors, entre Bernadette et la forme, un colloque intense et silencieux. Les deux partenaires de cet échange se regardent, prient, égrènent leur chapelet. Puis, soudainement, l'apparition s'élève, s'estompe et disparaît*[248].

Une enquête épiscopale fut ordonnée par l'évêque de Tarbes, Monseigneur Laurence, en 1858, qui authentifia les apparitions en 1862[249]. On assista alors à un retentissement, dans le monde chrétien du XIXe siècle, de l'apparition à Lourdes. L'événement surnaturel semblait confirmer aux fidèles la place prépondérante de l'Église. Le mystère de cette apparition demeura entier car, selon la tradition, la Vierge aurait confié un secret à Bernadette, secret qui ne sera jamais révélé ; ce mutisme occasionnera, selon les biographes de Bernadette, un climat de violence à son égard[250].

2. LES DIFFÉRENTES TYPOLOGIES DES APPARITIONS

Après les phénomènes d'apparitions, deux conditions sont nécessaires pour qu'un culte se développe : l'intégration du peuple et l'approbation du clergé.

---

[248] CLAVERIE, Élisabeth, *op.cit.*, pp.33-34.

[249] L'amendement publié affirme : « Nous jugeons que l'Immaculée Marie, Mère de Dieu, a réellement apparu à Bernadette Soubirous le 11 février et suivants, au nombre de dix-huit fois dans la grotte de Massabielle, près de la ville de Lourdes. Que cette apparition revêt tous les caractères de la vérité et que les fidèles sont fondés à la croire certaine », Ibid., p.48.

[250] À la fin de sa vie Bernadette dira : « *Je suis broyée comme un grain de blé* ». L'image n'est pas sienne mais appartient au registre de la Passion de l'un des martyrs les plus importants : Ignace, Évêque d'Antioche (Turquie). Une phrase que Bernadette avait entendu de nombreuses fois pendant les offices liturgiques. LANGLOIS, Claude, *Problèmes d'histoire des religions*, Bruxelles, ULB, 1998, pp.128-129.

Une dévotion, même si elle suscite l'enthousiasme des foules, ne peut être pérenne sans qu'une structure et qu'un enracinement dans une institution ecclésiastique ne ne subsistent[251]. Le culte connut une impulsion quand le premier miracle de guérison fut diffusé en 1862. Dès lors, de nombreux malades se rendirent à Lourdes en train, grâce à une ligne de chemin de fer ouverte en 1866 et ce fut, à ce moment-là, favorisés par l'essor des moyens de transports rapides, que les grands rituels de masse commencèrent à exercer leur force d'attraction sur des malades qui venaient *in situ* pour recevoir une bénédiction.

Nous remarquons que, dès qu'une personne affirme avoir été témoin d'une apparition, l'effet retentissant sur la communauté est immédiat et pour cette raison, l'évêque du lieu intervient conformément à l'autorité dont il est investi pour superviser l'élan de piété que le phénomène peutt engendrer. Il nomme une commission composée de théologiens et de scientifiques (médecins ou historiens par exemple) dont la mission consiste à procéder aux premières conclusions. Alors, en regard des observations émises, l'évêque prend une décision parmi les trois mentionnées ci-après[252] :

-« *constat de non supernaturalitate* » : il s'agit en substance d'apparitions considérées comme fausses. Dans ce cas, l'apparition est condamnée et des mesures disciplinaires peuvent être prises à l'encontre des prêtres qui soutiennent l'événement surnaturel. Le cas le plus connu fut celui d'Ezkioga, au pays basque, où la Vierge apparut pour la première fois, le 29 juin 1931, à deux enfants qui se trouvaient au pied d'une colline. Pendant cinq ans, deux cent cinquante personnes eurent des visions et firent d'Ezkioga un lieu de pèlerinage très fréquenté. Cependant :

Le succès d'Ezkioga dura peu de temps. Les voyants et les croyants furent en effet confrontés à une double opposition, celle du pouvoir civil, qui intervint en 1932

[251] Pour des approfondissements sur le rapport entre la *vox populi* et le clergé dans l'élaboration d'une dévotion, on pourra se référer à *La religione popolare, tre interpretazioni : la cattolica, la protestante, la sociologica,* [La religion populaire, trois interprétations : catholique, protestante, sociologique] a cura di AGNOLETTO, Attilio, Milano, Istituto Propaganda Libreria, 1991.

[252] BOUFFLET, Joachim, « Phénomènes objectifs » in *Encyclopédie des phénomènes extraordinaires de la vie mystique*, tome 1, F.X. De Guibert, 1992, pp. 22-23.

> *pour mettre fin au culte qui s'était mis en place sur la colline et celle de l'Église : dès la fin de l'année 1931, l'évêque du diocèse avait marqué publiquement ses réserves à l'égard d'Ezkioga ; dans l'été 1933, il se prononça contre la réalité des apparitions et interdit la poursuite du culte, position qui fut confirmée, un an après, par un décret du Saint-Office[...]. Ces décrets eurent néanmoins l'effet attendu : discréditer la croyance aux apparitions dans l'esprit de la masse des fidèles*[253].

-« *non-constat de supernaturalitate* » : dans ce cas, aucune décision n'est prise pour confirmer ou infirmer le phénomène d'apparition. Cette situation a lieu lorsque les faits ne sont pas suffisamment précis ou lorsque l'apparition n'est pas encore achevée. Une solution est cependant proposée par l'autorité ecclésiastique locale, comme l'accueil des pèlerins ou la permission de pratiquer le culte marial *in situ* afin de se prémunir contre le débordement de religiosité sauvage. On parle de « prétendues apparitions » et parmi les cas recensés figurent ceux de Casavatore et d'Oliveto Citra.

-« *constat de supernaturalitate* » : l'origine et le caractère surnaturel des faits sont reconnus, comme ce fut le cas, par exemple, à Lourdes.

Néanmoins, il est nécessaire de rappeler le principe élémentaire quant aux manifestations surnaturelles et à leur « réalité » : c'est à la personne qui affirme avoir vécu une apparition qu'il appartient d'en apporter la « preuve ». En outre, son témoignage doit être d'autant plus étayé que l'étrangeté du phénomène rapporté est grande.

---

[253] ALBERT LORCA, Marlène, « Les apparitions et leur histoire » in *Archives de sciences sociales des religions* , 116, 2001, p.63.

C. La reconstruction du contexte d'Oliveto Citra

Si le déroulement de la première apparition nous fut connu, c'est parce que la protagoniste principale Ada a été interrogée[254]. Les informations recueillies furent publiées dans un opuscule par le curé d'Oliveto Citra et détaillées dans un ouvrage fort documenté par l'anthropologue Paolo Apolito qui avait assisté aux interrogatoires[255]. Il se rendit, quelques jours après l'apparition, *in situ,* pour étudier le phénomène et son enquête dura pas moins de quatre ans. À son arrivée, il constata que plusieurs centaines de pèlerins investissaient quotidiennement les lieux[256], ce qui lui permit d'avoir des témoignages à disposition. La décision de ce dernier de s'intéresser au phénomène d'apparition à Oliveto Citra était motivée par cette remarque :

Come mai un racconto di bambini, basato su un'esperienza soggettiva, diventa un fatto del mondo la cui oggettività appare evidente alla maggior parte della gente che va ad Oliveto Citra ?[257]

Comment se fait-il qu'un récit d'enfants, basé sur une expérience suggestive, devienne une information publique dont l'objectivité apparaît encore évidente à la majeure partie des personnes qui se rend à Oliveto Citra ?

L'enquête débuta immédiatement après la première apparition afin de mettre à profit la « mémoire photographique » dont disposaient les différents témoins. Paolo Apolito choisit de travailler sur le terrain et de recueillir les sources orales qu'il enregistra[258]. S'il fut autorisé à participer aux interrogatoires, c'est parce qu'il était

---

[254] Indubitablement, le prénom de la voyante a été modifié comme en témoigne l'ouvrage de FARICY, Robert, *Maria in mezzo a noi*, [Marie parmi nous], Padova, Edizioni Messagero, 1986 où la protagoniste s'appelle Anita Rio.

[255] APOLITO, Paolo, *Dice che hanno visto la Madonna*, Bologna, Il Mulino, 1990. Pour étudier le cas d'Oliveto Citra, l'auteur ne manque pas de rappeler que l'époque est marquée par les apparitions de Medjugorje en Bosnie-Herzégovine depuis le 24 juin 1981 et que vraisemblablement, les apparitions italiennes de cette époque sont en relation directe avec la ville yougoslave. En 1991, le Vatican a rendu son jugement en décrétant le *non-constat de supernaturalitate*.

[256] Ibid., p.42.

[257] APOLITO, Paolo, *Il cielo in terra, op. cit.*, p.7.

[258] L'anthropologue a retenu la méthode des enregistrements afin d'interviewer les voyants selon un schéma structuré et ces réponses ont été réélaborées dans son bureau. Pour un travail de ce type, il a concentré son attention scientifique sur le visuel en se joignant aux centaines de pèlerins qui parfois se mettaient à hurler « *La voilà !* », la difficulté principale étant de ne pas prendre part à l'émotion tout en restant un spectateur actif. Dès le début de son travail, Paolo Apolito précise qu'il ne prétend pas à l'exhaustivité du recueillement de tous les témoignages. Pour consulter les retranscriptions de ces

reconnu en tant que professeur venu étudier le phénomène. En interrogeant les témoins, une observation fondamentale apparut : tous les voyants interrogés étaient persuadés que ce qu'ils avaient vu, était parfaitement réel. Et si les sceptiques éprouvaient encore quelques difficultés à croire les témoins de l'événement, c'est aussi parce que, dans nos civilisations modernes, les termes appartenant au lexique du divin et du surnaturel, prennent instantanément un sens défavorable qui les opposent à l'univers rationnel. En effet, « *gli occhi sono diversamente influenzati a vedere poiché diversi sono i nostri interessi o diversa è la formazione culturale di ognuno di noi* »[259].

1. Le témoignage immédiat d'Ada, la principale voyante

Dès le début des interrogatoires, les réponses de la jeune fille laissaient apparaître une impression de clarté et de précision car le caractère immédiat des témoignages permirent indubitablement au récit de s'enchaîner.

Même si de nombreux enfants assistèrent à l'apparition, nous nous attacherons à évoquer seulement le profil d'Ada, la serveuse du bar dans lequel les jeunes gens s'étaient précipités pour raconter le phénomène. À l'arrivée des enfants, poussée par la curiosité, elle se précipita, avec eux, au pied du château et vit « *una figura vestita di bianco con un mantello celeste ; aveva un bambino in braccio* »[260]. Alors qu'ils s'apprêtaient à prendre à nouveau la fuite, Ada entendit une voix lui disant: « *Tu mi vedrai sempre di notte* »[261]. Ada, en état de choc, fut transportée à l'hôpital où le médecin de garde, le docteur Giuseppe Santinelli, qui venait d'avoir connaissance de la situation, lui posa de nombreuses questions afin de saisir les conditions pathologiques de sa patiente. À l'issue de son interrogatoire, il déclara que le traumatisme

---

interrogatoires longs et complexes, on se référera à l'ouvrage de APOLITO, Paolo, *Dice che hanno visto la Madonna*, *op. cit.* , pp. 35-48.

259 ANGELICCHIO, Nicola, BISCOTTI, Nello, FIORENTINO, Filippo, *Paesaggio nel Gargano*, [Paysage du Gargano], Fasano di Brindisi, Schena Editore, 1993, p.9. Trad. (Étant donné que les centres d'intérêt et la formation culturelle de chacun sont différents, nos yeux sont exercés à voir des choses différentes).

260 FARICY, Robert, *op. cit.*, p.21. Trad. (Un personnage vêtu de blanc, portant un manteau bleu qui tenait un enfant dans ses bras).

261 Ibid. p.29. Trad. (Tu ne me verras que la nuit).

psychologique n'avait pas oblitéré les souvenirs de la jeune fille et qu'Ada était: « *sana di corpo e di mente, è nelle condizioni come se avesse avuto un grosso spavento* »[262]. La nuit suivante, Ada vit apparaître une nouvelle fois la Vierge à qui elle demanda pourquoi son choix s'était porté sur elle. La Vierge lui répondit : « *Non ho scelto solo te, perchè Mi vedranno in molti, ma resteranno solo quelli che avranno il coraggio di credere*»[263]. Dès lors, Ada assista à une trentaine de visions au cours desquelles elle reçut des messages de prières, de pénitence et de jeûne. La peur initiale de la voyante, selon les sources, fut progressivement remplacée par la joie.

Ces différents témoignages trouvèrent un écho car la Vierge était un vecteur référentiel qui touchait le public. Les récits attisaient ainsi la curiosité de nombreux dévots et provoquèrent rapidement des attroupements de plusieurs centaines de personnes et «*nelle settimane seguenti, cominciano ad arrivare, prima a piccoli gruppi, poi sempre più numerosi, pellegrini provenienti dalla Campania, dalla Basilicata, Puglia, Abruzzi, Lazio, Calabria, persino dalla Sicilia*»[264]. Le flux se vit augmenté par de nombreux émigrés de la Campanie qui revinrent même du Canada, des États-Unis ou encore d'Australie, ainsi que par des figures ecclésiastiques comme l'abbé français René Laurentin, spécialiste des apparitions mariales[265].

2. La médiation de l'événement

La position du curé d'Oliveto Citra a aussi très certainement influé sur la prise en compte de l'apparition, puisque six jours après l'événement, il fit déjà preuve d'une attitude favorable. S'adressant aux fidèles massés au pied de l'escalier, il affirma : « *la Madonna continua a farsi veder e a chieder la nostra preghiera. [...], la Madonna è*

[262] Ibid., p.21 Trad. (Saine de corps et d'esprit et se trouve dans les conditions d'une personne qui aurait eu une grosse frayeur).
[263] Ibid, p.29. Trad. (Tu n'es pas la seule que j'ai choisie, beaucoup d'autres me verront mais seuls ceux qui ont le courage de croire resteront).
[264] APOLITO, Paolo, *Il cielo in terra*, *op. cit*, p.33. Trad. (Au cours des semaines suivantes, les pèlerins commencent à affluer, d'abord par petits groupes puis de plus en plus nombreux, de la Campanie, de la Basilicate, des Pouilles, des Abruzzes, du Latium, de la Calabre et même de la Sicile).
[265] Le recensement précis des personnalités et des associations religieuses figure dans l'ouvrage de APOLITO, Paolo, Ibid., pp.33-36.

contenta che voi venite e che pregate qui »[266]. Dès lors que le curé déclarait l'authenticité des apparitions, cette conduite écarta définitivement l'image publique de la prudence. Sa fonction assura la légitimation et le contrôle de l'événement alors qu'un an après la première apparition, l'archevêque de Salerne n'avait toujours pas rendu de jugement sur les événements d'Oliveto Citra. Une commission diocésaine fut nommée pour enquêter sur la question, composée du vicaire général du diocèse de Salerne, Monseigneur Francesco Spaduzzi, du révérend Michele De Rosa, professeur de théologie de Salerne, du curé de Contursi Terme (une localité à proximité d'Oliveto où une jeune fille de quatorze ans, Antonella Giordano, avait eu des visions régulières de la Vierge), de Salvatore Siani, diacre laïc et d'Attilio Punzi, proviseur de lycée, en retraite. Le Vatican suivit l'affaire par l'intermédiaire d'un comité spécial mais sa position resta celle de la prudence face à ce phénomène local. Aujourd'hui, l'apparition d'Oliveto Citra n'est pas reconnue par l'Église catholique même si l'un des acteurs principaux a fait preuve d'acceptation implicite et a fourni une cohérence à la construction des faits. Si les voyants ont revêtu un rôle primordial, les leaders ont eu pour tâche de produire l'événement.

D. IDENTIFIER LA DÉVOTION

1. DISCERNER UNE BONNE APPARITION

Selon Élizabeth Claverie, pour discerner une bonne apparition, il faut d'abord effectuer un état des lieux des voyants et s'assurer que ceux-ci soient innocents et crédibles. Dans le cas qui nous intéresse, Ada remplissait ces deux conditions puisqu'il s'agissait d'une jeune fille qui n'avait pas fait d'études et qui évoluait dans une société rurale défavorisée du sud italien, ébranlée quelques années auparavant par le séisme de l'Irpinia. Dépourvue de maturité intellectuelle, elle faisait aussi preuve d'humilité. Elle occupa la place centrale dans la reconstruction des faits et appartint à la catégorie des « voyants forts » (*veggenti forti)* car elle voyait le personnage surnaturel et lui parlait, alors qu'un « voyant faible » (*veggente debole*) ne perçoit que des silhouettes ou des

[266] Ibid., p. 306. Trad. (La Vierge continue à apparaître et à réclamer notre prière. [...] La Vierge est contente que vous veniez pour prier ici).

sons[267]. Ada, selon ses dires, distinguait les déplacements de la Vierge lorsque d'autres n'aperçoivaient qu'une ombre qui se mouvait.

Ada représente l'archétype de la bergère traditionnelle que l'on retrouve dans les apparitions de Lourdes tout en revêtant des apparences modernes. Elle est décrite comme :

Una ragazza semplice, senza grilli per la testa (serena, discreta, dedita ai suoi impegni), ignorante quanto basta, vive in una casa isolata del paese senza energia elettrica ed altre comodità in una famiglia dominata dal padre-padrone-pastore, conosciuta in paese perchè va ad aiutare certi parenti al bar e lì, tutti apprezzano la sua grazia e gentilezza[268].

Une jeune fille simple, sans lubies (sereine, discrète, adonnée à ses tâches), ignorante comme il se doit. Elle vit dans une maison isolée du village sans électricité ni commodités dans une famille dominée par le père-maître-berger, connue au village parce qu'elle aide certains membres de sa famille dans un bar où tous apprécient son amabilité et sa gentillesse.

Cependant, à la différence de Bernadette Soubirous qui était atteinte de tuberculose, Ada était une jeune fille en bonne santé. Rappelons que dans le domaine des expériences mystiques, la maladie est souvent considérée comme un signe de prédilection à une mort proche. D'un point de vue métaphorique, la tuberculose est considérée comme une maladie de l'âme, associée à des représailles divines, « *qui imprime une accélération à la vie, [...] la met en vedette, [...] l'imprègne de spiritualité* »[269]. Au cours des siècles, il était d'usage de penser que la maladie résultait d'un excès de passion et frappait les tempéraments sensuels.

La « bonne » apparition dépend aussi du comportement immédiat du ou des témoins, après les faits. Quand la personne, qui a fait part de son expérience personnelle en matière d'événements extraordinaires, est soupçonnée de dérangements psychiques ou de bigotisme exacerbés, elle n'est pas considérée comme fiable. Si Ada fut épargnée,

---

[267] APOLITO, Paolo, « Immagine-Corpo nella cultura popolare meridionale » [Image –Corps dans la culture populaire méridionale] in *Storia del Mezzogiorno*, vol. IX, diretta da Galasso Giuseppe e. Romeo, Rosario, Napoli, Edizioni del Sole, pp. 181-214.

[268] APOLITO, Paolo, *Dice che hanno visto la Madonna*, *op. cit*, p.144.

[269] SONTAG, Susan, *La maladie comme métaphore*, Paris, Le Seuil, 1979, p. 21.

c'est en partie parce qu'elle s'était évanouie à l'hôpital lors de son récit. Par conséquent :

Il medico di guardia dell'ospedale dove viene trasportata, rilascia la dichiarazione di sanità di corpo e di mente della ragazza, turbata da un grosse spavento : insomma non è pazza, non è malata, non finge : qui allora c'è il soprannaturale [270].

Le médecin de garde de l'hôpital où elle est transportée, délivre un certificat stipulant qu'elle est saine de corps et d'esprit mais qu'elle est troublée par une grosse frayeur : en somme, elle n'est pas folle, ni malade, elle ne fait pas semblant. Par conséquent, dans ce cas-là, il y a la présence du surnaturel.

De plus, Ada, qui vivait à la campagne et non au village, présentait un profil culturel dissemblable des habitants d'Oliveto Citra, une marginalisation accentuée par le comportement condescendant des habitants d'Oliveto Citra :

C'è una avvertita differenza, in tutto il Cilento e nelle valli a sud di Salerno, tra chi abita in paese e chi in campagna : ceti medi / piccoli coltivatori diretti, servizi e comfort moderni/assenza di questi, innovazione nei modelli simbolici tradizionali per influsso del mutamento sociale e culturale/scarsa innovazione, innovazione nei modelli rituali legati alle feste/comportamenti rituali tradizionali, dipendenza dalla televisione e conseguente riferimento a modelli della cultura di massa/non totale diffusione della televisione (la casa di Ada per esempio era priva di energia elettrica)[271].

Il y a une différence visible, dans toute la région du Cilento et dans les vallées au sud de Salerne, entre les personnes qui habitent au village et celles qui vivent à la campagne : classes moyennes / petits cultivateurs indépendants, commodités et confort moderne pour les unes/ aucun aménagement récent pour les autres, innovation des modèles symboliques traditionnels due aux transformations sociales et culturelles pour les unes / changement insuffisant pour les autres, innovation des modèles rituels liés aux fêtes / comportements rituels traditionnels, dépendance à la télévision et par conséquent, référence à des modèles appartenant à la culture de masse pour les unes/ diffusion sporadique de la télévision pour les autres (la maison d'Ada n'avait

[270] APOLITO, Paolo, *Il cielo in terra...*, *op. cit*, p.145.
[271] APOLITO, Paolo, *Dice che hanno visto la Madonna*, *op. cit*, p.149.

pas d'électricité par exemple).

Concernant le portrait d'Ada, l'enquête précisa qu'elle ne se rendait pas souvent à l'école puisqu'elle habitait à la campagne[272], une précision qui nous permet de constater que la coupure est franche entre la campagne dont l'espace est ouvert et le village aux habitations resserrées les unes contre les autres. L'étendue du paysage fait ainsi face à l'espace clos. On apprit que le village n'était pas un lieu familier pour Ada qui confessa « *non aver mai fatto attenzione, prima del periodo delle apparizioni, al cancello e allo scalone del castello* »[273]. Le château qui constituait un lieu emblématique pour les habitants du village était pratiquement inconnu à Ada. Néanmoins, en dépit de ces différences culturelles apparentes, la moralité irréprochable d'Ada fut rapidement validée par les habitants d'Oliveto Citra qui la reconnaissaient comme la récipiendaire légitime des messages délivrés par la Vierge.

Ces quelques remarques sur le personnage d'Ada font apparaître que les deux exigences de type hagiographique, nécessaires à initier une nouvelle dévotion mariale sont réunies : une voyante pauvre et inculte et un contexte social difficile.

2. Les étapes fondamentales à la reconnaissance du culte

Pour mener les différents interrogatoires, on désigna le curé d'Oliveto Citra, Don Giovanni, et un représentant politique local, Fuvlio Piranese. Ce choix ne fut pas casuel car dans un milieu dominé par les structures rurales traditionnelles, la codification des personnages reconnus publiquement demeurait prééminente. Ainsi, Ada et les autres enfants protagonistes des apparitions se retrouvèrent sous la tutelle de ces deux personnalités qui, par leur charisme, facilitèrent le bon déroulement des opérations de reconnaissance des faits surnaturels.

En premier lieu, avant qu'un événement de la sorte ne soit reconnu comme une apparition, une période transitoire s'avère nécessaire et son but est de déterminer

[272] Ibid., p.149.
[273] Ibid., p.150. Trad. (N'avoir jamais remarqué, avant les apparitions, la grille et l'escalier du château).

l'existence du fait. Le premier niveau d'approche ne peut nécessairement pas être la reconstruction immédiate des faits, mais bien la construction du récit individuel puis collectif.

À Oliveto Citra, cette première phase concerna la recherche de preuves et se basa sur le compte-rendu des voyants qui eurent à charge de fournir une « garantie de véracité » de ce qu'ils avaient vécu. Dès lors, la communauté accepta l'expérience des témoins sans pour autant se montrer d'accord pour ce qu'il s'agissait de la Vierge : l'événement externe était cristallisé. L'anthropologue dut travailler parmi ces personnes, organisées en communauté et représentées par le curé et le personnage politique. À cette occasion, de nombreux témoignages furent recueillis afin de contrer les multiples dissemblances des témoins. Si une personne affirmait avoir assisté à une apparition, elle ne voyait pas sa parole mise en doute même si elle était soumise à des interrogatoires qui constituaient l'instrument inévitable, lors de cas semblables.

À partir du mois de juin, le curé tint un journal des différentes apparitions. Le témoignage d'Ada ne fut jamais remis en question. Elle semblait convaincue des faits et resta fidèle à son récit. En effet, elle s'exprima en répétant : *io vedo* (« je vois ») et non : *mi sembra di vedere* (« j'ai l'impression de voir »). Cette constance linguistique contribua à une reconnaissance immédiate de la part des fidèles qui, s'agissant d'elle, confirmaient « *è una ragazza seria e non è possibile che si mettesse a fare la pagliaccia* »[274]. De plus, Ada, au cours des interrogatoires, demeura très loquace et ces différents éléments conférèrent une consistance sans faille aux événements, ses propos furent immédiatement jugés sincères par Don Giovanni et Fulvio Piranese et devinrent un critère de premier ordre pour déterminer la sincérité de ces déclarations. À ce moment, les pèlerins commencèrent, eux aussi, à donner une réalité langagière à l'apparition, ils parlaient « *d'Elle* » sans précaution particulière, le personnage de la Vierge s'insèra peu à peu dans le tissu de la conversation sans attirer de remarque singulière et le fait surnaturel glissa vers une reconnaissance collective. Le curé constitua un Comité appelé *Regina del Castello* (« Reine du Château ») en novembre 1985, à un moment où le site accueillit de nombreux visiteurs[275]. Le siège du Comité se trouvait au premier étage d'un édifice situé à quelques mètres des apparitions (Fig.2). Cet emplacement était idéal pour contrôler les événements qui s'étaient déroulés au pied

[274] Ibid., p.239. Trad. (C'est une jeune fille sérieuse et il n'est pas possible qu'elle raconte des histoires).
[275] APOLITO, Paolo, *Il cielo in terra, op. cit*, p.36. En six mois, on a déjà comptabilisé 10 249 pèlerins.

de l'escalier où apparaissait la Vierge, pour organiser les prières. Avec le temps, le Comité dut recueillir les différents témoignages.

La seconde phase eut pour dessein de consolider le phénomène lorsque de nombreux pèlerins, en provenance du village et des environs, principalement de Naples, commencèrent à se rendre quotidiennement sur le lieu de l'apparition. Dès la création du comité *Regina del Castello*, en face de l'escalier des « apparitions », on proposa à la vente des souvenirs religieux et les témoignages de voyants s'accumulèrent, à l'instar du récit suivant :

D'un tratto, erano circa le ore ventitré, mentre si guardava nel cielo, apparvero delle nuvole bianche che giravano sopra di noi. Nello stesso momento si sentivano delle grida emesse da persone che vedevano la Madonna [...]. Improvvisamente il posto dove abitualmente appare la Madonna divenne di color rosso. Ciò era dovuto alle nuvole che poco prima avevamo visto, solo che da bianche erano diventate rosse [testimonianza di D.E e A.C][276].

Soudain, il était presque vingt trois heures, tandis que l'on fixait le ciel, des nuages blancs apparurent et tournèrent au-dessus de nous. Au même moment, on entendait les cris des personnes qui apercevaient aussi la Vierge. Soudain, l'endroit où la Vierge apparaissait habituellement se colora de rouge. C'était dû aux nuages blancs que nous venions d'apercevoir et qui maintenant étaient devenus rouges [témoignage de D.E et A.C]

[276] Ibid , p.97.

Fig.2
Fondation de la Reine du Château (2009)
(CdA)

Le Comité, outre de recueillir les témoignages d'expériences surnaturelles et de vendre des objets dévotionnels, fut aussi chargé de récolter les fonds nécessaires à la construction de l'édicule (Fig.3) requis par la Vierge et dont l'inauguration eut lieu le 25 avril 1987[277]. Sa forme, en étoile, rappelle l'étoile filante que les voyants déclarèrent avoir vue avant l'apparition céleste. Le bulletin, « Oliveto Citra. Terra di Maria » voit également le jour et y sont consignés, quatre fois par an, les messages les plus significatifs de la Vierge.

277 À titre informatif, la statue de la Vierge en marbre polychrome, est réalisée par les ateliers Ludovico Beroni de Pietrasanta (Lucques).

Fig.3
Édicule construit à côté de l'escalier, lieu de l'apparition (2009)
(CdA)

Vient ensuite la troisième phase, où le phénomène d'apparition atteint son apogée. Les faits deviennent officiels : en effet, les chaînes de télévision locales vinrent *in situ*, les quotidiens locaux publièrent des articles et de nombreux personnages religieux, contrairement aux usages officiels et en dépit des réserves de l'archevêque de Salerne, confirmèrent l'apparition, comme le théologien jésuite Robert Faricy qui publia un livre intitulé « *Maria in mezzo a noi* »[278] en 1986. Professeur de religion contemporaine de l'université Grégorienne de Rome, il fut rapidement convaincu de l'authenticité des apparitions et son ouvrage mit l'accent sur la ferveur liant les nombreux pèlerins qui récitaient le rosaire devant le château, chantaient des hymnes et priaient à voix haute. L'hymne (**annexe 4**) chanté revêtait néanmoins une particularité

[278] À la même époque, il est aussi l'auteur d'une publication sur Medjugorge : FARICY, Robert, *Cronache di Medjugorje. Maria parla al mondo*, [Chroniques de Medjugorje. Marie parle au monde], Padova, Messaggero, 1986. Nous précisons que les nombreuses références à Robert Faricy, au cours de ce chapitre, sont tirées de son ouvrage déjà cité *Maria in mezzo a noi*, [Marie parmi nous], Padova, Edizioni Messagero, 1986.

et un aspect novateur, car les paroles furent écrites par Fulvio Piranese et chantées sur l'air d'une ancienne mélodie folklorique méridionale, rebaptisée pour l'occasion *la Regina del Castello*[279].

Enfin, la quatrième et dernière phase doit officialiser ou non l'apparition. La décision, après deux ans d'enquête, parvint le 30 octobre 1987. Un communiqué émanant du vicaire Francesco Spaduzzi, sur la « vraisemblance » des apparitions mit en doute le bien-fondé de l'apparition. Cette décision à contre-courant du sentiment d'intégration générale eut pour conséquence immédiate une gestion différente de l'accès au site pour ne le limiter qu'à quelques voyants, privilégiant ainsi les dévots locaux afin de ne pas propager la dévotion. On assista à une baisse de fréquentation du site, les fidèles n'étant plus autorisés à accéder à l'escalier (Fig.4) qu'en petit comité sauf les jours de fête. La construction de l'édicule, comme il est possible de le constater, n'avait pas été un élément suffisant pour consolider l'apparition, même si un moment décisif fut marqué par la publication d'une version écrite des faits, rédigée par le curé[280]. Il s'agit d'un texte court, simplifié et qui « officialisait » l'apparition: il devint « un instrument » pour les fidèles qui se déplaçaient à Oliveto Citra[281] . Dans le préambule, on note tout de même la précaution suivante : « *Non intende in nessun modo prevenire od anticipare il giudizio della competente autorità Ecclesiastica* »[282].

En conclusion de ces premières observations, le mécanisme de reconstruction de l'événement surnaturel était donc terminé. La présence de deux leaders institutionnels qui s'étaient proposé de mener les interrogatoires avaient contribué, dès le début des faits, à une adhésion communautaire mais nous ne pouvons néanmoins pas affirmer qu'ils aient encouragé les voyants. À la fin de toutes les auditions, ils s'enquérirent de l'accroissement de la foi collective et non de leur rôle dans cette situation.

Nous allons à présent étudier les différents paramètres qui ont permis d'acquérir une reconnaissance collective.

---

[279] Voir en document annexe.

[280] Voir en document annexe.

[281] Le texte en question s'intitule : « *Relazione circa le apparizioni della Madonna presso il Castello di Oliveto Citra* » [Conférence au sujet des apparitions de la Vierge près du Château d'Oliveto Citra] que l'on peut retrouver dans son intégralité dans l'étude de APOLITO, Paolo, *Il cielo in terra…*, *op. cit.*, pp.18-20.

[282] Ibid., p.20. Trad. (Il n'a aucunement l'intention de prévenir ou de devancer le jugement de l'autorité ecclésiastique compétente).

Fig.4
Escalier où a eu lieu l'apparition (2009)
(CdA)

E. Les références aux apparitions mariales traditionnelles

Dans le domaine des apparitions, le rôle du symbolisme demeure primordial. Le symbole reste un élément de médiation qui participe à la construction d'un événement surnaturel. Cette manifestation mariale serait sans aucun doute privée de sens si les voyants, puis les croyants, n'y avaient vu des signes, validés par la Bible, accessibles à tous. Dans le cadre de l'expérience mystique :

I contenuti da assegnare all'espressione simbolica vengono in qualche modo suggeriti dalla tradizione precedente e da qualche "auctoritas" e l'interprete è persuaso (deve essere persuaso) che essi non siano dati culturali ma referenti aspetti di una verità extrasoggettiva ed extraculturale[283].

Les contenus à attribuer à l'expression symbolique sont d'une certaine façon suggérés par la tradition précédente comme par quelques *auctoritas* et l'interprète est persuadé (ou doit être persuadé) que ceux-ci ne sont pas des éléments culturels mais des aspects référents d'une vérité qui dépasse la suggestivité et la culture.

[283] ECO, Umberto, « Simbolo », in *Enciclopedia Einaudi*, XII, Torino, Einaudi, 1981, p. 911.

Souvent, lors d'apparitions mariales, l'imaginaire collectif a un recours insistant à des éléments symboliques. Nous allons tenter de repérer les éléments métaphoriques afin d'analyser l'événement surnaturel et d'en proposer une mise en lumière mais celle-ci ne prétendra pas à l'exhaustivité.

1. Les éléments topographiques légendaires

Nous avons remarqué, en premier lieu, que le village d'Oliveto Citra se trouvait construit sur une **colline** que nous pouvons assimiler à une petite montagne. Il s'agit d'une position dominante qui contient une première référence biblique puisque, selon la tradition, le paradis terrestre se trouve sur une haute montagne : « *Le jardin d'Éden, premier séjour d'Adam, est le plus souvent placé au sommet d'une haute montagne située vers l'Orient. Le sommet de cette montagne, dit-on parfois, touche l'orbite de la lune. Ainsi, l'Éden est-il une réalisation positive de la conjonction du ciel et de la terre* »[284]. Dans les paysages de la Bible, la montagne symbolise aussi le centre et l'axe de l'univers, les hauts lieux représentent, eux, une montée vers les cimes, comme en témoigne l'épisode où Moïse reçoit les Tables de la Loi sur le mont Sinaï. Sans prétendre que la géographie du village soit une réplique imaginaire d'un paysage de la Bible, nous pouvons tout de même concevoir que l'aspect géographique peut devenir un metteur en œuvre non négligeable dans le cadre d'une apparition surnaturelle.

Puis, nous nous sommes attachés au **château** d'Oliveto Citra, théâtre de l'apparition, qui évoque une notion de sacralité directement liée à son histoire. En effet, cet édifice, dont la construction remonte à 1145, est le lieu le plus emblématique du village et selon les divers témoignages, cette portion du territoire reste un endroit d'événements surnaturels, imprégné de sensibilité religieuse. Les habitants du village relataient au moment de l'apparition du 24 mai 1980 que :

---

[284] ALBERT, Jean-Pierre, *Odeurs de sainteté : la mythologie chrétienne des aromates*, Paris, Éditions de l'École des Hautes Études en Sciences Sociales, 1996, pp 56-57.

Nello stesso posto delle apparizioni mariane una cinquantina di anni fa, si diceva che apparisse una dama nera (colore con cui la Madonna appare ad alcuni veggenti) che spaventava i lavoratori di una conceria che allora operava nel castello ; ancora una quindicina di anni fa, una bambina, successivamente entrata in convento, dichiarò di aver visto la Madonna lì dove ora si dirigono i pellegrini ; era inoltre il posto locale delle mitiche processioni dei morti[285].

Il y a cinquante ans, à l'endroit même où il y eut les apparitions mariales, on racontait qu'une dame habillée de noir était apparue (couleur des vêtements avec lesquels la Vierge apparaît parfois aux voyants) et effrayait les ouvriers d'une tannerie qui se trouvait alors dans le château. De même, il y a quinze ans, une fillette, entrée par la suite au couvent, déclara avoir vu la Vierge là où se rendent aujourd'hui les pèlerins. En outre, c'était à cet endroit que se déroulaient les processions mythiques des morts.

Si le château évoque la stabilité du pouvoir dans l'Histoire, il est l'édifice emblématique et allégorique du village puisqu'il a accueilli les diverses apparitions de la Vierge. Et ces lointains événements surnaturels vont contribuer à envisager une autre apparition. Mais ne négligeons pas que, souvent, les apparitions se situent à l'écart de l'agitation des villes, au sein de la nature comme dans un chêne vert, à Fatima, en 1916, ou sur une colline tranquille, à Medjugorje, en 1981. Dans le cas qui nous intéresse, la Vierge apparaît au cœur du village, au pied de l'édifice le plus représentatif d'Oliveto Citra. Dans l'inconscient, le château renvoie à un symbole de protection, en raison de son accès difficile mais souvent aussi parce qu'il est synonyme de solidité. De même, rappelons que :

Ce qu'il enferme est séparé du reste du monde, il prend un aspect lointain, aussi inaccessible que désirable. Aussi figure-t-il parmi les symboles de la transcendance : la Jérusalem céleste prend la forme, dans les œuvres d'art, d'un château fort hérissé de tours et de flèches, au sommet d'une montagne [286].

Par conséquent, non seulement sa position supérieure lui confère le privilège de détenir un pouvoir mystérieux et insaisissable mais sa construction très ancienne

[285] APOLITO Paolo, *Dice che hanno visto la Madonna*, *op. cit*, p.58.
[286] CHEVALIER, Jean, GHEERBRANT, Alain, *Dictionnaire des symboles*, Paris, Robert Laffont, 2000, p.216.

marque un éloignement dans le temps et exerce une emprise incontestée sur la sensibilité et sur l'imagination des habitants du village. Ainsi, c'est probablement cet imaginaire qui motiva les voyants à parler de la Vierge d'Oliveto Citra comme de *la Vierge du château*[287] et par conséquent, la symbolique de l'édifice permit d'ossifier la mémoire collective.

Enfin, la **place** du village revêt aussi d'une importance indéniable puisque, selon le principe de l'urbanisme romain, elle représente un élément obligatoire au bon déroulement de la vie urbaine et des rapports sociaux. Le village d'Oliveto Citra s'organise autour de la place Garibaldi en tant que centre de la vie collective. Le lieu demeure donc idéal pour communiquer, parfait pour faire circuler une nouvelle et, à plus forte raison, un événement à caractère exceptionnel. Ainsi, la place a représenté un vecteur de premier ordre pour la cristallisation de l'événement collectif.

[287] FARICY, Robert, *Maria in mezzo a noi*, *op.cit.*, p.21.

II. LA CONSTRUCTION SYMBOLIQUE DE L'APPARITION

A. LES COMPOSANTES MÉTAPHORIQUES DE L'APPARITION

Comme nous l'avons souligné, la topographie tient donc une place importante dans le cas d'une apparition mariale, car elle représente un scénario rassurant et connu des fidèles. De plus, les éléments symboliques rattachés à l'apparition expriment une réalité religieuse, mais les symboles n'existent pas en eux-mêmes car « *il faut leur restituer l'arrière-fond auquel ils sont liés pour bien les comprendre* »[288].

Le symbole reste aussi un signe qui devient un attribut ou un emblème pour le fidèle, il est « *l'objet sensible, fait ou élément naturel évoquant, dans un groupe humain donné, par une correspondance analogique, formelle, naturelle et culturelle, quelque chose d'absent ou d'impossible à percevoir* »[289].

Dans le cas d'Oliveto Citra, l'un des premiers symboles fut **l'étoile** car les témoins de l'apparition racontèrent que pendant qu'ils jouaient au pied du château, ils virent « *una piccola luce che diventò sempre più grande finché esplose. Ci fu una grandissima luce e poi vedemmo la Madonna* »[290]. Le signe lumineux associé à une étoile filante qui précèda l'apparition évoquait le récit chrétien de la Nativité.

Dans l'Évangile de Matthieu 2.1, la naissance de Jésus est annoncée par une étoile qui apparaît aux mages et qui les guide vers Bethléem. Selon la tradition, l'étoile est le stéréotype chrétien de l'Épiphanie et, pour les fidèles, elle demeure une image saisissable qui conduit la mentalité populaire à l'attribuer, par l'intercession de la Vierge, à Jésus, l'Étoile du matin[291]. En outre, l'image de l'étoile se réfère aussi à

[288] URECH, Édouard, *Dictionnaire des symboles chrétiens*, Neuchâtel, Delachaux et Niestlé, 1972, p.7.
[289] Définition tirée du dictionnaire du C.N.R.T.L. (Centre National de Ressources Textuelles et Lexicales) sur le site http://www.lexilogos.com, (page consultée le 15 mars 2010).
[290] FARICY, Robert, *op. cit.*, p.17. Trad. (Nous vîmes une petite lumière qui devint de plus en plus grande jusqu'à ce qu'elle explose. Il y eut une très grande lumière et puis nous vîmes la Vierge).
[291] URECH, Édouard, *op. cit.*, p.68.

Marie, la femme de l'Apocalypse en qui la tradition reconnut la Vierge couronnée de douze étoiles.[292]

Ensuite, **l'escalier,** au pied duquel se déroula l'apparition, revêt aussi une importance indéniable. Il reste un symbole fréquent dans les apparitions mariales puisqu'il symbolise la possibilité de « *salire alle vette del Paradiso* »[293]. Dans le cas d'Oliveto Citra, il peut aussi être appréhendé comme un espace transitoire de la progression spirituelle. Au sujet de l'escalier, le philosophe Gaston Bachelard explique que :

> *Sa verticalité est assurée par la polarité de la cave et du grenier. [...]. En effet, presque sans commentaire, on peut opposer la rationalité du toit à l'irrationalité de la cave. Le toit dit tout de suite sa raison d'être, il met à couvert l'homme qui craint la pluie et le soleil. [...]. Vers le toit, toutes les pensées sont claires* [294].

Dans le cas qui nous intéresse, après une apparition mariale, l'escalier revêtit un corollaire théologique, devenant le symbole ascensionnel par excellence qui révèle le passage allégorique d'un monde à l'autre, et de ce fait, la communication entre Ciel et Terre[295]. Comme l'échelle, l'escalier donne l'idée d'une montée vers le Ciel. [296] En voyant la Vierge au pied de l'escalier, Ada devint l'intercesseur entre le monde matériel et le monde spirituel.

Cette image nous fait immédiatement penser à l'épisode de la Transfiguration où le château, par sa position dominante, rappelle le sommet de l'Hermon. Il nous paraît opportun de faire ce lien avec la Bible puisque les Saintes Écritures nous fournissent un exemple d'escalier en tant que symbole. On peut le lire dans le passage intitulé « *Le Songe de Jacob* » (Genèse chapitre 28, verset 12)

---

[292] FEUILLET, Michel, *Lexique des symboles chrétiens*, Paris, PUF, 2004, p.51.
[293] MAGLI, Ida, *op.cit.*, p.103. Trad. (Monter sur le toit du Paradis).
[294] BACHELARD, Gaston, *La poétique dans l'espace*, Paris, PUF Quadrige, 1994^{6}, p.35.
[295]GIRARD, Marc, *Les symboles dans la Bible, essai de Théologie Biblique dans l'expérience humaine universelle*, Paris, Cerf, 1991, p.938. Marc Girard est prêtre, professeur titulaire à l'université du Québec à Chicoutimi (Canada).
[296] FEUILLET, Michel, *op. cit.*, p.50.

> *Jacob était parti de Bershéba et se dirigeait vers Harrane. Surpris par le coucher du soleil, il s'arrêta à l'endroit où il était, pour y passer la nuit ; il prit une pierre pour la mettre sous sa tête, et c'est là qu'il dormit. Il eut un songe : une échelle était dressée sur la terre et son sommeil touchait le ciel ; des anges de Dieu montaient et descendaient*[297].

Ce rêve comporte un double symbole de verticalité : le principal, l'échelle (ou l'escalier) et un secondaire, les anges. Nous souhaitons retenir le premier car il renvoie indéniablement à un axe cosmique le long duquel, par le truchement du rêve, Dieu se manifesta au patriarche et ce dernier trouva la possibilité de se hisser jusqu'à la maison de Dieu. À Oliveto Citra, l'escalier du château qui, avant l'apparition, appartenait aux lieux ordinaires de la petite ville, acquit un rôle nouveau en tant que frontière entre deux mondes.

Enfin, **le nombre douze**[298], qui constituait le nombre d'enfants présents le soir de l'apparition, ne semble pas fortuit, car dans la symbolique chrétienne, le nombre 12 exprime la Jérusalem céleste. En effet, dans le dernier livre de la Bible intitulé l'Apocalyse [21.], on lit :

> *Un ange m'entraîna par l'esprit sur une grande et haute montagne ; il me montra la cité sainte, Jérusalem qui descendait du ciel, auprès de Dieu. Elle resplendissait de la gloire de Dieu, elle avait l'éclat d'une pierre très précieuse comme le jaspe cristallin. Elle avait une grande et haute muraille, avec douze portes gardées par douze anges ; des noms y étaient inscrits : ceux des tribus des fils d'Israël. La muraille de la cité reposait sur douze fondations portant les noms des Douze Apôtres de l'Agneau*[299].

Ce nombre représente donc celui de l'élection, incarnée par les douze disciples du Christ et dans ce contexte, les douze voyants semblaient être les élus, ils avaient la

---

[297] Droguet-Ardant, *La Bible illustrée*, Limoges, 1982, p.58.

[298]Nous faisons référence aux informations présentes sur un site relié à celui d'Oliveto Citra, http://www.mariadinazareth.it, tout en précisant que dans les ouvrages concernant l'apparition, étudiés et cités précédemment, le nombre d'enfants présents sur les lieux n'est jamais clairement précisé. On peut ainsi supposer le choix volontaire du nombre pour accentuer le caractère biblique de l'événement, (page consultée le 15 mars 2010).

[299] Droguet-Ardant, *op.cit*, p.404.

mission de montrer que l'Église demeurait le nouveau peuple de Dieu[300]. On peut s'autoriser à penser que ce nombre était, sans conteste, une référence manifeste à la Bible et un indice facilement repérable pour un croyant, même très peu informé sur le contenu exact des textes bibliques[301].

Par conséquent, les éléments que nous venons d'énoncer se caractérisent par un fond structurel évident, emprunté à la Bible.

Ces premiers éléments eurent probablement un effet coagulateur sur la communauté car ils répondaient au modèle culturel et religieux du groupe de villageois mais d'autres paramètres allaient, à leur tour, présenter une homogénéité symbolique comme les rumeurs de guérison : Oliveto Citra ne faillit pas à la tradition.

Parmi les différents témoignages recueillis, un habitant d'Oliveto Citra, Rocco R., dit souffrir d'une maladie aux yeux, à l'époque de l'apparition, et récita une prière le 12 septembre 1985 pendant que son ami Raffaele, ignorant la maladie de Rocco, se trouvait au pied de l'escalier du château. La Vierge lui apparut et délivra ce message : *« Quando ritorni a casa, di' a Rocco che quanto lui mi ha chiesto già gliel'ho dato e che venga a ringraziarmi »*[302]. Quand il rencontra son ami Rocco, ce dernier lui expliqua sa guérison extraordinaire. Don Giovanni, le curé d'Oliveto Citra, affirme avoir conservé la copie du diagnostic et les déclarations signées à la paroisse :

Il 12 settembre 1985, il signor Rocco recitò una breve preghiera alla Madonna di Oliveto Citra, chiedendo di essere guarito da una malattia agli occhi [...]. Il 15 settembre, il signor Rocco fu sottoposto ad una visita di controllo [...] che rilevava l'inesistenza della malattia

Le 12 septembre 1985, Monsieur Rocco récita une courte prière à la Vierge d'Oliveto Citra, en lui demandant de le guérir de sa maladie aux yeux. [...] Le 15 septembre, Monsieur Rocco s'est rendu à une visite de contrôle qui révéla l'inexistence de la maladie diagnostiquée.

300 Sur les nombreuses significations du chiffre douze en tant que symbole biblique, on pourra lire l'article de DOANE, Sébastien, *Les Douze, symbole du nouveau peuple de Dieu*, 12 avril 2013, (faculté de théologie et de sciences religieuses à l'Université de Laval au Québec), www.interbible.org (page consultée en mai 2013).

301 Dans l'Apocalypse, on retrouve douze gemmes dans les remparts de la Jérusalem céleste qui est le nombre des tribus issues des douze fils de Jacob. FEUILLET, Michel, *op. cit.*, p.45.

302 FARICY, Robert, *op.cit.*, p.67. Trad. (Quand tu rentreras chez toi, dis à Rocco que ce qu'il m'a demandé, je lui ai déjà donné et demande-lui de venir me remercier).

diagnosticata [303].

Un autre élément récurrent des événements surnaturels fut la punition tragique. Dans le cas que nous étudions, la mort soudaine du père d'Ada qui, depuis la première apparition, s'était opposé à la volonté de sa fille de retourner *in situ,* peut être interprétée comme un châtiment céleste. Ce type de comportement réfractaire n'est pas inédit dans le schéma des apparitions mariales, puisqu'à Lourdes, par exemple, quand la mère de Bernadette apprit ce qui est arrivé à sa fille, elle l'accusa d'affabulations et lui reprocha d'afficher un comportement prétentieux[304]. Le jugement maternel considérait qu'une jeune fille, mineure de surcroît, sans relief dans la vie sociale, ne devait pas se marginaliser de l'espace social commun.

Le cas d'Ada est similaire car le comportement répressif du père était dû au fait que les agissements de sa fille pouvaient nuire de façon tacite à sa bonne réputation et il lui interdit de retourner travailler au bar. Ada décida d'en « référer » à la Vierge le 3 septembre 1985. Cette dernière lui délivra le message suivant : « *Devi soffrire un po' figlia mia, la sofferenza è a tutti, non lamentarti del male* »[305]. On peut supposer que cette révélation cryptée prit toute sa signification le 25 décembre 1985 lorsque le père d'Ada, en se rendant aux champs pour travailler, fut victime d'un accident et mourut, écrasé par une machine agricole. Au village, l'événement tragique fut perçu comme une sentence divine : le père interdisait à sa fille de retourner sur le lieu de l'apparition, la Vierge intervint et le père fut puni[306]. Cet épisode acheva de convaincre les fidèles de la présence mariale à Oliveto Citra.

Mais, si les villageois pensaient que la mort du père avait permis une plus grande disponibilité d'Ada sur les lieux, il n'en fut rien, car Ada décida de suivre le modèle culturel traditionnel en se mariant et par conséquent, en s'éloignant du village. Selon

---

[303] Ibid., p.67.
[304] CLAVERIE, Élisabeth, *op.cit.*, p.34.
[305] APOLITO, Paolo, *Dice che hanno visto la Madonna*, *op.cit*, p.147. Trad. (Tu dois souffrir un peu ma fille. La souffrance est le lot de tous, ne te plains pas du mal).
[306] L'hebdomadaire populaire d'information *Gente* intitule l'article concernant la mort du père d'Ada : « Doveva essere il paradiso, invece in casa è arrivato l'inferno » [s.d.]. Trad. (Ce devait être le paradis mais au contraire c'est l'enfer qui est arrivé à la maison).

Paolo Apolito, l'événement tragique restait une nécessité à l'égard de l'apparition afin qu'elle recouvrît une relative liberté[307].

[307] APOLITO, Paolo, *Dice che hanno visto* la Madonna, *op.cit.*, p.173.

B. Les autres éléments coagulateurs

En premier lieu, parmi les symboles omniprésents dans les apparitions figurait la rose. À Oliveto Citra, la Vierge apparut à Ada avec « *un vestito d'oro splendente e portava tante rose* »[308]. La rose, dans l'iconographie chrétienne représente le calice qui a recueilli le sang du Sauveur et plus particulièrement, elle demeure la fleur mariale puisque dans les Psaumes, la Vierge est souvent comparée à un jardin de roses. En outre, apparu sous l'influence de la spiritualité dominicaine au cours de la seconde moitié du XIVe siècle, le jardin de roses évoque lui aussi, par extension, le jardin paradisiaque.

Ensuite, au sein du rituel des apparitions, on retrouve aussi, comme nous l'avons déjà souligné dans notre second chapitre au sujet de Casavatore, la diffusion de parfum. À Oliveto Citra, il était présent, selon les témoignages, lors de la troisième apparition : « *Da Lei [la Madonna], emanava un delizioso profumo che la ragazza non aveva mai sentito prima* »[309]. Le Moyen Âge avait multiplié les innombrables références au parfum comme les tombeaux qui, ouverts, exhalaient « *des parfums célestes et régalent le peuple chrétien de délices olfactives* »[310]. Le miracle fut d'abord associé aux récits de translation de la Croix vers l'Église du Saint Sépulcre[311] qui, selon la tradition, exhalait un parfum de rose.

Enfin, outre les références à la Bible qui facilitèrent l'intégration des croyants, des événements religieux purent accélérer le processus de reconnaissance de l'apparition comme, par exemple, le jour où l'événement eut lieu, c'est-dire le 24 mai. Ce jour était particulier pour les habitants d'Oliveto Citra puisqu'il s'agit du jour où

308 FARICY, Robert, *op.cit*, p.22. Trad. (Une robe couleur or resplendissante et les bras chargés de roses).

309 Ibid., p.22. Trad. (D'elle émanait un parfum délicieux que la jeune fille n'avait jamais senti auparavant).

310 ALBERT, Jean-Pierre, *op. cit.*, p.242.

311 L'Église du saint Sépulcre appelée aussi basilique de la Résurrection, est une église chrétienne située dans la Vieille Ville de Jérusalem. Ce sanctuaire, considéré comme un lieu très saint englobe le lieu de la crucifixion (Golgotha) mais aussi la grotte où le corps du Christ fut déposé après sa mort.

l'on célèbrait le Saint Patron, San Macario, dont la dévotion était, depuis des siècles, vivement enracinée dans le village[312].

À ce jour, ses reliques sont conservées dans l'église paroissiale de Santa Maria della Misericordia et au début du XXe siècle, Don Francesco Ciccon, qui avait consacré une monographie à San Macario, expliqua qu'Oliveto Citra *« fu scelto come luogo ideale per un rapporto intenso e diretto con Dio, da parte di San Macario, e poi come custode dei suoi resti mortali »*[313]. Au cours des siècles, la dévotion à San Macario s'accentua et les habitants n'hésitèrent pas, aujourd'hui encore, à l'invoquer pour les guérisons et pour le bon déroulement des moissons.

Dans le cas qui nous intéresse, même si l'événement reprend, dans une certaine mesure, les matériaux propres aux apparitions mariales (la protagoniste féminine démunie et sans expérience qui s'inscrit dans la tradition de la région de récits merveilleux), il n'a pas su captiver, ni convaincre un grand nombre de croyants. Par conséquent, dans ce désordre, la transmission ne put se faire et la perplexité s'installa. Même si les apparitions concernent des milliers de personnes, il est souvent difficile d'aboutir à la formation d'un groupe homogène et, pour ces raisons, force est d'admettre qu'une apparition ne donne pas forcément lieu à une reconnaissance populaire pérenne.

C. Les références directes aux apparitions médiatisées

1. Les messages

Nous souhaitons nous attarder sur les messages qui, souvent, ne diffèrent pas d'une apparition à l'autre. En général, leur teneur ne révèle pas de vérités nouvelles quant aux Évangiles, et leur sujet reste principalement à caractère pédagogique comme

[312] Né au IXe siècle dans une bourgade sicilienne nommée Collesano, il fait preuve d'une vie exemplaire en défendant la foi chrétienne à une période particulièrement marquée par des persécutions terribles envers les chrétiens. Il fuit la Sicile lors de l'invasion musulmane en 827 et commence un itinéraire de saint migrateur qui le mène à Oliveto Citra où il achève sa vie.

[313] Don Francesco Ciccone, *Cenni biografici del protettore di Oliveto Citra, San Macario Abate e Novena*, [Aperçus biographiques du protecteur d'Oliveto Citra, l'abbé San Macario et Neuvaine], 1907. Trad. (Oliveto fut choisi par San Macario comme le lieu idéal pour vivre un rapport intense et direct avec Dieu mais aussi pour abriter sa dépouille).

une demande de pénitence, une menace de châtiment et d'enfer pour celui qui n'obéit pas. Les messages sont principalement délivrés dans la langue régionale afin qu'ils soient parfaitement compréhensibles par le voyant, puisque la Vierge tente de communiquer avec les hommes. Certains messages recèlent un sujet privé dont on ne sait si, un jour, il sera révélé. Le sujet revêt fréquemment un caractère autoritaire comme nous l'indiquent les deux théologiens viennois contemporains G. Hierzenberger et O. Nedomansky qui ont étudié les nombreuses apparitions mariales au cours des siècles. Ils expliquent que « *le rivelazioni private sono nella loro natura un imperativo di condotta, un comando di come dovrebbe agire la cristianità di fronte a una determinata situazione storica* »[314].

À Oliveto Citra, Ada a vu la Vierge de nombreuses fois et a reçu des messages publics et privés « *che la Madonna le ha imposto di non rivelare a nessuno* »[315]. Néanmoins, il existe des messages qui furent portés à la connaissance de tous les fidèles, comme le second message reçu par Ada dans lequel la Vierge souhaitait qu'un édicule soit édifié pour elle[316].

Dans tous les cas, le message, secret ou non, reste une caractéristique primordiale des grandes apparitions contemporaines et doit, par tradition, lorsqu'il est révélé, respecter les canons de la foi et de la morale, comme dans la ville de Fatima, au Portugal, théâtre d'apparitions mariales qui débutèrent en pleine guerre mondiale, le 13 mai 1917. Les trois enfants protagonistes, Lucie, François et Jacinthe, âgés respectivement de dix ans, neuf ans et sept ans, étaientt avec leur troupeau quand ils aperçurent, en haut d'un chêne vert, une très belle jeune femme qui leur dit : « *N'ayez pas peur, je ne veux vous faire aucun mal* ». Les enfants, stupéfaits, rapportèrent l'événement dans le village et progressivement, une foule, toujours plus compacte, se rendit sur les lieux de la prétendue apparition. Si Jacinthe et François moururent prématurément en 1920 et en 1918, Lucie, quant à elle, se retira dans un couvent en

---

[314] HIERZENBERGER, Gottfried, NEDOMANSKY, Otto, *Tutte le apparizioni della Madonna in 2000 anni di storia*, [Toutes les apparitions de la Vierge en 2000 ans d'histoire], Casale Monferrato (Alessandria), Piemme 1996, p.12. Trad. (Les révélations privées sont par nature un impératif de conduite, un ordre sur le comportement que devrait avoir la chrétienté face à une situation historique précise).

[315] FARICY, Robert, *op.cit*, p.23. Trad. (Que la Vierge lui a interdit de révéler à quiconque).

[316] Ibid., p.21. À Lourdes, c'est lors de la treizième apparition, le 2 mars 1858, que la Vierge demande en patois, que l'on construise une chapelle en son honneur.

1925. Lucie rapporta que la Vierge, lors de ses différentes apparitions, demandait aux pèlerins de réciter le rosaire et lui fit trois révélations privées qui, réunies, constituèrent un seul et unique message. Les deux premières parties évoquant l'enfer et la nécessité absolue de sauver les âmes pour obtenir la paix, furent révélées en 1942. Mais Lucie, devenue l'unique récipiendaire des messages lorsque Francesco et Jacinthe moururent de tuberculose, reçut des révélations pour l'évêque d'Espagne : en 1943, Dieu promet la fin de la guerre si la Russie, en pleine révolution, se convertit. Selon le message envoyé par Lucie à son confesseur le Père José Bernardo Gonçalves, si cette requête ne fut pas prise en compte, Dieu punira à nouveau[317]. On constata que les messages délivrés par la Vierge prévoyaient des calamités imminentes si les populations ne se s'impliquaient pas dans la prière.

Dans la lettre apostolique de 1952, Pie XII (1939-1958) consacra le peuple de Russie au Cœur Immaculé de Marie. L'aspect catastrophique des messages de la Vierge atteignit son comble, en particulier en ce qui concernait le troisième secret que, selon la tradition, ni Jean XXIII (1958-1963), ni Paul VI (1963-1978) ne voulurent révéler au monde, peut-être parce qu'il s'agissait d'une prophétie apocalyptique, démentie par le recteur du sanctuaire de Fatima, Don Luciano Guerra. Mais, elle sera confirmée plus tard par le Préfet de la Congrégation Sacrée pour la doctrine de la foi, le cardinal Joseph Ratzinger, futur Benoît XVI[318].

Néanmoins, dans les deux cas qui nous intéressent, Oliveto Citra et Casavatore, Paolo Apolito retient que ces apparitions, d'un point de vue symbolique, découlent du modèle de Medjugorje du 24 juin 1981[319], lui-même influencé par Lourdes :

Tutte le apparizioni italiane di questi anni sono in relazione

Toutes les apparitions de ces dernières années sont en relation directe avec celles de la ville yougoslave, soit parce qu'elles

[317] LAVARINI, Roberto, *Il pellegrinaggio cristiano : dalle origini ebraiche agli attuali sviluppi nell'Europa occidentale* [Le pèlerinage chrétien : des origines juives aux développements actuels en Europe occidentale], Milano, Cooperativa Libraria I.U.L.M, 1996, p.635.

[318] L'ultime partie, portée à la connaissance de tous le 26 juin 2000, contient une vision allégorique que les fidèles identifient plus tard comme l'attentat dont Jean Paul II (1978-2005) est victime sur la place Saint Pierre le 13 mai 1981.

[319] Une enquête fouillée et documentée a été publiée sur les apparitions de la vierge à Medjugorje, en Bosnie-Herzégovine par l'anthropologue Élisabeth Claverie. Elle y analyse les apparitions qui ont commencé en juin 1981 et qui se poursuivent encore aujourd'hui. CLAVERIE, Élisabeth, *Les guerres de la Vierge ; une anthropologie des apparitions, op. cit,*. Les événements sont encore en cours d'authentification, le jugement définitif ne sera rendu qu'à la fin des phénomènes mais néanmoins, l'Église n'y interdit pas le pèlerinage.

diretta con quelle della cittadina jugoslava, sia perché avvenute a persone che sono state a visitare quei luoghi, sia perché ben presto si sono collegate a quel fenomeno e ne hanno subito l'influenza simbolica[320].

ont concerné des personnes qui ont visité ces lieux, soit parce que très vite, elles ont eu un lien avec ce phénomène et en ont subi l'influence symbolique.

En ce qui concerne les messages délivrés dans tous les cas cités, la Vierge promettait aux protagonistes de les rendre heureux dans l'au-delà, requérant la construction d'une chapelle et leur confiant un secret.

2. Rupture avec le modèle de Lourdes

Néanmoins, si les apparitions mariales respectent une structure proche depuis des siècles, elles n'en demeurent pas pour autant inertes et on peut relever des points divergents entre celles de Lourdes et d'Oliveto Citra.

En effet, d'une part, le choix topographique de l'apparition à Oliveto Citra s'éloigne de l'archétype habituel, puisque l'événement se déroule dans un cadre urbain, même si la campagne reste à quelques encablures. Par conséquent, il ne s'agit pas d'un paysage marqué par la rudesse et la dureté, à la différence de Lourdes dont le paysage accentue le contraste entre la force de la nature et la fragilité de la condition humaine ; une survivance tardive de l'esprit romantique.

D'autre part, à la différence de Bernadette Soubirous, Ada n'est pas entrée au couvent après les apparitions. Son mariage revendique d'une certaine façon sa liberté sociale même s'il est admis de penser que c'est peut-être son manque de charisme qui l'a portée vers ce choix de « quitter la scène » et de rester dans l'ombre, en se conformant au schéma féminin traditionnel. Une jeune fille comme Ada, timide, se retrouvait ainsi, suite à son expérience, mêlée à la foule qui envahissait l'espace sacré et semblait attendre des réponses de la voyante protagoniste. Ainsi, Ada n'appartiendra jamais à une communauté religieuse conformément à la tradition ancienne, mais sera

[320] APOLITO, Paolo, *Dice che hanno visto la Madonna*, *op.cit*, p.13.

néanmoins rapidement identifiée et reconnue comme étant la récipiendaire légitime des messages, principalement en raison de sa moralité.

D. La requalification urbanistique

Le séisme dans la région de l'Irpinia a causé de multiples dommages et le jour de l'apparition, nombreux étaient encore les habitants à vivre dans des bâtiments préfabriqués. Néanmoins, il fallut attendre plus d'une décennie pour qu'un programme présentant une stratégie de requalification soit présenté. Il s'agit du décret n°3 du 19 février 1996[321] qui prévoyait, parmi d'autres objectifs, la restauration du château détruit à près de 90% et du réseau urbain adjacent. Ce fut une décision nécessaire depuis que le château avait acquis un rôle primordial lors de l'apparition mariale en 1985 qui identifia le bourg jusque dans les documents officiels comme *Il Borgo della Regina*[322] (« Le Village de la Vierge »)

Le cahier des charges prévoyait d'intégrer au patrimoine culturel existant, une offre touristique nouvelle liée à la Vierge du Château, afin de constituer un parcours religieux, en cohérence avec celui dédié à San Gerado Maiella[323] qui faisait déjà l'objet d'une dévotion particulière. On prévoyait aussi la récupération d'un espace bien distinct pour mettre en valeur les différents visages de la petite ville : historique, social et culturel. L'objectif était qu'Oliveto Citra devienne un élément identificateur de tourisme culturel et religieux en Campanie.

Depuis 1996, une partie des projets du centre ville a été réalisée mais le projet demeura ambitieux car le site s'avéra peu fréquenté (Fig.5). La volonté de développer les structures hôtelières et de ponctuer de groupes sculptés le parcours menant de la place Garibaldi au Château s'est retrouvée indéniablement ralentie, même si le plan global fut financé par la Région Campanie pour un montant de 3,6 millions d'euros. Selon les élus, le nombre de pèlerins qui se sont arrêtés sur les marches du château pour

[321] www.oliveto.citra.it/cittadomenica/castello (consulté le 3 janvier 2013).

[322] Ibid., (consulté le 15 janvier 2013).

[323] San Gerardo Maiella (1726-1755) est considéré comme le saint des pauvres et des femmes enceintes. Sa dévotion a dépassé les frontières italiennes comme le prouve le pape Léon XIII (1878-1903) qui, lors de la béatification de San Gerardo en 1893, a dit : « Il *beato Gerardo si è fatto belga* » (« Le saint Gerardo est devenu belge »). Selon la tradition populaire, il a réalisé des miracles dont le plus connu est celui du « mouchoir ». On raconte qu'il a oublié un mouchoir chez une famille à laquelle il rendait visite. L'une des fillettes de la famille est sortie dans la rue pour le lui rendre mais il lui dit « Non, garde le, il pourra te servir un jour ». Quelques années plus tard, la jeune femme dont l'accouchement s'avérait difficile et dangereux, s'est souvenue du mouchoir, a demandé qu'on lui apporte et la naissance miraculeuse eut lieu. Le mouchoir a ensuite été découpé en différentes pièces qui ont été données aux familles d'Oliveto Citra, de façon à ce que les foyers soient protégés grâce à la précieuse relique. http://www.comune.oliveto-citra.sa.it (consulté le 15 décembre 2012).

demander une grâce, a avoisiné le million en vingt ans[324]. Il est difficile de penser que le décret de 1996 arrive à terme car comme nous l'avons remarqué en 2009, l'affluence demeure toujours très réduite.

Fig.5
L'escalier de l'apparition (2009)
(CdA)

E. UNE PÉRENNISATION MODÉRÉE ?

Nous souhaitons tenter de comprendre, nonobstant la présence de matériaux pertinents à une apparition mariale, pourquoi les éléments n'ont pas été nécessaires à la pérennisation de l'événement surnaturel à Casavatore et comment les deux cultes qui ont retenu jusque là notre attention ont progressé de façon différente.

[324] http://www.comune.oliveto.citra.sa.it (consulté le 15 décembre 2012).

D'abord, à Casavatore, nous avons pu noter les précautions prises à l'égard de la nouvelle dévotion populaire de la part de l'institution ecclésiastique ainsi que l'attestent, d'une part, le prêtre Domenico D'Auria qui fit preuve d'une grande prudence, en soulignant que la réserve est toujours insuffisante face aux affirmations des enfants, ou encore Monseigneur Franco de la Curie Archiépiscopale, d'autre part, qui rappelle « *il rigore con il quale la Chiesa si accosta a certi fenomeni, soprattutto, come in questo caso, quando assumono i connotati di subitaneo entusiasmo collettivo* »[325]. L'un et l'autre tentèrent de limiter la propagation du phénomène en rendant compte de la complexité de la situation. Seule, l'enseignante sembla revêtir un pouvoir de « persuasion » sur les élèves qui s'étaient rendues, en sa compagnie, à Oliveto Citra quelques mois plus tôt et force est de considérer que « *le premesse psicologiche per impressare una classe di prima media c'erano tutte* »[326]. À Oliveto Citra, la situation fut autre car l'Église ne chercha pas à freiner le comportement collectif dévotionnel puisque l'un des médiateurs privilégiés de l'événement était le curé de la paroisse.

D'autre part, si les carences sociales de Casavatore pouvaient servir de terreau à la mise en place d'une dévotion nouvelle, les protagonistes semblèrent avoir été peu crédibles. Il n'y a pas eu, comme à Oliveto Citra, la mise en place d'interrogatoires gérés et suivis par des personnages publics. Tout bien considéré, si le phénomène de l'apparition ne fut pas pérennisé, ce fut, d'une part, parce que les voyants s'étaient montrés peu crédibles et que les faits n'avaient pas été relayés par une mobilisation collective et une communication de masse. D'autre part, selon les témoignages, la Vierge n'aurait délivré qu'un seul message à Casavatore, « *Priez et convertissez-vous* ! » et comme nous l'avons déjà précisé, les messages mariaux jouent un rôle fondamental dans le développement des apparitions.

Par conséquent, si Oliveto Citra connut un succès principalement local puis régional et suscita de nombreux dévots, comme le précise Paolo Apolito dès le début de son enquête, « un *grande afflusso di pellegrini, con punte di migliaia di personne al*

---

[325]MAIETTA, Carmela, « *Dove si parla di "apparizioni"* » *in* Il Mattino, 17 dicembre 1985, p.10. Trad. (La rigueur avec laquelle l'Église s'approche de certains phénomènes surtout, comme ici, quand ils présentent les traits d'un enthousiasme collectif soudain).

[326] « *Le bambine hanno detto d'aver visto la Madonna quando in classe si parlava d'apparizioni mistiche* » [Les collégiennes ont dit avoir vu la Vierge lorsqu'en classe on parlait d'apparitions mystiques], *Il Mattino*, 16 dicembre 1985, p.5 (article non signé). Trad. (Les prémices psychologiques pour impressionner une classe de sixième étaient réunies).

giorno »[327], ce fut parce que les révélations d'Ada, en raison de leur sincérité, se sont révélées convaincantes dès les premiers instants. Ses explications ont donné lieu à un compte-rendu précis qui reprenait les constantes des apparitions et ont abouti, au cours des premiers mois, à la formation d'un groupe homogène de croyants qui se rendait régulièrement sur les lieux. À Casavatore, en revanche, le rendu des faits fut désordonné et la transmission ne put se faire dans ces mêmes conditions. Les collégiennes, sous l'égide de l'enseignante, répétèrent un récit type et voulurent répliquer le modèle d'Oliveto Citra, décrivant la Vierge en accord avec les stéréotypes légués par la tradition. Ces récits découlent de motivations sans doute plus intuitives que réflexives et fournissent des témoignages parfois déroutants comme la présence du parfum de mandarine.

À Oliveto Citra, les deux leaders gommèrent immédiatement la suspicion initiale entre les récits sincères et fallacieux, grâce à leur intervention. Dès le début des interrogatoires, si le curé demeura prudent et détaché, Fulvio Piranese observa un comportement différent. Selon lui, le second jour des apparitions, la Vierge lui fit savoir par l'intermédiaire d'un autre voyant, « *che Ella lo ascolta quando prega* »[328]. Pour cette raison, « *pur non vedendo la Madonna, è stato segnalato da questa all'attenzione di tutti, è stato investito di un riconoscimento della Vergine* »[329] et s'il occupa un rôle hégémonique, ce fut probablement en regard du fait qu'il était un leader politique reconnu et par là, qu'il jouissait d'une certaine crédibilité. En substance, l'apparition mariale et le rôle public avéré par Fulvio Piranese furent probablement une tentative pour renforcer les positions politiques de celui-ci auprès de la population[330]. Force est de noter qu'il fut à même de mener les interrogatoires par sa verve et son habilité à communiquer. Il est aussi possible de supposer que le phénomène n'aurait pas eu le même poids s'il avait dépendu de la crédibilité des enfants, même si ces derniers étaient pris au sérieux. Les leaders principaux, par un long procédé linguistique collectif, par conséquent, contribuèrent, de manière décisive, à la transformation de l'apparition à une

---

[327] APOLITO, Paolo, *Dice che hanno visto la Madonna*, *op. cit*, p.42. Trad. (Un grand afflux de pèlerins avec des pointes de milliers de personnes par jour).
[328] Ibid., p.96. Trad. (Qu'Elle l'écoute pendant qu'il prie).
[329] Ibid., p.96. Trad. (Même s'il ne voit pas la Vierge, il a été désigné par elle à l'attention de tous, il a été investi de la reconnaissance de la Vierge). De plus, Fulvio Piranese se propose de relater les faits aux journalistes qui viennent sur le lieu et il fait preuve d'un sens du détail lors de ses récits convaincants.
[330] Ibid., p.97. Un chapitre complet est consacré au leader politique Fulvio Piranese qui jouit d'une habilité communicative incontestable, pp.95-106.

expérience suggestive. Le curé et l'homme politique se montrèrent comme les garants du « lancement » de l'apparition.

Ces remarques nous permettent de comprendre pourquoi Casavatore n'a pu profiter du sillage médiatique d'Oliveto Citra qui se développa grâce aux nombreux témoignages. À Casavatore, les croyants s'exprimaient individuellement et aucun d'entre eux ne se montra suffisamment charismatique pour contribuer à la crédibilité de l'événement surnaturel.

Néanmoins, dans les deux cas, l'apparition était en mesure de pouvoir trouver un écho favorable au sein de la population, car elle se conformait aux modèles légués par la tradition. Ainsi, il était culturellement possible, pour un habitant d'Oliveto Citra ou de Casavatore, de dire que la Vierge était apparue, ce qui n'aurait pas été le cas si la vision avait concerné Bouddha. On y aurait vu là, l'utilisation d'un symbolisme privé qui ne serait pas parvenu à s'inscrire, de façon cohérente, dans la vie culturelle religieuse, cette dernière étant dépourvue d'une tradition de ce type[331]. C'est précisément l'existence d'une « culture de l'apparition » et la prégnance du thème marial qui vont favoriser cette reconnaissance sociale préréglée[332].

⁂

[331] DE MARTINO, Ernesto, *Il mondo magico*, Torino, Boringhieri, 1948, p.180.
[332] Le schéma était différent à Medjugorje car l'apparition avait lieu quotidiennement à 17h45. À Oliveto Citra, les apparitions sont perçues par des centaines de personnes, à toute heure de la journée et de la nuit, sans aucune régularité.

[illegible]

[illegible]

[illegible]

CONCLUSION

Dans le cadre d'événements surnaturels, le contexte social, (et le séisme destructeur, dans les deux cas étudiés), présente un terreau pour l'apparition qui devient à son tour un point d'appui pour l'Église. Même si un phénomène de cet acabit n'est pas indispensable à la foi, il renforce néanmoins le sentiment religieux communautaire autour des voyants.

Au terme de ce chapitre, plusieurs remarques s'imposent comme, en premier lieu, le fait que l'apparition à Casavatore soit sous-exploitée, et ce, dès le commencement, par le faible nombre de voyants ou encore par leurs récits dénués de conviction. Si l'événement rencontra un faible écho auprès des croyants, c'était avant tout parce qu'ils étaient face à des témoins « occulaires » dénués de charisme. À Oliveto Citra, les paramètres furent tout autres car, non seulement, nous étions en présence, grâce à la topographie des lieux, d'un humus favorable à une nouvelle dévotion mariale mais, de plus, la culture de l'apparition faisait aussi partie de l'histoire locale.

En outre, à Oliveto Citra, les témoignages furent réunis prestement et ces derniers permirent de clore la période d'analyse pour ouvrir la voie de la reconnaissance du culte. Cette indication est essentielle, car le récit demeure être une première étape à la pérennisation du phénomène, puisqu'il en valide la dimension rationnelle et lui donne le statut d'expérience plausible. On peut en déduiret que les protagonistes qui s'étaient rendues, quelques mois plus tôt à Oliveto Citra, semblaient avoir été frappées de contagion visionnaire et que leurs différents récits, déconstruits, n'offraient qu'un pastiche de l'apparition d'Oliveto Citra.

De plus, si les apparitions n'ont pas été relayées durablement, c'est aussi parce que sur le plan social, les voyantes firent preuve d'une forte émancipation et l'on se trouvait très loin du schéma de Lucie, à Fatima, qui passa par la suite, la plus grande partie de sa vie au monastère de Coimbra, ou même de Bernadette à Lourdes qui, à vingt-deux ans, entra au couvent de Nevers. Les voyantes de la Campanie étaient, certes, jeunes, mais elles n'étaient pas complètement éloignées de l'instruction, elles étaient scolarisées, même si Ada ne se rendait pas souvent à l'école. Par conséquent, force est de constater que ces protagonistes s'éloignaient du stéréotype du voyant ignorant, voire fruste, de la tradition du XIXe siècle et du XXe siècle, à l'instar de Bernadette à qui la Vierge avait dû parler en occitan pour se faire comprendre[333].

D'autre part, dans les deux cas étudiés, si nous avons remarqué la disparition totale de la dévotion à Casavatore, et le déclin de la fréquentation du site à Oliveto Citra, il ne s'agit pas uniquement du fait de la non-reconnaissance par l'Église des apparitions, car il existe des cultes suivis, sans que les apparitions ne soient reconnues[334].

Par conséquent, nous sommes face à deux exemples privés de dynamique, même si, dans un cas comme dans l'autre, l'Église n'a pas discrédité la croyance populaire mais a souhaité contrôler les pratiques dévotionnelles. Cependant, il faut rappeler que l'un des paramètres essentiels dans les schémas dévotionnels reste la rumeur de guérison qui permet de médiatiser le culte. Seul, un fait similaire a été relayé officiellement à Oliveto Citra mais il n'a pas été suffisant. Néanmoins, nous notons que, comme à Casavatore, le proviseur fut convié à faire partie de la commission diocésaine pour enquêter sur les prétendues apparitions. Là encore, même si le principal était à la retraite, la frontière, entre la sphère laïque et religieuse, reste pour le moins très tenue.

Au terme de cette analyse, il apparaît donc que le contexte social, les « enquêteurs » et les récits ne suffisent pas à pérenniser une apparition, et nous allons tenter de comprendre pourquoi. Dans notre prochain chapitre, nous allons nous efforcer d'appréhender comment une expérience, d'abord personnelle, peut acquérir une reconnaissance collective.

---

333 CLAVERIE, Élisabeth, *Le monde de Lourdes*, *op. cit*, p.28.

334 C'est le cas du culte de la Vierge des Trois Fontaines à Rome apparu en 1947 suite aux déclarations de Bruno Cornacchiola, ancien membre du mouvement chrétien adventiste, qui affirme avoir assisté à une apparition mariale. En 1987, le cardinal vicaire de Rome a célébré la messe aux Trois Fontaines sans pour autant faire allusion à l'apparition. Dans ce cas précis, l'Église reconnaît officiellement le culte mais pas l'apparition. LAURENTIN, René, *Multiplication des apparitions de la Vierge aujourd'hui. Est-ce elle ? Que veut-elle dire* ?, Paris, Fayard, 1988, p.58.

DEUXIÈME PARTIE :

« CONSTRUCTIONS ET RECONSTRUCTIONS IDENTITAIRES »

CHAPITRE 4

PADRE PIO

L'ÉLABORATION D'UN CULTE

INTRODUCTION

Ce chapitre aborde le personnage de Padre Pio (1887-1968) qui a constitué, à l'instar de Bernadette Soubirous, une réponse de l'Église à une situation bien déterminée.

En effet, nous avons évoqué précédemment les événements de Lourdes qui ont été l'occasion, pour les autorités ecclésiastiques, de définir le dogme de l'Immaculée Conception, le 8 décembre 1854, dans un contexte politique difficile. Ce nouveau chapitre a pour objet d'analyser tous les dispositifs mis en œuvre pour créer et développer un culte à Padre Pio, de son vrai nom Francesco Forgione[335].
Le mécanisme se construisit en mêlant biographie, hagiographie, Histoire et choix conscients. Originaire de Pietrelcina, un village situé à quelques kilomètres de Bénévent, il fut un personnage religieux d'envergure, en tant que premier prêtre stigmatisé au monde. Au fil des ans, il devint un saint à la renommée mondiale dont la reconnaissance officielle fut favorisée par Jean-Paul II (1978-2005) lors de sa canonisation, le 16 juin 2002, devenant ainsi le 758ème saint de l'église catholique. Après avoir examiné quelques spécificités de la Campanie, nous nous proposons de mettre en évidence les principales dynamiques qui permirent au moine capucin d'arriver sur la scène religieuse, pour enfin comprendre comment s'est opérée la pérennisation de ce culte mondialement reconnu.

[335] De nombreuses biographies précisent que l'origine de son prénom dérive du fait que sa mère était dévote à Saint François d'Assise.

I. SPÉCIFICITÉ DE LA CAMPANIE

Avant que Padre Pio n'apparaisse comme un missionnaire désigné par l'Église, nous allons tenter de saisir combien la terre natale d'un saint reste une notion identitaire primordiale qui facilite la procédure de reconnaissance.

A. L'IMPRÉGNATION RELIGIEUSE

Tout d'abord, il nous faut rappeler que la Campanie s'inscrit dans un parcours religieux fondamental du catholicisme puisqu'elle est traversée par l'ancienne route des pèlerins qui arrivaient des régions nordiques pour rejoindre les Pouilles. Le tracé de cette route, aux origines lointaines, passait par Bénévent et rejoignait Monte Sant'Angelo dans le Gargano (Pouilles).

Après la chute de l'Empire romain en 476, la voie demeura un nœud de communication où se rencontraient les Goths, les Byzantins, les Lombards et les Sarrasins. Mais, c'est autour du VIIe siècle que la route gagna en importance, au moment de l'affirmation des duchés de Bénévent et d'Ariano (Bénévent). Les Lombards s'attribuèrent l'abbaye de Saint Michel à Monte Sant'Angelo qui devint leur sanctuaire et la route prit la dénomination de *Via Sacra Longobardorum*[336]. Au cours du Moyen Âge, le lieu de culte gagna une importance similaire à celle de Saint Jacques de Compostelle en Galicie dont il en était le terme.

Par conséquent, Pietrelcina, village natal de Francesco Forgione, reçut, au fil des siècles, les lustres et les bénéfices de cette voie de pèlerinage. À l'époque du futur saint, nombreuses furent les images sacrées à l'effigie du Christ, de la Vierge ou des saints conservées et vénérées dans les foyers où les femmes récitaient quotidiennement le Rosaire au gré des tâches domestiques. La famille de Padre Pio, immergée dans ces

[336] MONTELLA, Carmine, *Cose Nostre. Storie di vita pietrelcinese*, [Nos histoires. Tranches de vie à Pietrelcina], « s.l »., s.d., p.36.

coutumes religieuses, était une famille pieuse : la fréquentation de l'église restait journalière et les nombreuses messes et neuvaines rythmaient leur quotidienneté.

De tous temps, les populations prièrent pour trouver du réconfort car « *la povera gente è sempre in paura [...] Si ha una casa e viene il terremoto. Si ha la salute e viene la malattia. Si ha un pezzo di terra e viene l'alluvione* »[337]. On peut noter que, si l'Église s'attachait à entretenir la foi dans les campagnes, les paroissiens vivaient, en général, une dévotion qui dépassait la pratique ordinaire, puisque le chapelet égrené toute la journée permettait surtout de supporter la charge du labeur. Le signe de croix, quant à lui, se faisait aussi hors de l'institution ecclésiastique, comme à l'occasion d'événements joyeux. En outre, des formes de piété, vivaces dans les paroisses rurales, s'articulaient pareillement autour des nombreuses représentations de Jésus à la couronne d'épines et des statues de Notre-Dame des Sept-Douleurs. La dévotion se tournait ici vers une expérience dévotionnelle empreinte de dolorisme et de pénitence. De même, si les nombreuses fêtes religieuses, tout au long de l'année, représentaient des parenthèses de joie dans une vie quotidienne difficile, on peut noter que l'aspect festif mêlait volontiers le sacré et le profane : certaines fêtes étaient consacrées à la fin des moissons ou des vendanges[338]. Cependant, si la religion demeurait indéniablement le pivot de la vie quotidienne en Campanie, Francesco, qui était un enfant très croyant, choisit, selon la tradition, de se démarquer très tôt, en vivant des expériences mystiques privées, comme la rencontre avec Jésus-Christ[339]. Tout au long de sa vie, il recommanda, immuablement, de réciter le Rosaire et de prier la Vierge « *anche in funzione difensiva contro il male, come arma spirituale* »[340]. Les habitants de Pietrelcina furent donc des précurseurs, dans la prise de conscience précoce de « la sainteté » de Padre Pio à qui ils

---

337 SILONE, Ignazio, *Vino e pane*, [Vin et pain], Milano, Mondadori, 1985, p.169. Trad. (Les pauvres gens sont toujours effrayées. [...]. Elles ont une maison et un tremblement de terre survient. Elles sont en bonne santé et la maladie survient. Elles ont une parcelle de terre et une inondation survient).

338 Sur le lien entre les fêtes chrétiennes et le cycle agraire, on se réfèrera à GALASSO, Giuseppe, *L'altra Europa*, [L'autre Europe], Milano, Mondadori, 1982, pp.121-142.

339 BOUFFLET, Joachim, *Padre Pio. Des foudres du Saint-Office à la splendeur de la Vérité*, Paris, Presses de la Renaissance, 2008. L'auteur (1948-) est historien auprès du Vatican et retrace l'histoire de Padre Pio à partir des écrits du religieux et de ses proches.

340 MONTELLA, Carmine, « La matrice pietrelcinese della santità di Padre Pio » [Pietrelcina, la matrice de la sainteté de Padre Pio] in *Collana di ricerche storiche, artistiche e sociali sul Sannio nel contesto della cultura contemporanea*, 2004, 1, pp.127-139, p.129. Trad. (Même de façon défensive contre le mal, comme une arme spirituelle).

demandaient, alors qu'il n'était encore qu'un enfant, des grâces et des miracles, démarche qui contribua immédiatement à sa réputation de thaumaturge.

B. LE PAYSAGE FAMILIAL DE FRANCSCO FORGIONE

À la fin du XIXe siècle, les villages de la Campanie étaient encore imprégnés d'un schéma médiéval, caractérisé par une structure paysanne pauvre et misérable qui pourrait se résumer par la locution suivante : « *E' il Sud del Sud, il mondo di Padre Pio, scosso dalle marce della fame*»[341]. Comme beaucoup, la famille Forgione était très démunie et il incombait aux enfants de travailler dans les champs. Tous s'entassaient dans une seule et même pièce et vivaient dans des conditions rudimentaires (Fig.1). À l'époque :

Famiglie numerose erano costrette a vivere in disumana promiscuità col bestiame, in tuguri tenebrosi, sottostanti il livello stradale, privi di luce e aria. Le malattie infettive mietavano vittime[342].

De nombreuses familles étaient obligées de vivre dans une promiscuité inhumaine avec le bétail, dans des taudis lugubres situés sous le niveau de la rue, sans électricité ni lumière. Les maladies infectieuses faisaient de nombreuses victimes.

Fig.1
La maison familiale de Padre Pio
©Donatocalabrese.it (1999)

[341] VERGINEO, Gianni, « L'ombra di Padre Pio » [L'ombre de Padre Pio] in *Rivista Storica del Sannio*, 2, 2003, pp.141-176, p.171. Trad. (C'est le Sud du Sud, le monde de Padre Pio, bouleversé par les périodes de famine).

[342] ALLEGRI, Renzo, *Padre Pio, l'uomo della speranza*, [Padre Pio, l'homme de l'espérance], Milano, Mondadori, 1984, p.9. Renzo Allegri (1934-), journaliste et écrivain, est un fervent de Padre Pio à qui il a consacré de nombreux ouvrages dont *I miracoli di Padre Pio*, [les miracles de Padre Pio], Milano, Mondadori, 1996 ou *Padre Pio, un santo tra noi*, [Padre Pio, un saint parmi nous], Milano, Mondadori, 1998.

Les populations paysannes dont le travail constituait la base de l'économie souffraient souvent du fléau de l'analphabétisme. Ce constat se vérifia de même chez Padre Pio dont on disait qu'il était « *dialettofono, analfabeta, ha un discreto possesso della lingua italiana* »[343] ou encore qu'il avait « *un'istruzione superficiale e [che] non leggeva quasi mai* »[344]. À Pietrelcina, le dialecte semblait être un particularisme et procurait au village une identité spécifique. Francesco l'utilisait de façon spontanée à l'instar des autres villageois car il ne s'agissait pas simplement d'un moyen de communication locale, mais aussi d'un champ culturel qui exprimait une adhésion immédiate à la réalité, dont étaient issus, très probablement, certains aspects de la personnalité contadine de Padre Pio. En effet, à l'instar d'autres villages méridionaux, Pietrelcina faisait partie des fortes zones d'émigration à l'étranger. Ainsi, le père de Francesco, afin d'assurer la subsistance de toute la famille, fut contraint d'émigrer en Amérique avec son fils Michele en 1898. Si la raison principale de la traversée de l'Atlantique par de nombreux méridionaux restait celle de faire fortune, le père du futur Padre Pio partit, lui, pour une autre raison. En effet, selon les fervents de Padre Pio, le patriarche souhaitait « *aprire al figlio la via dello studio che sarà poi anche la via della santità* »[345]. Il est à supposer que cette décision découlait des expériences mystiques que vivait Francesco. Son père le destina rapidement à une carrière religieuse et non à une vie de labeur dans les champs qui, de toute façon, s'avérerait difficile : le jeune garçon était déjà souffreteux et son état de santé ne cessait de se détériorer.

C. La légende des sorcières

Si la Campanie fait partie du Mezzogiorno italien, cette notion géographique ne renvoie pas toujours à une réalité géographique, mais parfois à « *un problema oscuro, quasi una malattia sociale per la quale esprimere un sentimento di reprovazione*

343 MONTELLA, Carmine, *La matrice pietrelcinese*, *op. cit.* ; p.131. Trad. (Parle le dialecte, est analphabète, il maîtrise peu la langue italienne).
344 LUZZATO, Sergio, *Padre Pio. Miracoli e politica nell'Italia del Novecento*, [Padre Pio. Miracles et politique dans l'Italie du dix-neuvième siècle], Torino, Einaudi, 2007, p.36. Trad. (Une instruction superficielle et qu'il ne lisait presque jamais).
345 MONTELLA, Carmine, *La matrice pietrelcinese*, *op. cit.*, p.50. Trad. (Ouvrir à son fils la voie des études qui deviendra ensuite la voie de la sainteté).

morale »[346]. La région est le carrefour de nombreuses traditions populaires, aux aspects variés qui donnent naissance à des croyances et à des superstitions. Le midi italien jouit d'une image négative plutôt tenace, véhiculée par des stéréotypes, ceux-là mêmes qui ont été courtisés par les médias, au cours des dernières décennies. Les images archaïques sont empruntées à un répertoire, parfois imaginaire, qui transforme les régions du Sud en une vaste scène de théâtre. On y évoque *« dei paesi poveri e disperati dove dominano paura e "omertà", dei sequestri di persona, dei santi miracolosi e delle Madonne in processione »*[347]. Si la première partie de l'assertion est teintée de tragique, la seconde partie, quant à elle, lève le voile sur un aspect bien réel, auquel il conviendrait d'y ajouter un autre particularisme culturel. Il concerne la seconde ville de la Campanie, Bénévent, où la croyance accordée aux *streghe*[348], les « sorcières », est devenue au fil des siècles un véritable fait de société.

Si, aujourd'hui, le terme fait l'objet d'assimilations d'éléments d'origines diverses[349], c'est parce qu'il possède des limites complexes à poser, qui se perdent dans les innombrables stratifications de la religion populaire[350].

Au Moyen Âge, selon les croyances communes, Bénévent était un lieu où se retrouvaient les sorcières. Parmi les différentes théories, cette légende (diffusée surtout au Moyen Âge) prit racine au VIIe siècle, au cours du règne du duc lombard Romuald 1er (v.630-687) lorsque l'empereur byzantin Constant II (630-668) assiégea la ville. Barbat, l'évêque de Bénévent (dont les reliques se trouvent aujourd'hui sous l'autel majeur de la cathédrale Santa Maria Assunta à Bénévent) promit la victoire lombarde et la levée du siège, si Romuald 1er acceptait de se convertir à la religion chrétienne. Il devait ainsi renoncer aux coutumes lombardes, diamétralement opposées au

---

[346] BEVILACQUA, Piero, *Breve storia dell'Italia meridionale dall'Ottocento ad oggi*, [Brève histoire de l'Italie méridionale du XIXe siècle à aujourd'hui], Roma, Donzelli Editore, 1993, p.IX. Trad. (Un problème obscur, presque une maladie sociale à laquelle serait rattaché un sentiment de réprobation morale).

[347] Ibid. p.XI. Trad. (Des villages pauvres et désespérés où dominent peur et omertà, enlèvement de personnes, saints miraculeux et Vierges en procession*)*.

[348] À titre informatif, rappelons que la Strega est aussi le nom d'une liqueur confectionnée à partir de nombreuses plantes par l'entreprise Strega Alberti depuis 1860.

[349] Il y a parfois une confusion entre les termes de *strega et* de *janara*. La *strega* est une figure littéraire, antithèse de la Vierge par le fait qu'elle mène une vie de débauche et qu'elle ne peut enfanter. La *janara*, quant à elle, appartient au patrimoine mythique mais elle n'est pas associée au diable. CARUSO, Paola, *Santi, spiriti, streghe*, [Saints, esprits, sorcières], Benevento, Realtà Sannita Benevento, 2001, p.111.

[350] Nous avons explicité certains aspects de la religion populaire dès notre introduction.

christianisme, qui consistaient en des réunions nocturnes, le long de la rivière Sabato, sous un noyer choisi par dévotion. À cet endroit, les lombards professaient leur propre religion en accrochant la peau d'un animal sacrifié à l'arbre sacré et, juchés sur leurs chevaux, ils devaient dévorer les lambeaux de peau de l'offrande. Si des femmes parvenaient à s'approcher du lieu pour se nourrir à leur tour, elles gagnaient le privilège de devenir reines du lieu. Mais, rapidement, elles furent considérées par la population comme des sorcières à qui l'on attribuait une force physique surnaturelle et démoniaque[351]. Selon la tradition, les sorcières de Bénévent, « *donne imparentate col demonio, le terribili e temibili abitatrici dei boschi più segreti* »[352] exerçaient une véritable domination sur l'homme grâce à leur connivence avec le diable. Elles s'attachaient à trouver de nouvelles converties dont elles recouvraient le corps d'onguents afin de s'en faire des alliées et leurs chants résonnaient, inlassablement, la nuit, autour du noyer, objet de leur dévotion.

Au fil du temps, le personnage de la *strega* se diffusa dans d'autres régions de la péninsule comme l'attestent les documents historiques du procès de Matteucia di Francesco à Todi (Ombrie). Elle fut brûlée en 1427 car considérée comme une sorcière[353] par les autorités religieuses, à une époque où l'Europe connaissait, d'une part, la répression des pratiques liées à la magie et assistait, d'autre part, à l'apparition d'une psychose collective selon laquelle Satan aurait fomenté un complot contre la Chrétienté. En Italie, le missionnaire catholique Saint Bernard de Sienne (1380-1444) joua un rôle important, en diffusant dans ses sermons, l'idée d'un dangereux complot organisé par les sorcières. Il amplifia de fait des légendes, comme celles du Sabbat de Bénévent, en dénonçant les femmes qui auraient eu des rapports avec la magie. Le saint condamna en particulier l'utilisation de formules magiques pour guérir les malades. En présence de la maladie, il fallait, selon lui, hurler à l'encontre de la sorcière : « *Au*

---

[351] Concernant l'origine des sorcières de Bénévent, il n'y a pas, à proprement dit, de sources écrites. Selon les historiens locaux, le XIIIe siècle au cours duquel le pape Grégoire IX (v.1145-1241) et l'empereur Frédéric II (1194-1250) se disputent le pouvoir absolu, est considéré comme une période de tensions. Le pape réorganise le Tribunal de l'Inquisition en durcissant les sanctions à l'encontre des détracteurs de la foi catholique. Pour des précisions complémentaires sur l'origine des sorcières et leurs rites, consulter l'ouvrage de CARUSO, Paola, *op. cit.,* pp.107-153.

[352] ABBUONANDI, Alberto, *Le streghe di Benevento e il simbolo dell'albero*, [Les sorcières de Bénévent et le symbole de l'arbre], Benevento, Il Chiostro, 2007, p.5. Trad. (Femmes apparentées au démon, les terribles et effrayantes résidentes des bois les plus secrets)

[353] MORANTE, Francesco « Il sabba a Benevento », [Le Sabbat à Bénévent], in *Miscellanea Sannio*, Benevento, Il Chiostro, 2000, pp.163-166.

bûcher ! Au bûcher ! »[354]. Dans ses prêches, il exhorta à l'exécution de ces femmes qui, selon lui, étaient responsables des mauvaises récoltes ou de la mort des nourrissons. Cependant, même si la légende des sorcières de Bénévent a été largement diffusée et racontée, elle fut surtout transmise par le bouche à oreille[355]. Au fil des siècles, l'Église tenta de lutter contre ces sorcières, accusées non seulement d'avoir des accointances avec le diable, mais aussi de consacrer les hosties destinées aux rites diaboliques et de boire le sang des enfants tués de leurs propres mains[356].

À Pietrelcina, au XIXe siècle, les superstitions concernèrent aussi le *malocchio*, le mauvais œil ou le pouvoir supposé, que peut posséder le regard d'une personne. Il nous suffit de relire le roman de Dominique Fernandez[357] (1929-) qui caractérise toute cette époque - la fin du XVIIIe siècle et les castrats de l'opéra napolitain– au travers du personnage de « Porporino ». Différents aspects des fastes de la cité parthénopéenne y sont abordés dont celui de la légende du *jettatore*, le jeteur de sort, accusé de posséder une force occulte et maligne, comme l'explique l'un des protagonistes : « *En tant que Napolitain, en tant que citoyen d'une ville où la misère s'accroît et où l'économie périclite malgré les immenses possibilités naturelles, j'ai besoin de croire qu'un reste de sorcellerie exerce sa mystérieuse influence*»[358].

En outre, d'autres croyances imprègnèrent le territoire méridional, à l'instar de la magie qui marqua la vie du futur Padre Pio, comme en témoigna la décision de sa mère de l'emmener rendre visite à un magicien afin qu'il lui prédise son avenir. Ce dernier, qui avait le prétendu pouvoir de lire dans les étoiles, déclara : « *Questo bambino, un giorno, sarà un uomo onorato in tutto il mondo. Per le sue mani, passeranno soldi su*

---

[354] DINZELBACHER, Peter, *Santa o Strega. Donne e devianza religiosa tra Medievo ed Età Moderna*, [Sainte ou Sorcière. Femmes et déviance religieuse entre le Moyen Age et la période moderne], Genova, Edizioni Culturali Internazionali, 1995, p.160.
[355] MORANTE, Francesco, *op. cit*, Benevento, Il Chiostro, 2000.
[356] Le thème des sorcières se rattache à la sphère de la magie et a été l'objet d'une littérature abondante. L'un des ouvrages les plus emblématiques sur le sujet est probablement celui de Ginzburg, Carlo, *Le fromage et les vers*, Paris, Aubier, 1980. Il est question d'un meunier du nom de Menocchio, vivant dans la région du Frioul, et qui au XVIe siècle, est condamné et brûlé par les tribunaux de l'Inquisition. On lui reproche ses récits mythiques dans lesquels il imagine la sphère terrestre semblable à un fromage sur lequel des vers en forme d'anges grouillent à la surface en compagnie de Dieu. L'auteur a analysé les minutes du procès, étude qui deviendra prétexte à poser la question des rapports entre la culture savante et la culture populaire. Il s'agit bien entendu d'un paroxysme de créativité populaire où le protagoniste reste totalement atypique.
[357] FERNANDEZ, Dominique, *Porporino ou les mystères de Naples*, Paris, Grasset, 1974.
[358] Ibid., p.281.

soldi, ma non possederà nulla »[359]. Cette croyance séculaire en la magie participa indubitablement à façonner le futur personnage de Padre Pio. Et d'ajouter cette précision, non dénuée d'ironie : « *Poi la madre, a scopo precauzionale, portò il piccolo Francesco da un paesano capace di togliere il malocchio* »[360].

Dans ces campagnes, il est commun de penser que si une récolte est moins abondante que prévu, si un puits s'assèche ou si une maladie se révèle incurable, la responsabilité en incombe à l'intervention maléfique d'une personne dotée de pouvoirs surnaturels.[361] En tout état de cause, magie et superstition se placent sur un registre de crainte, même si l'impression donnée à ses pratiquants est de commander des effets bénéfiques ou maléfiques, supérieurs aux forces ordinaires de l'homme. Précisons que, si la religion chrétienne, à la différence des deux concepts précités, s'établit sur la confiance en Dieu, en la Vierge et en ses saints, des sociologues et philosophes comme Émile Durkheim (1858-1917) considérèrent impossible de défaire la magie de la religion car elles étaient chacune un ingrédient de l'autre[362].

Par conséquent, la terre natale de Padre Pio a, incontestablement, joué un rôle primordial puisqu'elle a façonné le matériel « génétique » de son tempérament naturel : une forte religiosité, une extrême pauvreté matérielle et une apparente humilité. Les stigmates qu'il reçut à San Giovanni Rotondo, en 1918 pourraient peut-être s'identifier aux stigmates sociaux et culturels de Pietrelcina, aux us et aux coutumes du village et à ses traditions séculaires. Padre Pio eut l'occasion de rappeler que son parcours mystique avait commencé à Pietrelcina, en faisant référence à son village natal comme le point de départ « *alla sua vicenda interiore, al suo travagliato itinerario spirituale verso la santità* »[363].

---

[359] GUARINO, Mario, *Santo impostore. Controstoria di Padre Pio*, [Saint imposteur. Contre-histoire de Padre Pio], Milano, Kaos Edizioni, 2003, p.11. Trad. (Un jour, cet enfant sera honoré dans le monde entier. D'importantes sommes d'argent passeront entre ses mains mais il ne possédera jamais rien). Il nous semble indispensable de préciser que cette biographie non autorisée est fondée sur des sources hagiographiques et ecclésiastiques et que, pour le journaliste, la béatification de Padre Pio le 2 mai 1999 est discutable si l'on considère les nombreux détracteurs du religieux que nous évoquerons au cours de chapitre.

[360] Ibid., 11. Trad. (Puis sa mère, à but préventif, emmena le petit Francesco chez un villageois capable d'éloigner le mauvais œil)

[361] MONTELLA, Carmine, *Cose Nostre…*, *op. cit.*, p.36.

[362] DURKHEIM, Émile, *Les formes élémentaires de la vie religieuse*, Paris, PUF, 2003[5].

[363] MONTELLA, Carmine, *Cose Nostre…*, *op. cit.*, p.153. Trad. (À sa vie intérieure, à son itinéraire spirituel difficile vers la sainteté).

II. L'ARRIVÉE SUR LA SCÈNE RELIGIEUSE

À l'âge de quinze ans, Francesco Forgione, déterminé à suivre une carrière religieuse, quitta la maison familiale et rejoignit le couvent de Morcone (Bénévent) pour effectuer son noviciat. Par conséquent il changeade patronyme et devint Padre Pio[364]. Si certains aspects de la vie contadine cités plus haut ont influencé la personnalité du capucin, nous allons à présent nous attacher à comprendre comment sa santé précaire lui a permis d'acquérir une légitimité.

A. UNE MALADIE APOLOGÉTIQUE

D'abord, alors qu'il était encore enfant, on diagnostiqua chez le futur Padre Pio, une forme sévère de tuberculose, fléau qui frappait rudement le XIXe siècle. En littérature, ce mal qualifié de « *phtisie romantique* » permettait, à l'époque, de magnifier des destins tragiques comme en témoigne *La Dame aux camélias*, grand succès d'Alexandre Dumas fils, publié pour la première fois en 1845, où l'héroïne, Marguerite, une prostituée tuberculeuse connaît une fin tragique et précoce après d'innombrables retournements de situation. Le mal semblait concerner des victimes prédestinées, promues comme des individus hors de la communauté. Cette singularité se retrouva chez Padre Pio puisque, pendant son noviciat à Morcone, sa santé déclina et ses supérieurs l'autorisèrent à rejoindre Pietrelcina. Quelques années plus tard, en 1916, son état de santé préoccupant le mèna au couvent de San Giovanni Rotondo, une décision motivée par le Père Paolino da Casacalenda, supérieur du couvent, qui lui proposa de venir respirer un air plus salubre. Cette maladie qui, selon les diagnostics habituels, laisse peu de répit, accentua au contraire le profond mysticisme du capucin et on peut penser que la présence du mal a assurément joué un rôle important dans sa déclaration de foi. En outre, tout au long de sa vie, on attribua à Padre Pio de nombreux

[364] On rapporte quelquefois que le changement de nom a permis de marquer le détachement de Francesco avec le monde extérieur. Ce nom a été choisi par le noviciat et imposé par le Supérieur en raison des reliques de Saint Pio martyr qui se trouvent dans l'église paroissiale de Pietrelcina. ALLEGRI, Renzo, *op. cit.* p.26.

phénomènes indiqués comme *charismes* et qui regroupaient des dons surnaturels comme la bilocation ou la fragrance[365].

Par conséquent, la maladie est utilisée, dans le cas qui nous intéresse, pour affirmer une primauté du spirituel sur le matériel. Cette instrumentalisation trouve ses racines hors de la culture religieuse, dans un romantisme qui transforma la tuberculose par une métamorphose des maladies de l'âme. Dans le cadre de l'idéologie religieuse, la maladie était vécue comme un signe divin de prédilection et une réponse à une expiation à travers la souffrance physique. Ainsi, la maladie, dont l'issue était imminente et fatale, pesait comme un couperet au-dessus de la tête du capucin. Elle apparaissait aussi comme emblématique car il s'agissait de résister, d'une part, à des épreuves intérieures comme les prétendus combats incessants avec le diable, et d'autre part, à des épreuves extérieures telle la tuberculose. Cet état souffreteux permanent se retrouva aussi chez Thérèse de Lisieux (1873-1897) et il sera, à l'instar de Padre Pio, une manifestation d'un état religieux considéré comme pathologique. En effet, la jeune carmélite Thérèse, entrée à 15 ans au Carmel de Lisieux, décèda précocement de tuberculose.

Dans les deux cas énoncés, la révélation de la maladie paraît importante dans la mesure où elle remet au centre de l'existence humaine une réalité brutale mais néanmoins banale, en cette fin de XIXe siècle. Rappelons que si Padre Pio fut souvent comparé à Saint-François, en raison de l'apparition des stigmates que nous allons évoquer dans le prochain paragraphe, il présentait d'autres analogies avec le *Poverello d'Assise* comme son état de santé précaire :

Le malattie non ebbero non poca influenza nella vita del Poverello d'Assisi. Una malattia tuberculare non sembra umanamente ammissibile in Padre Pio la cui prestanza fisica è stata messa costantemente a durissima prova dalle	Les maladies eurent beaucoup d'influence dans la vie du Petit Pauvre d'Assise. Une maladie tuberculeuse ne semble pas humainement admissible chez Padre Pio dont la prestance physique a été constamment mise à très dure épreuve par

[365] On lui attribue aussi les dons de clairvoyance, de thaumaturgie et de prophétie. Il convient d'y ajouter les *charismes mineurs* : l'hyperthermie, l'inédie (s'abstenir de toute nourriture), les souffrances de compensation (éprouver des douleurs à la place de certains malades, lesquels se trouvent soulagés), les actions sur la nature et les animaux, la luminescence (les stigmates émettent une phosphorescence) et la clairaudience (il perçoit toutes les prières qui lui sont adressées du monde entier). Pour des explications approfondies, on pourra se reporter à l'article de BONIFACE, Ennemond, « Phénoménologie du Padre Pio » in *Revue métapsychique*, 12, 1968, Paris, Éd. Institut Métapsychique International.

astinenze.[366]	ses abstinences.

Cette observation qui émane d'un ami et fervent de Padre Pio sous-entend la présence de dons surnaturels chez le prêtre qui se caractérisaient par une résistance physique démesurée. En effet, des rumeurs circulaient sur la vie quotidienne de Padre Pio : il dormait peu et ne se nourrissait guère. Ces constatations peuvent sembler incompatibles avec une personne souffrant déjà d'un état de santé si fragile. La probabilité d'une mort imminente a sans nul doute joué un rôle décisif dans la mise en place du charisme du personnage religieux.

B. Des stigmates frauduleux ?

Si Padre Pio étaitt susceptible de se trouver grandi par sa souffrance physique, un événement capital, investi d'un sens religieux profond, allait lui permettre de passer d'une souffrance « personnelle » à une grande épreuve dont dépendait le salut du monde.

En 1918, quelques mois avant que Padre Pio n'exposât l'existence de ses stigmates, la guerre entrait dans sa phase décisive. La situation s'aggravait considérablement avec l'apparition du fléau de la grippe espagnole qui provoqua la mort de deux cents personnes en trois mois à San Giovanni Rotondo[367]. La guerre ayant décimé une grande partie de la population masculine, l'épidémie toucha surtout les femmes, particulièrement dans les régions méridionales où les conditions d'hygiène et d'alimentation demeuraient des plus précaires. À l'instar du culte à Fatima, qui était contemporain, et que nous avons évoqué dans un chapitre précédent, les expériences mystiques de Padre Pio s'inscrivirent dans la dynamique d'une époque douloureuse où

---

[366] MORCALDI, Francesco, *San Giovanni Rotondo nella luce del francescanesimo*, [San Giovanni Rotondo à la lumière du franciscanisme], Parma, Editore Mantilli, 1950, pp.157-158.

[367] GRIFA, Salvatore, Antonio, *San Giovanni Rotondo. Storia di una città (A.D. 1861-1968),* [San Giovanni Rotondo. Histoire d'une ville (1861-1968)], San Giovanni Rotondo, Edizioni Gargaros Terzo Millennio, 1998, p.274.

l'atmosphère était imprégnée d'un besoin indéniable de sacré. Car, en période de guerre, la religion est aussi :

> *le champ du combat inexpiable entre les forces de mort – la mort elle-même ou ses succédanés quotidiens, la peur et la souffrance – et les forces de vie malgré tout, qui vont du médiocre paratonnerre des amulettes à la vive croyance en une forme de résurrection après l'ultime sacrifice*[368].

Par conséquent, face à une situation dramatique, les hommes et les femmes de ce début de siècle, « *potevano sperare che un qualche individuo d'eccezione – un santo – riuscisse a liberarli da tutto il male che li circondeva : dalla malattia, dalla miseria, dal lutto* »[369]. Le capucin occupait, à ce moment précis de l'histoire, « *sa propre niche écologique de temps, lieu et conjoncture* »[370]. Les hommes et les femmes du sud italien espéraient une intervention divine pour les libérer de ces moments apocalyptiques et pour ce faire, étaient disposés à faire confiance à un jeune religieux.

Et c'est précisément en 1918 que les plaies du Christ apparurent et restèrent imprimées pendant cinquante ans sur le corps de Padre Pio. Elles devinrent *« la signatura che nell'immaginario collettivo riconduce la figura del frate di Pietrelcina a una concezione della santità quale condizione soprannaturale incisa sul corpo »*[371]. La douleur subsista et à celle-ci *« si accompagnano altri segni della passione del Cristo, la coronazione di spine, la flagellazione »*[372]. Lors de l'apparition des stigmates, Padre Pio relata qu'un jour, pendant la prière, il vit apparaître devant lui un mystérieux personnage « *che perdeva sangue dalle mani, dai piedi e dal costato [...] e scoprì che le stigmate della crocifissione di Gesù si erano iscritte sul suo proprio corpo* »[373]. Néanmoins, selon la tradition, le religieux, à l'apparition des signes célestes, ressentait

[368] BECKER, Annette, *La guerre et la foi. De la mort à la mémoire 1914-1930*, Paris, Armand Colin, 1994, p.8.

[369] LUZZATO, Sergio, *op. cit*, p.8. Trad. (Pouvaient espérer que quelque individu d'exception -un saint- réussisse à les libérer de tout le mal qui les entourait : la maladie, la misère, la mort).

[370] WOODWART, Kenneth, L, *Comment l'Église fait les saints*? Paris, Grasset, 1992, p.117.

[371] NIOLA, Marino, *I Santi patroni*, [Les Saints Patrons], Bologna, Il Mulino, 2007, p.117. Trad. (La signature qui dans l'imaginaire collectif assimile le personnage du frère de Pietrelcina à une conception de la sainteté en tant que condition surnaturelle gravée sur le corps). L'auteur enseigne l'anthropologie culturelle à l'université Suor Orsola Benincasa de Naples.

[372] MONTELLA, Carmine, *La matrice pietrelcinese della santità di Padre Pio*, *op. cit.,* p.135. Trad. (S'ajoutent d'autres signes de la Passion du Christ, la couronne d'épines, la flagellation)

[373] LUZZATO, Sergio, *op. cit.*, p.5. Trad. (Dont le sang coulait des mains, des pieds et des côtés [...] et il découvrit que les stigmates de la crucifixion de Jésus étaient imprimés sur son propre corps)

de la honte, priait pour qu'ils disparaissent et deviennent invisibles. Force est d'observer que ce sentiment de turpitude ressenti par Padre Pio qui refusait de célébrer cette stigmatisation, devint un comportement à contre-courant du catholicisme. Il se sentit humilié publiquement mais, paradoxalement, entretint ses plaies avec une solution chimique pour asseoir sa position de martyr. Il écrivit : « *Tout mon temps se passe à délier mes frères des liens de Satan pour les gagner au Christ* »[374] et se convainquit que sa condition de souffrance pouvait sauver des pécheurs comme en témoignent, à cette période, les nombreuses conversions de fidèles.

Dès lors que fut diffusée la présence de ses stigmates (Fig.2), on reconnut au saint des pouvoirs de guérison. Selon les témoignages, le premier miracle advint le 30 mai 1919. Un soldat de la Grande Guerre, Antonio Colonnello, suite à une blessure occasionnée par une grenade, se retrouvait boiteux et, ayant entendu parler des « pouvoirs spéciaux » de Padre Pio, se rendit à San Giovanni Rotondo. Après la bénédiction, le jeune blessé, selon la tradition, guérit « instantanément »[375].

Pour le neurologue français Jean-Martin Charcot (1825-1893) qui consacra une partie de ses travaux à la notion de foi et de guérison[376], les thaumaturges sont les plus forts pour guérir certains troubles mentaux et par conséquent, les guérisons miraculeuses par la foi qui relèvent du concept de la *faith-healing,* sont envisageables. Selon le praticien, qui se base sur les prodiges advenus au sanctuaire de Lourdes, la foi peut guérir et aider des malades que la médecine avait abandonnés. Néanmoins, en théorie, ces guérisons miraculeuses concernent des cas dont le rétablissement n'est pas assujetti à des opérations chirurgicales. De plus, dans le cas de guérisons dites « miraculeuses », on note que le cadre thérapeutique est le plus souvent religieux. Enfin, la guérison est soumise à une certaine préparation psychologique : le malade qui présente une véritable force de suggestion doit avoir entendu parler du sanctuaire miraculeux. C'est l'accumulation de ces différents éléments qui peut conduire à une guérison surnaturelle. Cependant, depuis le XIe siècle, les documents pontificaux

---

374 Padre Pio da Pietrelcina, *Recueil de lettres. Correspondance avec ses directeurs spirituels* 1910-1922, Paris, Téqui, 2001, p.1337.
375 LUZZATO, Sergio, *op. cit.,* p.35.
376 Sur la psychiatrie et la pathomimie CHARCOT, Jean-Martin, « La foi qui guérit » in *Revue Hebdomadaire*, 7, décembre 1892, pp. 112-132. On pourra aussi se référer à l'ouvrage de CORRAZZE, Jacques, *De l'hystérie aux pathomimies. Psychopathologie des simulateurs*, Paris, Dunod-Bordas, 1976.

affirment la nécessité de *vérifier,* par une investigation systématique, les miracles réalisés. La Congrégation des Rites, constituée en 1588, proposa, en 1948, un élément nouveau lorsque le Vatican mit en place une *Consulta Medica,* composée de médecins laïcs chargés de confirmer que la guérison extraordinaire pouvait être considérée comme « *véritablement inexplicable par la science* »[377].

Fig.2
Les stigmates de Padre Pio
© chretiensmagazine.fr (1993)

Enfin, les stigmates s'inscrivaient aussi dans l'admiration religieuse et le respect que Padre Pio entretenait à l'égard de Saint François d'Assise. Les signes christiques firent de lui un *Alter Christus* selon le modèle médiéval de Saint-François, considéré comme le premier stigmatisé. Les marques devinrent une seconde « maladie » que Padre Pio

[377] Pour des précisions supplémentaires, on pourra se référer à l'ouvrage de DELOOZ, Pierre, *Le miracle. Un défi pour la science*, Namur, Éditions Fidélité, 1999, pp.18-21.

considéra comme une punition divine. Il était convaincu que le premier conflit mondial restait un châtiment infligé par Dieu aux nations européennes, que la guerre, avec ses souffrances et ses supplices, ressemblait à une autre passion christique. Nombreux furent les croyants à partager, comme Padre Pio, l'idée que cette période belliqueuse était une punition divine, comme en témoigne, à Cortina d'Ampezzo (Vénétie), une plaque commémorative de la Grande Guerre qui reprend un lexique religieux afin de rendre hommage aux soldats combattants[378]. Ils y sont comparés à de pauvres Christs dont le sacrifice servait à assurer le salut de l'humanité, une analogie perpétuée jusqu'en 1930. La prière aux saints, à la Vierge et à Dieu qui faisait partie de la vie quotidienne des soldats de la Grande Guerre fut un refuge et une protection indispensables contre l'horreur des combats[379].

Ainsi, avec l'apparition des stigmates, Francesco Forgione devint une nouvelle figure paternelle au sein de la dévotion italienne, aux côtés de Saint François.

C. Le développement du culte

Si le Gargano, comme nous l'avons précisé, reste une région plutôt démunie, San Giovanni Rotondo, où Padre Pio passa une grande partie de sa vie, connaissait en

[378] Voici un extrait de ce texte : « *Tutti avevano la faccia del Cristo, nella livida aureola dell'elmetto, tutti portavano l'insegna del supplizio, nella croce della baionetta e nelle tasche il pane dell'ultima cena e nella gola il pianto dell'ultimo addio*». LUZZATO, Sergio, *op. cit.*, p.8. Trad. (Ils avaient tous le visage du Christ, dans l'auréole livide du casque, ils portaient tous le signe du supplice, dans la croix de la baïonnette et dans les poches, le pain du dernier dîner et dans la gorge les pleurs du dernier adieu). En France, la Grande Guerre est aussi perçue par les fidèles comme un Vendredi saint : « *Le miracle des combats, c'est qu'ils font des soldats autant de Christs, c'est qu'ils font du Christ un soldat.* » in BECKER, Annette, *op. cit.*, p.31.

[379] Pendant la Grande Guerre, les soldats nourrissent aussi une dévotion toute particulière au Sacré Cœur de Jésus dont l'origine remonte aux nombreuses apparitions de Jésus à Margherita Maria Alacoque (1647-1690). La spécificité du culte est la valeur symbolique du cœur. Au cours des décennies qui suivent, le pays est durement touché par le choléra ou la crise économique et de nombreuses congrégations sont fondées sous le signe du Sacré Cœur. Un indice de cette popularisation est la diffusion de tableaux et de statues. Pendant la Première Guerre Mondiale, les soldats entretiennent cette vénération afin de maintenir un lien avec leurs familles. Dans les lettres écrites du front, on peut surtout lire les oraisons au Cœur de Jésus plutôt que les souffrances ou encore les prières pour échapper à la mort plus que le récit des triomphes. ZAMBARBIERI, Annibale, « Per la storia della devozione al Sacro Cuore » [Pour l'histoire de la dévotion au sacré Cœur] in *Rivista di Storia della Chiesa in Italia*, anno XLI, 2, 1987, pp.361-432, p. 403. L'auteur met en avant la quintessence des prières que l'on retrouve dans les livrets diffusés par l'Église et que les fidèles ont apprises par cœur.

1936, un développement économique plutôt inattendu. En effet, Giovanni Pompilio, émigré aux États-Unis, découvrit, lors de son retour dans son village natal, l'existence de mines de bauxite, un matériau qu'il avait déjà exploité outre-Atlantique. La vente de ce minerai généra la création de nombreux emplois et, par conséquent, améliora considérablement la vie quotidienne des habitants comme l'explique cet ancien mineur : « *In tutto questo, c'era la logica del benessere economico, apportato dalla miniera, che ci ha fatto balzare improvvisamente da quell'arretratezza in cui vivevamo da tanti anni o addirittura da tanti secoli* »[380].

À l'époque, les journaux locaux, comme le *Quotidiano di Foggia,* qualifiaient la bauxite comme « l'or du Gargano » en raison de son excellente qualité et de l'aubaine économique qu'il créait. Au fil des années, la vie quotidienne du village changea radicalement :

Molti negozi vennero aperti, con nuove merci, che noi sangiovannesi non conoscevanmo : modelli vari di vestiti, scarpe, cappotti mai visti, che noi soprattutto i più poveri, non sognavamo nemmeno di poterli indossare. Per di più, si cominciò a conoscere una parola, che oggi è molto comune tra i ragazzi : radiomania ! Un buon 70% di minatori aveva in casa la radio[381].

De nombreux magasins furent ouverts, avec des marchandises nouvelles que nous, habitants de San Giovanni Rotondo, ne connaissions pas : des modèles inédits de vêtements, de chaussures, de manteaux jamais vus auparavant que nous, surtout les plus pauvres, ne rêvions même pas de pouvoir porter. De plus, on apprit un mot qui est très utilisé aujourd'hui par les enfants : la folie de la radio ! Au moins 70 % des mineurs avaient la radio chez eux.

Cependant, cette manne économique qui permit au village de connaître des années fastes ne perdura pas et San Giovanni Rotondo, avant le culte consacré à Padre

[380] RUSSO Matteo, *Lavoro e cultura nella miniera di San Giovanni Rotondo*, [Travail et culture dans la mine de San Giovanni Rotondo], « s. l », « s. d ». p.11. Trad. (Dans tout ceci, il y a la logique du bien-être économique apporté par la mine qui nous a fait soudain sortir de ce retard dans lequel nous vivions depuis de nombreuses années et même de nombreux siècles).
[381] Ibid.,p. 44.

Pio qui se développa surtout à partir des années 1960, demeura une petite ville méridionale, dénuée de toutes formes de vie moderne[382].

[382] En 1900, la ville compte 10000 habitants . GRIFA, Salvatore, *op. cit.*, p.219.

III. La médiatisation

Si jusqu'à maintenant, plus de cinq cents ouvrages ont été consacrés au capucin[383], l'élément déclencheur fut la presse qui était présente, dès l'apparition des premiers stigmates, en 1918. Selon la tradition, Padre Pio choisit de taire l'événement mais le père Benedetto, l'un des directeurs spirituels de San Giovanni Rotondo, après une visite au couvent de Sainte-Marie-des-Grâces, expliqua, dans une lettre, que les plaies étaient visibles lorsque le capucin servait la messe[384]. Les mois suivants, l'information fut reprise dans deux articles anonymes[385]. Le premier article révèlait que le religieux était jeune et que l'on avait prédit sa mort à l'âge de trente-trois ans, un âge canonique qui établissait un lien direct avec Jésus. Cette « coïncidence » ne fut jamais confirmée dans les récits hagiographiques et il est fort probable que cette indication visait à ne produire qu'un effet sensationnel. Le second article, quant à lui, relatait le premier miracle de guérison accompli par Padre Pio. Un tel témoignage, au lendemain de la Première Guerre Mondiale, ne pouvait que toucher et concerner les lecteurs du quotidien. Dans un contexte où les liens avec la religion étaient en partie rompus et où les cadres habituels de l'Église demeuraient affaiblis, un article de la sorte participa à un sentiment de compassion générale. En outre, ce reportage n'était en rien casuel puisqu'il était l'occasion de révéler aux lecteurs les expériences mystiques de Padre Pio et de perturber le calme du village de San Giovanni Rotondo. Une foule considérable accourut pour obtenir grâces et intercessions avant la mort, annoncée comme prématurée, alors que, comme en a témoigné l'Histoire, Padre Pio vivra jusqu'à l'âge de quatre-vingt un ans.

---

[383] Précisons que la première biographie sur Padre Pio, qui retrace étape par étape son parcours mystique, a été publiée en avril 1924. Il s'agit de l'ouvrage du journaliste du *Messagero*, CAVACIOCCHI, Giuseppe, *Padre Pio da Pietrelcina. Il fascino e la fama mondiale di un umile e grande francescano*, [Padre Pio de Pietrelcina. Le charme et la renommée mondiale d'un humble et grand franciscain], Roma, Giorgio Berlutti, 1924. On notera que certains auteurs considèrent Padre Pio comme un franciscain alors qu'il est capucin. Les Frères mineurs capucins sont l'une des trois branches masculines du premier Ordre de la famille franciscaine. Les Capucins, dès leur formation en 1525 ont toujours été malmenés par les franciscains à cause de leur idées séparatistes comme par exemple la volonté de revenir à la forme de vie préconisée par Saint François et d'abandonner les grands couvents urbains pour rejoindre de petits ermitages.

[384] LUZZATO, Sergio, *op. cit.*, p.33.

[385] « Il Santo predice la sua propria fine » [Le saint prédit sa propre fin] in *Il Mattino*, 4 giugno 1919 et « Il miracolo di un santo » [Le miracle d'un saint] in *Il Mattino*, 5 giugno 1919.

Rapidement, sa réputation s'étendit au-delà des montagnes du Gargano et irradia, outre les régions méridionales, toute la péninsule italienne. Tandis que le culte se construisait, le prêtre aux stigmates devint un problème d'ordre public, pendant l'été 1919. Le Saint-Office à Rome reçut les premières lettres anonymes envoyées par « des citoyens de San Giovanni Rotondo » qui requéraient une enquête sur les « prétendues stigmates »[386]. L'une des conséquences de cette dénonciation fut de mettre en branle des mesures sanitaires de la part du couvent, ceci afin d'éloigner physiquement les dévots de Padre Pio. En effet, des personnes souffrant de variole ou de typhus voulurent le toucher alors qu'il présentait lui-même une santé précaire. La liste des miracles relatés par les fervents de Padre Pio s'allongea comme, par exemple, sa capacité à décider des opérations militaires durant une intervention aérienne[387], à convertir les athées ou à faire preuve de don de bilocation.

Mais, c'est après sa mort, en 1968, que la réputation d'*Alter Christus* de Padre Pio s'accrut avec la presse, la télévision puis, plus récemment, avec les sites internet. Pour les dévots, grâce à l'omniprésence des médias, il n'était plus forcément nécessaire d'aller à San Giovanni Rotondo. Les événements miraculeux étaient relayés directement, diffusés aux fidèles du monde entier et ce phénomène de médiatisation intense permit de positionner Padre Pio sur un marché à la fois national et mondial. Sa popularité s'accentua grâce à une avalanche d'organes médiatiques comme la revue *Voce di padre Pio* [388], éditée dès 1970 en plusieurs langues, mais aussi par le biais d'ouvrages plus scientifiques comme *Studi su Padre Pio*[389] et grâce à la création d'un prix littéraire *Padre Pio per umanità e ricerca*[390]. La radio constituait aussi un espace médiatique marquant, avec des émissions comme « Teleradio Padre Pio », diffusées dans les Pouilles, les Abruzzes et le Molise.

---

[386] LUZZATO, Sergio, *op. cit.*, p.42.

[387] Le Commandant général des Forces Armées américaines, qui voulait détruire un dépôt d'armes allemand à San Giovanni Rotondo a vu apparaître en pleine mission aérienne, Padre Pio, les mains levées, qui aurait libéré les bombes qui se seraient écrasées dans les bois et aurait obligé les avions à faire demi-tour. ALLEGRI, Renzo, *op. cit.* p.115.

[388] Trad. (« La voix de Padre Pio»)

[389] Trad. (« Études sur Padre Pio»)

[390] Trad. (« Prix Padre Pio pour l'humanité et la recherche »)

Il nous est aussi indispensable de citer une série télévisée sur la Rai 1, diffusée en deux parties, en 2000, et intitulée *Padre Pio tra cielo e terra* [391]. Enfin, la place primordiale occupée de nos jours par Padre Pio se vérifie toujours lors de sondages qui établissent les personnages les plus populaires du XXe siècle. En décembre 1999, Padre Pio occupait la quatrième place, derrière Jean-Paul II, Mère Teresa et Jean XXIII[392].

Néanmoins, par son omniprésence médiatique apparue dès les années 1950, le culte à Padre Pio eut une incidence sur les dévotions déjà en place, comme celle dédiée à Sainte Marie des Grâces à San Giovanni Rotondo, qui furent écartées au profit du capucin[393]. Pour cette raison, des détracteurs qualifièrent le prêtre de « *desctructor devotionis* », c'est- à dire de « destructeur de cultes »[394]. En outre, au début des années 1930, l'omniprésence de Padre Pio permit à un néo-converti, Federico Abresch, convaincu de la sainteté du prêtre quand son épouse se retrouva enceinte « grâce » à l'intervention du prêtre, d'ouvrir un studio photographique à l'intention des pèlerins qui se rendaient à San Giovanni Rotondo[395]. Rapidement, il détint le monopole de l'édition et de la diffusion des clichés de Padre Pio et agrémenta son négoce de publications sur la vie du religieux. L'iconographie fut parfaitement maîtrisée : Padre Pio était photographié durant la communion, portant des gants pour masquer ses stigmates, paroxysme de la souffrance et du martyr du Seigneur et de fait, la photographie, utilisée comme instrument de propagande, devint le prolongement de l'incarnation (Fig.3).

---

[391] *Padre Pio tra cielo e terra* [Padre Pio entre ciel et terra], Giulio Base avec Michele Placido, Italie, 2000, biographie, 2 épisodes de 90 minutes.

[392] MARGRY, Peter Jan, « Un beatus ovvero il culto bulldozer di Padre Pio. Un'indagine etnoantropologica » [Un bienheureux, à savoir le culte bulldozer de Padre Pio. Une enquête ethnologique et anthropologique] in *Rivista Critica Sociologia*, 2002, 141, pp.51-79, p. 72.

[393] À titre d'exemple, dans l'église, l'imposante tombe de Padre Pio est placée au centre de la crypte à la place de la statue du Christ sur la Croix, reléguée dans un angle. Ibid., p.73.

[394] Ibid., p.58.

[395] LUZZATO, Sergio, *op. cit.*, p.327.

Fig.3
Padre Pio pendant la communion
© Federico Abresch

A. La phénoménologie mystique de Padre Pio

Si les récits au sujet de Padre Pio foisonnent de phénomènes extraordinaires, traditionnellement associés à la vie mystique, comme les prophéties ou les miracles, le charisme du saint capucin a longtemps divisé la hiérarchie ecclésiastique elle- même.

Tout d'abord, avant l'apparition des stigmates, Padre Pio envoya des lettres teintées de mysticisme et d'ascétisme à ses directeurs spirituels de San Marco in Lamis, Padre Benedetto et Padre Agostino.

Si nous souhaitons évoquer cet échange épistolaire, c'est que Padre Pio avait ainsi fait preuve d'un mécanisme d'identification psychologique avec une jeune femme originaire de Lucques (Toscane). En effet, en 1899, Gemma Galgani (1878-1903), âgée de vingt ans, souhaitait entrer dans les ordres et déclarait avoir reçu les stigmates. En 1907, quatre ans après sa mort, sa biographie, agrémentée de lettres évoquant les signes christiques, fut publiée et rencontra un vif succès[396]. Padre Pio lut ces lettres qui provoquèrent indubitablement un impact psychologique et les recopia à l'identique dans

[396] DI SAN STANISLAO, Germano, *Biografia di Gemma Galgani, vergine lucchese*, [Biographie de Gemma Galgani, vierge de Lucques], Roma, Tipografia Pontificia dell'Istituto Pio IX, 1907.

les courriers adressés à ses directeurs spirituels. Citons par exemple ce passage « *Il demonio a volte non si limitava ad apparirgli in forme orribili, ma lo bastonava a sangue* »[397]. Si ses pères spirituels s'aperçurent de la supercherie, ils n'en dévoilèrent rien et continuèrent à dissimuler le plagiat, ceci afin de ne pas entacher la réputation grandissante du prêtre capucin. Padre Pio n'a jamais avoué l'imposture et le 2 mai 1912, il demanda au père Benedetto de lui fournir un exemplaire du livre de Gemma Galgani car il souhaitait le lire[398]. Cet exemple nous prouve combien Padre Pio éprouva le besoin d'avoir un cercle amical religieux pour parvenir, au fil des années, à construire son culte « bulldozer »[399]. Néanmoins, tout au long de sa vie, la stigmatisation du Padre Pio a été jugée frauduleuse, par de nombreuses personnes, ferventes ou non du moine.

D'autre part, selon l'enquête du Saint-Office, les stigmates coïncidèrent avec la circulation de produits chimiques au couvent. Ses détracteurs révélèrent que Padre Pio faisait entrer en secret un produit caustique, de l'acide iodhydrique afin de provoquer lui-même ses blessures[400]. Les premières enquêtes effectuées *in situ* ne clarifièrent pas la situation puisqu'elles ne proposaient qu'une description des plaies, laissant de la sorte une porte ouverte au surnaturel et conférèrent ainsi au capucin une légitimité en tant que saint présumé. Padre Pio fut néanmoins placé sous observation et, en 1920, le Père Agostino Gemelli, mandaté par le Vatican, se rendit au couvent pour mener une enquête. Après investigation, il accusa le prêtre d'hystérie et de fanatisme[401].

Dès lors, le Saint-Office décida de rendre publics les résultats de l'enquête et envisagea le départ de Padre Pio de San Giovanni Rotondo, suite aux doutes émis sur la véracité des stigmates. En 1923, la Congrégation pour la doctrine de la foi déclara que les faits surnaturels attribués à Padre Pio ne n'étaient pas constatés[402]. En 1926, le père Gemelli, médecin franciscain, se prononça officiellement :

---

[397] ALLEGRI, Renzo, *op. cit.*, p.35. Trad. (Parfois, le démon ne se contentait pas de lui apparaître sous des formes horribles mais il le frappait jusqu'au sang).
[398] LUZZATO, Sergio, *op. cit.*, p.30.
[399] Cette expression est reprise du titre de MARGRY, Peter Jan, *op.cit.*, p.76.
[400] ALLEGRI, Renzo, *op. cit.*, p.35.
[401] MARGRY, Peter, Jan, « Un beatus ovvero il culto bulldozer di Padre Pio. Un'indagine etnoantropologica », *op.cit.*, p.51.
[402] BOUFFLET, Joachim, *op. cit.*, p.115.

Il Padre Pio presenta le note caratteristiche di una deficienza mentale di grado notevole con conseguente restrigimento del campo della coscienza. [...]. E' un buon religioso, tranquillo, quieto, mansueto, più per opera della deficienza mentale che per opera di virtù ; un povero uomo che ripete qualche frase stereotipa di carattere religioso ; un povero malato che ha imparato la lezione da P. Benedetto, suo maestro[403].	Padre Pio présente les caractéristiques connues d'une déficience mentale de grade supérieur avec rétrécissement consécutif du champ de la conscience [...]. C'est un bon religieux, tranquille, calme, doux, plus en raison de sa déficience mentale que de sa vertu ; un pauvre homme qui répète quelques phrases stéréotypées de caractère religieux ; un pauvre malade qui a appris sa leçon du Père Benedetto, son maître.

Force est de constater que le médecin apparaît là comme un adversaire farouche du capucin qu'il présente, dans ses différents rapports, comme un « psychopathe »[404]. Il déduit que Padre Pio s'était imposé la sévère discipline de l'ordre religieux car il se sentait coupable, et il avoue : « *Je reconnais avoir fait tort à beaucoup par ma vie scandaleuse. Ne croyez pas que ce soit l'humilité qui me dicte un tel langage. C'est la vérité, c'est l'évidence* »[405]. Il convient de préciser que le père Gemelli appartient à l'ordre des Franciscains.

Les deux protagonistes, Padre Pio et le père Gemelli, ne partageaient donc pas les mêmes positions. Les doutes officiels servirent aussi à contrer le commerce des photos du prêtre et des morceaux de tissus tachés de sang vendus aux visiteurs. En outre, une autre sanction du Saint Office tomba en 1931, stipulant que soient enlevées à Padre Pio « *toutes les facultés du ministère sacerdotal, exceptée celle de célébrer la sainte messe, mais seulement dans les murs du monastère, en privé dans la chapelle intérieure et non dans l'église publique* »[406]. Ce n'est qu'en 1933 que Pie XI (1922-1939) esquissa un geste « libérateur » dans le cadre de l'Année Sainte extraordinaire qui célébrait les trente trois années de la vie du Christ et décida, à cette occasion, de rétablir Padre Pio dans ses fonctions sacerdotales. Ce fut une décision qui stimula à nouveau le culte du Padre, même si le pape Jean XXIII (1958-1963) ese montra encore très critique envers le fanatisme religieux déclenché par le phénomène Padre Pio. Quant à Paul VI

403 LUZZATO, Sergio, *op. cit.*, p.187.
404 Ibid., p.187.
405 Padre Pio da Pietrelcina, *op. cit.*, p.385.
406 CHIRON, Yves, *Padre Pio, le stigmatisé*, Paris, Librairie Académique Perrin, 1989, p.190.

(1963-1978), il se prononça en faveur du prêtre et le définit comme « *un uomo di preghiera e di sofferenza* »[407].

Mais les habitants de San Giovanni Rotondo, qui considéraient Padre Pio comme un bien communautaire précieux et qui étaient disposés à le défendre à tout prix, ne purent plus l'approcher et durent s'adresser à lui par la prière. Les religieux eux-mêmes furent priés de ne pas encourager le développement du culte. Le Saint Office redoutait l'idolâtrie liée à Padre Pio et déclara que la surnaturalité des faits n'avait pas été constatée. Une décision fut prise de le déplacer vers un autre couvent pour lui imposer un isolement absolu, mais les habitants du village se rebellèrent et fomentèrent une insurrection populaire. Le 25 juin 1923, toute la population se rendit devant l'église :

Vi era tutta la popolazione, anche le donne e i bambini. Il padre guardiano del convento dovette capitolare e promettere che l'indomani Padre Pio sarebbe tornato tra i fedeli. La gente, però, non gli credeva. Costruì barricade per impedire l'accesso al convento e guardie armate, a turno, vigilavano giorno e notte, il monastero[408].

Il y avait toute la population, même les femmes et les enfants. Le père gardien du couvent dût capituler et promettre que le jour suivant, Padre Pio reviendrait parmi les fidèles. Mais les gens ne le croyaient pas. On fit construire des barricades pour empêcher l'accès au couvent et des gardes armés, à tour de rôle, veillaient le monastère jour et nuit.

B. Église et politique

Si d'une part, les vicissitudes du prêtre capucin s'intègrent au paysage historique de l'Italie moderne, elles se fondent aussi dans le panorama politique du XXe siècle. D'autre part, on peut considérer, en tout état de cause, que le premier conflit mondial a marqué un tournant dans les rapports entre la société moderne et l'Église.

En effet, avant le combat, l'Église était mise *« ai margini in quasi tutti i paesi avanzati, compresi quelli di tradizione cattolica ; [...] anche a causa della sua stessa*

---

[407] MARGRY, Peter Jan, *op. cit.*, p.55. Trad. (Un homme de prière et de souffrance).
[408] ALLEGRI, Renzo, *op. cit.*, pp.86-87.

decisione di isolarsi dalla modernità »[409]. Les événements de la Grande Guerre bouleversèrent les points de repère de l'Église. Le Vatican se retrouva pris au sein d'un affrontement qui concernait les trois pilastres de l'Europe catholique, Autriche-Hongrie, France et Italie et les deux-tiers des catholiques de l'époque[410]. La réaction de Benoît XV (1914-1922) fut de choisir la neutralité, en espérant restaurer le pouvoir mythique d'arbitrage du pape médiéval, tout en précisant que l'Europe assistait aux prémisses de la décadence d'une civilisation devenue prospère grâce à la religion chrétienne. Il implora l'arrêt immédiat du massacre dans sa célèbre lettre aux peuples belligérants le 1er août 1917[411].

D'autre part, le 13 mai 1917, eut lieu la première apparition de la Vierge à Fatima. Dans ses messages, elle sollicitait prière et pénitence à l'attention de la Russie à qui elle demandait la conversion au Cœur Immaculé de Marie. Ce message s'inscrivait à la perfection dans le cadre de la condamnation du communisme par l'Église, une sanction qui remontait au pontificat de Pie IX (1846-1878), qui dans son encyclique *Qui Pluribus*, qualifiait les préceptes communistes « *d'exécrable doctrine destructrice même du droit naturel [...] laquelle, une fois admise, ferait bientôt disparaître entièrement les droits, les intérêts, les propriétés et jusqu'à la société humaine »* [412]. Pour l'essentiel, selon les autorités ecclésiastiques, le communisme encourageait un matérialisme exacerbé qui pouvait persécuter le pouvoir religieux[413].

---

409 GRAZIANO, Manlio, *Il secolo cattolico. La strategia geopolitica della Chiesa*, [Le siècle catholique. La stratégie géopolitique de l'Église], Rome-Bari, Laterza, 2010, p.46. Trad. (En marge de presque tous les pays avancés, y compris ceux de tradition catholique [...] aussi à cause de sa propre décision de s'isoler de la modernité)

410 Ibid., p.49.

411 http://vatican.va/1917/ (page consultée le 10 janvier 2012)

412 Cité par Pie IX le 9 novembre 1846. Ce recueil est une série de propositions rassemblées en 10 sections dont l'objet est de préciser les erreurs condamnées par les papes. Dans le cas qui nous intéresse, nous faisons référence à la section 4 intitulée : « *Socialisme, communisme, société secrète, société biblique, société clérico-libérale* ». Nous tenons à préciser que le terme « communisme » revêt, au milieu du XXe, une acception différente de l'acceptation actuelle : il s'agit en effet d'un courant de pensée et d'une expression politique du mouvement ouvrier. Pour saisir les divers contenus du terme et ses évolutions, on peut se référer au dictionnaire Larousse en ligne : www.larousse.fr/archives/grande-encyclopédie

413 Pour comprendre la situation de l'Église au lendemain de la défaite des Empires russes et ottomans, voir HAJJAR, Joseph, « Le catholicisme oriental entre les deux guerres » in *Nouvelle Histoire de l'Église*, Paris, Éditions du Seuil, 1975, pp.528-554.

Par conséquent, on ne peut nier la corrélation entre situation politique et changements religieux. L'apparition de la Vierge pourrait constituer un lien entre une situation terrestre et un épisode céleste.

Ainsi, si la Vierge de Fatima représenta un symbole pour l'Église, il en fut de même pour Padre Pio. La Vierge de Fatima qui révèla les catastrophes terrestres est comparable au prêtre qui dénonça les souffrances de l'humanité. En outre, rappelons que selon la tradition, les deux protagonistes se s'étaient « rencontrés » en août 1959 quand la statue originale de la Vierge de Fatima fut tranférée à San Giovanni Rotondo alors que Padre Pio était sérieusement malade :

Mentre l'elicottero con la statua a bordo, prima di intraprendere il viaggio di ritorno, faceva un triplice giro d'addio sopra il convento, un fremito percorse il corpo del frate che sentendosi improvvisamente meglio ed esclamò « Sono guarito, sono guarito ! »[414].

Tandis que l'hélicoptère avec la statue à bord, avant d'entreprendre le voyage de retour, faisait un triple tour d'adieu au-dessus du couvent, un frisson parcourut le corps du frère qui, soudain se sentant mieux, s'exclama : « Je suis guéri, je suis guéri ! ».

En outre, au fil des ans, Padre Pio devint une force politique en Italie, comme en témoigne la décision du candidat à la présidence du Conseil en 2000, Francesco Rutelli, qui, peu avant les élections, se rendit à San Giovanni Rotondo pour une visite privée, toutefois annoncée publiquement, afin de s'agenouiller sur la tombe de Padre Pio. Indéniablement, ce geste était destiné à ses potentiels électeurs catholiques et fervents du prêtre. La dévotion à Padre Pio s'exprima aussi au travers du politique Giulio Andreotti (1919-2013), qui fut, à trois reprises, le Président du Conseil des ministres, et qui avoua que les stigmates et les miracles n'étaient pas aussi importants que la manière dont Padre Pio avait exalté les foules en exprimant sa propre vision du monde[415].

Ainsi, que nous l'avons constaté, les situations de crise peuvent ouvrir de nouvelles perspectives et de nouveaux espaces d'intervention à l'Église et cette appropriation politique du culte démontre combien la force de la religion peut servir les

[414] MARGRY, Peter Jan, *op. cit.*, p.64.

[415] MARGRY Peter Jan, « Merchandising and sanctity : the invasive cult of padre Pio», [Marchandising et sainteté : le culte invasive de Padre Pio], in *Journal of Modern Italian Studies*, 1, 2002, pp.88-115, p.95.

intérêts de la politique et combien le religieux est devenu une entité importante sur le plan diplomatique.

IV. LE PAYSAGE ET SON CADRE D'INTERPRÉTATION

À présent, nous souhaitons poser l'hypothèse que San Giovanni Rotondo est apparue comme une terre d'élection en raison de son paysage montagneux et collinaire qui sollicitait depuis toujours la sensibilité du pèlerin et contribua à façonner le futur pèlerinage.

La nature présente les caractéristiques d'un isolement complet « *con poche migliaia di abitanti quasi tutti contadini e pastori, senza acqua corrente, né elettricità, dove analfatetismo e superstizione erano diffusissimi* »[416]. Nous allons tenter de comprendre comment la topographie de San Giovanni Rotondo a permis la création et la diffusion d'un culte de cette envergure.

A. DE L'ESPACE RÉEL À L'ESPACE REPRÉSENTÉ

À San Giovanni Rotondo, le paysage devient pour le spectateur un matériau significatif qui alimente le débat symbolique et participe à la mise en scène de l'événement religieux.

En effet, le milieu naturel comme la terre ou les arbres, reste un élément stratégique de dispositif religieux, renforcé par le fait que le village se trouve sur la *Via Sacra Longobardum,* dont les paysages rappellent ceux traditionnels de la Bible. La région du Gargano est aussi désignée comme « La Montagne Sacrée » en raison du culte voué, depuis des siècles, à l'archange Michel, culte rupestre et païen qui devint le phare de la religiosité lombarde. L'origine orientale de la dévotion connut une diffusion rapide en tant que culte populaire suite à l'apparition de l'archange à la fin du Ve siècle. La tradition raconte qu'un jeune berger retrouva à l'entrée d'une grotte l'une de ses brebis égarées, que l'archange lui apparut et lui demanda qu'un oratoire dédié à Saint Michel soit bâti sur l'abrupt du rocher en souvenir de l'apparition. Dès lors, un collège de

[416] GUARINO, Mario, *op. cit.,* p 34. Trad. (Avec quelques milliers d'habitants, presque tous paysans et bergers, sans eau courante, ni électricité, où l'analphabétisme et la superstition étaient très fréquents)

chanoines fut chargé d'accueillir les pèlerins sur ce lieu devenu chrétien. Le rayonnement considérable du culte à l'archange Michel allait conférer au lieu une image de terre privilégiée à la dévotion chrétienne.

Ainsi, en premier lieu, la construction symbolique du paysage s'articule autour de la grotte qui revêt une influence particulière en tant que lieu de naissance de Jésus. Pour cette raison, elle suscite un sentiment de protection, elle est plus « *qu'une maison, elle reste un lieu magique et un archétype agissant dans l'inconscient de tous les hommes. Elle est enracinement dans la terre* »[417]. De plus, l'opposition lumière/obscurité évoque la dualité vie/mort et indique le passage métaphorique du cycle de la vie, de la clarté aux ténèbres. Une grotte, considérée comme espace sacré, demeure dans la symbolique universelle, un lieu central où s'effectue une transformation liée à la mort ou à la résurrection.

Enfin, ce lieu est, depuis le Moyen Âge, un endroit dévotionnel particulièrement cher aux franciscains, puisque Saint François qui se rendit au sanctuaire en 1216, aurait, selon la tradition, gravé son empreinte à l'intérieur de la grotte.

En second lieu, la montagne exerce aussi un symbolisme fort car, dans l'Ancien Testament, c'est sur le mont Sinaï que Dieu conclut une alliance avec Moïse et le peuple élu. Ce support légendaire va indéniablement favoriser le façonnement du futur pèlerinage et, dans le Gargano au début du XXe siècle, *« si era continuato a offrire in pasto alla pietà popolare quel che la Chiesa meridionale aveva proposto per secoli »*[418]. Par extension, la verticalité de la montagne suscite la grandeur chrétienne. De plus, le paysage du Gargano alterne montagnes et plaines désertiques, la végétation est rare sauf : « *qualche raro olivo rattrappito come sui monti di Palestina* »[419].

Ensuite, à San Giovanni Rotondo, on assiste aussi à une sacralisation de l'espace naturel où, dès le XVIe siècle, on bâtit une petite chapelle pour accueillir le culte à l'archange. Mais, à partir des années 1930, trop exiguë pour répondre à la fréquentation croissante du nombre des fidèles, on projette un nouvel édifice, confié à l'architecte

---

[417] BACHELARD, Gaston, *La terre et les rêveries du repos*, Paris, Editions José Corti, 1948, p.33.
[418] LUZZATO, Sergio, *op. cit.*, p.25. Trad. (La région du Gargano au début du XXe siècle avait continué à offrir en pâture à la piété populaire ce que l'Église méridionale avait proposé pendant des siècles)
[419] Ibid., p.24. Trad. (Quelques rares oliviers déformés comme sur les Monts de la Palestine)

génois Renzo Piano (1937-), qui s'est déjà illustré au travers d'ouvrages emblématiques, comme le Centre Pompidou en 1977 à Paris ou l'Aquarium de Gênes en 1992, mais pour qui la réalisation d'une basilique demeurait un projet inédit. Il souhaita, au travers du futur édifice, se départir de certaines formes architecturales traditionnelles pour exprimer la transformation de la société italienne dans ses contenus les plus profonds[420]. Le projet eut pour dessein d'insérer l'édifice dans l'espace naturel tout en mettant en valeur l'espace liturgique intérieur. Ainsi, l'architecture se devait d'être significative des attentes d'une civilisation et de distiller une forte charge visuelle.

D'autre part, l'édifice religieux se distingue aussi par ses prouesses techniques puisque la toiture n'est soutenue que par des arcs en pierre très plats, dont le plus long atteint cinquante mètres. Néanmoins, l'innovation demeure associée à un modèle architectural précis puisqu'elle rappelle, avec ses deux édifices superposés, la basilique d'Assise, construite au XIIIe siècle. Si la basilique supérieure, dédiée à Saint François, est décorée d'un cycle de vingt-huit fresques qui mettent en parallèle la vie du Christ et celle de Saint François, les mosaïques de San Giovanni Rotondo[421] relatent la vie du Christ et celle de Padre Pio. Le but était de créer une relation fondamentale entre Saint François qui fut le premier à inaugurer le miracle des stigmates et Padre Pio, *Alter Christus* contemporain. Néanmoins, dans les deux cas, force est de constater que les édifices affichent un caractère ostentatoire, à contre-courant des ordres mendiants.

Ce choix de se départir des formes architecturales usuelles nous rappelle un autre édifice construit, quarante ans plus tôt, et très représentatif de la transformation de la société italienne. Il s'agit de l'église dello Santo Spirito (Fig.5) construite dans le quartier de Soccavo-Canzanella à Naples, et que l'on peut reconnaître dans le film *Matrimonio all'Italiana*[422]. L'église, en construction à l'époque du tournage, servit de toile de fond à quelques scènes du film ; elle était censée valider le lien marginal qui unissait les deux protagonistes mais visait surtout à remettre en question l'immuabilité séculaire des institutions religieuses. L'édifice anonyme et moderne, aucunement ostentatoire, est imbriqué dans un tissu urbain, aux antipodes des lieux traditionnels de

[420] Pour des détails approfondis sur le projet de Renzo Piano, on pourra consulter l'ouvrage de CARILLO, Saverio, « Eccezioni della metànoia. A proposito del volume del Renzo Piano Building Workshop. La chiesa di Padre Pio a San Giovanni Rotondo » in *Studi su Padre Pio*, 1, 2006, pp.21-41.
[421] Nous évoquerons les mosaïques de San Giovanni Rotondo dans le chapitre 7.
[422] *Matrimonio all'italiana*, [Mariage à l'italienne], DE SICA, Vittorio, d'après la pièce de théâtre *Filumena Marturano* par DE FILIPPO, Eduardo avec Sofia Loren et Marcello Mastroianni, Italie, 1964, comédie, 102 mn.

culte. En effet, l'ouvrage, posé sur les hauteurs de la ville comme une évidence, témoin de l'après-guerre, reconsidère le modèle traditionnel de l'édifice religieux et choisit de présenter des volumes simples et harmonieux. L'extérieur propose une interprétation contemporaine de la complexité de l'Église italienne dans le cadre de traditions religieuses comme le mariage.

De même, l'édifice proposé par Renzo Piano, inauguré le 1er juillet 2004, semble représenter les traditions religieuses modernes du XXe siècle. Dans un cas comme dans l'autre, les monuments parviennent à créer un espace religieux individuel en prenant possession de la parcelle de terrain sur laquelle ils sont édifiés. On ne peut pas donc affirmer qu'il y ait eu une transformation radicale de la typologie de l'édifice mais une adaptation moderne d'un modèle architectural. Le caractère ostentatoire de la basilique de San Giovanni Rotondo est indéniable, en comparaison des habitations environnantes rudimentaires, mais sa réinterprétation, ses dimensions imposantes et l'espace intérieur rappellent néanmoins aux fidèles les attributs d'une église catholique, adaptée à la liturgie moderne et dont les dimensions spectaculaires expriment la présence divine.

Fig.5

Église dello Spirito Santo e di Nostra Signora di Fatima (Naples)

(CdA)

En outre, l'ouvrage de Renzo Piano qui découle de volontés technologiques bien déterminées, se distingue par le choix des artistes associés au projet.

D'une part, la porte en bronze est une œuvre phare du sculpteur Mimmo Paladino (1948-)[423], l'un des principaux représentants du mouvement de la Trans-avant-garde[424], dont de nombreuses œuvres sont exposées dans les collections permanentes des principaux musées internationaux. La basilique abrite aussi une croix en bronze, placée au-dessus de l'autel, réalisée par Arnaldo Pomodoro (1926-)[425]. Sur le parvis sont posés huit aigles de marbre blanc de Mario Rossello (1927-2000)[426] qui symbolisent le mythe de l'oiseau, levant les yeux vers le soleil, signe de la renaissance du chrétien. Ces artistes médiatiques ont eu la charge de faciliter le message délivré par l'Église et de muséifier les lieux de culte.

De la même façon, afin de renforcer le message christique, les fidèles, depuis la salle des prières, aperçoivent la plaine environnante, le *Tavoliere* avec ses 24 oliviers, dont douze sont dédiés aux apôtres et les douze suivants aux Prophètes. Ces œuvres ont le souci d'accompagner les fidèles dans leur cheminement spirituel en accord avec la spécificité du culte.

---

[423] On peut retrouver par exemple ses œuvres au Metropolitan Museum of Art de New-York ou à la Tate Gallery de Londres.
[424] Il s'agit d'un style pictural italien des années soixante-dix, caractérisé par une création libre et spontanée sans toutefois négliger les références culturelles..
[425] Le sculpteur, originaire d'Émilie-Romagne, réalise d'imposantes pièces en bronze dont la série des sphères, présentées dans les villes qui en ont font l'acquisition. Dans la Cour de la Pigna, au Vatican est exposée une œuvre qui s'intitule *Sfera in Sfera* [Sphère dans Sphère].
[426] Ce peintre et sculpteur a réalisé de nombreuses commandes à l'étranger comme au Musée d'Art Moderne de Sao Paulo au Brésil.

Fig.3

Vue aérienne de la basilique de San Giovanni Rotondo (Pouilles)
©HeveliusWebzine.com

De même, on peut remarquer que le couvrement (Fig.3) évoque la forme des collines environnantes et incite le regard à s'élever inévitablement vers le ciel. Le concepteur a choisi, pour la couverture, de reprendre la forme de la coquille architecturée de l'escargot tout en proposant une forme géométrique complexe. Le choix du gastéropode s'explique par le fait que l'iconographie religieuse le considère, avec sa coquille, comme un symbole de protection.

Dans l'histoire de l'art, par exemple, on retrouve déjà le gastéropode au premier plan d'un tableau de l'Annonciation de Franscesco Del Cossa (v.1436-1478) où l'escargot désigne probablement la Résurrection (Fig. 4). Présent au premier plan de la composition picturale, il enrichit la compréhension de la scène religieuse. En effet :

> *La spirale de sa coquille [qui] donne l'idée d'une évolution : il est suggéré une idée non pas de cycle mais d'évolution temporelle [...]. Enfin, l'escargot est une figure christique : s'enfermant dans sa coquille comme dans un Tombeau pendant tout l'hiver, pour ensuite renaître tous les ans à Pâques - le 25 mars – il rappelle la mort et la résurrection du sauveur*[427].

[427] FEUILLET, Michel, « Le bestiaire de l'Annonciation : l'hirondelle, l'escargot, l'écureuil et le chat » in *Italies,* 12, 2008, pp.231-242.

Selon l'historien Daniel Arasse (1944-2003), dans l'iconographie chrétienne, l'escargot pourrait aussi représenter le symbole de la Vierge, conformément à la tradition populaire qui « *croyait que les escargots étaient fertilisés par la rosée qui tombait du ciel le matin*» [428], l'escargot devenant ainsi une métaphore mariale. De plus, « *la spirale de sa coquille donne l'idée d'une évolution puisque dans le contexte chrétien est suggérée l'idée d'évolution temporelle, celle de l'Histoire du Salut depuis les origines jusqu'à l'avènement du Christ et dans l'attente de son retour* »[429].

Fig.4
Francesco Del Cossa L'Annonciation (vers 1470)
Détrempe sur bois, 137 x 113 cm
(Gemäldegalerie Alte Meister à Dresde)
©Aparences.net

[428] ARASSE, Daniel, *Histoires de peinture*, Paris, Delanöel, 2004, p.123.
[429] FEUILLET, Michel, *Lexique des symboles chrétiens*, Paris, PUF, 2004, p.50.

Par conséquent, la basilique qui accueille la tombe du saint peut être perçue comme la métaphore concrète de la propagation rapide du culte à Padre Pio. Il s'agit de l'illustration d'une forme de prosélytisme déployé par l'Église dont la volonté principale est d'illustrer la force dévotionnelle des fidèles ; une force qui a contribué à créer un phénomène touristico-religieux de grande ampleur.

V.LA CASA SOLLIEVO DELLA SOFFERENZA[430]

Selon le témoignage du géographe grec Strabon (Ier siècle av. J.C.), deux « hôpitaux » étaient déjà construits sur le Gargano : un premier oracle, c'est-à-dire un sanctuaire, fondé par le fils d'Esculape d'où émergeait une source et un second construit par le voyant mythologique Calcante où les malades offraient un mouton noir en sacrifice[431]. Par conséquent, l'édification d'un hôpital moderne (*Fig.6*) par Padre Pio, au milieu du XXe siècle, ne fit que pérenniser une ancienne tradition et contribua à la renommée et au charisme du religieux.

À partir de 1945, un flux exponentiel des pèlerins transforma le petit village isolé de San Giovanni Rotondo en une ville qui s'enrichit progressivement d'habitations et d'hôtels modernes. Dès lors que les bus touristiques affluèrent de toute la péninsule, les magasins de souvenirs fleurirent le long de la route qui menait au couvent.

Mais, cinquante ans avant la construction de la basilique, le 5 mai 1956, on inaugura l'hôpital, un édifice fortement emblématique dans ce sud italien qui manquait cruellement d'infrastructures sanitaires. En cette période d'après-guerre, les problèmes de santé publique demeuraient légions, les épidémies de typhus et de malaria se multipliaient aux portes de Naples (Campanie) et de Tarente (Pouilles).

En ce qui concerne la décision de construire un hôpital à cet endroit précis, celle-ci remontait à 1916, au moment où Padre Pio arriva pour la première fois à San Giovanni Rotondo. Le projet se destinait aux pèlerins malades qui venaient implorer un miracle de guérison. Mais, la réalisation de ce projet « *l'ospedale San Francesco* » s'avéra, dès 1925, infructueuse, faute de moyens financiers. Après quelques décennies de latence, on entama quand même la construction de cet hôpital dont la première pierre fut bénie par Padre Pio, et qui, avec ses mille lits, devint la structure hospitalière la mieux équipée de toute l'Italie méridionale. Administrée par une fondation du Vatican, *l'Opera Padre Pio*, ses activités de recherche se regroupèrent autour de la génétique et

[430] Trad. (La Maison du Soulagement de la Souffrance).
[431] DE MARTINO, Ernesto, *Furore, Simbolo, Valore*, [Fureur, Symbole, Valeur], Milano, Feltrinelli, 2002.

des maladies héréditaires. Les fonds pour la construction furent rassemblés par des groupes de prières, les fervents de Padre Pio considérant l'hôpital comme

la carità cristiana [che] si concretizzò nel suo capolavoro umanitario. Alla sofferenza, ineliminabile dalla vita dell'uomo, la medicina può arrecare sollievo ma solo la fede che ravviva la carità può rendere l'ospedale una casa, infondere nella tecnica della medicina il calore dell'umanità[432].	La charité chrétienne [qui] se concrétisa dans son chef d'œuvre humanitaire. À la souffrance inévitable de la vie humaine, la médecine peut apporter du soulagement mais seule la foi qui ravive la charité, peut faire de l'hôpital une maison, insuffler dans les techniques de la médecine, chaleur de l'humanité.

L'hôpital devint un symbole pour les fervents de Padre Pio qui pensaient qu'il avait réalisé ce que les politiciens locaux n'étaient parvenus à concrétiser. Il est évident que la construction d'une structure sanitaire de cet acabit remporta tous les suffrages : « *Dove trent'anni fa non v'erano che rocce e cespugli oggi si leva la candida mole di una clinica fiabesca* »[433].

Il nous faut néanmoins préciser que si, en théorie, l'hôpital accueille tous les patients qui le désirent, la structure s'avère toutefois insuffisante pour satisfaire toutes les demandes, d'où des scènes pathétiques devant l'édifice où *« alla vista del frate con le stigmate, le devote gli tendevano i loro bambini malati, oppure si prostravano a terra ai suoi piedi invocandone i miracoli»* [434].

[432] MONTELLA, Carmine, *La matrice pietrelcinese ...*, *op. cit.*, p.132.
[433] CHIOCCI, Francobaldo, CIRRI, Luciano, *Padre Pio, storia di una vittima*, [Padre Pio, histoire d'une victime], Roma, Edizioni I libri del No, 1967, pp.250-251. Trad. (Là où il y a trente ans, il n'y avait que pierres et buissons, aujourd'hui, s'élève la masse candide d'une clinique féerique).
[434] GUARINO, Mario, *op. cit.*, p112. Trad. (À la vue du frère aux stigmates, les dévotes lui tendaient leurs enfants malades ou se prosternaient à terre en invoquant ses miracles).

Fig.6
Casa Sollievo della Sofferenza
©Vallerossa.com

D'autre part, dans les années soixante, le projet fit néanmoins l'objet de semonces acerbes de la part du Saint Siège qui critiquait vertement l'afflux d'argent à San Giovanni Rotondo. Cet argent était normalement destiné à la construction de l'édifice, mais les dons semblaient davantage profiter aux religieux qui, Padre Pio y compris, possèdaient tous une automobile. Face à cette situation, le Vatican dénonça un train de vie en total désaccord avec les préceptes de pauvreté de l'ordre mendiant[435].

V. La position des papes envers Padre Pio

Tous les papes n'ont pas adopté un comportement similaire avec Padre Pio. En effet, rappelons que Pie XI (1922-1939), dont le pontificat fut marqué par des confrontations avec des personnalités, souvent considérées comme l'expression du mal à l'instar de Mussolini ou d'Hitler, incarna l'origine des persécutions envers Padre Pio qu'il souhaitait voir quitter San Giovanni Rotondo. Cependant, son successeur, Eugenio Pacelli, le pape Pie XII (1939-1958), fut un fervent défenseur de Padre Pio, tout en étant

[435] GUARINO, Mario, *op. cit.*, p.134.

l'une des personnalités les plus controversées du XXe siècle puisqu'on lui reprocha de nourrir, par exemple, des sympathies secrètes pour le nazisme[436]. Pendant son pontificat, il développa d'autres formes de religiosité. Il encouragea la création de groupes de prières autour du prêtre et lui témoigna de la bienveillance, en prenant la décision de le dispenser du vœu de pauvreté, ce qui eut pour conséquence de l'autoriser à gérer en toute liberté l'argent de l'hôpital. Ainsi, la vénération du pape pour Padre Pio stimula la diffusion du culte, en lui garantissant une légitimité, jusque là souvent entravée. Dès le début de son pontificat, le 4 octobre 1939, lors de la fête de Saint François d'Assise, le pape inaugura la *Via Crucis* à San Giovanni Rotondo qui commémorait la Passion du Christ mais qui, surtout, confirmait le statut d'*Alter Christus* de Padre Pio. Ainsi, Pie XII considérait le prêtre comme un nouvel allié, touchant les classes sociales les plus faibles, autant la communauté contadine que féminine. De leur côté, les fidèles retrouvaient un modèle d'identification chez le prêtre puisqu'il était né sur cette terre du sud et semblait être issu de la même étoffe, en représentant le fils de la civilisation paysanne de son village natal.

Si, le successeur de Pie XII, le pape Jean XXIII (1958-1963) est toujours resté critique à l'égard des phénomènes paranormaux et du fanatisme religieux, la dévotion à Padre Pio fut encouragée par le pape Jean-Paul II (1978-2005), un pontife qui a accordé davantage de béatifications et de canonisations que tous ses prédécesseurs. Ainsi, il procéda à 482 canonisations et à 1 341 béatifications, entre 1978 et 2005[437]. En 1962, alors archevêque de Cracovie, une de ses amies polonaises Wanda Poltawaska était grièvement malade et, par échanges épistolaires, il demanda à Padre Pio de prier pour la guérison de son amie. La tradition relate, que quelques jours plus tard, celle-ci avait recouvré la voie de la guérison[438]. Durant sa jeunesse, ce pape était allé rendre visite à Padre Pio et « *si sentì dire che un giorno si sarebbe seduto sul seggio di Pietro in Vaticano e che nel suo pontificato ci sarebbe stato spargimento di sangue* »[439]. Avec le

---

[436] Sur le sujet, on pourra lire l'ouvrage de WOLF, Hubert, *Le Pape et le Diable. Pie XII, le Vatican et Hitler : la révélation des archives*, Paris, Éditions du CNRS, 2008.

[437] Pour obtenir des chiffres comparatifs supplémentaires concernant les papes précédents, on pourra se référer à l'article de MICHEL, Patrick, « SANGUINIS EFFUSIONE AUT HEROICO VIRTUTUM EXERCITIO » in *Critique Internationale*, 52, 3/2011, pp. 111-127.

[438] GUARINO, Mario, *op. cit.*, p170.

[439] MANTERO, Piero (a cura di), « *Foto soprannaturali : il primo catalogo d'immagini sui segni dei tempi*, [Photos surnaturelles: le premier catalogue d'images sur les signes des temps], Udine, Edizioni

recul nécessaire, on pourrait interpréter l'attentat du 13 mai 1981 dont il fut la victime, comme une prémonition, attentat qui se déroula le jour même de l'anniversaire de la première apparition de Fatima. Par conséquent, les médias et les témoignages de soutien de Jean-Paul II ont sans doute aussi participé à une dimension nouvelle de développement de la dévotion de Padre Pio, même si, en 1923, pendant quelques semaines, le monastère de San Giovanni Rotondo fut délaissé au profit du couvent des *Suore del Preziosissimo Sangue* de Cosenza (Calabre). Les autorités de ce convent diffusèrent pourtant la nouvelle qu'une jeune fille de 28 ans, Elena Aiello, saignait des mains, des pieds et des côtés. La presse locale s'émerveilla, les dévots se déplacèrent plus au Sud et la ville de Cosenza dut, à son tour, gérer des flux de visiteurs : un engouement qui ne demeurera pas pérenne.

VI. LE RÔLE MAJEUR DES FERVENTS DE PADRE PIO

Au cours de sa vie, le prêtre compta de nombreux fervents qui l'admirèrent et le soutinrent, à l'instar d'Emanuele Brunatto considéré comme « *l'apostolo di Padre Pio* »[440]. Cet entrepreneur et homme d'affaires contesté, doté d'une double personnalité et qui avait partagé la vie de Padre Pio au couvent, fut l'un des « lanceurs » du culte. Il fut l'initiateur de la construction du nouvel hôpital, dès juin 1941, et déjà, certains l'accusèrent d'avoir réuni une partie des fonds en offrant du champagne au Troisième Reich et en pratiquant le marché noir sous l'occupation nazie à Paris[441].

En 1926, il rédigea une biographie intitulée *Padre Pio da Pietrelcina*[442] qui s'organisait comme une interview dans laquelle l'auteur relatait les combats incessants

Segno, 1989, p.24. Trad. (Et il s'entendit dire qu'un jour, il serait assis sur le siège de Saint-Pierre au Vatican et que pendant son pontificat, il y aurait un bain de sang).

440 LUZZATO, Sergio, *op. cit.*, p.287. Trad. (L'apôtre de Padre Pio).

441 Ibid., p.287.

442 DE ROSSI, Giuseppe, (pseudonyme de BRUNATTO, Emanuele), *Padre Pio da Pietrelcina*, Roma, G. Berlutti, 1926. L'éditeur Giorgio Berlutti est un personnage sulfureux qui s'inscrit au Parti National Fasciste en 1921 et aide les écrivains adhérents au parti à publier leurs textes de propagande que de nombreux éditeurs refusent par peur de représailles. Après la Marche sur Rome, Berlutti publie le

de Padre Pio contre le diable et les nombreuses mortifications qu'il avait subies alors qu'il n'était que séminariste. L'ouvrage fut mis, sans attendre, à l'index par le Vatican car l'auteur légitimait les nombreuses affirmations de sainteté du prêtre qui, selon les fervents ne cessait d'accomplir des miracles. Un an après la publication de l'ouvrage, la Congrégation du Concile prit la décision d'envoyer à San Giovanni Rotondo un prélat romain, Monseigneur Felice Bevilacqua, dont la mission consistait à mener une enquête sur les accusations de corruption, à l'égard de Padre Pio. Il était accompagné par un coadjuteur, le Professeur Emanuele De Felice (alias Emanuele Brunatto !) qui ralluma la flamme dévotionnelle à l'égard de Padre Pio.

En 1931, Brunatto présenta un document qui réunissait nombre de preuves et de témoignages contre les détracteurs de Padre Pio. Ce document présentait aussi des suspicions de concubinage à l'encontre de nombreux religieux et constituait en parallèle, un dossier en faveur de Padre Pio[443]. Recherché par la justice pour faux et usage de faux, Emanuele Brunatto, qui vendit rapidement des actions truquées pour des locomotives à diesel aux fidèles du prêtre, se réfugia en derniers recours à San Giovanni Rotondo en bon dévot à Padre Pio[444].

Enfin, la frange féminine de la population contribua aussi à promouvoir le culte à Padre Pio. Selon l'usage, dans les villages de la péninsule italienne, et plus particulièrement dans le sud, la communauté féminine se regroupait souvent à l'église, rituel qui permettait d'entretenir ainsi le lien social. Au cours de la première guerre mondiale, les hommes étant mobilisés, elles perpétuèrent cette tradition et fréquentèrent les lieux de culte catholique avec une constance et une assiduité encore plus soutenues. Lorsque le village de San Giovanni Rotondo commença à accueillir les premiers touristes, une partie des femmes décidèrent de participer au développement du culte, en affichant autour du cou des photos de Padre Pio. Mais cette pratique, comme on peut l'imaginer, provoqua des dérives puisqu'elles se mirent à vendre aux visiteurs des morceaux d'étoffes tachés de sang qui provenaient, selon leurs dires, des stigmates de

---

programme politique de Mussolini (MUSSOLINI, *Programma di governo. Commento di Giuseppe Bottai*, Roma, Berlutti Editore, 1922).

[443] CHIRON, Yves, *op. cit.*, p.174.

[444] Pour les détails précis des nombreuses malversations d'Emanele Brunatto, on pourra se référer à l'ouvrage de LUZZATO, Sergio, .*op. cit.*, pp. 280-289.

Padre Pio. L'archevêque de Manfredonia (Foggia) dénonça immédiatement cet abus et reprocha aux femmes leurs visites trop fréquentes au prêtre, lequel avait un ascendant indéniable sur cette partie de la population à qui il imposait une tenue vestimentaire sévère et un comportement moral rigoureux. Les accusations diffamatoires à l'encontre du religieux s'accentuèrent et au printemps 1921, un délégué apostolique se rendit au couvent pour tenter de cerner plus précisément la personnalité de Padre Pio et vérifier la nature de ses rapports avec les femmes[445]. En 1925, le religieux se vit imposer des règles de conduite précises parmi lesquelles l'interdiction d'approcher les femmes dans la sacristie. On peut supposer que si la communauté féminine restait aussi sensible à Padre Pio, c'est parce qu'elle voyait en lui un soutien indéfectible à leur quotidien souvent misérable. Il s'adressait à elles en dialecte, usant de mots simples, parfois personnels et teintés de sensationnel. Les femmes s'agenouillaient devant lui et le considéraient comme un prophète. Face à cet étalage de ferveur, la Congrégation, en 1931, lui interdit l'exercice de son ministère et ne lui concèda que la célébration de la messe en privé, dans une chapelle à l'intérieur du couvent. Cependant, malgré ces mesures, l'adoration pour le religieux ne faiblissait pas et il persistait, au contraire, à renforcer cette nouvelle figure paternelle, héritier des modèles de sainteté nationale. Les articles élogieux et calomnieux se multiplièrent à l'envi dans la presse et la foule accourut à San Giovanni Rotondo.

⁂

[445] Ibid., p.138.

CONCLUSION :

Même si Padre Pio ne s'éloigna jamais des Pouilles, l'*Alter Christus* devint missionnaire dans le monde entier[446]. Cette terre de tradition religieuse représenta, au même titre que la région de Norcia (Ombrie) qui avait vu naître Saint François, un terreau religieux de premier ordre.

Le contexte historique, religieux (puisque la Vierge apparut à Lourdes en 1917 et les stigmates de Padre Pio furent dévoilés en 1918), le paysage symbolique et la basilique ont contribué au développement du culte. Mais pouvons-nous dire que Padre PIo a incarné une évolution du modèle de sainteté ? Même si son culte respectait un mimétisme médiéval[447], la différence fondamentale avec les saints du Moyen Âge, dont les guérisons inexpliquées, les stigmates ou les apparitions célestes[448], étaient considérés comme des *signaux* de l'existence de Dieu, résidait dans le fait que, pour Padre Pio, ces signes devinrent directement la *preuve* de l'existence de Dieu. Dans ce cas, il nous est autorisé de penser qu'il fut plus vénéré pour ses miracles que pour sa sainteté. En outre, à la différence de Saint François, Padre Pio en tant que prêtre pouvait dire la messe, une position qui expliqua en partie le scepticisme de l'Église qui craignait la diffusion d'idées hostiles à la liturgie officielle. Si la réputation du prêtre fut entachée de nombreux scandales, son culte au développement considérable s'explique probablement par le besoin qu'avaient les fidèles de *croire* au divin, et non de *savoir*. La force de Padre Pio a été de transformer ses maux physiques en une souffrance collective, capable de concerner une majorité de dévots.

---

[446] Il a été aussi parfois le déclencheur de dévotions mariales modernes en Italie à l'instar des événements à San Damiano (Piacenza). Rosa Quattrini, pour des raisons de santé, s'est rendue en 1962 à un groupe de prières non loin de San Giovanni Rotondo. Dès lors, la Vierge apparaît à « Mamma Rosa » et lui délivre des messages. MARGRY, Peter Jan, « Un beatus ovvero il culto bulldozer di Padre Pio. Un'indagine etnoantropologica », *op. cit.*, p.65. En outre, Padre Pio est aussi présent dans d'autres églises de la péninsule et parfois pour des raisons étonnnantes comme dans l'église de San Salvatore in Lauro à Rome (Piazza San Salvatore in Lauro, 15). En effet, pendant quelques semaines en 2012 et pour la première fois, une statue de Jésus, *il Bambinello*, appartenant à Padre Pio et donnée à l'acteur et dévot Carlo Campanini (1906-1984), a été exposée par la fille de l'acteur.

[447] Sur les analogies entre le culte de Saint François et celui de Padre Pio, on pourra se référer à PERONI, Luigi, *Padre Pio, il San Francesco dei nostri tempi*, [Padre Pio, le Saint François de notre époque], Borla, « s.l »., 1998.

[448] Nous souhaitons préciser que les récits hagiographiques concernant Padre Pio ne mentionnent aucune apparition de la Vierge mais insistent sur ses entretiens fréquents avec le diable.

De plus, si la terre d'accueil de Padre Pio connut un développement touristique considérable depuis quelques décennies, il en fut de même pour son sol natal, Pietrelcina qui enregistra un afflux important de visiteurs et qui, depuis quelques années, certains jours, *« Si forma una folla ingombrante. Gli abitanti del luogo si sentono a disagio. Cominciano a soffrire di emarginazione ed estraneità »*[449]. Il est à noter que les deux villages, Pietrelcina et San Giovanni Rotondo, essentiellement agricoles par le passé, affichent dorénavant une vocation touristique sous deux échelles différentes, l'une avec l'ouverture d'établissements touristiques, l'autre avec une métamorphose urbanistique radicale.

Le *lanceur* du culte fut l'annonce de sa stigmatisation et même si, comme nous l'avons évoqué, Padre Pio fut soupçonné d'utiliser de l'acide iodhydrique, ce produit corrosif fabriquant des lésions corporelles réelles et le persuadant probablement de leur origine céleste. Même si Padre Pio fut le témoin, selon la tradition, de nombreuses expériences religieuses, il ne reçut jamais de messages de la Vierge mais seulement des révélations célestes aux teintes apocalyptiques comparables à de vrais messages mariaux.[450] C'est sous le pontificat de Jean-Paul II, que le culte de Padre Pio devint un impressionnant phénomène de masse dont la date-clé demeure le 23 mai 1987, lorsque le pontife, pendant une visite pastorale, s'est agenouillé sur la tombe du prêtre, lui conférant ainsi une reconnaissance officielle. Ce pontife a réactivé *«le devozioni mariane nonché le devozioni di altro tipo, tanto che culti particolari, non tollerati dai papi precedenti, hanno potuto con lui ritornare sulla scena »*[451]. Les femmes, par leur soutien indéfectible, participèrent à la diffusion publique du culte en devenant « *le antenne radio [che] ricevono e trasmettono tutte le dicerie »*[452].

[449] MONTELLA, Carmine, *Cose Nostre…, op. cit*, p.23. Trad. (Une foule encombrante se forme. Les habitants du village se sentent mal à l'aise. Ils commencent à souffrir de sentiment d'exclusion et d'étrangeté).

[450] Sur les messages reçus par Padre Pio, on se référera à TURI, Anna Maria, *Pourquoi la Vierge apparaît aujourd'hui*, Paris, Félin, 1988, pp.55-56.

[451] MARGRY, Peter Jan, « Un beatus ovvero il culto bulldozer di Padre Pio… », *op. cit.*, p.66. Trad. (Les dévotions mariales ainsi que les dévotions d'autres types, si bien que des cultes particuliers, non tolérés par les papes précédents, ont pu grâce à lui, revenir sur le devant de la scène).

[452] MARTELLA, Sergio, *Pinocchio eroe anticristiano. Il codice della nascita nei processi di liberazione*, [Pinocchio, héros antichrétien. Le code de la naissance dans les processus de libération], Padova, Edizioni Sapere, 2000, p.99. Trad. (Sont comme les antennes radio [qui] reçoivent et transmettent tous les ragots)

Cependant, au fil des années, la caractéristique de San Giovanni Rotondo se transforma en consommation. Cette ville de 26 000 habitants présente désormais des aspects inédits, dignes des plus grandes villes. Ainsi, lorsque le soir, au-dessus des toits, *« plane la figure gigantesque du capucin surgie d'un laser vert qui alterne avec l'invocation "Padre Pio Santo" et le sigle de l'association des hôteliers commanditaires de l'opération »*[453]. Padre Pio fait, dorénavant, figure d'apôtre contemporain, pour ses fortes implications avec la piété populaire. Mais le culte des affaires, l'adoration du profit, l'extase du privilège sont-ils compatibles avec une forme authentique de religiosité, même si certains soutiennent que *« il vero miracolo di Padre Pio è la gran folla che accorre e la nascita di un movimento così vasto »*[454] ?

[453] JOZSEF, Eric, *Chez Padre Pio, le bazar de la sainteté*, in Libération, 17/06/2002 (page consultée le 10 mai 2011).

[454] Interview de l'archevêque de Lecce en 2000 dans l'émission Porta a Porta, Rai 1, 8 novembre 2000. Trad. (Le vrai miracle de Padre Pio est la foule considérable qui accourt et la naissance d'un mouvement aussi vaste).

CHAPITRE 5

PROCESSUS DE RÉACTIVATION D'UN CULTE À MONTECALVO IRPINO

INTRODUCTION

Le 16 mars 2001, lors de travaux de restauration du palais Pirrotti, appartenant à une noble famille de Montecalvo Irpino (province d'Avellino), trois groupes sculptés étant la propriété Pompilio, de Maria Pirrotti (1710-1766) ont été redécouverts. Il s'agissait d'une Vierge connue sous le vocable de la Vierge de l'Abondance[455], d'une statue en bois représentant Saint Laurent et d'une troisième sculpture, partielle celle-ci, d'une Vierge à la Douleur. Cette découverte fortuite était d'autant plus importante que « *né da documenti d'archivio, né da memoria di alcuno si ha notizia dell'avvenuto occultamento* »[456]. Le palais nobiliaire familial du XVIIIe siècle avait été considérablement endommagé à la suite du tremblement de terre du 23 juillet 1930 et les quelques travaux de reconstruction opérés dans les ailes latérales n'avaient jusqu'alors pas permis de redécouvrir les sculptures.

Il n'était pas rare, qu'au cours des siècles, la piété familiale conduisait à une privatisation de la pratique religieuse de la part de familles chrétiennes fortunées mais aussi à une production de saints familiaux[457]. La famille Pirrotti avait ainsi reconduit un modèle en tentant de privatiser une représentation de la Vierge.

Néanmoins, aujourd'hui, le manque de sources ne nous permet pas de dater la période durant laquelle la Vierge de l'Abondance a cessé d'avoir une fonction liturgique. San Pompilio fut béatifié par Léon XIII (1878-1903) le 26 janvier 1890 et sa canonisation eut lieu en 1934, sous le pontificat de Pie XI (1922-1939)[458]. Nous avons choisi de limiter aux traits majeurs la construction du profil hagiographique de San Pompilio, car de nombreux textes, religieux pour l'essentiel, s'appliquèrent à décrire cet

[455] La statue, conservée aujourd'hui dans la chapelle Caraffa de l'église Sainte Marie de l'Assomption à Montecalvo Irpino est, selon la tradition, dénommée sous le vocable de « Mamma Bella ».

[456] BOSCO MARIA CAVALETTI, Giovanni: *Relazione ufficiale del rinvenimento di un gruppo di tre statue nel Palazzo Pirrotti in Montecalvo Irpino* [Rapport officiel de la découverte d'un groupe de trois statues dans le Palais Pirrotti à Montecalvo Irpino], 2001, »s.l. », p.1. Trad. (La découverte réalisée ne fait l'objet d'aucun document d'archives et n'est présente dans la mémoire de personne).

[457] La privatisation de la Vierge ou du saint de la part des familles chrétiennes aisées est déjà une perspective bien réelle dans la vie de l'Église chrétienne aux IIIe et IVe siècles. On peut rappeler qu'à l'origine, le culte des saints fut l'enjeu d'un combat entre élites. Les familles voulaient s'efforcer de privatiser, à leur profit, la sainteté. On pourra se référer à BROWN, Peter, *Il culto dei santi* [Le culte des saints], Torino, Einaudi, 1983, pp.37-74.

[458] Sa dépouille est conservée dans l'église Dello Spirito Santo à Campi Salentina (Pouilles).

aspect[459] et, par conséquent, notre travail ne s'organisera qu'autour de la redynamisation du culte marial, faisant suite à cette redécouverte et à la décision de la remettre dans le circuit dévotionnel.

L'origine de la dévotion à la Vierge découlait d'un décret signé le 13 septembre 1621 par l'archevêque de Bénévent, Mgr. Alessandro Di Sangro, à la demande de Scipione Pirrotti, aïeul de San Pompilio, qui souhaitait édifier une chapelle consacrée à Santa Maria dell'Abbondanza dans la localité de Tignano de Montecalvo, à proximité de Montecalvo Irpino :

Correva l'anno 1621 e la Santissima Vergine, per manifestare la sua materna sollecitudine e protezione alla famiglia Pirrotti e a tutto Montecalvo, si degnò apparire in sogno a Scipione Pirrotti, dottore in legge, a ad alcune innocenti e devote fanciulle[460].

L'année 1621 s'écoulait et la Très Sainte Vierge daigna apparaître en rêve à Scipione Pirrotti, avocat et à plusieurs jeunes filles dévotes et innocentes afin de manifester sa sollicitude maternelle et sa protection à la famille Pirrotti et à tout le village de Montecalvo.

I. San Pompilio

A. Sa vie (1710-1766)

[459] Nous nous limitons à citer cet exemple tiré de « Uno sguardo storico-cronologico » [Un regard historico-anthropologique] in *Disputationes Pompilianae*, 4, 2006, pp.133-141, p.135 : « A Campi, nel suo ultimo anno di vita, si dona anima e corpo, con umiltà, pazienza, prudenza e abnegazione per mettere in sesto la casa, il Noviziato, la Scuola, l'Oratorio, l'Economia, il Refettorio e tutto quanto concerne il buon andamento di un Istituto che si rispetti a gloria di Dio e ad edificazione del popolo ». Trad. (À Campi, durant la dernière année de sa vie, il se donne corps et âme avec humilité, patience, prudence et abnégation pour mettre en ordre le Noviciat, l'École, l'Oratoire, l'Économat, le Réfectoire et tout ce qui concerne la bonne marche d'un Institut qui respecte la gloire de Dieu). De plus, ces dernières années, « si avvertiva la necessità d'intensificare gli studi su San Pompilio Pirrotti, santo montecalvese dell'Ordine delle Scuole Pie [...]. L'obiettivo è di rendere la ricerca storica e la presentazione dei propri studi, una realtà accessibile a molti che, pur desiderosi di contribuire fattivamente alla crescita culturale del proprio paese, non ne avevano gli stimoli e le possibilità » in *Disputationes Pompilianae*, 7, 2000, p.255. Trad. (On ressentait la nécessité d'intensifier les études sur San Pompilio Pirrotti, saint de Montecalvo appartenant à l'ordre des Scuole Pie [...]. L'objectif est de rendre la recherche historique et la présentation des études sur le sujet, une réalité accessible à un grand nombre qui, même souhaitant contribuer concrètement à la croissance culturelle de leur propre pays, n'en n'avait ni les motivations ni les possibilités).

[460] BOSCO MARIA CAVALLETTI, Giovanni *op. cit.*, p.2.

Après la construction de la chapelle, édifiée dans un lieu retiré du village, propriété de la famille Pirrotti en l'endroit même où seront retrouvées cinq croix[461], c'est environ un siècle plus tard que naquit Domenico Pirrotti dans l'une des familles les plus illustres du village, dont la devise était « *Virtus et honore in domo Pirrotti semper* »[462]. Dans la famille, la religion demeurait un pivot indéniable puisque deux des fils, Francesco et Bartolomeo, entrèrent respectivement dans les ordres, l'un chez des Franciscains en prenant le nom de Fra' Giuseppe, l'autre devint Fra' Raffaele en intégrant l'ordre des Dominicains. Cependant, si le *pater familias* concèda ce choix religieux à ses deux fils, il s'opposa vivement à la décision de Domenico d'entrer dans l'ordre des Scolopi[463] à l'âge de dix-huit ans. Mais Domenico s'enfuit du foyer familial et rejoignit le couvent des Scolopi de Bénévent sans l'accord de son père[464].

L'histoire raconte que Domenico était convaincu de sa vocation religieuse dès l'âge de seize ans et que ce ne fut que bien des années plus tard qu'il adressa une lettre à son père pour justifier en détail ses motivations. Lorsque Domenico devint Pompilio Maria dell'Ordine Religioso delle Scuole Pie, il fut envoyé à Chieti (Abruzzes) afin de poursuivre des études de philosophie. Mais, sa santé fragile l'obligea prestement à s'installer à Melfi (Potenza) où il poursuivit ses études. Enfin, il rejoignit ensuite la ville de Turi (Bari) pour devenir professeur de lettres, alors même qu'il n'était pas encore ordonné prêtre. Mais son implication religieuse l'amèna à parcourir plusieurs régions de la péninsule dans le but de catéchiser la population en accord avec les autorités de l'ordre auquel il appartenait.

On relate qu'au cours de ses voyages, il accomplissait des miracles, comme en 1746, à Lanciano (Abruzzes) où il parvint, en pleine nuit, à faire sonner à distance les

---

461 Ibid., p.2. Cet épisode reflète l'une des grandes caractéristiques des apparitions mariales dans le choix de lieux situés à l'écart des agglomérations.

462 Trad. (Vertu et honneur sont toujours présents dans la famille Pirrotti).

463 Ce terme dérive de l'italien « Scuole Pie », c'est-à dire « Écoles Pieuses ». Pompilio devient p*rêtre de l'Ordre des Clercs Réguliers des Écoles religieuses,* un ordre fondé par Giuseppe Calasanzio (1557-1648) qui se consacre à l'éducation des enfants pauvres. Le fondateur fut proclamé Saint par le pape Clément XIII en 1767.

464 Malgré ce désaccord, Domenico a un rapport privilégié avec son père, Girolamo Michele Giovan Battista et le lien culturel qui les unit aboutit à des échanges épistolaires nombreux. Dans les archives, seules deux lettres sont adressées à sa mère (le 12 août 1745 et le 4 août 1747). L'analyse de ces lettres laisse apparaître que la mère, Donna Orsola Bozzuti, moins cultivée que son époux, s'attarde sur des anecdotes essentiellement empreintes de pragmatisme comme les dépenses liées au mariage de sa fille Monica. Nonobstant la rareté de leurs échanges, Pompilio, dans les missives envoyées à son père, ne cessera de rappeler le tendre souvenir de sa mère In *Disputationes Pompilianae,* anno I, 2, marzo 2006, pp.77-83.

cloches de l'église pour enjoindre la population à prier, population menacée, selon lui, par un tremblement de terre imminent. La ville aurait été épargnée par le séisme contrairement à d'autres localités des Abbruzzes, fortement touchées et dès lors, « *divulgatasi la fama dei miracoli ottenuti per sua intercessione, l'ammirazione si tramutò presto in venerazione* »[465]. Domenico, le futur San Pompilio, œuvra principalement dans la région de l'Irpinia désignée comme Principato Ultra[466], la seule province du Royaume de Naples à n'avoir aucun débouché sur la mer.

Par conséquent, force est de noter que « *nel territorio del Regno persistono, in misura ancora vistosa, mentalità e situazioni di tipo feudale, che scoraggiano e, spesso vanificano del tutto ogni tentativo di riforma* »[467]. Ainsi, Pompilio travailla sur une terre, presque vierge du renouveau intellectuel et moral des Lumières, et fut accusé d'être trop indulgent lorsqu'il confessait ses fidèles. Il fut exilé à Ancône puis à Florence. Quatre ans après, il rentra à Naples[468]. Après une vie menée au service de la religion chrétienne, il mourut en 1766 et il fut canonisé par le pape Pie XI (1922-1939) le 19 mars 1934. Son corps se trouve aujourd'hui dans un sanctuaire à Campi Salentina (Lecce).

B. La charge idéologique de la représentation mariale

1. La dévotion à la Vierge de l'Abondance

L'intérêt que nous portons à la Vierge à l'Enfant de Montecalvo Irpino s'explique principalement parce que le groupe sculpté ne fut pas médiatisé et, de fait :

---

465 CAPOZZI, Luigi, *Pompilio Maria Pirrotti*, Roma, Edizioni dell'Accademia degli Incolti, 1996, p.30. Trad. (La réputation des miracles obtenus par son intercession s'étant divulguée, l'admiration se transforma rapidement en vénération).

466 Sans vouloir entrer dans les détails, précisons que cette division existe depuis 1273 et est voulue par Charles 1er d'Anjou (Diploma d'Alife) afin de faciliter le gouvernement des différents territoires. Cette organisation perdure jusqu'en 1861.

467 DEL VECCHIO, Marisa, « San Pompilio, figlio del Secolo Illuminato » [San Pompilio, enfant du Siècle des Lumières] in *Disputationes Pompilianae*, 3, 2006, pp. 98-101, p.101. Trad. (Sur le territoire du Royaume, persistent, de manière encore visible, des mentalités et des situations de type féodal qui découragent et, souvent rendent complètement vaine toute tentative de réforme).

468 Les vicissitudes de San Pompilio sont relatées en détail dans SICILIANO, Angelo, « Aperto a Montecalvo Irpino il 29 settembre 2009, il Giubileo Pompiliano per il terzo centenario della nascita di San Pompilio Maria Pirrotti »,[Le Jubilé pompilien est ouvert à Montecalvo Irpino le 29 septembre 2009 à l'occasion du troisième centenaire de la naissance de San Pompilio Maria Pirrotti] in *Corriere-Quotidiano del Irpinia*, 11 ottobre 2009.

Accanto ai santi di gran nome, dalla fama extralocale, la geografia patronale italiana annovera una schiera di figure meno note, di personaggi minori verrebbe da dire, se il termine non apparisse fuori luogo[469].	À côté de saints très connus dont la réputation dépasse les frontières locales, la géographie du saint italien compte une foule de figures moins célèbres, de personnages mineurs pourrait-on dire si le terme ne semblait pas déplacé.

Dans le cas qui nous intéresse, la tradition relate que la dévotion et la vénération à la Vierge de l'Abondance découlaient d'une volonté, financée par la famille Pirrotti, dès l'année 1600. Le parcours processionnel qui se déroulait entre l'église de l'Abondance et la demeure des Pirrotti, immuablement chaque année, le 8 décembre, et ce, dès le début du XVIIe siècle perdura jusqu'au séisme du 14 mars 1702, séisme qui aurait endommagé la statue de la *Vergine Santissima dell'Abbondanza.* Dès lors, le groupe sculpté fut soustrait au culte public pour être conservé dans la demeure Pirrotti[470]. Cette hypothèse nous permet de comprendre pourquoi le Palais Pirrotti garda au XVIIIe, une image sacrée de la Vierge. La tradition raconte qu'en 1764, la famille vénèrait toujours la statue de la *Mamma Bella* que Pompilio considérait comme un trésor de famille. Souvent, il racontait que, lorsqu'il était enfant, il découvrit dans une pièce où s'amoncelaient vêtements et objets, une statue de la *Santissima* et qu'il avait prié sa mère de la conserver précieusement afin qu'elle puisse, un jour, être placée sur l'autel de la chapelle familiale[471].

La statue que l'on peut toujours voir aujourd'hui (Fig.1) est indubitablement très ancienne et pourrait être attribuée à un élève de l'artiste siennois Francesco di Giorgio Martini (1439-1502)[472]. Cependant, à ce jour, aucun élément ne nous permet d'affirmer que la statue trouvée par Pompilio reste celle que l'on peut admirer aujourd'hui, car la

---

[469] NIOLA, Marino, *I Santi patroni*, Bologna, Il Mulino, 2007, p.147.

[470] BOSCO MARIA CAVALLETTI, Giovanni, *op. cit.*,p.3.

[471] TOSTI, Osvaldo, *San Pompilio Maria Pirrotti delle Scuole Pie, Lettere di direzione spirituale*, [San Pompilio Maria Pirrotti des Écoles Pieuses. Lettres de direction spirituelle], « s.l.n.d. », pp.32 et 47.

[472] « Vivacità di un'antica religiosità popolare a Montecalvo Irpino. Riscoperta la devozione alla Madonna dell'Abbondanza » [Vivacité d'une ancienne religiosité populaire à Montecalvo Irpino. On redécouvre la dévotion à la Vierge de l'Abondance] in *L'Osseravatore Romano,* 278, 2 dicembre 2002. L'artiste siennois a réalisé une autre statue très similaire conservée dans l'église paroissiale de S. Andrea Apostolo à Cacciano di Cautano (Bénévent).

statue actuelle de la *Mamma Bella* mesure deux mètres. Par conséquent, il semble plutôt invraisemblable qu'un enfant, seul, ait été capable de la déplacer pour la montrer à sa mère.

Fig.1
Mamma dell'Abbondanza (Montecalvo irpino)
Hauteur : 210 cm
©comune-italia.it

2. Description de la Vierge de Montecalvo Irpino

Le groupe sculpté en bois reproduit une vue frontale de la Vierge représentée en pied. L'expression de la Vierge est travaillée avec une attention toute particulière car elle est à la fois empreinte de tendresse maternelle et de gravité. Elle traduit la double nature du fils que la Vierge regarde à la fois comme son enfant et comme le fils de Dieu. Le spectateur peut noter que « *le proporzioni, non sempre rispettate e realisitche, forse servono ad evidenziare il significato ideale della mano della Madonna e della testa del Bambino* »[473].

Néanmoins, la représentation demeure plutôt inhabituelle car la Vierge, de sa main droite soigneusement modelée, présente son sein droit au spectateur dans un geste empreint de pudeur, tout en tenant son Enfant dans son bras gauche. Jésus, quant à lui, tient une pomme dans sa main gauche. Alors que les archives ne sont pas très prolixes sur le groupe sculpté qui nous intéresse, l'iconographie religieuse générale nous permet pourtant de saisir quelques éléments.

En effet, nous pouvons, en premier lieu, comprendre que la statue de la *Mamma Bella* se trouve à la croisée de deux iconographies bien distinctes : la Vierge qui Allaite et la Vierge à la Pomme. Le culte de la Vierge qui Allaite était très diffusé en Italie, aux XVe et XVIe siècles. À cette période, les futures mères demandaient souvent une protection divine, en prévision de complications éventuelles dues à l'accouchement. À la même époque, la représentation de la Vierge à la Pomme restait aussi très fréquente[474], la popularité du fruit étant liée « *à sa forme arrondie et à sa couleur rouge qui la rapprochait du cœur, organe où le christianisme et sa mystique liée au sang versé du Christ voyaient le centre de l'être humain* »[475].

Traditionnellement, la pomme, fruit de la luxure et de la discorde, renvoie au rachat par la Passion de la faute originelle. Fruit défendu du jardin du paradis qu'Eve, tentée par le Diable, cueillit et donna à manger à Adam, elle symbolise la chute de l'homme. Mais lorsque Jésus la tient, la pomme n'incarne plus la chute mais la rédemption, comme c'est le le cas à Montecalvo Irpino. De plus, le geste de la Vierge exposant son sein au spectateur peut être interprété comme un symbole de l'allaitement intellectuel, c'est-à dire des nourritures spirituelles.

---

[473] MUOLLO, Giuseppe, « La Madonna dell'Abbondanza, il ritrovamento, il restauro, la conservazione » [La Vierge de l'abondance, sa découverte, sa restauration, sa conservation] in *Disputationes Pompilianae*, 2, marzo 2006, p.96. Trad. (Les proportions, pas toujours respectées ni réalistes, servent peut-être à mettre en avant la signification idéale de la main de la Vierge et de la tête de l'Enfant).

[474] En effet, dès le XVe siècle, on trouve de nombreuses représentations de la Vierge à la Pomme comme par exemple dans l'église de Sainte-Hilaire-des-Landes (Ille et Vilaine) qui propose une allégorie de Jésus venu sur terre pour réparer la chute originelle, la Vierge de Hans Memling (XVe) exposée à Bruges à l'Hôpital Saint Jean mais aussi des peintures comme celle de Boissie-La-Bertrand (Seine et Marne) réalisée au XVIe et présentée dans l'église de Saint Germain d'Auxerre.

[475] HILARIO Franco Jùnior, « Entre la figue et la pomme : l'iconographie romane du fruit défendu » in *Revue de l'Histoire des Religions,* 1, 2006, pp.29-70, p.35.

En outre, la Vierge porte un manteau taché de boue. Ce détail naturaliste réconfortant pour les dévots semble insister sur les similitudes de la vie de la Vierge et celles des mères, le plus souvent indigentes, de Montecalvo Irpino. L'actuel prêtre du village, don Teodoro Rapuano perçoit, dans la dévotion de la Vierge de Montecalvo Irpino, une référence claire et directe à la vie quotidienne :

Nel cuore di Maria, c'è il volto di ogni famiglia cristiana. Ci sono le fatiche, le ansie, le aspirazioni, le gioie di tutti i genitori che, in ogni epoca, trepidando per i loro figli, hanno trovato consolazione di fronte alla Tota Pulchra[476].

Dans le cœur de Marie, il y a le visage de chacune des familles chrétiennes. Il y a les efforts, les angoisses, les aspirations, les joies de tous les parents qui, à chaque époque, tremblant pour leurs enfants, ont trouvé une consolation en la présence de la Toute Belle.

Cette remarque du prêtre de la paroisse rejoint en partie les lettres spirituelles de Pompilio, dans lesquelles on notait son attachement indéfectible à la Vierge en tant que figure maternelle comme en atteste l'extrait suivant : « *Mamma, [...] che vi allatterà e vi darà sempre più quello caro latte* »[477]. Incontestablement, la mère de Domenico joua un rôle prépondérant dans la vénération mariale, car nombreux sont les documents qui rappellent qu'il a reçu *« dalla madre l'amore verso la Madonna ; è proprio a lei che, per prima, comunica di custodire gelosamente una vetusta immagine di Mamma Bella* »[478]. Ce lien maternel fut accentué par la représentation d'une Vierge au sein découvert faisant le geste d'allaiter l'Enfant qu'elle tient dans ses bras. Au sujet de cette thématique de l'allaitement, le prêtre du village rappelle que :

Fino a non molti anni fa, quando una mamma non poteva allattare il neonato e non si trovava una balia, in assenza come oggi del latte artificiale, c'era il serio pericolo che il bimbo morisse di denutrizione [...]. Decine e decine sono le storie di donne montecalvesei

Il y a encore quelques années, quand une mère ne pouvait allaiter son nouveau-né, que l'on ne trouvait pas de nourrice et que le lait artificiel n'existait pas comme aujourd'hui, il y avait le danger sérieux que l'enfant meure de faim. [...] Il existe des

[476] Don Teodoro Rapuano, in *Disputationes Pompilianae*, » 2, marzo 2006, p.65.
[477]TOSTI, Osvaldo, *op. cit.*, Lettera n°492, p.337. Trad (Maman qui vous allaitera et vous donnera toujours plus de ce lait inestimable).
[478] RAPUANO, Don Teodoro, *op. cit*, p.65. Trad. (De sa mère, l'amour pour la Vierge. C'est vraiment à elle qu'il demande en premier de veiller jalousement sur une ancienne image de la Mamma Bella).

che sono accorse in aiuto della mamma in diffcoltà e hanno offerto il frutto del loro seno[479].

dizaines et des dizaines d'histoires de femmes de Montecalvo Irpino qui se s'empressaient d'offrir leur propre lait.

Ainsi, la dénomination de *Mamma Bella* renforce le rôle essentiel de la mère dans l'éducation des enfants. L'iconographie de la statue invite le dévot à s'attacher à la Vierge de Montecalvo Irpino en la désignant comme « la Mère de tous », ainsi que le précisait Pompilio : *« Gnora mamma vi allatterà e vi darà uno spirito col quale possiate essere superiore ad ogni paura »*[480]. Enfin, l'allégorie nourricière est aussi exprimée par le sein visible de la Vierge.

3. Culte marial à Montecalvo Irpino

La population de Montecalvo Irpino a toujours manifesté une grande dévotion à la figure mariale[481]. Il suffit de se remémorer toutes les nombreuses fêtes liées aux images sacrées sur le territoire de l'Irpinia dans les provinces de Bénévent et d'Avellino, à l'expression de cultes d'hier et d'aujourd'hui comme la dévotion à la Madonna del Rosario, la Madonna della Purità, la Regina della Pace ou la Madonna della Macchia[482].

Depuis la redécouverte, en 2001, de ces groupes sculptés, chaque 20 août, une procession religieuse est organisée dans les rues du village perpétuant ainsi la tradition de Pompilio, canonisé en 1934, devenu depuis San Pompilio. Même si l'image ne

[479] RAPUANO, Don Teodoro, in *Disputationes Pompilianae*, 4, marzo 2009, p.1.

[480] TOSTI, Osvaldo., *op. cit*, Lettre n°521, p.357. Trad. (Votre maman la Vierge vous allaitera et vous procurera un esprit avec lequel vous pourrez dépasser toutes vos peurs).

[481] L'attachement que le peuple manifeste à l'égard de la *Mamma Bella* s'explique aussi par les nombreuses demandes de grâces adressées au saint. Dans les sociétés rurales traditionnelles, on considère souvent qu'un Saint peut guérir du mal qu'il est lui-même en état de provoquer. Dans les campagnes, les maladies étaient parfois désignées avec le nom du saint qui avait le pouvoir de les guérir. À titre d'exemple, l'épilepsie était nommée « le mal de San Donato » et le zona, « le feu de San Antonio ». Sainte Lucie, quant à elle, était invoquée pour guérir les maladies des yeux car selon la légende, la sainte s'est arrachée les yeux pour ne pas renoncer à la foi. Jusque dans les années soixante-dix dans le sud italien, les épileptiques étaient conduits aux sanctuaires dédiés à San Donato le 7 août, date de la fête patronale et mettaient en scène leur maladie. Ce pèlerinage a donné lieu à un court-métrage intitulé *Il Male di San Donato* (« Le Mal de San Donato »), DI GIANNI, Luigi, Italie, 1965, 35 min. Ainsi, à la demande de guérison un étroit contact physique s'associe avec l'image sacrée que l'on peut toucher et le saint ou la Vierge deviennent une sorte de « compagnon invisible » dans les actes de la vie quotidienne.

[482] Don Teodoro RAPUANO, « Tutto ha udito, tutto ha sofferto, tutto ha compreso» in *Sulle orme di San Pompilio,* 2, marzo 2008, pp.1-2, p.1.

présente pas les canons esthétiques habituels, les dévots s'efforcent de la protéger. En effet :

Quanto più è brutta, triste, disegnata da mani inesperte, tanto più somiglia a ciò che la gente immagina e fa suo, perchè la vede perfino più povera, più bisognosa, più derelitta[483].

Plus elle est laide, triste, dessinée par des mains inexpertes, plus elle ressemble à ce que les gens imaginent et s'approprient, car ils la voient même encore plus pauvre, plus besogneuse, plus abandonnée.

Depuis le XVIIe siècle, comme la statue appartenait à la famille Pirrotti, les dévots considèrent que Pompilio était un faiseur de miracles, à l'instar de l'exemple suivant :

Ritornando il servo di Dio in carrozza dal palazzo del principe Pignatelli [...], un ragazzo di nove anni insieme a una gran folla di altri ragazzini si avvicinarono con furia alla carrozza per avere la solita porzione di fettine di pane abbrustolito, e così riparare alla fama in quell'anno di carestia. Nella confusione, il ragazzo cadde sotto le ruote della carrozza [...] Padre Pompilio fece fermare la carrozza e con parole rassicuranti disse : « Non è niente, non è niente ». Diede la benedizione e il malcapitato si rialzò da terra e cominciò a camminare liberamente, senza averne portato nessuna ferita[484].

Le Bienheureux rejoignait en carrosse le palais du prince Pignatelli [...], un garçon de neuf ans ainsi qu'une foule importante d'autres enfants se précipitèrent vers le carrosse pour recevoir l'habituelle portion de pain grillé et assouvir leur faim en cette période de famine. Dans la confusion, le garçon tomba sous les roues du coche [...]. Le père Pompilio fit arrêter le carrosse, et avec des paroles rassurantes, dit : « Ce n'est rien, ce n'est rien ». Il donna la bénédiction et le malheureux se releva de terre et commença à marcher librement, sans aucune blessure.

Cependant, malgré le fait qu'après la mort de Pompilio, aucun miracle n'eut été réalisé, la réactivation du culte fonctionna dès 2001, parce que Pompilio, depuis la fin du XXe siècle, était devenu un objet de dévotion particulière de la part des immigrés. En effet, entre 1892 et 1924, parmi les cinq millions d'italiens qui débarquèrent sur l'île d'Ellis Island (États-Unis), mille cinq cents étaient originaires de Montecalvo Irpino. Ce chiffre n'est en rien dérisoire si l'on considère que la population du village s'élevait, à

483 MAGLI, Ida, *La Madonna*, Milano, Rizzoli, 1987, p.124.

484 *Sulle orme di San Pompilio*, [Sur les traces de San Pompilio], Anno I, 1, agosto 2007, p.12. La même page comporte d'autres récits de miracles.

cette époque, à quatre mille deux cent trente-trois personnes qui pour l'essentiel, étaient des paysans[485].

En outre, ce chiffre impose un autre constat, à savoir qu'aucune famille du village ne fut épargnée par ce flux migratoire. L'ouvrage d'Arturo De Cillis s'accompagne d'un incipit, particulièrement intéressant, pour comprendre le déracinement du village natal et le poids de la tradition religieuse locale. En effet, en arrivant sur place, les habitants de Montecalvo Irpino, à l'instar de tous les émigrés, se virent poser la question au sujet de leur état civil. On assista à l'épisode suivant :

« *What's your name ?* » *chiese con far burbero il poliziotto ad uno degli impacciati sbarcati quella mattina ad Ellis Island.* « *Tuo nome?*». *Lo incalzò il funzionario americano che conosceva un po' d'italiano. Il contadino arrossì, abbassò la testa e poi finalmente rispose :* « *Pumpilio, lu nomo moi eia Pumpilio*»[486].

« Quel est ton nom ? » demanda d'un ton hargneux le policier à l'une des personnes embarrassées, débarquées ce matin à Ellis Island. « Ton nom ? ». Le fonctionnaire américain qui parlait un peu l'italien le pressa. Le paysan rougit, baissa la tête et finalement répondit : « Pumpilio, mon nom à moi est Pumpilio ».

Cet échange offre au moins deux clefs de lecture : les émigrés répondaient ainsi car c'étaient les seules paroles qu'ils étaient capables de prononcer dans un moment de frayeur intense, ou bien il s'agissait d'une invocation consciente de leur saint patron afin de trouver quelque réconfort. Quoiqu'il en soit, la piété populaire demeurait l'unique pont entre leur vie d'exil et la dévotion locale comme nous l'aborderons dans le prochain chapitre, au sujet de la Vierge au Rosaire de Pompei.

II. DU CULTE PAÏEN AU CULTE CHRÉTIEN

A. AVANT LA VIERGE, LES MÈRES DE CAPOUE

[485] DE CILLIS, Arturo, My *name is Pumpilio. Montecalvesi ad Ellis Island tra il 1892 e il 1924*, « s.l, n.d », 2008, p.IX. On note que la volonté de cet ouvrage est de réaliser des centaines de fiches techniques concernant les personnes enregistrées à Ellis Island sur lesquelles figurent le nom, le prénom de la personne émigrée, le port de départ, le nom du bateau et les dates de départ et d'arrivée.

[486] Ibid., p. VII.

Sans vouloir apporter une contribution sur les différentes représentations féminines païennes qui nous ferait sortir du cadre de notre étude, nous souhaitons rappeler que, sur le territoire de la Campanie, au cours du XIXe siècle, une importante découverte de groupes sculptés en pierre fut mise à jour.

Ces statues (Fig.2) baptisées Le *Madri di Capua*[487] conservent aujourd'hui encore de nombreux mystères. Capoue, foyer de fondation étrusque, fut un centre important de la Campanie qui occupa, jusqu'à la fin du VIe siècle avant J.C, un rôle fondamental de médiation, entre le monde étrusque romain et la civilisation grecque de la Campanie. Bénéficiant d'une position privilégiée dans le domaine agricole et commercial, la cité parvint à conserver son hégémonie, même après la conquête du peuple Samnite (2de moitié du Ve siècle avant JC). Nous savons que la vie religieuse de la cité était principalement orientée vers le culte de la déesse Diane qui portait le nom de Diana Tifatina. Les légendes la décrivaient comme une biche qui jouissait d'une longévité exceptionnelle et son le rôle était de protéger la ville. Néanmoins, à Capoue, le culte de Diane cohabitait avec un autre culte, la *Mater Matuta*, littéralement « *la Mère du petit matin* », déesse romaine, patronne de la fécondité[488]. Dans un sanctuaire situé à l'extérieur du premier noyau urbain, des archéologues déterrènt en 1845, suite à la découverte casuelle d'un paysan travaillant sa propre terre, de nombreuses sculptures représentant des femmes assises tenant dans leur bras un nouveau-né.

---

487 Trad. (Les Mères de Capoue).

488 *Le Madri di Capua. La collezione del Museo campano*, [Les Mères de Capoue. La collection du musée de la Campanie], Regione Campania, 2006.

Fig.2
Le Madri di Capua
© Alain Volut (2006)

Ces groupes sculptés, réalisés probablement entre le VIe siècle et le Ier siècle avant J.C, semblent répéter à l'infini une image maternelle que l'on retrouve dans les représentations chrétiennes de la Vierge et de l'Enfant. Les fouilles qui s'étalèrent entre 1845 et 1877, permirent de mettre à jour des centaines de groupes sculptés reprenant cette thématique[489]. En outre :

Chi le guarda non può non interrogarsi, non può non chiedersi chi fossero, quali fossero le condizioni della loro vita, quali le vicende personali, le emozioni legate alla loro partecipazione al rito[490].

Qui les regarde ne peut pas ne pas s'interroger, ne peut pas ne pas se demander qui elles étaient, quelles étaient leurs conditions de vie, leurs aventures personnelles, les émotions liées à leur participation au rite.

[489] Une exposition monographique intitulée *Le Madri di Capua* a été organisée en 2006 au Musée de Capoue afin de valoriser le patrimoine culturel de la Campanie. Nous tenons à préciser que le musée est fermé depuis de nombreux mois pour travaux.
[490] *Le Madri di Capua. La collezione del Museo campano*, *op. cit.*, p.11.

Il est difficile, en raison du manque de sources et des recherches insuffisantes à ce jour à leur sujet, de savoir si ces représentations visaient à magnifier l'orgueil maternel ou à remercier des enfants déjà nés. Cette découverte suscita de nombreuses questions qui restèrent sans réponse : que représentaient ces sculptures à figure maternelle ? Quelles divinités voulaient-elles représenter ? Pourquoi autant d'images pour une seule divinité ? De plus, certaines portaient douze nouveaux nés, six dans chaque bras.

On pourrait y voir tour à tour une représentation de l'orgueil maternel, une prière pour une fécondité qui tarde à venir ou encore l'importance du matriarcat dans cette culture antique. Dans tous les cas, il serait inopportun d'établir l'hypothèse d'une permanence, d'une tradition iconographique entre ces statues de Capoue et la religion chrétienne, par manque de sources documentaires.

B. QUELQUES REPRÉSENTATIONS DE LA VIERGE AU MOYEN ÂGE.[491]

Les Mères de Capoue constituèrent un fonds archéologique important sur un territoire où l'image mariale était très diffuse. Sur le territoire de l'Irpinia où se trouve Montecalvo Irpinio, était conservée l'une des premières icônes de la Vierge qui Allaite, la Madonna di San Guglielmo (XIIIe siècle) à l'abbaye de Montevergine et il ne fut donc pas surprenant que la Vierge de Pompilio reprît ce thème[492].

Le thème apparut au IIIe siècle mais ce fut le Concile d'Ephèse, en 431, qui attribua à Marie le titre de « Théotokos », la Mère de Dieu. Le personnage biblique de la Vierge fut, sans conteste, le plus récurrent car, dans de nombreux édifices religieux, il

---

[491] Nous avons choisi d'évoquer quelques-unes des représentations de la Vierge sans aucune prétention à l'exhaustivité. Soulignons néanmoins une représentation d'une Pietà qui constitue la dernière œuvre de Michel-Ange (1475-1564), la Pietà Rondanini conservée au Château Sforzesco à Milan. L'artiste propose deux blocs blottis l'un contre l'autre dont la verticalité et l'épurement des formes est à rattacher à la statuaire gothique. Le sculpteur semble offrir une synthèse de la mort car la Mère n'assure pas la continuité de la vie mais celle du trépas, le bras droit du Christ étant détaché de son corps. Michel-Ange se départit des modèles antérieurs et ce n'est pas tant la signification religieuse qui s'en dégage mais la représentation de la mort, interprétée de façon très réaliste. On pourra consulter l'ouvrage de PAOLUCCI, Antonio, *Michelangelo, le Pietà*, Milano, Skira, 1997.

[492] Un point de comparaison thématique entre les deux œuvres est établi par UOLLO, Giuseppe, « La Madonna delle Grazie o del Suffraggio di Montecalvo e il tema della Madonna allatante » [La Vierge des Grâces ou du Suffrage de Montecalvo et le thème de la Vierge qui Allaite] in *Disputationes Pompilianae*, 1, 2005, pp.54.64.

est souvent représenté sur des sarcophages, des chapiteaux, des fresques ou des tableaux d'autel[493].

1. Le support pictural

Au fil des siècles, dans le domaine de la peinture par exemple, les Primitifs italiens donnèrent à l'image une importance particulière pour attiser la foi populaire. Les représentations jouaient ainsi un rôle de propagande et si l'on passa du Christ terrifiant du Jugement Dernier trônant dans la cité céleste au Christ fraternel au milieu des hommes, la Vierge, quant à elle, grâce à la technique du *contrapposto*, donnait une impression d'action et exprimait l'amour maternel. Cependant, une rupture s'opéra après l'épidémie de peste de 1350, époque où la Vierge d'Humilité était assise, non sur un trône, mais sur un parterre de fleurs ou de tissus[494]. Elle remplaça progressivement la Vierge en Majesté et s'inscrivait dans la volonté de présenter une scène plus humaine dans ce contexte d'épidémie qui marqua terriblement les esprits.

Ensuite, à partir du XVe siècle, l'invention progressive de la perspective ouvrit aux artistes de nouvelles formes de représentations, par des moyens mathématiques perceptibles à l'œil humain.

Le thème de l'Annonciation représentait ainsi un défi pour les peintres[495]. Dans les Annonciations, comme celle de Fra Angelico[496] (1400-1444), la Vierge est disposée sur la droite de l'image, selon un schéma presque universel dans l'histoire de la peinture, un schéma qui aboutit quelquefois à repousser une Vierge effarouchée contre

---

[493] Incontestablement, les représentations de la Vierge diffèrent en fonction des différents épisodes de la vie de la Mère du Christ. Ainsi, on retrouve des figures de la Vierge avant la naissance de son fils, pendant et après la mort de Jésus. Parmi les portraits les plus diffusés figurent ceux de l'Annonciation, de la Vierge à l'Enfant, de la Pietà ou encore de la Vierge Protectrice. Pour un aperçu très précis des différentes représentations de la Vierge et parce que nous ne pouvons procéder à une synthèse dans notre travail car ce n'est pas le propose, on consultera le site Joconde, le portail des collections des musées de France : http://www.culture.gouv.fr (page consultée le 15 avril 2013).

[494] Le sujet est évoqué pour la première fois par le fresquiste de l'École de Sienne, Simone Martini (1284-1344) et s'intitule *la Madone de l'Humilité* (1341). Elle se trouve sur le portail de l'Église Notre-Dame des Doms à Avignon mais elle est en très mauvais état de conservation.

[495] Sur le sujet, on pourra se reporter à l'ouvrage suivant : ARASSE, Daniel, *L'Annonciation italienne : une histoire de perspective*, Malakoff, Hazan, 1999.

[496] Le tableau réalisé en 1433-1434 est exposé au Musée diocésain de Cortone (Détrempe sur bois, 175x180 cm).

le cadre et à écouter le message angélique. Ainsi, « *le corps du Sauveur se forme et s'anime dans le ventre de Marie dès cet instant. C'est pourquoi la Vierge est le plus souvent représentée déjà enceinte* »[497].

En outre, l'iconographie de la Vierge enceinte n'apparut, en Italie, qu'à la fin du Moyen-Âge. Malgré la rareté du thème, quelques témoignages survivent à l'iconoclasme du Concile de Trente. Parmi les représentations remarquables de la Vierge parturiente, figure celle de Piero della Francesca (1416-1492)[498], « la Madonna del Parto » ou *Virgo Paritur* (Fig.3). Sa notoriété provient essentiellement de son iconographie inhabituelle car la Vierge exprime :

> *avec une simplicité extrême et quasi didactique une vérité fondamentale de la foi catholique : la Vierge enceinte est Vase d'élection parce que sa Personne a été choisie comme instrument du projet de Salut. Elle est Arche d'Alliance parce que Son Sein, dans lequel le Verbe s'est fait chair, est le tabernacle de la nouvelle alliance, le temple du Dieu vivant. Ici, pour cette raison, la Madone enceinte montre de la main droite le fruit visible de la conception*[499].

On y voit, effectivement, la Vierge en pied, au centre d'un pavillon, qui revêt des fonctions de réceptacle sacré. La Madone, légèrement de trois-quarts, pour mettre en évidence sa grossesse, est encadrée de deux anges qui se répondent de part et d'autre d'un rideau de damas, orné de motifs de grenades, évident symbole de la fertilité.

Le tableau de Piero della Francesca s'inscrivit dans la pratique d'un culte non loin de l'église où se trouvait placé le tableau à l'origine. En effet, depuis l'Antiquité, une rivière appelée Cerfone, était le théâtre d'une dévotion particulière : les femmes avaient l'habitude d'y prendre leur bain pour s'assurer que leur grossesse se passerait sans encombre et qu'elles auraient suffisamment de lait[500].

---

[497] DIDI-HUBERMAN, Georges, *Fra Angelico*, Paris, Flammarion, 1990, p.25.

[498] Le tableau se trouve aujourd'hui dans la chapelle du cimetière de Monterchi (Arezzo) et à l'origine, l'œuvre ornait le mur du fond de l'église de Momentana (Pérouse).

[499] PAOLUCCI, Antonio, *Piero della Francesca*, Firenze, Cantini, 1989 (trad. Française), Paris, Herschern, 1992, p.51.

[500] Une représentation inédite de la Vierge parturiente est celle proposée par le peintre français Daniel Hallé (1614-1675) avec sa « *Vierge enceinte adorée par les anges* » (s.d.) qui se trouve aujourd'hui dans l'église paroissiale de Saint Pierre lès Nemours (Seine-et-Marne). On y voit une représentation de Jésus visible dans le sein de sa mère.

L'ambigüité de la grossesse s'exprime dans l'ouverture de la robe de la Vierge et le peintre y met en scène toute la fierté de la parturiente. Cette façon d'offrir la grossesse de la Vierge à la dévotion des fidèles est donc suggérée dans le gonflement de sa robe.

Fig.3
Piero della Francesca
La Madonna del Parto (vers 1450-1455)
Fresque (206 x 203 cm)
© Museo Madonna del Parto

Cette représentation propose un thème original car la Vierge ne semble pas, en définitive, être seulement la mère de Jésus mais aussi la mère de tous les Hommes et, dans le cas du groupe sculpté de Montecalvo Irpino, objet de notre recherche, la Vierge de l'Abondance devient la Mère de chacun des villageois. Pour cette raison, les différents portraits de la Vierge, au fil du temps, pouvaient être une source de réconfort.

2. REVALORISATION CONTEMPORAINE DE SAINTE RITA

Les principales reconnaissances d'un culte demeurent la béatification et la canonisation[501].

Le culte de la *Mamma Bella* fut reproposé en 2001, mais il existe d'autres cultes réactivés par l'Église au début du XXe siècle, comme la dévotion à Sainte Rita (1381-1457). Ce personnage charismatique fut béatifié en 1628 et canonisé beaucoup plus tard, en 1900 [502]. Sa vie se déroula en Ombrie, au cœur d'une période troublée par d'incessantes guerres intestines, entre les guelfes et les gibelins. Mariée à un homme fortuné, au caractère brutal, elle priait pour la conversion de son mari Paolo di Fernando. Devenue veuve dès l'âge de trente six ans, elle eut le courage de pardonner aux assassins de son mari et pria pour eux, jusqu'à la fin de ses jours. Son comportement exemplaire lui valut de nombreuses sollicitations de la part de ses contemporains. Elle décida d'embrasser une carrière religieuse et entra chez les sœurs Augustiniennes de Cascia (Pérouse), après que les familles, celle de son mari et celle de l'assassin, se fussent réconciliées officiellement devant l'évêque.

Sa première biographie remonte à 1610 et ce succès tardif constitue un destin plutôt insolite pour une future sainte. En effet, la réputation de sainteté se focalise pendant les années consécutives à la mort et tend à perdre de l'éclat pour être ensuite supplantée par de nouveaux saints. Il faut noter que pour devenir sainte, Rita avait toutes les cartes en main : la présence de l'épine sur le front[503], quelques miracles[504] et

---

[501] Selon Dom Philippe Rouillard, il est possible de distinguer trois périodes dans l'histoire de la canonisation des saints : « Du IIe au IVe siècle, chaque communauté locale rend un culte à ses martyrs et à ses évêques, et à eux seuls ; du Ve eu XIe siècle, les calendriers locaux s'ouvrent progressivement aux saints des autres communautés et à ceux qui, tels les apôtres ou les évangélistes, ont joué un rôle de premier plan dans l'histoire du salut ; enfin, à partir du XIIe siècle, les saints se recrutent en majorité non plus dans le passé mais dans le présent : les canonisations visent à refléter avec seulement quelques années ou quelques décennies de retard, la vie contemporaine de l'Église. ROUILLARD, Dom Philippe, « Pourquoi l'Église canonise-t-elle les saints ? » in *Saints d'hier et d'aujourd'hui*, Paris, Desclée De Brouwer, 1966, pp. 37-49, p.38.

[502] Pour une étude détaillée sur le culte à Sainte Rita et sur la construction symbolique de ce culte, SCARAFFIA, Lucetta, *La santa degli impossibili. Vicende e significati della devozione a Santa Rita* [La Sainte des Impossibles. Histoires et significations de la dévotion à Sainte Rita], Torino, Rosenberg &Sellier, 1990. On pourra aussi se référer à GIACALONE, Fiorella, *Il corpo e la roccia. Storia e simboli nel culto di Santa Rita* [Le corps et la roche. Histoire et symboles dans le culte de Sainte Rita], Roma, Meltemi, 1996.

[503] Selon la tradition, cette épine provenait de la couronne du Christ représentée sur une fresque et qui, un jour, s'est détachée du mur pour la frapper sur le front. Cette épine faisait d'elle une stigmatisée et était complétée d'une douleur atroce, accompagnée d'une odeur pestilentielle.

une vie selon le modèle de la tradition hagiographique qui pouvait être appliquée aux femmes modernes. Par conséquent, la fin du XIXe siècle fut un moment favorable à la réactivation d'un culte dont on s'assura qu'il ne se développerait pas hors du contrôle des institutions. Ce type de processus *ab immemorabili* permit de prouver l'existence et la continuité d'un culte plus que de vérifier la sainteté effective du personnage objet du culte.

Le but de l'Église fut donc de proposer de nouvelles dévotions pour « attirer » à elle les femmes qui risquaient de s'éloigner définitivement de la religion. La vie difficile de Rita marquée par un mariage malheureux, la méchanceté de ses enfants et leur mort présentaient pour l'autorité ecclésiastique, un modèle de vie. Rita répliquait de façon passive mais parfaite : à l'égard de son mari méchant, elle fit preuve de sainte patience, à la mort de son époux, elle pardonna à ses meurtriers et à la mort de ses enfants, elle remercia Dieu pour les avoir sauvé du péché de vengeance. Ces événements lui permirent de faire partie des protecteurs locaux comme en témoignent les fresques de l'église de Saint François à Cascia[505].

Sainte Rita appartient, au même titre que Padre Pio au début du XXe siècle à la tradition très diffusée de *l'Imitiao Christi* :

Ella infatti si immedesima nelle sofferenze del figlio di dio al punto che nel 1432, quando una ferita lacera la sua fronte, la santa ritiene che a provocarla sia una spina della corona di Cristo[506].

Elle s'identifie, en effet, aux souffrances du Fils de Dieu au point qu'en 1432, lorsqu'une blessure meurtrit son front, la sainte considère que c'est une épine de la couronne du Christ qui en est la cause.

Néanmoins, après le rayonnement du culte, on nota une certaine décadence de la croyance populaire à l'instar de Pompilio. Les fidèles ne se montraient plus aussi unanimes au culte. Il fallut attendre une nouvelle biographie, en 1805, d'Augustin

[504] Une légende raconte que Sainte Rita a sauvé un enfant d'insectes dangereux, des abeilles. L'abeille est aussi le symbole de la vertu théologale de l'espérance. SCARAFFIA, Lucetta, *op. cit.*, p.66.

[505] Sur les fresques de la lunette, autour de la Vierge à l'Enfant, se trouvent Saint-Jean Baptiste et Sainte Lucie (les commissionnaires étaient Antonio De Ciceo et sa femme Lucia en 1504). On y a ajouté l'image de Rita en habits antiques ainsi que deux de ses attributs : la blessure au front et la couronne du Rosaire à la main.

[506] La vie morale exemplaire de Sainte Rita a permis de consolider sa figure de sainteté et de proposer aux femmes et aux mères un modèle d'identification.

Tardi[507] pour redonner une crédibilité historique et moderne au culte de Rita. Des informations sur le mari de Rita furent ajoutées, afin de le présenter encore plus mauvais qu'il ne l'était dans la réalité. Mais, dans ces « nouvelles » mémoires, Rita devenait une femme active qui parvint à convertir son mari. Si la dévotion à Sainte Rita fut bien acceptée, c'est en partie parce qu'elle présentait des éléments issus de la culture locale, familière aux dévots.

Pour l'Église, Rita représente un modèle vertueux de femme et de mère[508] au même titre que la *Mamma Bella*, symbole de courage et, en 1926, on construisit un sanctuaire en son honneur dans un quartier périphérique de Turin (Piémont).

Cette réactivation du culte permit de l'intégrer dans une période marquée par « *una logica di femminilazione della religione che ne porta ad accentuare gli aspetti più sentimentali ed infantili e si contrappone al mondo laico e razionale della scienza* »[509]. Ainsi, la *Mamma Bella* et Sainte Rita, qui ne sont que deux exemples parmi de nombreux autres, représentaient pour l'Église un modèle inimitable de la Mère.

On pourrait considérer que la représentation de la Vierge et sa dévotion prirent racine dans des cultes préchrétiens comme celui de la Grande Madre et que des personnages emblématiques, comme Sainte Rita et la *Mamma Bella,* furent à même de consolider sa figure de sainteté, en proposant aux épouses et aux mères, un modèle d'identification. La figure de la Vierge a souvent déterminé la vie de la femme au fil des siècles car « *le donne [...] hanno costantemente stabilito nei confronti di Maria una sorta di transfert della propra sofferenza e subalternità* »[510].

---

507 TARDI, Lorenzo, *Vita della Beata Rita da Cascia*, Foligno, Per Gio, Tomassini Stamp, 1805. L'auteur s'est lui-même appuyé sur la biographie de Cavalucci, Agostino, *Vita della Beata Rita Da Cascia*, Siena, 1610, Documentazione Ritiana Antica (D.R.A) qui s'est basé sur la tradition orale des religieuses. Il rappelle l'odeur miraculeuse et la lévitation du corps dans un texte qu'il veut scientifique

508 SCARAFFIA, Lucia, *op. cit.,* p.8.

509 Ibid., p.221. Trad. (Une logique de féminisation de la religion qui porte à en accentuer les aspects les plus sentimentaux et infantiles et s'oppose au monde laïc et rationnel de la science).

510 PRANDI, Carlo, *La religione popolare fra potere e tradizione*, [La religion populaire entre pouvoir et tradition], Milano, Edizioni Franco Angeli, 1983, p.174. Trad. (Les femmes [...] ont constamment établi à l'égard de Marie une sorte de transfert de leur propre souffrance et de leur subalternité). Le prototype de soumission est souvent repris dans les scènes de l'Annonciation. On retiendra parmi les nombreux exemples la toile du Caravage (1571-1610) conservée au Musée des Beaux-arts de Nancy (huile sur toile, 285 sur 205) et réalisée en 1608. L'Ange Gabriel fait irruption dans la chambre de la Marie. Dans un silence pesant, il désigne la Vierge agenouillée d'un geste autoritaire et cette dernière affiche une attitude de soumission.

III. UNE DÉCOUVERTE ÉTONNANTE

À Montecalvo Irpino, les travaux de restauration du groupe sculpté et, plus particulièrement, les opérations de documentation photographique, révélèrent une particularité tout à fait étonnante : la présence dans la pupille droite, d'un crâne en trois dimensions, de taille infime, comme s'il s'agissait du reflet de la statue elle-même. L'image serait selon le restaurateur Paolo Tribuzio :

Il risultato della sedimentazione e dell'indurimento naturale di elementi lignei polverizzati a causa del degrado del manufatto ma [l'immagine] non è incisa, né dipinta : non é riconducibile ad opera umana[511].

Le résultat de la sédimentation et du durcissement naturel de particules de bois pulvérisées dû à la dégradation du produit mais [l'image] n'est ni gravée, ni peinte : elle n'a pas été faite par la main de l'homme.

On pourrait cependant rattacher cette curiosité à un particularisme de la figure de San Pompilio, dont la piété pour les âmes du Purgatoire demeurait un des aspects les plus typiques de sa spiritualité[512].

Il faut relier cette singularité au culte des morts, très répandu dans les églises de la Campanie et particulièrement à Naples, comme dans l'Église Santa-Maria du Caravage[513]. À Montecalvo Irpino, la tradition relatait que les défunts recouvraient la parole pour converser avec San Pompilio dans l'église du Purgatoire. Celui-ci s'entretenait aussi avec ses parents défunts et établissait :

Un rapporto con le anime dei trapassi che, per straordinaria concessione divina, assume caratteristiche che travalicano l'essenza spirituale per

Un rapport avec les âmes des défunts qui, par une extraordinaire concession divine revêt des caractéristiques qui franchissent l'essence particulièrement spirituelle pour

[511] BOSCO MARIA CAVALETTI, Giovanni, *I teschi che parlarono di Dio* [Les crânes qui parlèrent de Dieu], Montecalvo Irpino, « s.l. », 2005, p.4.

[512] À des fins anecdotiques, rappelons l'existence de l'église du Sacro Cuore à Rome (l'église du Sacré Cœur) située à côté du Tibre (Lungotevere Prati, 12) qui accueille un petit musée dit « del Purgatorio » (« du Purgatoire ») et qui réunit une collection d'empreintes de mains ou de doigts laissées sur des livres de prières ou des vêtements ayant appartenus à des défunts. Selon la croyance, ces personnes sont revenues dans le monde des vivants pour communiquer avec eux et apposer leurs traces

[513] L'église, construite en 1627, se trouve à Naples sur la Piazza Dante. Elle est dédiée au village éponyme de la province de Bergame.

assurgere a contatto fisico e sensibile con i resti mortali dei defunti in attesa della ressurrezione cristiana[514].	s'élever vers le contact physique et sensibles avec les vestiges des défunts dans l'attente de la résurrection chrétienne.

L'attention que San Pompilio portait aux âmes du Purgatoire et à leur spiritualité a souvent fait naître des critiques de la part de l'Église[515], qui l'accusa au point de faire croire qu'il était « *un sacerdote pericolisisissimo, il quale, godendo tanta stima ed aura popolare, poteva mettere a sbaraglio la stessa monarchia* »[516].

Au vu de ces indications, on peut supposer que le motif du crâne présent dans l'œil de la statue, rappela aux dévots de San Pompilio, la dévotion qu'il portait aux défunts[517]. À maintes reprises, il s'était rendu dans l'église de Santa Maria delle Anime del Purgatorio ad Arco, dans le centre historique de Naples[518]. Dans une crypte paléochrétienne, se trouvaient des crânes humains, symbolisant les âmes du Purgatoire, afin de démontrer que et le lien entre les vivants et les morts avait toujours été important pour Pompilio[519].

En outre, cette présence d'une image dans l'œil du crâne rappela un cas similaire au Mexique, la Vierge de Guadalupe[520], déclarée patronne du Mexique et dont le culte

---

[514] BOSCO MARIA CAVALETTI, Giovanni, *op. cit.*, p.61.

[515] Au XVIIIe siècle, avec les nouvelles théories des Lumières, on note une évolution d'ordre culturel et religieux concernant la conception de la mort dont l'un des préceptes est de différencier les aires funèbres de la vie privée et d'aboutir progressivement à la création de vrais cimetières à l'extérieur des villes. Jusqu'alors, les fidèles avaient pour habitude de se faire enterrer dans les églises qui servaient aussi de morgue. Les sépulcres, apanage de la noblesse, devenaient de plus en plus opulents au fur et à mesure que l'on s'approchait de l'autel. Les plus pauvres, en revanche étaient jetés dans des fosses communes. Cette situation confuse de cohabitation perpétuelle entre les morts et les vivants a fait l'objet d'une déposition particulière par Saint Charles Borromée durant le Concile de Trente (1545-1563) qui stipule la création d'espaces séparés de l'habitat pour déposer les ossements. MANNA, Jacopo « La questione dei defunti nel settecento italiano tra devozione e rifiuto » [La question des défunts au dix-huitième siècle italien entre dévotion et refus] in *Disputationes Pompilianae*, 1, dicembre 2005, p.26-34, p.28.

[516] LEONCINI, Luigi, « Il Beato Pompilio Maria Pirrotti delle Scuole Pie, cenni biografici » in *Panegirici detti nelle Chiese Scolopiche della Liguria in Onore del novello Beato Pompilio Maria Pirrotti*, Savona, 1981, p.9. Trad. (Un prêtre très dangereux, lequel, profitant de tant d'estime et d'aura populaire pouvait envoyer au massacre cette même monarchie).

[517] Cet aspect est considéré comme authentique par l'Église puisque sur la façade de l'église du Purgatoire de Montecalvo Irpino, Léon XIII a fait graver une plaque indiquant que San Pompilio récitait le rosaire aux défunts et que ceux-ci lui répondaient en chœur.

[518] Elle se situe au 39 rue des Tribunali.

[519] Sur le culte des âmes du Purgatoire à Naples, on pourra se référer à l'article de CIAMBELLI, Patrizia, « Le culte des âmes du Purgatoire : rituels de la mort à Naples » in *Actes du colloque de la Société d'Ethnologie française. Éthnologie des faits religieux en Europe*, Paris, CTHS, 1988, pp.269-278.

[520] Sur le cas mexicain où la littérature abonde, on pourra se référer à l'article de DOMENICI, Davide, « L'acculturation religieuse : le cas du Mexique » in *American Anthropologist*, 38, 2010, pp.149-152.

est toujours une manifestation spectaculaire de l'histoire religieuse et culturelle du Mexique espagnol.

À une époque où l'Amérique latine se pluralisait sur le plan religieux et où l'on assistait à une volonté de christianisation, une série de rebellions indiennes éclatèrent dans les territoires du Royaume de la Nouvelle Espagne. La tradition relate que la Vierge apparut, le 9 décembre 1531, à l'aztèque Cuauhtlatohuac, converti depuis peu au catholicisme et qui avait choisi comme nom de baptême « Juan ». On racontait qu'il nourrissait une vénération très forte pour la Vierge, la considérant comme sa propre mère. Un jour, la Vierge lui apparut et lui demanda de faire bâtir un édifice en son honneur. Juan demanda l'autorisation à l'évêque qui accepta, à la condition que Juan lui apportât une preuve tangible de son dialogue avec le Vierge. À cela, la Vierge répondit

Piuttosto vai in cima alla collina per prendere la prova per il vescovo ; troverai fiori che in questa stagione non ci sono. Li raccoglierai e li porterai in vescovato per dimostrare che sono stata io a chiedere una chiesa[521].

Puisqu'il en est ainsi, rends-toi au sommet de la colline pour apporter la preuve à l'évêque. Tu y trouveras des fleurs qui normalement ne poussent pas en cette saison. Cueille-les et donne-les à l'évêché afin de prouver que c'est moi qui ai demandé une église.

Juan rapporta le bouquet de roses à l'évêque qu'il transporta dans sa *tilma*, le manteau porté par les plus pauvres. Il ouvrit son manteau devant l'évêque et constata que le portrait de la Vierge était imprimé sur le tissu de son manteau.

Comme on le sait, le contenu allégorique de la rose est multiple car la fleur symbolise, non seulement la Vierge, mais aussi les gouttes du sang du Christ, son cœur ou ses plaies[522]. Par conséquent, ces différentes allégories expliquent pourquoi la rose occupe l'imaginaire chrétien.

De plus, dans le cas de la Vierge de Guadalupe (Fig.4), le mystère pour les fervents demeura encore plus dense puisqu'il s'agissait de roses de Castille, des fleurs qui ne poussent jamais pas en hiver et encore moins dans cette région de montagnes. Quelques jours après ce *miracle*, Juan organisa une procession à laquelle participèrent

---

[521]ALIMENTI, Dante, *Le apparizioni della Madonna : Lourdes, Fatima, Guadalupe*, [Les apparitions de la Vierge : Lourdes, Fatima, Guadalupe], Bergamo, Editrice Velar, 1988, p.198.

[522] LECHEVALLIER, Gabriel, *Dictionnaire des arts divinatoires et des superstitions*, Paris, Éditions Succès du Livre, 2003, p.266.

de nombreux indiens chichimèques. Un fait étrange se produisit : en exécutant des danses, une flèche tirée soudainement par erreur, transperça la gorge d'un indien qui accompagnait le manteau miraculeux. La tradition raconte que la présence du manteau miraculeux permit de *ressusciter* immédiatement le défunt.

148
Nuestra Senora de Guadalupe

Fig.4
Notre Dame de Guadalupe
Image sainte
© Enzo PAGLIARA

L'exemple mexicain permit donc de tisser, au sein d'une société pluriethnique, des liens inextricables entre les groupes et les cultures. La forme définitive du récit populaire de la Vierge de Guadalupe fut donnée, au milieu du XVIIe siècle, par des prêtres séculiers, après plusieurs tentatives échouées. Le thème de l'image miraculeusement apparue permit d'ancrer le culte sur le site d'un ancien sanctuaire indigène dédié à la déesse de la fécondité Tonatzin. Par conséquent, le mythe de l'apparition de la Vierge à un Indien s'instaura et le culte, dès lors, connut un essor jamais démenti[523].

La conséquence principale de ce *miracle* marial fut d'une part, la conversion au catholicisme de nombreux indiens et d'autre part, en 1553, après la mort de Juan, l'édification de la première église en l'honneur de Notre Dame de Guadalupe qui supplanta ainsi le culte de la déesse aztèque Tonatzin vénérée par les indiens[524]. Néanmoins, l'Église catholique n'adhéra pas pleinement à cette nouvelle dévotion et les franciscains de Mexico firent preuve de forte véhémence, dès 1555 quand, selon eux, la Vierge de Guadalupe représenta un grave danger d'idolâtrie pour leur primitive église de Nouvelle-Espagne. En effet, on prêta à l'effigie de la Vierge de nombreux miracles, comme le pouvoir de stopper une inondation catastrophique à Mexico en 1629 ou de conjurer le fléau de la peste en 1737.

Néanmoins, Guadalupe accueille encore aujourd'hui le pèlerinage sud américain le plus important de la péninsule et les fervents y viennent vénérer l'image miraculeuse imprimée sur le tissu et conservée dans le sanctuaire[525]. Elle est représentée à la peau brune, comme les indiens, et revêtue d'un manteau rose bordé de fleurs. Il est évidemment difficile de se figurer une image *réelle* de la Vierge puisque ses vêtements

---

[523] Pour des détails sur la propagation du récit populaire, GRUZINSKI, Serge, *La colonisation de l'imaginaire. Sociétés indigènes et occidentalisation dans le Mexique espagnol. XVe et XVIIIe siècles*, Paris, Gallimard, 1988. Sur les mécanismes de polarisation des aspirations nationales de la Vierge de Guadalupe, MAZA, Francisco (De La), *El guadalupanismo mexicano*, México, Porrùa, 1953, (col. México y lo Mexicano, 17). Pour saisir les transferts culturels de l'époque, on se référera à l'article de BÉLIGAND, Nadine, « La fabrication des idolâtres. Le corps-image : Christs-rois, Vierge et dévots dans les Sierras mexicaines (1765-1770) » in *Histoire, monde et cultures religieuses*, 22, 2012, pp.91-134.

[524] La Vierge de Guadalupe a souvent été invoquée lors d'événements historiques marquant comme par exemple en septembre 1810 lorsque le curé créole Miguel Hidalgo entre en rébellion contre le gouvernement de Joseph Bonaparte, il s'écrie : « *Vive la Vierge de Guadalupe* ! *À bas le mauvais gouvernement* ! ». De plus, en 1915, durant la guerre civile mexicaine, l'Armée du Sud d'Emiliano Zapata entre dans la ville de Mexico en arborant des bannières à l'image de la Vierge de Guadalupe. Nous signalons une étude très documentée sur l'histoire du sanctuaire et son développement : MARTI, Samuel, *La Virgen de Guadalupe y Juan Diego. Guìa històrica Guadalupana*, Mexico, Ediciones Euroamericanas, 1973.

[525] Il existe de nombreux ouvrages apologétiques au sujet de l'apparition mariale à Guadalupe. Parmi les récits français, on peut retenir ceux du Père François BRUNE, *La Vierge au Mexique ou le miracle le plus spectaculaire de Marie*, Paris, Le Jardin des Livres, 1998 ou *Le secret de ses yeux, le plus grand mystère du Mexique*, Paris, Le Temps Présent, 2009. En outre, sur le mur qui sépare Tijuana de San Diego Norma Iglesias, on peut voir de nombreux véhicules abandonnés du côté mexicain de la frontière. Une automobile a été transformée en une espèce d'autel, elle est entourée de crucifix, de fleurs, de rosaires et d'images de la Vierge de Guadalupe. L'image de la Vierge est devenue une offrande à toutes les victimes de ce passage vers les États-Unis. Nous tenons à préciser qu'en 1979, le Centre Scientifique d'IBM à Mexico aurait découvert dans la pupille droite de l'image, douze personnages de taille microscopique qui semblent regarder l'image de la Vierge de Guadalupe. Certains y auraient reconnu l'indien Juan Diego montrant le poncho imprimé de l'image de la Vierge.

et sa couleur de peau différent, selon le lieu des apparitions. C'est, par conséquent, l'imagination des voyants qui créa l'image de la Vierge céleste qui peut différer de la représentation de la Vierge historique[526].

La Vierge de Guadalupe reste un modèle de la « Vierge au Manteau Protecteur » apparu en Occident dès le XIIIe siècle. Il faut en rechercher les origines dans une légende cistercienne rapportée par le moine Césaire d'Heisterbach (1180-1240) et relatée dans son *Dialogus miraculorum* composé vers 1220. Dans cette compilation regroupant sources écrites et orales, Marie serait apparue à un moine de l'abbaye de Cîteaux et aurait protégé, de son manteau, les moines et les frères convers de l'ordre religieux. Néanmoins, la tradition veut que l'image vénérée de la Vierge de Guadalupe soit celle de la Femme de l'Apocalypse apparue à Saint Jean et l'image vénérée au Tepeyac serait l'original céleste[527]. Cette représentation de la Vierge a été reprise par Fabisch (Fig.5) à Lourdes en 1863.

Fig.5

[526] La Vierge qui est apparue à la Salette (Isère) en 1846 portait la coiffure des femmes de l'Oisans et était vêtue à la mode paysanne à savoir une longue robe blanche, un tablier jaune et un fichu blanc.
[527] Cette théorie est véhiculée par le théologien Miguel Sànchez en 1648 dans un climat de mariologie favorisé essentiellement par les Jésuites est reprise dans l'ouvrage de LAFAYE, Jacques, *Quetzalcóatl et Guadalupe, La formation de la conscience nationale au Mexique (1531–1813),* Paris, Gallimard (Bibliothèques des Histoires), p.74.

Joseph-Hugues Fabisch
La Vierge de Lourdes , 1863.
© teresita.centerblog.net

L'exemple mexicain met en avant que la croyance populaire demeure à mi-chemin entre une volonté d'imitation de sainteté et une indigénisation de la pratique catholique.

Dans le contexte du Mexique colonial, nous sommes en droit de supposer que la stratégie ecclésiastique fut de coloniser aussi l'imaginaire indigène, tout en restant vigilant aux éventuelles dérives d'idolâtrie. Ainsi, le culte païen de la fertilité se transmua en une représentation d'une Vierge de l'Apocalypse. À Guadalupe comme à Montecalvo Irpino, la Vierge est considérée comme un symbole protecteur.

IV. Le développement du culte

Trois siècles exactement après le tremblement de terre du 14 mars 1702, le culte de la statue de la Mamma Bella de l'Abondance, jadis propriété de la famille Pirrotti, a été ravivé. Ce culte, tombé dans l'oubli, fut revivifié le 25 avril 2002, lorsque l'archevêque Metropolita de Bénévent intronisa la statue dans la Chapelle Carafa de l'Église Mère de Montecalvo Irpino.

Après sa redécouverte, elle avait été réinsérée dans le circuit dévotionnel et permit, à nouveau, aux croyants de renforcer leur lien antique avec la Vierge, de renouer « *il rapporto verso la madre terrena* »[528]. Dans le cas de la *Mamma Bella*, la statue ne fut pas à l'origine de faits miraculeux, elle n'évita pas une quelconque épidémie ou n'aida à l'accomplissement d'un fait historique. Mais, si elle est encore aujourd'hui considérée comme un talisman, c'est parce que les fidèles lui prêtent une protection officielle et sont convaincus de son influence positive sur leur existence. Ce lien profond est indéniable car les fidèles nécessitent le besoin de mettre leur confiance dans

[528] *Don Teodoro Rapuano in Disputationes Pompilia*nae, 2, mars 2005, p.65. Trad. (le rapport avec la mère biologique).

des images comme le faisaient autrefois les païens qui plaçaient leurs espérances dans leurs idoles.

Si le culte put renaître en 2001, ce fut grâce au soutien du curé de la paroisse Don Teodoro, relayé par la population, qui souhaitait réactiver la volonté de Pompilio d'offrir la statue au culte public. Simultanément, pour participer au développement spirituel de la dévotion, la revue, *Disputationes Pompilianae* fut créée dans le but de proposer une réflexion et un approfondissement du message de San Pompilio et de le mettre en regard avec la société actuelle, tout en privilégiant les recherches historiques sur le saint canonisé, en 1934.

En outre, une autre revue à l'ambition plus modeste, *Sulle orme de San Pompilio*[529], proposa des informations sur les événements à venir et évoquait, par exemple, la conversion d'une actrice italienne, Claudia Koll, venue à Montecalvo en 2007, pour expliquer son changement radical de vie[530]. En outre, dans la maison natale de San Pompilio, un musée de la religiosité de Montecalvo (Religiosità Montecalvese) fut inauguré le 17 juillet 2008 et regroupa plusieurs centaines d'objets sacrés, tout en proposant un panorama de la production religieuse populaire. Enfin, plus récemment, le 13 février 2011, la communauté de Montecalvo décida de réaliser une couronne d'or pour ceindre la tête de la Vierge et le matériau précieux donné par les habitants, presque deux kilos, fut fondu dans l'église de Saint Bartolomeo du village. Le 9 mars 2011, pendant l'audience générale au Vatican, Benoît XVI couronna la statue devant des centaines de pèlerins. Et l'on remarqua que rien n'est aussi « *straziante come questa parodia di una Regina di tela o di gesso, ingioiellata con perle e rubini dalle mani di poveri che perle e rubini non possiederanno mai* »[531].

Ainsi, force est de constater que la population n'a nullement besoin d'une intervention miraculeuse supplémentaire pour faire renaître un culte, la Vierge de l'Abondance était considérée comme une divinité locale qui veillait sur ses fidèles.

---

529 Trad. (Sur les traces de San Pompilio).

530 Claudia Koll a dit lors de sa venue à Montecalvo Irpino : « Con Gesù, la mia vita è cambiata » [Avec Jésus, ma vie a changé] in *Sulle orme di San Pompilio*, 2, marzo 2008, pp.8-14.

531 MAGLI, Ida, *op. cit.*, p.124. Trad. (déchirant que cette caricature d'une Vierge de toile ou de plâtre, parée de perles et de rubis des mains des pauvres gens qui pourtant ne posséderont jamais ni perles, ni rubis).

Cependant, les paroissiens distinguent leur Vierge de celles des villages voisins puisqu'il existe sur le territoire de l'Irpinia, de nombreuses représentations de la Vierge comme, parmi quelques exemples *La Madonna della Purità, La Regina della Pace,* ou *La Madonna della Consolazione.*

Lors de notre entretien avec le curé du village, Don Teodoro, datant du 25 février 2011, ce dernier nous a expliqué ne pas chercher à développer les structures d'accueil des pèlerins puisque, par exemple, la commune voisine d'Ariano Irpino proposait déjà de nombreux restaurants et hôtels[532]. Par conséquent, les futurs projets inhérents à Montecalvo Irpino se concentraient sur la requalification urbanistique. Ainsi, Don Teodoro pariait sur la seule foi des habitants pour réactiver le culte. Si le souhait premier de Pompilio était d'offrir aux plus humbles une représentation de la Vierge, force est de remarquer que la démarche actuelle est le prolongement d'une tradition séculaire et respecte, en tous points, la volonté de Domenico Pirrotti.

Le curé n'avait pas pour dessein d'intégrer Montecalvo Irpino à un quelconque circuit touristique et religieux et pour cette raison, le développement du territoire se concentre, aujourd'hui, essentiellement à remédier aux destructions du séisme de 1962.

*
**

[532] Parmi les prochains projets inhérents au développement du village sont prévus la rénovation du palais ducal et la requalification de ses accès, la restauration de l'église de Sainte Marie Majeure (XVIe siècle) et la remise en état du mur de fortifications. BELLUCCI, Federica, « Il quartiere Trappeto nel centro storico di Montecalvo Irpino : tra radici e futuro » [Le quartier Trappeto du cnetre historique de Montecalvo Irpino : entre racines et futur], in *Disputationes Pompilianae*, 7, giugno 2006, p.260.

CONCLUSION

Après le séisme de 1930, le village de Montecalvo Irpino connut de profondes perturbations et ce ne fut qu'en 2001, grâce à la redécouverte d'un groupe sculpté, que les habitants retournèrent à leur ancienne pratique de vénération de la statue mariale. Ainsi les lieux du culte furent réaménagés et la Vierge de l'Abondance fit immédiatement l'objet d'un culte tombé en désuétude. Le personnage de Pompilio qui était un membre des clercs réguliers des Écoles Pies (Scolopes), était aussi tombé dans l'oubli. Mais, grâce à la mobilisation collective du curé et des acteurs religieux locaux, le culte a pu redémarrer, malgré le fait que Montecalvo Irpino n'ait pas été l'objet d'événements surnaturels.

De plus, concernant la découverte de l'image du crâne dans la pupille de la *Mamma Bella*, il serait légitime de penser que la paroisse de Montecalvo aurait pu communiquer sur cette particularité et établir, de fait, un lien avec la Vierge de Guadalupe. D'autant plus, qu'en 2002, Juan Diego, l'hypothétique indien à qui la Vierge serait apparue au XVIe siècle, a été canonisé par le pape Jean-Paul II. En effet, la découverte d'un crâne dans la pupille de la Vierge aurait pu servir de tremplin idéal pour promouvoir un culte à plus grande échelle. Cependant, les acteurs religieux ont suivi une ligne de conduite bien précise : maintenir la continuité de la mémoire individuelle (San Pomipilo) et la mémoire collective (les fidèles du village). Par conséquent, le renouveau cultuel fut assuré par l'événement fondateur, à savoir la redécouverte du groupe sculpté.

Plus récemment, la pérennisation du culte à San Pompilio et de la dévotion à la Vierge qui appartenait à la famille Pirrotti ont connu un essor grâce au Jubilé qui visait à commémorer le tricentenaire de sa naissance et dont l'ouverture eut lieu le 29 septembre 2009[533].

---

[533] Pour l'occasion, un site internet a été crée : http://www.sanpompilio.it.

Aujourd'hui, le pèlerinage annuel draine, pour l'essentiel, la population rurale avoisinante[534], attirée par la Vierge de l'Abondance et la personnalité de San Pompilio, deux facteurs qui créent et perpétuent une ligne de force autour de la piété populaire[535]. Néanmoins, le culte ne dépasse pas les frontières locales. Mais il n'en demeure pas moins un indicateur précieux de la dynamique religieuse et culturelle du territoire. Le saint apparaît « *come la figura che dona volto e corpo all'appartenenza comunitaria, il campione che incarna i valori dei gruppi e dei poteri sociali* »[536].

[534] La dimension du pèlerinage rappelle les festivités décrites dans l'ouvrage suivant : ROSSI, Annabella, *Le Feste dei Poveri* [Les fêtes des pauvres], Bari, Laterza, 1971.
[535] À cette occasion, on récite les prières écrites par Pompilio à l'attention de la Vierge de l'Abondance.
[536] NIOLA, Marino, *op. cit.*, p.147. Trad. (Comme la figure qui donne visage et corps à l'appartenance communautaire, l'échantillon qui incarne les valeurs des groupes et des pouvoirs sociaux).

Chapitre 6

« La Nuova Pompei », une tradition inventée

INTRODUCTION

FONDATION D'UNE VILLE MARIALE À LA FIN DU XIXe SIÉCLE

On pourrait penser que la tombe d'un saint demeure indispensable à la création d'un pèlerinage. Néanmoins, à la fin du XIXe siècle, au moment de la décision de l'avocat méridional Bartolo Longo[537] (1841-1926) de créer une ville-sanctuaire dans le cas de la ville nouvelle de Pompei[538], aucun saint et aucune tombe ne sont à vénérer et c'est précisément cette complexité et ce particularisme que nous allons aborder dans ce chapitre.

En effet, dès son arrivée en 1872 dans le village qui s'appelait alors Valle di Pompei, Bartolo Longo décida de mettre en place un projet urbanistique de grande ampleur pour sortir le village de sa pauvreté, et d'articuler son projet autour de la dévotion au Rosaire au sujet de laquelle le pape Léon XIII (1878-1903) avait déjà publié plusieurs encycliques[539]. En outre, c'est à la fin du XIXe siècle qu'apparut la notion de *catholicisme social* qui s'inscrivit « *dans le développement historique de l'intransigeantisme qui entend répondre à un développement de la situation engendré par la nouvelle société, réduire la déhiscence d'un type jusqu'alors inconnu – riches et pauvres affrontés classe contre classe-, inaugurée par la révolution et opérée par l'industrialisation* »[540] et qui caractérisera l'œuvre globale de Bartolo Longo.

[537] Bartolo Longo, grâce au projet que nous nous apprêtons à décrire, a été béatifié par Jean-Paul II le 26 octobre 1980. Il arrive que les saints soient issus de familles nobles (à la différence de Bernadette Soubirous ou de Thérèse de Lisieux), où le niveau d'instruction est particulièrement élevé et dans ce cas de figure, la béatification souligne la vie civile laborieuse, l'observance des obligations religieuses mais aussi la conciliation entre science et foi. Le cas de Bartolo Longo rappelle celui de Giuseppe Moscati (1880-1927), médecin béatifié par Paul VI (1963-1978) le 16 novembre 1975. Ce scientifique, qui a consacré sa vie aux autres et fait preuve d'une vitalité spirituelle incontestable, a démontré que de son point de vue, la science était conciliable avec la religion. Cette décision révèle en filigrane la volonté de l'Église de reconquérir la bourgeoisie.

[538] Nous faisons cette distinction afin de préciser que cette ville se trouvera à un kilomètre environ du site archéologique de Pompei.

[539] Au total, 14 encycliques mariales ont été proclamées par le pontife afin d'approfondir la dévotion au Rosaire.

[540] POULAT, Émile, *Église contre bourgeoisie*, Bruxelles, Castermann, 1977, p.117.

Pour approcher cette question, nous souhaitons étudier, dans un premier temps, la situation d'enracinement religieux dans la campagne autour de Pompei. Puis, nous envisagerons d'analyser les ressources mises en œuvre par Bartolo Longo pour convaincre la population de vouer un culte à la Vierge, malgré les réticences païennes qui imprègnaient le territoire. Pour ce faire, il nous a semblé intéressant d'évoquer les différentes raisons qui ont fait du Rosaire un instrument de Salut pour les populations. Enfin, nous concentrerons notre travail sur la construction de l'espace sacral et des différents projets urbanistiques attenants, qui ont un but concomitant, celui faire émerger une tradition[541] qui va acquérir rapidement un caractère de permanence et celui de permettre la pérennisation du culte de la Vierge au Rosaire.

I. L'ENRACINEMENT RELIGIEUX

A. BARTOLO LONGO

Comme on le sait, les XIXe et XXe siècles furent des époques marquées par de profonds changements et de transformations dans la société européenne toute entière, « *le progrès a souvent signifié l'abandon d'anciennes coutumes, de méthodes, d'idées et de préjudices. [...] La nouveauté n'était pas bonne pour l'Église et s'opposait directement à la tradition* »[542].

Ces modifications se produisirent dans l'Europe entière avec un processus d'industrialisation et d'urbanisation. L'Église tenta de résister à l'évolution qui faisait que la religion absolue devenait peu à peu atemporelle dans une société qui se déchristianisait et de fait, le pontife dut composer avec le progrès et la civilisation moderne[543]. En effet, l'Église crut devoir reprendre le contrôle de la dévotion pour affirmer ses fonctions d'autorité et de guide moral. Face à une société fragmentée, il fallait tenter de lutter contre la magie et les croyances populaires pratiquées dans les

[541] La *tradition* entendue dans ce sens doit être différenciée de la notion d'*habitude* qui régit les sociétés traditionnelles. Le but et la caractéristique de *tradition*, y compris celles inventées, est l'immuabilité, à la différence d'une *habitude* qui peut évoluer.
[542] LABOA, Juan Maria, « Le fondamentalisme dans le christianisme» in *Homo Religious*, série II, Milano, Editoriale Jaca Books, 2009, pp. 259-277, p.267.
[543] POULAT, Émile, *op. cit.*, p.81.

campagnes, motivées par le besoin de *« ingraziarsi la benevolenza divina contro grandine, terremoti, mallattie e siccità ; e beninteso, era spesso anche espressioni di una religiosità sincera e disinteressata »*[544]. À la fin du XIXe siècle, on pouvait craindre que les villages de la péninsule méridionale se caractérisent, à leur tour, progressivement par un changement des mentalités et que *« l'ex contadino inurbato scopre che il salario e il progresso tecnologico gli permettono di ottenere almeno in parte quei risultati per i quali prima poteva solo contare sulla grazia dal cielo »*[545].

Cependant, l'idéologie dans les campagnes s'exprimait par la volonté de conserver ses valeurs chrétiennes. L'Église s'efforça de maintenir le lien qui unissait le monde agricole à la religion en s'appuyant sur le rapport trilatéral Homme-Dieu-Nature et par conséquent, les valeurs de la terre firent partie de la religion populaire et les paysans, ignorant pour l'essentiel l'urbanisme, se montrèrent disposés à conserver une foi intègre et leurs propres coutumes[546].

C'est dans ce contexte que Bartolo Longo [547], avocat originaire des Pouilles, décida de « concevoir » le culte de la Vierge du Rosaire et de faire élever un sanctuaire à sa gloire, à proximité du site archéologique de Pompei.

---

[544] GRAZIANO, Manlio, *Il secolo cattolico : la strategia geopolitica della Chiesa*, [Le siècle catholique : la stratégie géopolitique de l'Église], Roma-Bari, Laterza e Figli, 2010, p.6. Trad. (D'entrer dans les bonnes grâces de la bienveillance divine contre la grêle, les tremblements de terre, les maladies et la sécheresse et bien entendu, c'était aussi souvent l'expression d'une religiosité sincère et désintéressée)

[545] Ibid., p.12. Trad. (L'ex-paysan habitant en ville découvre que le salaire et le progrès scientifique lui permettent d'obtenir au moins en partie ces résultats pour lesquels il ne pouvait compter avant que sur la grâce du ciel).

[546] En 1874, un petit traité intitulé *« Ai contadini. Regole di buona condotta per la gente di campagna »,* [À l'attention des paysans. Règles de bonne conduite pour les gens de la campagne] rappelle de façon efficace le mythe rural lors de l'industrialisation de l'Italie du Nord. Selon cet opuscule, les conditions de vie du paysan sont, dans l'optique ecclésiastique, idylliques. Reportons ici quelques arguments de l'Église : *« Presso di voi, credetemi, si dorme più saporitamente, la noia non sorprende, l'amore è più puro e Dio si vede da vicino nelle sue opere. [...] Nella vita campestre col coltivatore, ogni cosa tende a rendere il peccato più raro »*. Trad. (À côté de vous, croyez-moi, on dort de façon plus savoureuse, l'ennui n'existe pas, l'amour est plus pur et vous voyez Dieu de plus près dans ses œuvres. [...]. Dans la vie champêtre du paysan, chaque chose tend à rendre le péché plus rare). PRANDI, Carlo, *La religione popolare fra potere e tradizione*, [La religion populaire entre pouvoir et tradition], Milano, Franco Angeli Editore, 1983, pp.174-179.

[547] Il existe un corpus qui présente la richesse du matériel accumulé par le fondateur de la Nouvelle Pompei et la partie qui nous intéresse particulièrement dans le cadre de nos recherches est celle dédiée à l'histoire du sanctuaire puisqu'elle met en relief les deux protagonistes de l'œuvre de Pompei : Bartolo Longo et son épouse, Marianna De Fusco. ILLIBATO, Antonio, *L'Archivio Bartolo Longo. Guida-inventorio*, [Les Archives de Bartolo Longo. Guide-inventaire], Napoli, D'Auria Editore, 1986.

Bartolo Longo naquit à Latiano, un petit village de sept mille habitants, dans la province de Brindisi (Pouilles) le 10 février 1841. À l'âge de six ans, son père le confia aux Révérends Pères des Écoles Pieuses (Reverendi Padri delle Scuole Pie) à quelques kilomètres de là. Il étudia ensuite, le droit, à Naples et, dans le cadre de ses études universitaires, s'éloigna des préceptes catholiques en s'adonnant au spiritisme. Il devint *« il sacerdote dello spirito »*[548] aux yeux des autres adeptes du mouvement. Un jour, cependant, il décida de changer de vie et d'abandonner les cercles sataniques. Guidé par deux amis, le père dominicain Radente et le professeur Vincenzo Pepe, il se consacra, dès lors, à l'étude de la théologie. Sa véritable mission commença ainsi en 1872, alors qu'il se trouvait à Pompei où il était chargé, en tant qu'avocat, d'administrer les terres d'une de ses clientes, la comtesse Marianna De Fusco. La vallée jouissait, à l'époque, d'une très mauvaise réputation, on la désigna comme la *Valle Sconsolata* car elle était amplement corrompue par le brigandage[549].

En premier lieu, rappelons que l'Unité Italienne, principalement orchestrée par la bourgeoisie libérale et l'aristocratie qui avaient pour but la création d'un État moderne[550], s'effectua sans la participation populaire de l'Italie méridionale naturellement pauvre et condamnée depuis des siècles à la misère économique et sociale. Selon Pino Aprile (1950-), journaliste et écrivain originaire des Pouilles, l'Unité, au détriment de la civilisation moderne, généra le brigandage « *come guerra civile, fra i cafoni derubati delle terre demaniali liberamente coltivabili e i galantuomini che le avevano usurpate*[551]. » Le nouveau Royaume d'Italie ne parvint pas

[548] LONGO, Bartolo, *Storia del Santuario di Pompei*, [Histoire du sanctuaire de Pompei], Pompei, Pontificio Santuario di Pompei, 2000, p.7. Trad. (Le prêtre de l'esprit).

[549] Ibid., p.49. Trad. (La Vallée Inconsolable).

[550] Les traités d'Utrecht (Pays-Bas) et de Rastadt (Allemagne) en 1713 ainsi que le Congrès de Vienne (1815) ont été des éléments de transformation profonde dans l'histoire italienne puisqu'ils causèrent l'invasion française et les troubles apportés par la révolution et l'Empire. Les détails de ces épisodes sont analysés par GUICHONNET, Paul, *Histoire de l'Italie*, Paris, Presses Universitaires de France, 1969[8], pp.67.77.

[551] APRILE, Pino, *Terroni*, Milano, Edizioni Piemme, 2010, p.28. Trad. (Comme guerre civile, entre les paysans à qui on avait volé les terres domaniales librement cultivables et les *galantuomini* qui les avaient volées). Le substantif « *terrone* » est donné aux méridionaux par les septentrionaux. Il dérive du mot *terra* car beaucoup travaillent la terre mais l'appellatif est particulièrement péjoratif. La situation du brigandage se caractérise par une dépendance et une exploitation des paysans, des journaliers, puisque beaucoup d'entre eux sont des *braccianti*, des travailleurs agricoles sans terre et sans moyens de production, employés et payés soit en argent, soit en nature donc en produits issus de l'agriculture. Les injustices et les violences de la part de l'État furent nombreuses. Lorsque le 6 septembre 1860, Francesco II de Bourbon quitte Naples et se réfugie à Gaeta (Latium), les populations méridionales, face aux Bourbons déchus, réagissent en s'organisant en guérilla contre les grands propriétaires terriens' Les conséquences de

à relancer l'économie du sud ; l'unification engendra même une vague de chômage tout aussi importante à Naples que dans les campagnes environnantes, qui paralysa la vie économique. On assista à une émigration de masse. Ce phénomène migratoire transocéanique s'accentuait au fil des décennies et contribua à faire naître *la question méridionale* mise sous le boisseau, durant le fascisme. L'émigration aux États-Unis fut une émigration de masse et en quelques années, New-York devint la quatrième ville italienne la plus peuplée, après Naples, Rome et Milan[552].

Quelques décennies plus tard, en 1946, l'avènement de la République relança le débat et, dans le but d'aider les paysans, une réforme agraire fut mise en place dès 1950. Les principaux objectifs étaient de lutter contre l'agriculture extensive, d'opérer à une redistribution foncière afin de réduire les injustices dues aux *latifundia* (de grandes propriétés appartenant souvent à des princes, barons, ou autres, héritages « bourboniens »).

Rappelons que, déjà sous le fascisme, un projet de la sorte avait été évoqué mais aucune mesure n'avait été mise en pratique. C'est donc à la libération de 1945, face à la misère des campagnes et des journaliers, mais surtout, devant la nécessité de moderniser les structures agraires, que fut décidé de céder provisoirement les terres en friche (donc de démembrer les *latifundia* insuffisamment exploités) à des associations paysannes pour créer des petites propriétés agricoles. Quelques années plus tard, force est de constater que l'échec de ces mesures fut cuisant, entre autres parce que l'agriculture, à cette époque, ne faisait plus partie des sources productives participant à la richesse du pays[553].

---

cette crise sont nombreuses : les échanges commerciaux avec l'étranger, par exemple, s'effondrent, l'activité du port de Naples diminue considérablement et les usines textiles de Sora (Latium) doivent interrompre leur production car les matières premières viennent à manquer, l'arsenal de Castellamare di Stabia (Campanie) doit fermer et le personnel se retrouve licencié. Au même moment, des ouvriers spécialisés mais aussi de simples manœuvres arrivent du nord pour travailler dans l'industrie ferroviaire ou dans les champs de tabac. Quelques décennies plus tard, en 1946, l'avènement de la République relance le débat et dans le but d'aider les paysans, une réforme agraire est mise en place dès 1950.

[552] « La presenza meridionale oltroceano » [La présence méridionale outre-atlantique] in *Storia di Napoli, del Mezzogiorno occidentale e della Sicilia*, a cura di GALASSO, Giuseppe et ROMEO, Rosario, Napoli, Edizioni Del Sole, 1991, p.553.

[553]La réforme dont le dessein était de limiter les privilèges des grands propriétaires terriens aboutit à un transfert de ressources économiques hors du secteur de l'agriculture. En 1950, l'État créé la *Cassa per il Mezzogiorno* (La Caisse pour le Mezzogiorno) dont le but est de financer le retard économique et social du sud mais elle sera supprimée en 1992. À l'origine, elle est instituée pour une durée de dix ans renouvelable et doit favoriser le développement économique de l'Italie méridionale à travers la réalisation

Lorsqu'il arriva à Pompei, Bartolo Longo fut frappé par *« la miseria umana e religiosa dei pochi contadini »*[554]et par la détresse matérielle des paysans. Ceux-ci vivaient dans un village en proie constante aux caprices d'une rivière qui provoquait toujours d'importantes crues. C'est certainement pour ces raisons qu'il décida de ne plus quitter ces lieux, il s'adonna à l'enseignement du catéchisme et à la diffusion du Rosaire dans la campagne pompéienne. Il nous faut préciser que cette décision faisait suite à son expérience personnelle puisque la prière du Rosaire lui avait été salvatrice lorsqu'il avait réussi à se libérer de sa jeunesse marginale. Au fil des années, comme il en témoigna, il avait beaucoup expérimenté l'efficacité de la prière :

Avendo io ricevuto dal Cielo non una, ma innumerevoli grazie, [...], non potei non riconoscere quanto debito di gratitudine mi corresse : onde sentii struggermi il cuore dal desiderio di amare e lodare Maria, e di farla lodare ed amare pure dagli altri[555].	Ayant moi-même reçu du Ciel, non pas une mais de nombreuses grâces, [...], je reconnus combien de gratitude je lui devais. À partir de là, mon cœur se consuma du désir d'aimer et de louer Marie, mais aussi de la louer et de la faire aimer des autres.

Et d'ajouter que l'idée de la prière lui vient lorsqu'il entend un jour une voix qu'il pense être celle de la Vierge lui dire que son âme peut être sauvée par le biais de la diffusion du culte du Saint Rosaire[556].

B. UNE SOCIÉTÉ RURALE EN QUÊTE DE MODERNITÉ

Si dans le cadre de notre étude sur les mécanismes de dévotion mariale, nous avons choisi de nous intéresser au sanctuaire de Pompei dont la construction remonte à

d'infrastructures et le financement d'établissements agraires. En 1986, elle est remplacée par l'Agence pour la promotion et le développement du Mezzogiorno qui signe indubitablement la fin de trente ans d'efforts et de revers nationaux. Face à l'échec dramatique de cette politique d'intervention publique, on assiste au dépeuplement des campagnes dont l'une des principales conséquences est l'émigration de masse vers l'Amérique. Carlo Levi, que nous avons cité préalablement, apporte à travers son ouvrage, un second niveau d'articulation puisqu'au-delà de la narration, il s'approche de la discipline anthropologique en tentant de replacer l'homme dans son ensemble, conscient de l'arriération des zones méridionales qui incarnent le passé et ne parviennent à aller de l'avant.

[554] LONGO, Bartolo, *op. cit*. .p.8. Trad. (La misère humaine et religieuse des paysans peu nombreux).

[555] Ibid., p.9.

[556] Ibid., p.74.

la fin du XIXe siècle, c'est parce qu'il nous a paru essentiel d'étudier la naissance d'un espace sacré sur un territoire agricole abandonné de tous. La région, où sévissaient malaria et pauvreté, se caractérisait aussi par la vie de misère des paysans qui, à une période de développement industriel, n'accèdaient à aucune aisance. Nous pouvons déjà préciser que Bartolo Longo avait souhaité que la modernité s'appliquât aussi à cette terre désolée mais qu'il a voulu aussi qu'elle s'exprime au travers de la charité et de la piété, non sous une forme d'assistanat[557], à l'instar de l'œuvre turinoise de Don Bosco (1815-1888).

Pauvreté mais aussi superstition font donc partie intégrante de la situation historique du moment, c'est-dire du malaise paysan, même si des efforts furent réalisés pour équiper le sud italien en infrastructures ferroviaires et routières. Mais la cadence se trouva stoppée par le mouvement unitaire[558]. En effet, en juin 1836, le roi Ferdinand II des Deux-Siciles (1810-1859) autorisa le français Armand Bayard de la Vingtrie et sa société d'exploitation, à réaliser une ligne de chemin de fer, partant de l'emplacement de la gare centrale de Naples jusqu'à Portici. Le voyage inaugural eut lieu en 1839. Une conséquence immédiate de la construction du chemin de fer fut la reconversion de la fonderie de Pietrarsa à Naples, spécialisée dans la construction de canons en usine, en fabrication de matériel ferroviaire. Après l'unification italienne, l'activité de l'usine déclina, lorsque les industriels piémontais décidèrent de reprendre la construction des chaudières et, en 1905, suite à la nationalisation des chemins de fer, Pietrarsa ne servit plus que d'atelier de réparation[559].

En outre, à la même époque, dans le domaine agricole, la fragmentation excessive de la propriété entraîna plusieurs conséquences : une baisse des revenus, le déclin des structures rurales et une émigration importante des méridionaux qui voulaient

---

[557] Bartolo Longo rencontre Don Bosco (que nous avons évoqué dans le chapitre 2) en 1885 et cette rencontre lui permet de comprendre que la modernité réside dans un comportement d'entrepreneur. À Turin, Don Bosco avait crée des espaces sacrés dans une aire urbaine en plein développement industriel.

[558] Non seulement la cadence avait été moins rapide que dans le Nord mais les investissements requis pour l'ensemble de ces transformations ne pouvaient être rentables qu'à long terme et le milieu politique méridional a préféré spéculer dans les régions en cours d'industrialisation et ne pas risquer de placements précaires dans le Mezzogiorno.

[559] Au cours du XIXe siècle, le mode de production capitaliste et la révolution industrielle bouleversent et restructurent l'organisation du territoire. Les règles générales du contrôle des villes et du territoire deviennent fonctionnelles et s'adaptent au système économique et productif. SICA, Paolo, *Storia dell'urbanistica. L'Ottocento*, [Histoire de l'urbanisme. Le XIXe siècle], Bari, Laterza, 1976.

échapper à la misère[560]. Ils partirent vers les grandes villes du nord, en particulier vers le Triangle Industriel (Turin, Gênes et Milan) mais surtout vers l'Amérique[561].

À l'arrivée de Bartolo Longo, les paysans de Pompei étaient isolés dans une communauté pour laquelle la religion était essentiellement basée sur la peur et pour qui Dieu représentait le juge de l'Ancien Testament, prêt à punir tout écart de conduite morale[562]. Pour Bartolo Longo, mettre en place la religion officielle signifiait répondre à des questions existentielles dans un contexte difficile de déclin des structures rurales et, conscient de cet état des choses, il tenta, dès 1875, d'initier son projet autour d'une perspective éducative.

Ces différentes constatations, ajoutées à celles proposées dans notre introduction, démontrent que Bartolo Longo fit preuve d'une ouverture d'esprit, face à la survivance de ces traditions populaires qui relevaient de la superstition. De plus, un autre corollaire de la religion populaire demeurait l'isolement. Depuis toujours, le monde paysan était culturellement fermé sur lui-même et il apparaissait comme autosuffisant dans ses rites et ses habitudes quotidiennes. Il existait une culture paysanne, certes marquée par la superstition, parfois par le fanatisme, dont la transmission se réalisait à travers un système traditionnel de croyances et d'habitudes, relayé de génération en génération. Ainsi, quand ces sociétés fermées furent étudiées au XIXe siècle, elles apparurent comme les images de communautés parfaites, de par leur

---

[560] À titre d'exemple, à la fin du XIXe siècle, l'agriculture essentiellement céréalière, voit s'effondrer ses prix. En outre, on note une dépression sur un pied d'égalité avec l'augmentation de la population (25,1 millions d'habitants en 1861 ; 26,6 en 1870 ; 28,2 en 1880 ; 30 en 1890 ; 32,4 en 1900 ; 34, 6 en 1911). Le remède pour faire baisser les excédents est l'immigration de masse vers l'Europe ou vers l'Amérique. Les chiffres sont pertinents : de 36 000 départs annuels entre 1872 et 1182, on passe à 114 000 entre 1882 et 1900, soit trois fois plus. Ces données sont tirées de GUICHONNET, Paul, *op. cit.* p.95-96.

[561] GRASSINI, Piero, « Aspetti sociali e religiosi di un mondo in trasformazione nel Mezzogiorno » [Aspects sociaux et religieux d'un monde en transformation dans le Mezzogiorno] in *Studium*, gennaio 1963, p.13-19. À noter qu'au début de ce phénomène migratoire, le gouvernement de la péninsule était plutôt favorable car le dispositif permettait de gérer à la fois la surpopulation des campagnes et la surabondance de main-d'œuvre. De plus, le travailleur italien expatrié envoyait en Italie une grande partie de son salaire. CORDASCO, Francesco, *La Società italiana di fronte alle prime migrazioni di massa*, [La Société italienne face aux premières migrations de masse], Roma, Morcelliana, 1968. Notons que le processus de modernisation des campagnes n'est pas remis en cause directement car l'attention se focalise sur les problèmes liés au transfert social et aux migrations des campagnes vers les villes. Sur le sujet, on pourra consulter l'ouvrage suivant : *Le Milieu rural en Europe, évolution sociale et politique 1831-1929*, sous la direction de FRÉCHET, Hélène, Nantes, Éditions du Temps, 2005, p33.

[562] Don Giulio MARTINETTO, *Attenti ai contadini*, [Attention aux paysans], Torino, Berruti, 1953, p.34.

unité et leur organisation[563] et, malgré les apparences, elles ne se montaient pas plus hostiles que d'autres sociétés à l'apport de changements quant à leurs habitudes de vie. Par conséquent, Bartolo Longo eut pour dessein de conserver les forces humaines méridionales et d'y adjoindre des initiatives avancées[564].

[563] ROSSI DORIA, Manlio, *Dieci anni di politica agraria nel Mezzogiorno*, [Dix ans de politique agraire dans le Mezzogiorno], Napoli, L'Ancora del Mediterraneo, 2004.
[564] Sur le sujet, on pourra se référer à FATTORINI, Emma, *Religiosità e culti tra Otto e Novecento*, [Religiosité et cultes entre le XIXe et le XXe siècle], Roma, Carocci Editore, 2012, pp. 61-66.

C. Le site archéologique de Pompei et les habitations alentours

Dès 1748, les fouilles du site archéologique donnèrent une impulsion au lieu comme en témoignent les récits de voyages des férus d'antiquité aux XVIIIe et XIXe siècles. Les découvertes réalisées permirent de mettre à jour de nombreux édifices, ornés de fresques et la curiosité ambiante pour les ruines donna lieu aussi à des écrits ou à des récits fantastiques comme *Arria Marcella* écrit par Théophile Gautier en 1852[565]. Ce goût se caractérisa par des inspirations du passé. Les artistes ne s'en tenaient pas cependant à raconter la ville. Ils la réinventaient, à l'instar du peintre Saverio della Gatta (1777-1827) avec ses *vedute,* qui ne proposaient pas l'aspect topographique du lieu, mais qui fixaient dans les esprits des lieux emblématiques de la ville antique et surtout l'éruption du Vésuve datant du 1er siècle avant J.C. Dans le tableau présenté (Fig.1), l'artiste désira que la mémoire collective n'oublie jamais l'importance de cette éruption[566].

Néanmoins, il est possible de penser que les recherches archéologiques, conduites, avec rapidité, sous l'égide de Charles III de Bourbon (1716-1788), auraient pu participer à une mise en valeur de la région. Elles permirent seulement, entre 1806 et 1832, de restituer à la lumière du jour une partie de la ville antique et de redonner goût à l'âge d'or de Pompei[567]. Ces découvertes et initiatives n'eurent aucune incidence sur le développement local du village Valle Di Pompei, situé à quelques encablures, et la réalité fut toute autre.

[565] Le sous-titre étant « Souvenir de Pompei ».

[566] Le point de vue frontal permet de noter la présence de personnages à gauche qui semblent regarder l'éruption et le spectateur remarque sans attendre que le sujet principal est le jet de cendres et de fumées qui occupe les trois-quarts de l'œuvre.

[567] Les fouilles eurent en effet de profondes conséquences sur l'idée que l'on avait de l'art antique. La diffusion de ces découvertes a joué un rôle décisif dans cette vision élargie de l'art antique qui aboutit, dans la seconde moitié du XVIIIe siècle, à l'épanouissement du néo-classicisme.

Fig.1
Saverio della Gatta
Éruption du Vésuve 1794
Gouache (120x100 cm)
©artaujourdhui.info

Selon les documents historiques, remontant au début du XIe siècle, le plus ancien témoigne l'existence d'un village, situé entre la localité de Scafati et le site de Pompei. De cette période, il est fait mention de l'église San Salvatore, probablement construite en même temps que le village, et cette donnée historique permet de prouver que le lieu était habité. D'après certaines légendes, au moment de la construction de l'église antique, la population locale se serait écriée : « *Pompei renaît !* ». Le village, néanmoins, fut détruit, en 1647, par l'inondation de la rivière Sarno et de nombreux habitants périrent de malaria. La population épargnée décida alors de s'éloigner du cours d'eau et construisit, à quelques centaines de mètres des lieux de la tragédie, de nouveaux habitats ainsi qu'une autre église, tout en réutilisant les matériaux de l'ancienne.

En 1872, année de l'arrivée de Bartolo Longo, le village s'appelait Valle di Pompei[568] (il ne changera d'appellation qu'en 1928 pour devenir Pompei). La commune présentait les mêmes caractéristiques de misère, d'abandon et de pauvreté que les autres villages de l'Italie méridionale[569].

II. LES DÉCISIONS DU PROMOTEUR DU CULTE MARIAL

Rapidement, l'avocat se confronta à l'état de misère de la population du village où des familles entières s'entassaient, avec leurs animaux, dans des taudis lugubres. Il relata cet exemple pour appuyer l'état d'abandon des plus démunis à Valle di Pompei :

Visitammo una povera vecchia di Pompei, dell'età presso ad ottant'anni, e la vedemmo giacersi abbandonnata su un povero letto senza assistenza dei suoi parenti, perchè anch'essi avevano da zappare per vivere e per alimentare i propri animali. Alla parete dove era poggiato il capezzale del suo letto non si vedeva alcuna immagine, nè pure quella dell'amico dei poveri e dei tribolati, il Crocifisso ! [570].

Nous rendîmes visite à une pauvre vieille de Pompei qui avait presque quatre-vingt ans et nous la trouvâmes abandonnée et couchée sur un lit misérable sans l'assistance de ses proches qui devaient travailler dans les champs pour vivre et nourrir leurs animaux. Sur le mur où il y avait la tête du lit, il n'y avait aucune image, ni même le crucifix, ami des pauvres et des affligés.

568 RIZZI ZANNONI, Giovan Antonio e GUERRA, Giuseppe, *La Topografia dell'Agro Napoletano* [La topographie du territoire napolitain], « s.l », 1793. Il s'agit du premier ouvrage qui fasse mention du toponyme.

569 À ce titre d'ailleurs, le schéma prévaut tout autant au cours du XXe siècle comme le souligne l'anthropologue Ernesto De Martino qui, dans les années 1960, parle de l'Italie méridionale comme de *La Terre du Remords,* c'est-à dire la terre dont le passé funeste revient incessamment et où les paysans, en proie à des événements non maitrisables (sociaux, politique et religieux), appartiennent à une classe sans destin.

570 Ibid., p.42.

En outre, cette constatation met très distinctement en exergue les conditions de misère morale des villageois qui vivaient sans le symbole le plus élémentaire de la religion catholique. Bartolo Longo, pour pallier cette situation de pauvreté et d'abandon humain, souhaita instituer l'usage de la foi qui pouvait servir de ciment social et représenter une ressource essentielle pour lénifier les moments douloureux de l'existence de cette population.

Dans ses différents ouvrages[571], l'auteur fournit de nombreux éléments sur la religiosité dans le village Valle di Pompei qui comptait à son arrivée environ deux mille habitants. Son témoignage, basé sur une connaissance approfondie de ce milieu, reste tout à fait cohérent avec le mode de vie misérable de ces villages du Mezzogiorno de cette époque. Cette existence pénible était accentuée par la division administrative complexe de Valle di Pompei qui dépendait de quatre communes limitrophes qu'étaient Scafati, Torre Annunziata, Boscoreale et Gragnano. Cette particularité rendait la vie des habitants encore plus difficile car, pour ne donner qu'un exemple, un paysan qui souhaitait louer un terrain à quelques mètres de son habitation ne savait à quel bureau il devai faire enregistrer son contrat[572].

Une autre constatation effectuée par Bartolo Longo est que le territoire était pétri de superstitions et de croyances populaires, indéniables à l'étranger qui arrivait sur ces terres. Sans avoir la prétention d'analyser l'ensemble des traditions religieuses dans le sud, nous souhaitons citer cet exemple représentatif des mentalités car il nous enseigne sur le cadre quotidien basé sur des croyances qui se présentait aux antipodes de la religion officielle. Les pratiques superstitieuses remplaçaient les préceptes catholiques comme le constata Bartolo Longo qui, un jour, se rendit chez un paysan pour voir un veau qui venait de naître :

Voglio vedere il mio giovenco,-io gli dissi. Quegli guardò attorno e	Je veux voir ton veau, lui dis-je. Le paysan regarda autour de lui et d'un

[571] Le fondateur de la ville-sanctuaire a produit de nombreux ouvrages et opuscules de prière dans le but d'entretenir la foi nouvelle à la Vierge et qui sont basés sur une étude approfondie des sources bibliques et hagiographiques. Les deux ouvrages à retenir sont : LONGO, Bartolo, *Storia del Santuario di Pompei : basilica pontificia del SS. Rosario*, Valle di Pompei, Scuole Tip. Pontificia per i Figli dei Carcerati, 1923 et LONGO, Bartolo, Storia del Santuario di Pompei dalle origini al 1878, Pompei, Istituto Editoriale Bartolo Longo, 1954.

[572] AVELLINO, Luigi, *Pompei : I primi 50 anni del Comune tra cronaca e storia*, [Pompei : les premiers 50 ans du village entre chronique et histoire], Pompei, Laboratorio Grafico Dehlos, 1978, p.14.

poi con un tono irrisoluto o barbugliando le parole :
-Signore, non posso trarlo fuori dalla stalla.
-E' perchè ?
-Per mali occhi ! Se io lo cavo fuori e gli altri coloni lo veggono e dicono : che bel giovenco !...Sono rovinato !
-Ma via, fammelo vedere, soggiunsi io sorridendo.
-Allora, io debbo fare la contro-iettatura.
E'così dicendo, prese un pugno di terra, lo gittò prima sulla groppa del vitello e poi sul collo. Prese l'anello del fuso della sua vecchia madre e la ciambella d'osso dei bambini lattanti e ne infilò le corna della bestia. E con queste superstiziose precauzioni potei vedere il vitello[573].

ton indécis, bafouilla :
-Monsieur, je ne peux pas le sortir de l'étable.
-Et pourquoi ?
-À cause du mauvais œil ! Si je le fais sortir et que les autres paysans le voient et disent : quel beau veau !... Je suis fichu !
-Allez, fais-le-moi voir, ajoutai-je souriant.
-Alors, je dois conjurer le mauvais sort.
Et ce disant, il prit une poignée de terre, la jeta sur la croupe et le cou du veau. Puis il prit le fuseau qui appartenait à sa vielle mère et le collier de dentition utilisé pour les nourrissons et l'enfila sur le cou de l'animal. Ce n'est qu'après ces précautions superstitieuses que je pus voir le veau.

On remarque cependant, que, si Bartolo Longo concentrait son attention sur ce rituel qui semblait être une anecdote, ce fut dans une volonté de comprendre les codes de la vie paysanne, ceci afin de nouer un dialogue avec les villageois. Il savait, que sur ces terres, certains paysans étaient réputés pour user du mauvais œil contre ceux qui avaient le malheur de croiser leur route. Les victimes se retrouvaient ensuite dans la misère. Dans l'exemple cité, le protagoniste fut convaincu qu'il était dangereux d'attirer l'attention sur son veau en pleine santé, de peur que la jalousie ne lui portât malheur. Outre les croyances locales, les premiers contacts avec la population s'avérèrent aussi difficiles parce que les habitants parlaient un dialecte indéchiffrable[574]. Néanmoins, le comportement de Bartolo Longo nous permet de comprendre qu'il ne considérait pas la

[573] LONGO, Bartolo, *Storia del Santuario di Pompei dalle origini al 1878*, *op. cit.*, p.47. Cet exemple est typique du phénomène très ancien de la « iettatura » ou «jettatura » qui appartient à l'univers de la magie présente en Italie méridionale. Dans les campagnes, la croyance populaire veut que des gestes ou des mots soient capables d'attirer le malheur, la maladie ou la mort. Dans le cas qui nous intéresse, le « mauvais œil » appartient au concept de la « Iettatura » et selon la tradition, de nombreux remèdes, comme celui utilisé par le paysan, peuvent être utilisés contre le mauvais sort. Ce phénomène est détaillé dans GALASSO Giuseppe, *L'altra Europa*, [L'autre Europe], Milano, Mondadori Editore, 1982, pp.260-264.
[574] LONGO, Bartolo, *op. cit.*, p.54.

superstition des paysans comme un manque de culture mais comme une force vive qu'il fallait tenter d'appréhender afin, et c'était là toute sa mission, de pouvoir en modifier les habitudes pour les amener peut-être vers une religion dite « officielle ».

La situation à Pompei est représentative du milieu paysan et de ses caractéristiques religieuses car *« il coltivatore è un lavoratore autonomo e l'autonomia del lavoro con la solitudine dei campi porta il lavoratore della terra ad un certo individualismo anche nell'espressione della sua religiosità »*[575].

Fort de son expérience[576], Bartolo Longo décida de propager le message chrétien par le biais d'un projet éducatif religieux pour tenter de se départir des croyances magiques qui entachaient le village. De plus, à cette époque, tous les regards étaient dirigés vers Lourdes et la polémique entre les croyants et les sceptiques atteignait son comble. Lorsqu'en 1858, l'apparition mariale fut médiatisée, la petite ville des Hautes-Pyrénées fit du tourisme religieux son activité principale. Nous avons supposé, pour notre travail, que l'entreprise de Longo tentait de se rapprocher du modèle de Lourdes[577] mais l'opération s'annonçait plus difficile à réaliser car aucun événement miraculeux ne s'était produit à Pompei.

En premier lieu, Bartolo Longo convint que l'église du village était trop exiguë pour contenir l'entière population et que c'était la raison principale pour laquelle beaucoup ne s'y rendaient plus. Par ailleurs, de nombreuses familles ignoraient les principes élémentaires de la religion catholique. À titre d'exemple, en visitant un grand nombre de demeures, il s'aperçut que les quelques crucifix présents avaient été achetés lors d'événements festifs, comme les mariages, ou même lors de fêtes popumaires, ne présentant aucune connotation religieuse[578]. Ces constats accentuèrent sa volonté d'instaurer chez les villageois une croyance concrète, simple, quotidienne et capable

[575] PACE, Antonio, *L'uomo dei campi alla svolta dei tempi*, [L'homme des champs au tournant des temps], Napoli, Casa Editrice D'Auria, 1974, p.292. Trad. (Le cultivateur est un travailleur autonome et l'autonomie du travail et la solitude des champs amènent le cultivateur de la terre à un certain individualisme présent aussi dans l'expression de sa religiosité).

[576] Il est possible de rapprocher l'œuvre de Bartolo Longo d'une figure éminente du XVIIIe siècle, S. Alfonso De Liguori (1696-1787) qui a participé au grand renouveau religieux du sud en fondant une congrégation en 1732 dont le but est de venir en aide aux populations les plus reculées du Mezzogiorno. Dans une lettre adressée au pape Benoît XIV le 30 mars 1748, il précise que sa fondation vise à aider les gens les plus démunis des campagnes du Royaume. DE SPIRITO, Michelangelo, « Il Santo nella storia del Mezzogiorno » [Le Saint dans l'histoire du Mezzogiorno] in *Sociologia*, 2, 1976, pp.99-118.

[577] Nous avons évoqué le cas de Lourdes dans le chapitre 3.

[578] LONGO, Bartolo, *Storia del Santuario di Pompei*, *op. cit*, p.55.

avant tout de répondre aux questionnements fondamentaux de la vie. De surcroît, il était conscient qu'il ne fallait pas dénigrer les croyances populaires dans ce contexte existentiel précaire d'une part, et d'autre part, qu'il devait démarquer son projet de sanctuaire du site archéologique situé à quelques encablures. Par conséquent, l'avocat décida de rebaptiser la ville *Valle di Scafati*. Cependant, ce nouveau toponyme n'évoquait plus rien aux visiteurs qui venaient sur le site : ils ne prolongeaient plus leur périple jusqu'au village. Et le dessein de Bartolo Longo restait celui de drainer des foules, dès la construction du sanctuaire, alors, au fil des années *Valle di Scafati* devint *Valle di Pompei* afin que l'association, avec le site archéologique très couru, se fasse de façon naturelle.

1. La première image de la Vierge

Selon le récit de Bartolo Longo, sa propre vénération pour la Vierge provenait de son expérience personnelle comme il l'expliqua : *« Sperimentò in se stesso l'effetto della preghiera [...] e attribuì la propria guarigione [...] all'intercessione della Madonna »*[579]. C'est précisément cette guérison miraculeuse qu'il relatait aux habitants de Pompei pour, nous le supposons, exercer un attrait sur l'imagination populaire et essayer de convaincre les paysans des pouvoirs particuliers de la Mère de Dieu. Ainsi, son projet de socialisation pour créer un ciment social s'articula, à l'origine, autour de cette révélation, mais son dessein devait indéniablement passer par l'exposition d'une icône qui serait honorée par tous les fidèles.

Dans un premier temps, il distribua des médailles en métal de la Vierge au Rosaire, pour sensibiliser la population puis il se rendit à Naples, le 13 février 1875, pour y trouver et en rapporter une image mariale, ceci afin d'organiser la première fête en l'honneur de la Vierge au Rosaire. Ce fut l'occasion pour lui de remarquer que, suite à l'épidémie de choléra de 1873, l'attachement à la Madone de la part de la population s'était montrée croissante et que de nombreuses processions en son hommage avaient lieu dans les rues de la ville de Naples. Il y acheta une statuette de la Vierge au

[579] CAGGIANO, Pietro, RAK, Michele, TURCHINI, Angelo, *La Madre Bella*, Pontificio Santuario di Pompei, 1990, p.28. Trad. (Il découvrit lui-même l'effet de la prière [...] et attribua sa propre guérison à l'intercession de la Vierge)

Rosaire[580]. Bartolo Longo souhaita remplacer rapidement la statuette par un tableau et pour ce faire, il s'informa auprès d'un peintre napolitain. Mais le prix excessif pratiqué par l'artiste le découragea et il dut se contenter d'un tableau de piètre facture qui lui fut offert par une religieuse napolitaine. En voici sa description :

Era non solo una vecchia e logora tela, ma il viso della Madonna, meglio che di una Vergine benigna, [...], pareva piuttosto quello di un donnone ruvido e rozzo. [...]. Oltre alla deformità e spiacevolezza del viso, mancava pure sul capo della Vergine un palmo di tela [...]. Nulla è da dire della brutezza degli altri personaggi. San Domenico a destra sembrava non già un Santo, ma un idiota da trivio ; ed a sinistra era una S.Rosa, con una faccia grossa, ruvida e volgare come una contadina, incoronata di rose[581].

Ce n'était pas seulement un vieux tableau usé, mais le visage de la Vierge, au lieu d'être une Vierge bienveillante, ressemblait plutôt à celui d'une matrone bourrue et grossière [...]. En plus du visage déformé et déplaisant, il manquait aussi sur la tête de la Vierge une partie du voile [...]. Et que dire de la laideur des autres personnages? À droite, Saint Dominique ne semblait pas être un saint mais plutôt un banal idiot et à gauche, on voyait Sainte Rose, dont le gros visage renfrogné et vulgaire tel celui d'une paysanne, était couronné de roses

Le tableau (Fig.2) fut transporté sur un chariot de fumier par un paysan de Naples qui se rendait à Pompei. Il fut restauré[582]. Si le tableau, pourtant, s'inscrivait dans l'iconographie des œuvres réalisées entre le XVIe et le XVIIIe siècles qui ornaient les églises napolitaines, il est décrit en des termes crus par Bartolo Longo lui-même. Cette remarque permet de comprendre que l'événement de Pompei ne sera jamais l'icône en soi, laissant sa place au sanctuaire qui sera construit postérieurement[583].

---

[580] L'année suivante, en 1876, il crée la Confrérie du Rosaire de Pompei dont le but est de nommer des missionnaires qui auront la charge d'enseigner aux villageois les principes utiles pour réciter le Rosaire in LONGO, Bartolo, *Storia del Santuario di Pompei*, *op. cit.*, p.95

[581] Ibid. p.79.

[582] Il n'existe pas de reproduction photographique du tableau rapporté de Naples. La représentation que nous proposons est le tableau actuel, maintes fois restauré et placé actuellement sur l'autel de la basilique du Rosaire à Pompei.

[583] Par la suite, Bartolo Longo confie l'icône au peintre napolitain Federico Maldarelli pour une ultime restauration, en lui demandant aussi de transformer Sainte-Rose en Sainte-Catherine de Sienne. En 1965, la dernière restauration est effectuée au cours de laquelle, sous les couleurs superposées dans les restaurations antérieures, on redécouvre les couleurs originales qui révèlent le travail de Luca Giordano (XVIIe siècle). À la fin de la restauration, le 23 avril 1965, l'icône est magnifiée par des pierres précieuses (le diadème est composé de diamants, de saphirs et d'émeraudes) et le pape Léon XIII bénit le diadème en avril 1887. LONGO, Bartolo, *Storia del Santuario di Pompei*, *op. cit.*, p.70.

Fig.2
La Vierge au Rosaire
Huile sur toile (120x100 cm)
©chretienmagazine.fr

Néanmoins, le tableau fut immédiatement considéré comme miraculeux et sa réputation se propagea très rapidement. Au sujet de cette icône, on peut lire des récits comme celui qui suit, datant de 1876 et intensifiant la sensibilité populaire :

La prima volta che la SS Vergine si degnò di apparire agli uomini e sotto le sembianze onde vedesi dipinta in questo Tempio, non fu ad una vergine fanciulla innocente, come seguì sulla montagna di Lourdes. [...] ; sì bene fu ad una donna coniugata, madre di numerosa prole, ricca signora e dell'alta Società napoletana, Giovannina Muti [584].	La première fois que la très Sainte Vierge daigna apparaître aux hommes et ressemblant en tout point au tableau situé dans l'église, ce ne fut pas à une jeune vierge innocente comme cela arriva sur la montagne de Lourdes. […] ; mais à une femme mariée, Giovannina Muti, mère de nombreux enfants, une femme riche qui faisait partie de la haute société napolitaine.

[584] Ibid., p.226.

2. La figure du curé

Les témoignages, ou les récits, qui relatent la vie quotidienne des paysans au XIXe siècle exposent souvent la figure du curé dans les campagnes du Mezzogiorno comme primordiale bien que rôle soit parfois très controversé. D'une part, le personnage religieux demeure indispensable car il fait parfois office de médecin, sans avoir recours à des médicaments et les malades sont en général « soignés » avec des sangsues médicinales[585]. Par conséquent, comme sa présence réconforte les populations, il est considéré comme un pilier essentiel de la vie des villages. Mais, d'autre part, malgré ses « dons » de guérison, son rôle, et celui du clergé de manière plus générale, reste discutable :

Un clero intento più a difendere il suo patrimonio e la sua autonomia dall'ingerenza del vescovo, che a santificare il popolo. Un popolo che « tira avanti » la sua grama esistente in un mondo dominato dalla consapevolezza della scarsità, dal senso della precarietà e dall'impotenza dell'uomo di fronte ai fatti della natura[586].

Un clergé plus occupé à défendre son patrimoine et son autonomie contre l'ingérence de l'évêque qu'à célébrer le peuple. Un peuple qui fait ce qu'il peut pour subvenir à sa misérable existence dans un monde dominé par la conscience de la pénurie, du sens de la précarité et de l'impuissance de l'homme face aux faits de la nature

En effet, le curé, dans ce cas de figure, revêt largement un rôle critiquable et cette situation crée souvent des conflits entre l'institution religieuse et l'individu. Le prêtre, en effet, représente, pour le paysan, à la fois l'administrateur de ses terres à qui il doit verser des loyers élevés, mais aussi l'usurier qui demande des taux d'intérêts importants en faisant souvent jouer l'élément religieux comme moyen de chantage pour récupérer cet argent. Néanmoins, les prêches ou les enseignements dispensés par un curé, formé dans ce contexte culturel, conviennent au système traditionnel et souvent, le curé n'est pas tant reconnu comme dépositaire du culte que comme autorité légitime,

---

[585] Ibid., p.48.

[586] DE SPIRITO, Angelomichele, *op. cit.*, p.103.

pour juger les différends au sein de la communauté. Ainsi, lors des fêtes rurales populaires, il est souvent convié et il se fait une obligation de venir, sinon son absence serait considérée comme un discrédit de sa part à l'encontre des coutumes religieuses du village[587].

Lorsqu'il entreprit son projet, Bartolo Longo demanda au curé, interlocuteur privilégié et figure incontournable du village, de l'accompagner dans sa démarche car il s'était rendu compte, lors de l'office, que la plupart des habitants ne parlait qu'en dialecte. À ce sujet, Bartolo Longo relate :

Pensai che niuno meglio del parroco poteva predicare a questa gente per venire compreso. E però lo invitai a fare tre prediche al popolo per spiegare il Rosario, sperando che la parola del proprio pastore avesse a produrre un frutto [...]. Ma neanche allora ottenni l'intento perchè il buon Parroco invece di predicare il Rosario, predicò sulla Salve Regina [588].

Je pensai que personne n'était mieux placé que le curé pour prêcher et se faire comprendre par la population. Et donc, je lui demandai de faire trois sermons pour expliquer le Rosaire en espérant que le discours du curé du village produirait un résultat [...]. Mais à ce moment-là non plus, je n'atteignis pas mon but car le bon curé, au lieu de prêcher le Rosaire, prêcha la Vierge du Salut.

On se rend ainsi compte que le curé fit aussi preuve d'une certaine inculture, ce qui rendit la communication encore plus difficile. L'autre observation qui s'impose reste que la dévotion religieuse caractéristique du village et la prédominance de la figure du curé fut une donnée qui compliqua et alourdit l'entreprise de Bartolo Longo. À l'évidence, le soutien du prêtre fut quasi inexistant et l'avocat dut lutter contre le sentiment de fatalisme inhérent à cette terre ingrate, prégnant chez les populations du Sud mais aussi combattre les pratiques populaires, héritage du passé où les actes religieux constituaient l'essence même de l'organisation sociale et civique.

---

587 *Storia del Mezzogiorno, Il Mezzogiorno nell'Italia unita*, vol.XII, Napoli, Edizioni del Sole, 1991, p.416.
588 LONGO, Bartolo, *op. cit.*, p.66.

3. UNE ADHÉSION NON SPONTANÉE DES FIDÈLES

En dépit du manque d'encouragement du curé, Bartolo Longo put néanmoins persévérer dans son projet. Il ne choisit pas de célébrer le culte de San Gennaro ou d'un autre saint du Mezzogiorno mais d'adopter la croyance mariale fortement ancrée dans la région et honorée au travers de nombreux pèlerinages, comme le précise Giuseppe Galasso : « *Il predominio mariano nella denominazione dei santuari oggetti di più fervido culto e di più grossi pellegrinaggi e con maggiore raggio di influenza e di richiamo è schiacciante* »[589].

Si le culte de la Vierge retint l'attention de l'avocat, c'est aussi parce que la Madone revêtait une fonction cohérente et unificatrice dans la tradition religieuse. En outre, elle se situait aux antipodes des dévotions marquées par des élans ostentatoires de vénération, comme c'était le cas avec San Gennaro, un saint napolitain qui jouissait d'une réputation universelle[590]. En général, les saints de la Campanie, et plus particulièrement ceux de Naples, étaient très médiatisés et leur culte déchaînait des passions comme le décrit l'écrivaine Matilde Serao : « *Vi è l'olio che arde nella lampada innanzi al corpo di San Giacomo della Marca, nella chiesa di Santa Maria la Nuova, che fa guarire i mali di testa* »[591].

Dans le cas qui nous intéresse, c'est une religiosité à contre-courant des formes exaltées, qui fut proposée à la population. Le choix de la Vierge dans le Mezzogiorno représentait l'aspect le plus charnel de la religion car elle suscitait une émotion souvent contenue[592]. Cependant, quelques mois après les premières tentatives de Bartolo Longo pour la mise en place du culte, l'ensemble des villageois entendit parler de la réalisation d'un miracle dans la localité de Boscoreale, à quatre kilomètres de Pompei :

Il miracolo si attribuiva ad un'altra immagine della Vergine [...] Il racconto	On attribuait le miracle à une autre image de la Vierge [...]. Le récit de

[589] GALASSO, Giuseppe, *op. cit.*, p.75. Trad. (Il est indiscutable que la suprématie mariale dans la dénomination des sanctuaires, objet de cultes les plus fervents et des pèlerinages les plus importants, aient un attrait et une influence considérables).
[590] Nous avons évoqué le culte à San Gennaro dans notre chapitre 2.
[591] SERAO, Matilde, *Vecchia Napoli*, Milano, Garzanti, 1959, p.36. Trad. (Il y a l'huile qui guérit les maux de tête et qui brûle dans la lampe devant le corps de Saint Jacques de la Marque dans l'église de Sainte-Marie La Nouvelle).
[592] NIOLA, Marino, *op. cit.*, p.10.

di quel miracolo per le campagne e per le città vicine fu ben presto seguito dalla narrazione di altre grazie largite dalla madonna dei Flagelli. E in breve tempo [...], la folla si andava sempre accrescendo ; sicchè ogni giorno si vedevan passare centinaia di uomini, di donne e di fanciulli che correvano a venerare la Madonna dei Flagelli a Boscoreale che faceva strepitosi miracoli.[593]	ce miracle à travers les campagnes et les villes avoisinantes fut rapidement suivi de propos au sujet des autres grâces prodiguées par la Vierge des Fléaux. Et très vite, la foule s'intensifiait, de sorte que jour après jour, on voyait passer des centaines d'hommes, de femmes et d'enfants qui se précipitaient pour aller vénérer la Vierge aux Fléaux à Boscoreale qui accomplissait des miracles tonitruants.

Pour remédier à la situation qui tendait à devenir incontrôlable, la rigueur et la cohérence propres à Bartolo Longo suffisèrent à atténuer le phénomène. Pour impliquer les habitants de Valle di Pompei et mettre en place le culte de la Vierge, qui deviendra, dans une certaine mesure, la « Sainte Patronne » du village, il fallait coûte que coûte retenir les fidèles et les associer à un projet commun.

4. Les fêtes et la tombola comme agrégation sociale

Le groupe de pouvoir représenté par l'Église et l'aristocratie se mit en marche, selon le principe défini par Marino Niola par *« l'affermazione di un patrono è [che] spesso il risultato di una strategia promossa da un gruppo di potere riflettendo sempre un momento particolare della storia politica e sociale della città »*[594].

La première décision fut donc de demander dès 1876, sur les conseils de l'évêque de Nola, Monseigneur Formisano, à chaque paysan, une obole symbolique mensuelle, afin de construire un nouvel édifice religieux à Pompei[595]. Même les plus démunis furent tenus de participer à cette entreprise, ceci afin qu'une cohésion soit créée au sein de la communauté et que chacun puisse adhérer au principe de la charité chrétienne. Cette intention n'est en rien anodine puisqu'elle renvoie directement à un

[593] LONGO, Bartolo, *op. cit.*, p.244.
[594] NIOLA, Marino, *op. cit.*, p.53. Trad. (L'affirmation d'un saint patron est souvent le résultat d'une stratégie promue par un groupe de pouvoir réfléchissant toujours à un moment particulier de l'histoire politique et sociale de la ville).
[595] LONGO, Bartolo, *op. cit.*, p.8.

critère présent dans le Nouveau Testament, celui de la pauvre veuve qui, selon l'Évangile de Saint Luc, fut néanmoins plus généreuse que les riches car « *la veuve, de son indigence a tiré profit et de sa pauvreté, a suscité de l'abondance* »[596].

Cette référence biblique fut exprimée explicitement, mais comme l'argent remis par les paysans ne suffisait incontestablement pas à conduire à terme le projet, une seconde sollicitation fut adressée à la noblesse napolitaine, susceptible d'allouer des sommes d'argent plus conséquentes en échange de grâces.

À ce sujet, les sources confirment que la première grâce concerna une aristocrate napolitaine, Clorinda Lucarelli qui souffrait de graves problèmes épileptiques. En priant la Vierge au Rosaire de Pompei, elle guérit soudainement et alloua une somme d'argent considérable pour contribuer à la construction du sanctuaire[597].

De surcroît, pour honorer la Vierge au Rosaire, Bartolo Longo décida d'organiser une cérémonie à sa gloire et, pour convaincre les habitants d'assister à cette première célébration officielle, il mit, le même jour, en place une tombola:

Parte principale della festa sarebbe per essere un gran lotto di un soldo. [...]. I primi cinque premi sarebbero di oggetti di oro napoletano, cioè di grossa vista e di poco valore : un anello, un paio di orecchini [...]. Altri ottocento premi sarebbero di crocifissi, corone e quadretti della Vergine del Rosario. Ordinai per la festa dei fuochi artificiali e giuochi e la banda musicale di Pagani.[598]

La partie principale de la fête serait une grande tombola qui ne coûterait qu'un sou [...]. Les cinq premiers prix seraient des objets d'or napolitain, c'est-à dire voyants et sans valeur : une bague, une paire de boucles d'oreilles [...]. Les huit cent autres prix seraient des crucifix, des couronnes et des petits cadres de la Vierge au Rosaire. Je commandai pour la fête des feux d'artifice, des jeux et l'orchestre de Pagani.

De plus, l'avocat eut l'idée de parcourir la campagne en demandant des offrandes de maïs et de coton aux paysans, qui seraient données pour la fête du Rosaire. Enfin, un projet initié dès décembre 1875 et qui concernait la création d'une Mission

[596] BOVON, François, *L'Évangile selon Saint Luc 19,28-24,53*, Genève, Labor et Fides, 2009, p.131.
[597] CAGGIANO, Pietro, RAK, Michele, TURCHINI, Angelo *op. cit.*, p.28.
[598] LONGO, Bartolo, *op. cit.* p.63.

intitulée « La Société du Rosaire »[599] avait pour but d'agir comme un ciment social au sein des paysans dispersés dans la campagne, afin de diffuser le culte du Rosaire, mais aussi de prêter assistance aux infirmes et de constituer une dot à des jeunes filles pauvres. La Mission, à ce titre, ne s'éloignait ni des traditions religieuses et ni des concepts catholiques des œuvres de miséricorde, puisque les intentions de Bartolo Longo rappelaient le discours exposé par Don Pietro Liguori à Carlo Levi dans l'ouvrage *Le Christ s'est arrêté à Eboli* . Il s'agissait de l'épisode au cours duquel le prêtre qui pensait que le médecin restait le seul homme capable à solliciter les paysans de Gagliano pour qu'ils retournent à l'église et qu'ils reprennent la pratique religieuse :

Bisogna riportare questo popolo alla religione, altrimenti cadrà in mano degli atei che pretendono di comandare [...]Ma per portare alla chiesa questi contadini, bisogna che le funzioni diventino più attraenti, che colpiscano di più la fantasia. La chiesa è povera e nuda, e la parola sola non attira abbastanza. Perchè i contadini tornino a frequentare la Casa del Signore, ci vorrebbe della musica. Io ho fatto venire da Miglionico un armonium, l'ho fatto portare ieri in chiesa.[600]

Il fallait ramener ce peuple à la religion, autrement il tomberait entre les mains des athées, qui prétendent commander […]. Pour ramener à l'église ces paysans, il faut que les offices deviennent plus attrayants, qu'ils frappent davantage l'imagination. L'église est pauvre et nue et la parole seule n'attire pas assez. Pour que les paysans recommencent à fréquenter la maison du Seigneur, il faudrait de la musique. J'ai fait venir un harmonium de Miglionico, je l'ai fait transporter hier à l'église.[601]

La décision de Bartolo Longo et le témoignage de Carlo Levi nous démontrent que, dans un cas comme dans l'autre, la dévotion populaire doit passer par un ensemble de réjouissances, comme le divertissement et la fête. Pour cette raison, outre la tombola, des feux d'artifice furent aussi offerts à la population. Malgré les apparences, cet élément s'englobait parfaitement, dans le cadre des fêtes religieuses de la région car, lors des fêtes de la Saint-Jean ou lors de fiançailles, les feux d'artifice étaient utilisés pour exprimer une fête religieuse, un rite amoureux, ou même pour rappeler des

[599] Ibid. p.61.

[600] LEVI, Carlo., *Cristo si è fermato a Eboli*, [Le Christ s'est arrêté à Eboli], Torino, Einaudi, 1945, p.295.

[601] Traduction de Jeanne MODIGLIANI, Paris, Gallimard, 1948, p.295.

batailles, comme celle qui fut menée contre les Sarrasins et dont les réjouissances se déroulaient dans le clocher de l'Église du Carmine[602].

Bartolo Longo, en procédant ainsi, reprenait tous les éléments chers aux fêtes traditionnelles religieuses ou laïques et maintenait son exigence de sauvegarder un patrimoine identitaire et une mémoire historique. Ainsi, la Vierge cessa d'être un simple « objet » de croyance pour la population et devint un acteur à part entière, pouvant s'intégrer sans difficulté dans la société. En outre, Bartolo Longo qui possèdait une connaissance approfondie des coutumes rurales, avait trouvé le moyen d'exercer une « pression sociale » sur les habitants en les impliquant financièrement au projet et en organisant une fête en l'honneur de la Vierge, en tout point fidèle à leurs habitudes festives, sans que toutefois la manifestation demeurât synonyme de transgression sociale.

Mais cette entreprise s'avéra difficile à réaliser puisque les acteurs locaux, les villageois et le curé pour l'essentiel, ne semblaient pas très coopératifs. Comme nous l'avons compris, le lien entre le territoire de Pompei et la dévotion à la Vierge n'était pas de nature spontanée et le projet revêtait un but éducatif envers le monde paysan qui se trouva particulièrement bien désigné à cette époque, pour trouver, par le biais de Bartolo Longo, un fédéralisme social et un remède thérapeutique aux conditions de vie humaine[603].

III. Construction d'un espace sacral

Dans la diffusion d'une croyance religieuse, la construction d'un lieu de culte occupe une place centrale et pour cette raison, la première pierre du sanctuaire fut posée le 8 mai 1876. Néanmoins, si la période historique et sociale conduisait à faciliter une croyance religieuse, l'initiative de Bartolo Longo fut difficile à réaliser.

---

[602] GALASSO, Giuseppe, *op. cit.*, p.139.

[603] Outre l'engagement pastoral de Bartolo Longo, il faut mentionner la mise en place de l'assistance aux mineurs. Un centre éducatif est crée et géré par les Frères des Écoles Chrétiennes pour les mineurs issus de familles pauvres ou lorsque les parents sont incarcérés. Les jeunes gens peuvent suivre des cours et recevoir une formation professionnelle. Il existe aussi une structure pour les jeunes filles victimes d'abus, confiées aux Sœurs Dominicaines.

En effet, souvent, l'édification d'un sanctuaire intervient à la suite d'un fait miraculeux mais ce n'était pas le cas à Pompei. Donc, à première vue, le lieu ne présentait aucun attrait particulier. De surcroît, non seulement l'édification du sanctuaire ne relèvait pas d'un « signe » de la Vierge mais, de plus, Pompei ne possèdait aucunes reliques de saints qui auraient pu influer sur la fréquentation d'un futur sanctuaire. Il fallut donc miser uniquement sur le tableau de la Vierge qui était restauré, pour constituer le point de départ de la dévotion populaire. Pour ces raisons, Bartolo Longo tenta, au travers de son entreprise, non pas de perpétuer une tradition, mais de tirer l'avantage d'une « *predisposizione ambientale al culto della Madonna, una sacralità che non era data da uno speciale carattere evocativo ma dalla urgenza della miseria umana* »[604].

A LES PRÉMISSES DU PROJET

Mais l'œuvre de Longo, que l'on ne s'y trompe pas, ne comportait pas exclusivement un aspect religieux, puisqu'il s'impliqua beaucoup dans l'urbanisation de la Nouvelle Pompei. Par conséquent, la ville fut profondément marquée par le XIXe siècle, particulièrement dans la configuration de son centre entièrement restructuré.

En effet, dans un premier temps, comme nous l'avons déjà précisé, l'amalgame entre le site archéologique, déjà fortement médiatisé, et la nouvelle ville en construction demeura un élément promoteur indéniable. Le vaste chantier qui exerça un phénomène de réveil social et religieux sur la population, contribua dans un même temps, à donner une dynamique à un lieu qui, tout bien considéré était « *un non-luogo, il nome non esiste, le comunicazioni non esistono, l'icona non esiste, l'evento non esiste* »[605].

---

[604] FATTORINI, Emma, "Santuari mariani in Italia tra Ottocento e Novecento", [Sanctuaires mariaux en Italie entre le XXe siècle et le XXe siècle], in *Sanctuaires français et italiens dans le monde contemporain*, tome 117, Rome, Mélanges de l'École Française de Rome, 2005, pp. 457-486, p.469. Trad. (D'une prédisposition du lieu au culte de la Vierge, d'une sacralité qui ne découle pas d'un caractère évocateur particulier mais de l'urgence de la misère humaine)

[605] *Bartolo Longo, « Urbanista » a Valle di Pompei, 1876-1926*, a cura di IULIANO, Marco e FEDERICO, G, Serena, Napoli, Edizioni Scientifiche Italiane, 2000, p.7. Trad. (Est un non-lieu, le nom n'existe pas, les voies de communication n'existent pas, l'icône n'existe pas, l'événement n'existe pas).

De plus, il nous est possible de faire une autre remarque concernant l'aspect inédit de la création de la nouvelle ville de Pompei. En effet, cette initiative se trouvait être aux antipodes des projets urbains européens, à un moment où de nombreuses villes changeaient d'apparence et où leur modernisation passait par la destruction de l'ancien avec son remplacement.

Ainsi, dès 1886, Bartolo Longo transforma la campagne qui se trouvait autour de l'amphithéâtre antique en une ville moderne où l'on trouvait une place publique, entourée d'habitations dont certaines étaient réservées aux ouvriers, une rue principale spacieuse et moderne, la *Via Sacra*, reliant le sanctuaire à la gare, ouverte depuis 1887. Le processus de transformation rapide de la société italienne, avec l'arrivée de l'électricité, le début des Expositions Universelles, le climat culturel et tous les symboles de la culture moderne, au lendemain de son Unité, l'amenèrent à profiter du rapport intense de la population avec le divin. La basilique permit de canaliser la piété populaire mais aussi d'offrir une topographie nouvelle au village. Il est donc possible de considérer le projet non seulement comme une œuvre de charité mais aussi comme « *une œuvre de civilité* »[606] sur un territoire qui se présentait comme :

Una terra di resurrezione e di vita : all'infranto Anfiteatro, insozzato di sangue, si contrappone un Tempio vivo di fede e di amore, un Tempio sacro alla Vergine Maria ; ad una città sepolta [...], succede una città piena di vita, che attinge la sua origine dalla « Civiltà nuova » portata dal Cristianesimo : la Nuova Pompei ![607]

Une terre de résurrection et de vie : l'amphithéâtre en ruine, souillé de sang s'oppose à un Temple en vie, synonyme de foi et d'amour, un Temple Sacré dédié à la Vierge Marie ; une ville pleine de vie qui puise ses origines dans la *Civilisation nouvelle* apportée par le Christianisme : la Nouvelle Pompei succède à une ville enterrée !

De plus, si la construction de la nouvelle ville rima avec la création d'hôtels visant à accueillir les pèlerins, elle correspondit aussi à la grande vague du thermalisme en Europe. Pompei n'échappa pas au phénomène puisque le comte De Fusco, fils de la Comtesse, pour qui Bartolo Longo avait travaillé en tant qu'avocat, acheta une maison à

---

[606] BORZOMATI, Pietro, « Bartolo Longo, fondatore di una città-santuario » [Bartolo Longo, fondateur d'une ville-sanctuaire] in *I santuari eredi e protagonisti nella cultura d'Europa*. [Les sanctuaires héritiers et protagonistes dans la culture de l'Europe], Atti del secondo Congresso Europeo su Santuari e Pellegrinaggi del 17 al 21 novembre 1998, Città del Vaticano, 1998, pp.131-136.

[607] LONGO, Bartolo, *op. cit.*, p.18.

Valle De Pompei[608] vers 1900. Lors de travaux, pour tenter de trouver l'eau nécessaire à l'irrigation, on assista au jaillissement d'une source. Après analyse, il fut constaté que l'eau pouvait être consommée en raison de ses composants exceptionnels comme le bicarbonate de magnésium et le potassium. Dès 1916, Bartolo Longo finança des travaux mettant en place le premier noyau de la station thermale[609].

À ce titre, l'eau thermale devint non seulement un moyen de purification thérapeutique, mais aussi de régénération de l'âme rappelant l'eau miraculeuse de Lourdes. Ainsi, l'amalgame avec la ville française, considérée comme l'épicentre fondamental des événements religieux dont le développement était considérable à cette époque, contribua à médiatiser le site. Dans ce cas précis, les attentes du « promoteur » étaient claires : les touristes qui fréquentaient la station thermale et les pèlerins du sanctuaire de la Vierge au Rosaire, relayés par les visiteurs du site archéologique, entraîneraient le développement de la nouvelle ville.

La mise en place du chemin de fer eut aussi une incidence positive sur le développement touristique du site archéologique. Bartolo Longo œuvra aussi pour la construction d'une gare ferroviaire et demanda à la Compagnie des trains la mise en place de tarifs préférentiels pour les pèlerins qui se rendaient en pèlerinage à Pompei : « *Chiese alle autorità ferroviarie, l'emissione di biglietti a riduzione di Andata e Ritorno, da tutte le stazioni per le feste di maggio a Valle di Pompei* »[610].

L'esprit d'entrepreneur de l'initiateur du projet au développement permit la mise en valeur du lieu sacré, même si Bartolo Longo n'imaginait pas, en arrivant à Pompei pour la première fois en 1872, que *« la locomotiva potesse discendere insino a questa triste Valle ; pensare ad un ufficio postale, ad un telegrafo, ad una frequentissima stazione ferroviaria qui, sarebbe stata una follia ! »*[611]. Toutefois, ces infrastructures

---

[608] La demeure est aujourd'hui le siège de la mairie de Pompei.

[609] Bartolo Longo, *Urbanista a Valle di Pompei, 1876-1926*, *op. cit.* p.7 et BECCARINI, Paolo, *Pompei pagana e Pompei cristiana*, [Pompei païenne et Pompei chrétienne], Valle di Pompei, p.25. Il nous faut préciser qu'à quelques kilomètres de Pompei se trouve la ville de Castellamare di Stabia, réputée pour son thermalisme depuis l'époque romaine.

[610] CICALESE, Aniello, *Valle di Pompei e la sua stazione*, [Valle di Pompei et sa gare], Pompei, Archivio Bartolo Longo, 2006 p.49. Trad. (Il demanda aux autorités ferroviaires l'émission de billets allers et retours, depuis toutes les stations lors des fêtes de mai à Valle di Pompei).

[611] LONGO, Bartolo, *Storia del Santuario di Pompei*, *op. cit.*, p.51. Trad. (La locomotive pourrait descendre jusqu'à cette triste Vallée, imaginer un bureau de poste, une poste de télégraphe, une gare ferroviaire aurait été une folie).

étaient indispensables car la création d'un pèlerinage dédié à la Vierge présentait la constante suivante : « *quella di mantenere, ancora oggi, pur nel progressivo ampliarsi della rete stradale e diffondersi dei mezzi di communicazione, la caratteristica di un vero e proprio viaggio* »[612]. En outre, une autre fondation permit de fédérer la fréquentation du lieu et de lui conférer en plus, une reconnaissance scientifique. Il s'agit de l'observatoire astronomique et sismique construit, non pas sur une montagne comme à l'accoutumée, mais dans la vallée[613].

L'édification de la basilique s'inscrivit ainsi dans une véritable cohérence urbanistique puisque Bartolo Longo proposa la construction de divers édifices modernes dans une Italie naissante, comme un poste de carabiniers, une poste de télégraphe qui allait forcément accélérer le développement touristique. Car à l'époque, « *i quattro fattori della vita e del progresso intelletuale e materiale di un popolo sono qui impiantati : il Vapore, l'Elettrico, la Posta e la Stampa* »[614]. Ainsi, la Poste vit transiter de nombreuses lettres qui permettaient de contrôler que les sommes dépensées pour l'expédition d'objets dévotionnels étaient considérables[615].

B LE RÔLE MÉDIATIQUE DE LA BASILIQUE

Avant l'arrivée de Bartolo Longo, la liturgie se déroulait dans la petite église paroissiale de San Salvatore. Elle se trouvait dans un état d'abandon total et un constat frappa Bartolo Longo dès qu'il la vit :

Quale spettacolo ! Quella esile chiesetta, fabbricata [...] era così angusta e povera e mal tenuta. [...]. Non vi era in questa chiesa che un solo altare, il maggiore,

Quel spectacle ! Cette petite église fragile était tellement exigüe, misérable et pas entretenue [...]. Il n'y avait, dans cette église qu'un seul

612 ROSSI, Annabella, *La festa dei poveri*, [La fête des pauvres], Bari, Laterza, 1969, p.90. Trad. (Celle qui maintient, aujourd'hui encore, tout en développant progressivement le réseau routier et la diffusion des moyens de communications, la caractéristique d'un vrai voyage).
613 Ibid., p.10.
614 PEPE, Ludovico, *Memorie storiche dell'Antica Valle di Pompei, Pompei, Bartolo Longo*, 1887, p.131. Trad. (Les quatre facteurs de la vie et du progrès intellectuel et matériel d'un peuple sont implantés ici : le cheval-vapeur, l'Électricité, la Poste et la Presse).
615 Ibid., p.133.

quello indispensabile per conservare il SS.Sacramento, ed era composto di vecchie assi. E però non deve recar meraviglia che topi, lucertole e scarafaggi vi avvessero la loro pacifica dimora[616].

autel, l'autel principal, indispensable pour conserver le Saint-Sacrement, composé de vieilles planches. Et de plus, les seules merveilles qu'elle devait receler étaient les rats, les lézards et les cafards qui y avaient élu leur pacifique demeure.

Les phases du nouveau programme visèrent à créer une continuité avec la modeste église qui, lors de son édification au XIe siècle, avait entraîné le développement de nouvelles habitations et avait aussi contribué indéniablement à développer le nouveau village, situé à un kilomètre de l'ancien bourg[617].

Motivé par ce projet, Bartolo Longo initia, dès le mois de mai 1876, la réalisation d'un sanctuaire sur un emplacement plutôt inédit puisque traditionnellement, les sanctuaires avaient la particularité de se situer sur des lieux difficiles d'accès, éloignés de toute proximité de grands centres urbains, comme Naples. La basilique (Fig.3) serait donc accessible facilement aux pèlerins et l'initiateur plaça tous ses espoirs de fréquentation de ce nouveau lieu cultuel dans le flux touristique lié au site archéologique voisin.

616 LONGO, Bartolo, *op. cit.* p.55.
617 PEPE, Ludovico, *op. cit.*, p.132.

Fig.3
Le Sanctuaire de Pompei
©AlfonsoMartone.

Les travaux de construction durèrent environ une cinquantaine d'années, si l'on considère que l'édifice fut agrandi en 1933.

La composition architecturale de la basilique de Pompei correspond au schéma suivant : un plan en croix latine avec trois nefs, une coupole imposante qui repose sur quatre piliers, trois transepts, un déambulatoire et une crypte. Il faut noter aujourd'hui, que derrière l'autel majeur, repose le corps de Bartolo Longo, sur lequel les pèlerins peuvent venir se recueillir.

Force est de constater que l'édifice religieux, dans sa structure même, n'est pas emblématique des changements dans la société italienne. On peut sans doute supposer que le monument se devait de reprendre le langage existant et usité des basiliques, afin de ne pas trop désorienter les croyants en leur offrant une image cohérente avec les modèles existants. Un projet qui se serait éloigné du schéma habituel aurait, indubitablement, laissé les fidèles perplexes et n'aurait fait que compliquer la tâche de Bartolo Longo. Quant au parti pris décoratif à l'intérieur de l'édifice, il répond à une volonté d'opulence.

En effet, le pèlerin, en franchissant le seuil, voit resplendir « *nel suo apogeo la gloria dell'architettura, della scultura e della pittura moderna, italiana, cristiana !* »[618]. Le décor intérieur est exubérant, il accumule les marbres polychromes, les dorures, les stucs, les statues de bronze et de marbre. Cette observation exprime clairement le dessein du lieu décidé à l'époque, à savoir, transporter le fidèle dans un autre monde en faisant appel à sa veine émotionnelle. La basilique veut persuader la piété et la dévotion du fidèle. Ainsi, les sentiments religieux peuvent être exprimés d'une manière vive, par des gestes et des attitudes passionnées.

Pour le fondateur du sanctuaire, « *l'arte nuova vince l'antica ; la civilità nuova si sovrappone alla civilità antica ; il Cristianesimo qui trionfa sul Paganesimo !* »[619]. Autrement dit, la nouvelle basilique, synonyme de civilisation chrétienne nouvelle, annihilait les croyances populaires, liées à la civilisation antique et païenne, pour mettre en place une croyance mariale répondant aux canons de la religion officielle. Le temple majestueux, dédié à la Vierge au Rosaire devint rapidement célèbre par la richesse de ses ornements.

Par conséquent, la nouvelle basilique amena aussi un changement dans les comportements des fidèles, lors des fêtes religieuses. Auparavant, les événements revêtaient une dimension plutôt festive, car ces moments représentaient pour la population un exutoire où les classes sociales se trouvaient abolies, où les inhibitions sociales et individuelles disparaissaient, où le rite festif marquait :

Una rottura del cerchio della miseria, della povertà [...]. La rottura dell'angustia in cui la vita quotidiana è costretta dall'indigenza, dallo stato di carestia permanente che è la realtà degli umili [620].	Une rupture du cercle de la misère, de la pauvreté [...]. La rupture de l'étroitesse où la vie quotidienne est contrainte à la pauvreté et à la pénurie permanente qui représente la réalité des plus humbles.

[618] LONGO, Bartolo, *op. cit.* p.18. Trad. (La gloire de l'architecture, de la sculpture et de la peinture chrétienne italienne moderne à son apogée).
[619] Ibid. p.19. Trad. (L'art nouveau l'emporte sur l'art antique ; la nouvelle civilisation recouvre la civilisation antique ; ici le christianisme triomphe sur le paganisme).
[620] GALASSO, Giuseppe, *op. cit.*, p.122.

Dès lors, le nouveau sanctuaire s'inscrivit dans une volonté d'intériorisation de la religion. En effet, les fidèles s'adonnèrent à une prière silencieuse semblable, selon Bartolo Longo, au silence de l'adoration. Cette prière intime permettait d'instituer un « dialogue » entre la Vierge et le dévot. [621] Dans le sanctuaire, le fidèle s'imprègnait d'une atmosphère unique et, à la différence du sanctuaire de Lourdes, considéré comme le lieu des grandes manifestations eucharistiques, « *Pompei si presenta come il santuario delle confessioni, dei miracoli intimi delle anime, della consecrazione e della esaltazione del Santo Rosario* ».[622]

La figure de Bartolo Longo devint, sans conteste, incontournable lorsque, le 14 octobre 1883, dix mille pèlerins réunis à Pompei[623] mais aussi dans d'autres villes du monde entier récitèrent tous ensemble, selon sa propre volonté, une prière qu'il avait lui-même écrite et qui sera ensuite considérée comme « *la preghiera più famosa in tutto il mondo di un italiano di questi ultimi secoli* »[624] (**annexe 5**).

Cette remarque permet de saisir le fait que proposer une tradition religieuse officielle, aux antipodes des rituels de prières des campagnes, a pu être réalisée à Pompei, sur la seule volonté d'un missionnaire.

---

[621] DE SPIRITO, Michelangelo, « Preghiera popolare e vita quotidiana dei devoti della Madonna di Pompei » [Prière populaire et vie quotidienne des dévots à la Vierge de Pompei] *in Bartolo Longo e il suo tempo* : Atti del Convegno storico promosso dalla Delegazione Pontificia per il Santuario di Pompei sotto l'alto Patronato del Presidente della Repubblica (Pompei 24-28 maggio 1982) a cura di VOLPE, Francesco, Roma, Edizioni di Storia e Letteratura, 1983, pp.69-90, p.77. Le colloque dont il est fait référence a permis de réaliser un inventaire des documents scientifiques et de constituer un instrument de travail *ad abundantiam* grâce au matériel accumulé par le Fondateur de la Nouvelle Pompei. Le détail de l'ensemble de la documentation se trouve dans l'ouvrage d'ILLIBATO, Antonio, *op. cit.*

[622] MONTI, Sebastiano, *Religione e geografia III, Epifania mariana e contaminazione laica del turismo religioso* [Religion et géographie III. Épiphanie mariale et contamination laïque du tourisme religieux], Napoli, Loffredo Editore, 2008, p.193. Trad. (Pompei se présente comme le sanctuaire des confessions, des miracles intimes de l'âme, de la consécration et de l'exaltation du Saint Rosaire).

[623] L'édifice ne sera pas assez grand pour accueillir toute la foule et l'architecte Antonio Cua, qui dirige gratuitement les travaux décide d'allonger l'abside de quinze mètres. L'église est inaugurée solennellement le 8 mai 1891.

[624] DE SPIRITO, Michelangelo, *op. cit.*, p.74. Trad. (La prière la plus connue depuis des siècles par les italiens dans le monde entier).

C LES ÉMIGRÉS

Parmi les projets réalisés par Bartolo Longo, figure aussi sa décision de fonder une revue mensuelle intitulée « *Il Rosario e la Nuova Pompei* »[625] afin de diffuser, auprès des fidèles du monde entier, la promotion du Rosaire[626]. Cette initiative fut aussi saluée par le pape Léon XIII. La revue permettait ainsi de s'inscrire à l'association mariale de Pompei, mais surtout de relayer la prière du Rosaire à tous les fidèles. Cette volonté permit ainsi aux émigrés de garder un lien avec une dévotion qui leur était chère et qui revêtait pour eux une fonction de rassemblement[627]. En effet, le caractère d'universalité acquis par le sanctuaire fut accentué par les nombreuses lettres ou demandes de grâces[628] qui parvenaient à l'attention de la Direction du Sanctuaire et de ses Œuvres de Bienfaisance, voire directement à la Vierge[629]. En effet :

L'impulso a ricostruire la comunità nazionale e a mantenere vive le abitudini di vita della madrepatria, preservando i valori che appartenevano al loro passato, fu un'esigenza insita negli immigrati che, sollecitati anche dall'impossibilità di comunicare con gli altri diedero vita a dei propri "ghetti etnici", caratterizzati da una forte omogeneità socio-culturale e da

La tendance à reconstruire la communauté nationale et à maintenir animées les habitudes de vie de la mère-patrie, tout en préservant les valeurs qui appartenaient à leur passé, fut une exigence inhérente aux émigrés qui, sollicités aussi par l'impossibilité de communiquer avec les autres donnèrent vie à de véritables "ghetto

[625] Trad. (le Rosaire et la Ville Nouvelle de Pompei).

[626] Le succès est immédiat car le premier numéro est imprimé en 4000 copies et les tirages suivants seront exponentiels. Aujourd'hui, 250 000 copies sont imprimées mensuellement et envoyées gratuitement dans le monde entier en italien, anglais et espagnol. MOCERINO, Pasquale, *Il beato Bartolo Longo. Un avvocato santo al servizio dell'uomo e della Chiesa*, [Le Bienheureux Bartolo Longo. Un avocat saint au service de l'homme et de l'Église], Pompei, 2005, pp.49-50.

[627] La bibliothèque du sanctuaire conserve de nombreuses lettres envoyées par les émigrés à Bartolo Longo. Voici un extrait de l'une d'elle datée du 4 janvier 1897 et écrite par Giuseppe S., expatrié à Thibodeaux aux États-Unis : « [...] *Lei deve dire alla Vergine di Pompei che quando uno domanda una Grazia ella deve farla presto ; e non già che deve stare anni ed anni, come me che sono quasi due anni che prego par una Grazia ed ancora non ho veduto niente.* ». Trad. (Vous devez dire à la Vierge de Pompei que quand une personne demande une Grâce, elle doit la réaliser rapidement et ne pas attendre pendant des années et des années comme c'est le cas pour moi qui prie depuis deux ans pour une Grâce qui n'arrive pas). Ces quelques lignes montrent combien les conditions de vie sont difficiles pour les émigrés qui cherchent un réconfort dans la religion.

[628] Les sources indiquent qu'en 1879, 725 lettres sont parvenues au sanctuaire et vingt ans plus tard, ce sont près de cent mille lettres qui sont reçues. Il s'agit, pour l'essentiel, de demandes de confessions ou de versement d'argent. Pour d'autres détails de ce type, on pourra se référer à l'ouvrage DE SPIRITO, Michelangelo, *op. cit.*, pp.78-80.

[629] De nombreuses requêtes sont adressées à « La mia Cara e Bella Madonna ». Trad. (Ma chère et Belle Madone).

un substrato paesano e regionalistico[630].

ethniques", caractérisés par une forte homogénéité socioculturelle et par un substrat paysan et régional.

Le sanctuaire de Pompei, à l'instar des autres sanctuaires de la péninsule, présente une fonction unificatrice et l'on remarque que dans les villes américaines, « *un agglomerato di gruppi regionali diversi, dove ogni domenica si festeggia qualche santo patrono, dove riecheggiavano grida in tutti i dialetti ma dove non si udiva quasi mai una parola in inglese* »[631]. Ainsi, les émigrés tentèrent de reconstruire leur communauté et de maintenir leurs habitudes de vie, tout en préservant les valeurs qui appartenaient à leur passé. Ils maintinrent, par exemple, une croyance mariale forte et dans le cas des émigrés de Pompei, une dévotion illimitée à la Vierge au Rosaire à qui l'on pouvait confier ses peines et ses péchés. C'est notamment le cas du protagoniste de *L'Americano* de Domenico Rea (1921-1994)[632], un émigré, qui, rentré au pays, rend immédiatement visite à la Vierge du Rosaire :

Sbarcato, mi recai dalla Madonna di Pompei, raccomandandole con preghiere, lagrime e zecchini l'anima di Niciuccia : « Chè mi ricordi uomo costumato. Chè io diventi un vecchio che pare un fanciullo, perchè io non ho fatto male a nessuno, ve lo dico come un figlio. Io volevo restare dov'ero. Ma non è stato possibile. E voi sapete meglio di me perchè. Io vi compro gli scarpini di brillanti. Io vi compro una cresta che nons'è mai vista. Io sono un buon'uomo. Lo so. Perchè io so che non sono un brigante [...] ». « Vai » fece la

Une fois débarqué, je me rendis auprès de la Madone de Pompei, en lui recommandant l'âme de Niciuccia à coup de prières, de larmes et d'écus : « Souvenez-vous de moi comme d'un homme comme il faut. Que je devienne un vieillard semblable à un enfant, parce que je n'ai fait de mal à personne, je vous le dis comme un fils. Je voulais rester là où j'étais. Mais cela n'a pas été possible. Et vous savez mieux que moi pour quelles raisons. Je vous achète des escarpins de brillants.

[630] « La presenza meridionale oltroceano » in *Storia di Napoli, del Mezzogiorno occidentale e della Sicilia, op. cit.*,p.553.

[631] Ibid., p.154. Trad. (Un agglomérat de groupes régionaux divers où chaque dimanche on fête un quelconque saint patron où les cris rappellent tous les dialectes mais où l'on n'entend presque jamais un mot en anglais).

[632] REA, Domenico, *Spaccanapoli*, Milano, Rusconi Libri, 1995. Ce texte majeur du néoréalisme met en scène les vicissitudes d'un mitron campagnard qui quitte sa terre natale pour rejoindre l'Amérique où il devient gangster. Il fréquente une prostituée, Niciuccia qui se retrouve enceinte et qu'il abandonne. Après trente d'ans d'absence en Italie, il rend visite à la Vierge du Rosaire à Pompei pour lui confier l'âme de Niciuccia et se sent tranquillisé après s'être confessé.

Madonna col dito.[633]

Je vous achète un diadème comme on n'en a jamais vu. Je suis un brave homme, je le sais. Parce que je sais que je ne suis pas un brigand […] ». « Va » me fit la Madone avec son doigt[634].

Nous constatons que le personnage de Domenico Rea présente des traits essentiellement négatifs. Il fait preuve à la fois d'irresponsabilité et d'absence totale de morale. Sa brusque religiosité est indubitablement intéressée et se soustrait à un quelconque message d'amour biblique. Toutefois, ce sursaut trivial de religiosité n'est en rien emblématique des pratiques des fidèles à la Vierge au Rosaire dont la dévotion imprégnait la vie quotidienne.

IV. Le développement touristique de la ville-sanctuaire

Dès 1912, dans les guides touristiques de Naples, on trouve mention de la localité de Valle Di Pompei et de sa basilique :

Valle di Pompei : villaggio, quasi una piccola città , costruito da pochi anni da Bartolo Longo con le offerte dei fedeli che accorrono al nuovo santuario della Madonna del Rosario, detta di Pompei. [...] Santuario che merita di essere visitato [...]. A Valle Di Pompei, vi sono moltissimi ristoranti e trattorie per tutte les borse, da perferirsi l'Hotel et Restaurant de la Nouvelle Pompei, quasi di fronte al santuario, pensione,

Valle de Pompei : village, presque une petite ville, construit il y a quelques années par Bartolo Longo avec les offrandes des fidèles qui accourent au nouveau sanctuaire de la Vierge au Rosaire, dite de Pompei. […]. Sanctuaire qui mérite d'être visité […]. À Valle de Pompei, on trouve de nombreux restaurants et trattorie pour toutes les bourses. Une préférence pour l'Hôtel et Restaurant de la Nouvelle

[633] Ibid., pp. 90-91.
[634] REA, Domenico, *Spaccanapoli*, Paris, Verdier, 1986, pp. 94-95, traduit par Michel ARNAUD.

colazione, L.3, 50 e 4,50 [...][635].

Pompei, presque en face du sanctuaire, pension, petit déjeuner, 3,50 et 4,50 lires [...].

La naissance des guides à l'usage des fidèles permit d'organiser la publicité pour la Vierge au Rosaire et de créer, au fil des années, un pèlerinage de masse singulier. La consolidation du tourisme dans les villes du sud italien et les nombreux émigrés donnèrent une résonnance aux œuvres de Bartolo Longo, et sa fonction de rassemblement fut telle que :

L'afflusso dei pellegrini era andato rapidamente crescendo, tanto da passare dai 5000 del 1885 ai 40000 del 1887 per la rispondenza della devozione alla profonda sensibilità penitenziale della popolazione, unita al confortante assenso delle autorità ecclesiastiche[636].

L'afflux des pèlerins s'était rapidement accru à tel point que leur nombre était passé de 5000 en 1885 à 40000 en 1887 grâce à l'écho de cette dévotion à la profonde sensibilité pénitentielle de la population mais aussi de l'approbation réconfortante des autorités ecclésiastiques.

Face à ce constat, nous ne pouvons ignorer que la présence du sanctuaire de Lourdes exerça une influence considérble pour l'édification de la basilique de Pompei. « *Lo sviluppo [...] della devozione alla Madonna è favorito senza dubbio dalle apparizioni avvenute nel corso dell'Ottocento in Francia e dalla proclamazione dell'Immacolata Concezione nel 1854* »[637].

Cependant, indubitablement, une différence se dégage sur le mode de « construction » de ces deux lieux de culte. En effet, à Lourdes, le temple marial s'est développé autour d'un véritable noyau urbain. Les lieux, dédiés aux pèlerins, sont définis au travers de constructions concrètes telles la fontaine miraculeuse ou la maison familiale des Soubirous. En revanche, à Pompei, aucune structure et infrastructure

---

[635] *Guida di Napoli e dintorni*, [Guide de Naples et des environs], Napoli, Libreria Scientifica, 1912, p.156.

[636] *Storia d'Italia, Le regioni : la Campania dall'Unità a oggi*, vol.4, Torino, Einaudi, 1975, p.937.

[637] IOZZELLI, Fortunato, *Roma religiosa all'inizio del Novecento*, [Rome religieuse au début du XXe siècle], Roma, Edizioni di Storia e Letteratura, 1985, p.299. Trad. (Le développement de la dévotion à la Vierge est favorisé sans doute par les apparitions advenues au cours du XIXe siècle en France et par la proclamation de l'Immaculée Conception en 1854).

n'étaient présentes. C'est pour cette raison que cinquante années de travaux soutenus furent nécessaires pour créer le « miracle » Pompei.

De même, soulignons que ce n'est qu'à travers cette logique urbanistique que Pompei a pu exalter son individualité. La nouvelle ville et le sanctuaire ont permis la mise en place d'un pèlerinage connu et reconnu mondialement. De plus, le projet a généré des conséquences urbanistiques indéniables comme l'aménagement de l'espace urbain et la valorisation du territoire. Le sanctuaire a donc été, dès sa fondation, perçu comme l'expression d'une véritable modernité puisque la ville sanctuaire ne s'est pas contentée de relayer l'aspect historique de la ville archéologique, mais a su créer une ville nouvelle *ex nihilo*.

En outre, la modernité de l'œuvre de Bartolo Longo se comprend aussi sous des rapports moins habituels et moins prévisibles, comme sa position sur la criminalité et la réhabilitation des assassins. Ainsi, des structures en faveur des prisonniers et des enfants de détenus virent le jour[638]. Ces instituts présentaient des critères pédagogiques modernes puisqu'ils proposaient, par exemple, de ne pas séparer les enfants d'une même famille afin de préserver le lien familial[639]. Par conséquent :

L'opera dei figli dei carcerati, inaugurata così coraggiosamente parecchi anni, solo, si mostrerà nel suo bello ed onesto sviluppo, realizzando uno dei sogni di redenzione del male che la religione e la carità possono far diventare un fatto[640]

L'œuvre des enfants de détenus, inaugurée aussi courageusement il y a de nombreuses années, se montrera, seulement, dans son beau et honnête développement, en réalisant un des rêves de rédemption du mal que la religion et la charité peuvent faire devenir un événement.

La seconde moitié du XIXe siècle s'articula donc autour d'un fort engagement social à Pompei, à une époque où la ville appartenait à une aire géographique « *in cui il problema sociale si pone con maggiore precocità ed urgenza* »[641]. Pour cette raison, la requalification urbanistique du village passa nécessairement par une amélioration des infrastructures routières qui permirent d'accroître rapidement la fréquence des contacts

---

[638] FATTORINI, Emma, *Religiosoità e culti tra Otto e Novecento*, *op. cit.*, p.63.
[639] BORZOMATI, Pietro, *op. cit.*, pp.131-136
[640] SERAO, Matilde, *La Madonna e i santi*, [La Vierge et les saints], Napoli, Angelo Trani, 1902, p.82.
[641] GALASSO, Giuseppe, *op. cit.*, p.111. Trad. (Dans laquelle le problème social se pose avec une grande précocité et urgence).

extérieurs et fit de Pompei, l'archétype d'une tradition de dévotion dans le contexte de l'ère industrielle.

De ce fait, nos observations nous amènent à souligner que l'intégralité du projet, comprenant aussi la bonification des terres et les œuvres de charité construites autour du lieu de culte, aurait pu être réalisée sur un autre territoire du sud italien, puisque la tradition mariale officielle, à l'arrivée de Bartolo Longo, était inexistante à Pompei. Au fond, la Vierge acquit une dimension particulière en devenant un acteur social à part entière, grâce à la vénération qui lui est désormais dévolue. Son culte permit d'améliorer les conditions morales de la vie quotidienne de la population qui se sentait soutenue et, de ce fait, dynamisée.

Nous notons que cette configuration fit que Pompei exprimât un passage entre une religiosité non maîtrisée et la reconnaissance des croyances religieuses qui déboucha sur un miracle social et économique. Aujourd'hui, la basilique pompéienne s'inscrit dans la tradition des grands centres religieux de la Campanie comme le sanctuaire de la *Madonna dell'Arco*[642]. Elle a, de plus, largement dépassé les frontières de la Campanie en devenant une étape importante des pèlerins internationaux, au même titre que d'autres lieux de culte plus anciens, comme Loreto, Rome, Assise ou Padoue.

⁂

---

[642] Nous tenons néanmoins à souligner que le culte marial de Pompei, à la différence de celui de la Madonna dell'Arco (évoqué dans le chapitre 2), s'éloigne des formes de dévotion fanatique caractéristiques du culte napolitain, avec par exemple, l'institution du silence de l'adoration, pratique très moderne, mise en place par les femmes de la bourgeoisie napolitaine ayant participé au projet de Bartolo Longo. FATTORINI, Emma, *op. cit.*, pp.65-66.

CONCLUSION

Au cours du XIXe siècle, l'Église catholique dut affronter, entre autres, la mutation de la société et la formation d'un monde ouvrier qui lui échappait. La volonté de Bartolo Longo, dans ce contexte, consista à combattre tous les abus et les déviations de la religion populaire et de la magie, mais aussi de reconquérir une identité dévotionnelle perdue et fragmentée. Et c'était déjà à ce titre que l'action de Bartolo Longo avait revêtu une implication sociale importante[643].

En outre, nous pouvons rapprocher l'œuvre de l'avocat méridional sur le territoire rural de Pompei de la *forma mentis* de celle du positiviste Auguste Comte (1798-1857)[644]. En effet, Bartolo Longo avait proposé d'exploiter la rationalité pour la distribution du territoire et son intention était le fruit d'un projet unitaire, articulé autour d'un édifice religieux. La réflexion première s'était faite autour de la réalisation de la basilique qui devint « *la prima causa di un nuovo agglomeramento di case* »[645].

Par ailleurs, le particularisme de Pompei s'exprime aussi dans la décision de regrouper édifices privés et religieux autour d'un noyau constitué par le sanctuaire et il est rare, surtout à cette époque en Italie méridionale, de trouver un tel projet urbanistique s'articulant autour d'un plan précis et rationnel[646]. Le développement de l'industrialisation et les innovations techniques de l'époque pouvaient être une menace pour le projet, mais envisagé sous l'angle de l'intelligence territoriale, le développement urbain permit de freiner, voire même de résoudre partiellement, une situation de décadence sociale. Dans le cas qui nous intéresse, nous pourrions parler d'*inculturation*,

643 Le paternalisme dont a fait preuve Bartolo Longo ne peut être retenu comme un exemple rare et inédit à l'époque. À titre d'exemple, une partie de la Lorraine, autrefois exclusivement agricole, prend un nouveau virage lorsque les villages de Joeuf, Auboué et Homécourt deviennent un bassin minier et sidérurgique. À l'époque, les maîtres de forge résidaient près de leur usine et privilégiaient les liens humains. Cette « protection » s'exprimait par la création d'hôpitaux ou d'écoles. On se reportera à l'article de MOINE, Jean-Marie, « Les barons du fer. Les maîtres de forges en Lorraine du milieu du XIXe siècle aux années trente. Histoire locale d'un patronat sidérurgique » in *Revue Belge de philologie et d'histoire*, 69, 1991, pp. 991-998.

644 Nous citerons, parmi les différents domaines influencés par le positivisme, l'architecture. À ce sujet, citons la Bibliothèque Sainte Geneviève en 1851 par Henri Labrouste et qui s'inspire du positivisme par la symbolique du savoir puisqu'il s'agit ici d'une bibliothèque d'éducation et non d'érudition.

645 PEPE, Ludovico, *op. cit*, p.132. Trad. (La paroisse fut la première cause d'une nouvelle agglomération de maisons)

646 GALASSO, Giuseppe, *op. cit.*,p.54.

concept théologique utilisé pour décrire la pénétration du message chrétien dans un milieu donné et les nouveaux rapports qui s'établirent ensuite entre les écrits des Évangiles et la culture inhérente à ce milieu[647].

Si nous avons choisi d'intituler ce chapitre *« la Nuova Pompei : une tradition inventée »*, c'est que par « tradition inventée », nous sous-entendons un ensemble de pratiques réglées par des normes ouvertement ou tacitement acceptées qui se proposaient d'inculquer des valeurs de comportement répétées. Implicitement, dans ces valeurs se trouve automatiquement impliquée la continuité du passé.

En effet, même si les fidèles n'allaient pas régulièrement à l'office ou si les croyances et superstitions étaient très suivies, le contenu du programme n'a pas été complètement inventé, dans la mesure où les habitants, à l'arrivée de Bartolo Longo, connaissaient déjà le personnage de la Vierge ou encore le crucifix. Mais la religion officielle avait peu d'emprise sur des rites paysans païens et pour cette raison, « *le tradizioni che ci appaiono o si pretendono antiche hanno spesso un'origine piuttosto recente e talvolta sono inventate di sana pianta* »[648].

De plus, comme nous l'avons analysé préalablement, il apparaît désormais possible de bâtir un lieu de culte malgré l'absence d'apparitions mariales, d'événements miraculeux ou de dépouilles de saints reconnus qui, en général, revêtent un rôle de catalyseur. La pérennisation du nouveau culte pouvait donc sembler difficile mais le tableau rapporté de Naples a constitué le « miracle » de ce culte en devenir. L'avocat qui a procédé à une acculturation des divers groupes populaires ruraux pour les intégrer à la religion officielle s'est érigé en missionnaire méridional, il est devenu *« il santo della nuova assistenza sociale »*[649].

Et si l'une des constantes du pèlerinage est d'effectuer un vrai voyage, dans le cas des habitants de Pompei, ils participèrent, non pas à un voyage physique, proprement dit, mais à un voyage qui leur permit de sortir d'un état quotidien de

---

[647] RIES, Julien, « Les métamorphoses du sacré. Acculturation, inculturation, syncrétisme, fondamentalisme » in *Homo Religious*, série II, Milano, Editoriale Jaca Books, 2009, pp.9-21, p.12.
[648] HOBSBAWN, Eric, J, *L'invenzione della tradizione*, [L'invention de la tradition], Torino, Einaudi, 1987, p.3. Trad. (Les traditions qui nous apparaissent ou se prétendent anciennes ont souvent une origine plutôt récente et parfois sont inventées sur un plan sain)
[649] GALASSO, Giuseppe, *op. cit.*, p.111. Trad. (Le saint de la nouvelle assistance sociale)

contrainte. Le thème du *voyage* est donc devenu dans cette perspective, un *espace* à portée de main.

Deux ans après la mort de son fondateur, en 1928, Pompei, la Valle di Pompei, devint une commune autonome. Cette décision ne se prit pas sans difficulté car, comme nous l'avons déjà signalé, la commune de Pompei se trouvait, à l'époque, sous la juridiction de quatre autres villages et aucun d'entre eux ne voulait concéder ses propres territoires pour accueillir la nouvelle ville.

Le Frère Adriano di Maria, directeur de l'Hospice Bartolo Longo, malgré les menaces reçues et les innombrables problèmes bureaucratiques et politiques engendrés, parvint à résoudre le problème[650]. Aujourd'hui, le sanctuaire demeure un des éléments clef de l'économie de Pompei. Outre l'accueil qu'on y fait aux pèlerins, la ville s'est efforcée à soutenir la reprise de l'artisanat local, pour essentiel religieux, et organise, chaque année, en décembre la *Mostra dell'Artigianato*[651]. Néanmoins, il paraît assez difficile de connaître le nombre exact de pèlerins qui se rendent à Pompei : certains y venant individuellement et non par l'intermédiaire de leur paroisse, ne remplissent pas un bulletin permettant de tenir des statistiques. Pour pérenniser le pèlerinage, une « Année du Rosaire » fut organisée le 16 octobre 2002. La volonté des responsables était de mettre en place un tourisme religieux[652] : La *Nuova Pompei*, considéré comme un pur produit de la fin du XIXe siècle, a procédé à un « réveil religieux des âmes ».

Au terme de l'analyse, l'entreprise de Bartolo Longo qui décida de créer une ville neuve sur un modèle antinomique de la ville païenne, eut recours à ce que la société contemporaine qualifierait aujourd'hui de « *techniques de marketing* » : la construction d'un sanctuaire, de structures hôtelières et la mise en place d'un pèlerinage à grande échelle, tout ce dispositif visait aussi à impliquer les émigrés méridionaux à travers le monde.

---

[650] AVELLINO, Luigi, *op. cit.*, p.25.
[651] Une Exposition d'Artisanat.
[652] L'expression « Tourisme Religieux » est introduite pour la première fois par le Direttorio della Pontificia Commissione per la pastorale delle Migrazioni e del Turismo dans la *Peregrinans in terra* en 1969 au point D, article 24.

Troisième partie :

« Les médias et l'Église »

CHAPITRE 7

LES MOYENS DE COMMUNICATION TRADITIONNELS

INTRODUCTION

La pérennisation d'un culte dépend des acteurs qui relaient l'événement surnaturel par la mise en œuvre de différents de moyens de communication. Si un édifice religieux s'avère être un support médiatique efficace, comme nous l'avons précisé, nous allons constater dans ce nouveau chapitre que les moyens médiatiques traditionnels, multiformes, jouent aussi un rôle important et incontestable dans le développement d'une vénération.

Comme nous l'avons constaté avec Bartolo Longo, la promotion locale d'un culte[653] passe en premier lieu par l'action des principaux protagonistes laïcs et religieux locaux qui construisent, grâce à leur témoignage, un culte pérenne. Mais, la campagne « promotionnelle » nécessite aussi une mise en place de fêtes ou de pèlerinages. Cependant, il existe d'autres moyens de communication traditionnels et nous avons cherché dans cette partie à en évoquer quelques-uns. Ainsi, en nous concentrant sur le sanctuaire de Pompei, nous allons tout d'abord nous attacher à comprendre en quoi un ex-voto peut devenir, à la fois, un témoin historique comme un support médiatique[654]. Ensuite, nous découvrirons que les images pieuses constituent, à part entière, un autre moyen de communication. Enfin, plus explicitement, la photographie possède aussi la capacité de servir comme un moyen de propagande, au même titre que les mosaïques jalonnant la crypte inférieure de la basilique de San Giovanni Rotondo.

---

[653] Dans le cas de Bartolo Longo, outre les ex-voto, la communication passe par aussi par les prières et les suppliques composées par l'avocat lui-même, pour obtenir des grâces dans les cas les plus désespérés. Ces neuvaines ont été traduites en vingt-deux langues et furent diffusées par plus de 760 éditeurs. Pour des informations précises sur les prières écrites par Bartolo Longo, on pourra se référer à DE SPIRITO, Michelangelo, « Preghiera popolare e vita quotidiana dei devoti alla Madonna di Pompei » [Prière populaire et vie quotidienne des dévots de la Vierge de Pompei], in *Bartolo Longo e il suo tempo : atti del convegno storico promosso dalla Delegazione Pontificia per il Santuario di Pompei sotto l'alto Patronato del Presidente della repubblica (Pompei 24-28 maggio 1982)*, a cura di VOLPE, Francesco, Roma, Edizioni di Storia e Letteratura, 1983, pp. 69-90.

[654] L'ex-voto a déjà fait l'objet d'études approfondies en tant qu'offrande dont la nature peut être double : oblation en numéraire ou en nature (luminaire, bougie, objets précieux). De nos jours, l'ex-voto le plus fréquent est le cierge que l'on brûle devant l'autel du saint. Pour un approfondissement sur l'origine des offrandes sur les tombeaux des martyrs, on pourra consulter l'ouvrage de HERRMANN-MASCARD, Nicole, *Les reliques des saints, formation coutumière d'un droit*, Paris, Éditions Klincksieck, 1975. Sur l'iconographie des ex-voto, CREUX, René, *Les ex-voto racontent*, Lausanne, Éditions de Fontainemore, 1979.

I. L'EX VOTO : UNE HISTOIRE DE MENTALITÉ

Dans le colloque organisé sous l'égide du CNRS, en 1977, colloque que nous mentionnions dans notre introduction, l'ex voto n'était pas à l'ordre du jour.

Était-ce parce qu'il n'était pas considéré comme une manifestation de la religion populaire[655] ? Ou bien, comme il constitue une offrande individuelle, ne peut-il pas être envisagé comme un témoignage de groupe, même s'il constitue néanmoins un fait privé ? Ce don privé devient public dès lors qu'il est exposé dans un sanctuaire et, par conséquent, il reste un témoignage primordial des croyances religieuses d'une communauté. Notre volonté est donc d'aborder ce sujet comme un support de communication à part entière[656].

A. UN DOCUMENT RICHE

Nous avons eu l'opportunité, pour les besoins de nos recherches, d'étudier les ex-voto du XXe siècle dans le sanctuaire de Pompei (Fig.1). Pour l'essentiel, il s'agissait d'un tableau peint ou dessiné qui avait pour dessein d'exprimer un témoignage cultuel, nonobstant sa piètre facture, et dont la réalisation est attribuée à un

[655] Sur la place de l'ex-voto dans la religion populaire, on pourra consulter l'article de COUSIN, Bernard, « L'ex-voto, document d'histoire, expression d'une société » in *Archives des sciences sociales des religions*, 48, 1979, pp. 107-124.

[656] Rappelons que l'ex-voto peint fait son entrée au Salon de peinture et de sculpture en 1830, période à laquelle le culte marial connaît un développement considérable. Sont présentées des marines, empreintes de naïveté, qui rappellent les guérisons miraculeuses suite à un naufrage ou à une maladie. Précisons néanmoins qu'il est difficile de déterminer avec exactitude le milieu social de celui qui réalise l'offrande car l'ex-voto est schématisé. Les seules indications seraient peut-être les vêtements ou le décor intérieur mais le repérage reste délicat. Pour un recensement des scènes de l'ex-voto, on pourra se référer (même si l'article traite des ex-voto provençaux car ils présentent de grandes similitudes avec ceux de Pompei) à COUSIN, Bernard, « Ex-voto provençaux et histoire des mentalités » in *Revue régionale d'ethnologie. Le monde alpin et rhodanien*, Grenoble, CNRS, 1977, pp.183-212.

peintre spécialisé dans ce type de support[657]. Il est « *un oggetto offerto a Dio, alla Vergine, ad un Santo per ringraziarli di una grazia ricevuta* »[658].

Sur le côté de l'offrande, des formules de remerciements comme le sigle *P.G.R* (*Per Grazia Ricevuta*)[659] ou *V.F.G.A* (*Votum Fecit, Gratiam Acceptim : Voto Fatto, Grazia Avuta*)[660] sont généralement écrites à la main. La finalité de cette offrande demeure le remerciement pour une faveur reçue, à une divinité quelconque. Néanmoins, l'ex-voto ne représente que la troisième étape de la démarche du dévot.

En premier lieu, face à une situation difficile, le fidèle formule un vœu. L'intervention céleste intercède et le fidèle assiste à la conversion subite de son malheur en miracle ou bien de la maladie en guérison. En résumé, selon le philosophe Georges Didi-Huberman (1953-), on pourrait considérer que « *la gratitude votive est le fait de déposer un objet qui a été touché par un événement souverain, par un symptôme : malheur subi ou conversion subite de la maladie en guérison* »[661]. Cependant, dans d'autres cas, l'image peut être offerte, à titre propitiatoire ou de façon expectative, avant même qu'un événement dramatique ne survienne.

Fig.1
Ex-voto au Sanctuaire de la Vierge au Rosaire (Pompei)
© 2009, G. Angellotto.

[657] Il serait possible d'en faire remonter l'existence dans les civilisations anciennes car il est parfois assimilé en Gaule romaine, particulièrement dans le cadre du culte de l'eau et de la divinité. Précisons qu'il existe aussi des ex-voto rupestres dédiés à des divinités. COLLART, Paul, « Inscriptions de Philippes » in *Bulletin de correspondances hellénistiques*, 57,1933, pp.313-379.
[658] CAGGIANO, Pietro, RAK, Michele, TURCHINI, Angelo, *La Madre Bella*, Pompei, Pontificio Santuario di Pompei, 1990, p.90.
[659] Trad. (Pour Grâce Reçue).
[660] Trad. (Vœu fait Grâce Accordée).
[661] DIDI-HUBERMAN, Georges, *Ex-voto : image, organe, temps*, Paris, Bayard, 2006, p.72.

Le support, souvent modeste, se présente sur du bois, du fer ou du carton. Comme il dépeint une scène du miracle grâce à l'intervention céleste, il peut se présenter sous diverses formes : soit la photographie du donateur enrichie de son nom, son prénom, sa date de naissance, soit un article de journal qui narre le fait survenu, soit le compte-rendu médical qui détaille les parties du corps humain sauvées.

L'ex-voto relate donc une situation précise où événements familiaux, privés ou collectifs, survenus en des lieux aussi variés que possible, sont combinés à ceux du ciel. Cette pratique, qui concerne aussi le monde ibérique et le continent sud-américain, fut importée d'Italie où elle naquit à la fin du Moyen Âge. Mais, c'est au moment de la Contre-Réforme qu'elle rencontra son plus vif succès, son apogée se situant plus tardivement, au milieu du XIXe siècle. Enfin, l'usage diminua intensément à partir de 1880, sans doute en raison de la laïcisation de la vie quotidienne[662].

B. Une image codée

1. Le Concile Vatican II

Le Concile Vatican II (octobre 1962 - décembre 1965) n'a pas démontré une grande ferveur envers la religiosité populaire mais, paradoxalement, l'univers de la piété populaire continuait à prospérer comme en témoigne le sanctuaire de Pompei.[663] Néanmoins, le Concile encourageait la dévotion mariale en reconnaissant que « *La Vierge Marie est reconnue et honorée comme la véritable Mère de Dieu et du*

[662] En France, seule la Provence semble l'avoir adopté massivement. Dans le cadre d'une thèse de doctorat d'État sous la direction de Michel Vovelle, la Provence compte plusieurs milliers d'ex-voto. COUSIN, Bernard, « *Les miracles et le quotidien. Les ex-voto provençaux, images d'une société* », Aix-en-Provence, Sociétés, mentalités, cultures, Publication de l'Université de Provence, 1983.

[663] On rappelle l'édition d'un livre en 1996 sur la piété populaire qui recene 600 cultes dans la péninsule. Il y a précisément 62 cultes qui sont encore aujourd'hui pratiqués en Campanie dont 35 liés au miracle du sang. Le caractère régional est donc très marqué. CORDIER, Umberto, *Guida ai luoghi miracolosi d'Italia*, [Guide des lieux miraculeux en Italie], Casale Monferrato, 1996. Rappelons que la volonté de l'Église de canaliser la religion populaire et de combattre ses déviations est initiée dès la réforme tridentine. Il s'agit de dénouer les usages relevant du folklore des pratiques officielles comme les processions ou le pèlerinage in NIOLA, Marino, *I Santi patroni*, [Les saints Patrons], Bologna, Il Mulino, 2007. Sur l'évolution de la religion populaire à partir des années soixante, NARO, Cataldo (Mgr), « Le trasformazioni della religione popolare in Italia negli anni settanta del Novecento », [Les transformations de la religion populaire en Italie dans les années 1960], in *L'Italia repubblicana nella crisi degli anni settanta*, [L'Italie républicaine dans la crise des années soixante], a cura di LUSSANA, Fiamma et MARRAMAO, Giacomo, Rubbettino, Soneria Mannelli (Calabre), 2003, pp. 187.200.

Rédempteur »[664]. Par cette affirmation, le Concile plaçait Marie au cœur même de l'Église.

Le Concile Vatican II[665], voulu par Jean XXIII (1958 - 1963) et conclu par Paul VI (1963 - 1978), en 1965, débuta à Rome, le 11 octobre 1963 et eut pour objectif d'ouvrir l'Église au monde moderne, tout en redéfinissant les modules de saintetés traditionnelles. La volonté était de remplacer le principe d'autorité de l'Église par le principe d'autorité de responsabilité individuelle[666], alimenté par une forte participation aux rites religieux. Au nombre des transformations, le prêtre descendit de sa chaire pour se rapprocher de l'assemblée des fidèles et les officiants cessèrent de tourner le dos aux croyants. L'Église simplifia ses rites et les fidèles eurent la possibilité de participer davantage à la célébration. L'homélie, un commentaire sur un passage de l'Évangile, remplaça le sermon. Mais, le changement le plus significatif fut, incontestablement, l'abandon de la messe en latin qui entretenait la pratique du mystère, pour une célébration dans la langue locale[667].

À Pompei, la production des ex-voto abondait. L'une des particularités fut que, non seulement ils étaient offerts par des fidèles locaux mais aussi par les dévots qui avaient été contraints d'émigrer. Dans ce dernier cas, le don signalait un réflexe d'une population souvent tourmentée par la peur de mourir sans sépulture, dans un lieu lointain. L'ex-voto remplit ici une fonction bien précise en devenant un lien rassurant et

---

[664] Le Concile a été annoncé par Jean XXIII lors d'une réunion des cardinaux à la basilique de Saint-Paul-les-murs le 25 janvier 1959, à la fin de la semaine de prières pour l'Unité des Chrétiens. Il prend fin le 8 décembre 1965, le jour de l'Immaculée Conception. Sur le déroulement et les enjeux du Concile Vatican II, on pourra se référer aux ouvrages suivants: POUPARD, Paul, *Le Concile Vatican II*, Paris, PUF, 1983 ; *Storia del Concilio Vaticano II*, [Histoire du Concile Vatican II], a cura di ALBERIGO, Giuseppe, Bologna, Il Mulino, 1999 ou ALBERIGO, Giuseppe, *Histoire du Concile Vatican II. 1959-1965. Le Concile vers une nouvelle époque. L'annonce et la préparation*, (version française sous la direction d'Etienne Fouilloux), Paris, Cerf, 1997.

[665] Il s'agit du 21ème Concile dans l'histoire de l'Église qui réunit 2500 évêques, les Pères conciliaires, venus du monde entier. Le Concile Vatican I, convoqué par Pie IX (1846-1878) est suspendu *sine die* lorsque les troupes italiennes envahissent Rome. Il n'est jamais repris. Sur le Concile Vatican II, on retiendra le reportage de BIZZARRI, Luigi, « Il Concilio Vaticano II » in *La Grande Storia*, Rai 3, 25 septembre 2009, 118 min.

[666] Sur l'implication individuelle prônée par le Concile Vatican II, on pourra se référer au texte suivant : « L'attività umana nell'insegnamento del Concilio Vaticano II : un contributo per un dibattito attuale » [L'activité humaine dans l'enseignement du Concile Vatican II : une contribution à un débat actuel] in *Disputationes Pompilianae*, 12, septembre 2008, pp. 438-445.

[667] Rappelons que depuis 2007, sous le pontificat de Benoît XVI (2005-2013), un décret permet aux fidèles de demander une « messe extra-ordinaire », dos aux paroissiens et en latin.

indispensable entre les fidèles éloignés et l'autorité religieuse du lieu abandonné par obligation.

2. Un regard particulier sur les ex-voto

Le premier ex-voto (Fig.2) qui a retenu notre attention, représente une scène plutôt récurrente dépeignant un malade dans sa chambre, accompagné d'un proche dans une gestuelle de prières, mains jointes. Le comportement exige donc un certain réalisme puisque le malade se trouve, allongé sur le lit, parfois entouré par tous les membres de sa famille[668]. Soudainement, il est sauvé grâce à l'intercession miraculeuse du saint ou de la Vierge que le spectateur remarque grâce aux rayons qui entrent par la fenêtre et qui matérialise la présence de l'intercesseur.

Fig.2
Ex-voto au Sanctuaire de la Vierge au Rosaire (Pompei)
28x40 cm
© 1963, Istitutoaveta.it

[668] Le réalisme peut aller encore plus loin parfois puisque sur certains ex-voto, le spectateur peut identifier des saignements de nez, des plaies ou des maladies, mais rarement l'agonie puisque le dessein de l'ex-voto est de remercier pour une grâce.

Dans ce cas précis, le lit représente un ensemble explicite de valeurs symbolisant un autel. Il est envisageable aussi, sur certaines représentations, d'y trouver des objets de dévotion, comme un crucifix à la tête du lit ou des branches d'olivier.

Plus récemment, un élément nouveau apparut sur l'ex-voto. Il s'agit de médicaments, posés sur une table de chevet, symbolisant ainsi les progrès de la médecine. De plus, parmi les nombreuses variétés de représentations, et plus particulièrement au XIXe siècle, la présence d'un personnage féminin sur l'image votive, personnifiait son rôle d'assistante aux malades. Lorsque l'orante était montrée avec la tête inclinée, il s'agissait de mentionner l'humilité dont la femme avait dû faire preuve ou de démontrer une intimité majeure avec la divinité.

Comme il nous est possible de le noter, le graphisme utilisé s'avère souvent rudimentaire, dans le but de permettre une lisibilité et une compréhension immédiates, l'offrande émanant souvent de groupes analphabètes, mais tout à fait capables d'établir une relation avec des éléments visuels.

Une autre remarque s'impose encore, mais elle ne concerne pas que l'Italie. En effet, dès 1890, l'alphabétisation entraîna l'apparition de locutions sur les ex-voto au détriment de l'image[669]. Les textes furent le produit d'une combinaison entre symboles et graphisme, dont le but était d'exposer, solennellement, le miracle de la grâce reçue. Ces locutions pouvaient figurer sur un support, en-dessous de l'ex-voto (Fig.2) : « *San Gennarello di Ottaviano (Na), 15 maggio 1963. Pasqualino, di solo 5 mesi, riceve la grazia della guarigione dalla Vergine di Pompei, invocata dai suoi familiari* »[670]

Comme une évidence, à Pompei, l'ex-voto exprime souvent les préoccupations familières et quotidiennes des pèlerins. Il leur assure une protection divine des biens ou des individus.

---

[669] LAVARINI, Roberto, *Il pellegrinaggio cristiano : dalle origini ebraiche agli attuali sviluppi nell'Europa occidentale* [Le pèlerinage chrétien : des origines juives aux développements actuels en Europe occidentale], Milano, Cooperativa libraria I.U.L.M, 1996, p.570-571.

[670] Trad. (San Gennarello di Ottaviano [Naples], 15 mai 1963. Pasqualino, qui n'a que cinq mois, reçoit la grâce de la guérison de la Vierge de Pompei, invoquée par sa famille). Nous remarquons que le petit garçon alité semble être plus âgé, c'est la raison pour laquelle on considère souvent les ex-voto comme des œuvres de piètre facture.

Dans le sanctuaire de Pompei, l'ex-voto recouvre différentes formes : des dessins sur lesquels sont collés des morceaux de vêtements ou des cheveux, des photographies, représentant par exemple, la personne hospitalisée, ce qui accentue la réalité de la situation. Elles sont parfois accompagnées de textes de reconnaissance affichés à la suite d'une grâce reçue.

Ce peut être aussi un « objet-reliquat » comme des béquilles, un suaire, des cheveux ou des vêtements. Les remerciements se présentent sous de multiples formes comme le don, en argent, du poids de l'enfant. Ils peuvent figurer sur des plaques de métal précieux représentant les parties du corps touchées par les maladies et qui, par la grâce inespérée, ont recouvré la santé. Ces reproductions de parties anatomiques sont « *una delle più vecchie espressioni di gratitudine, risalente all'antichità classica, precristiana* »[671].

Le don offert au saint représente souvent une chose d'une valeur négligeable par rapport à la grâce reçue. Mais le fidèle tient à concrétiser l'aide surnaturelle obtenue lors d'une situation difficile et précaire dans laquelle il se trouvait. L'ex-voto, non signé, s'apparente parfois à une sorte de lyrisme documentaire, à du voyeurisme, voire à un misérabilisme exacerbé.

Le second ex-voto qui a retenu notre attention représente une situation dramatique de chute (Fig.3) ayant lieu lors d'une scène d'extérieur. Néanmoins, que la scène soit domestique ou extérieure, l'analogie reste manifeste : le code culturel demeure identique, même si le nombre de scénarios peut varier à l'envi[672]. Ces images mettent en scène des faits divers très précis, racontés avec une intensité dramatique. Ils incarnent avec fidélité, une situation, un paysage et des personnes :

Un incidente, una disgrazia, una malattia : cose che riguardano l'individuo e lo consegnano all'incubo

Un accident, un malheur, une maladie : des choses qui concernent l'individu et le livrent au spectre du mal, à la peur

[671] VECCHI, Alberto, *Devozione popolare a San Antonio di Padova*, [Dévotion populaire à Saint Antoine de Padoue], Padova, Messagero, 1981, p.15. Trad. (Une des plus vieilles expressions de gratitude, remontant à l'antiquité classique, préchrétienne).

[672] Si l'on devait opérer une classification des différents ex-voto, on trouverait d'abord les chutes (d'un arbre, d'une charrette, d'un moulin), les noyades individuelles ou collectives et enfin les situations violentes comme les rixes et les agressions.

del male, alla paura della morte. [...]. [...] Il ricorso dell'aiuto divino deve dunque essere colto innanzitutto in questa prospettiva : l'individuo, incapace ed infranto, o addirittura abbattuto o ghermito dalla disgrazia si rivolge al protettore celeste[673].

de la mort [...]. Le recours à l'aide divine doit donc être saisi, avant tout dans cette prospective : l'individu, incapable et brisé ou réellement abattu ou saisi par les malheurs, doit s'adresser au protecteur céleste.

Fig. 3
Ex-voto donné par une jeune fille qui réchappa miraculeusement indemne d'une chute catastrophique, en 1989
29x35 cm
© 2009, G. Angellotto.

Nous distinguons la Vierge qui veille dans la partie supérieure gauche du tableau, assise sur un trône élevé, lequel étant posé sur un nuage et l'enfant Jésus se trouvant sur ses genoux. Elle est accompagnée par Saint Dominique et Sainte Catherine. Ainsi parée, la Vierge occupe un espace délimité par les nuages, le ciel et le mur. Nous y notons aussi une convergence de mains de personnages humains tendues vers le ciel.

673 CAGGIANO, Pietro, RAK, Michele, TURCHINI, Angelo *op. cit.,* p.119.

Les fidèles se situent au sommet d'une construction en pierre, l'un d'entre eux essayant de rattraper une jeune fille qui tombe.

L'importance du personnage de la Vierge apparaît notamment au travers de ses propres dimensions, plus importantes que celles des autres personnages figurant sur la composition. Le langage des gestes permet d'appréhender qu'un drame est en train de se dérouler, les mains levées exprimant probablement une demande de tentative du recours Céleste. Le spectateur est ainsi capable de décrypter l'événement, alors qu'aucun texte n'explique la situation. Nous constatons, d'autre part, que les couleurs des vêtements des personnages de la scène sont moins vives que celles du costume de la Vierge. Ce choix chromatique permet au spectateur d'identifier les personnages, son regard se dirigeant immédiatement à gauche de la composition. En outre, nous remarquons que les vêtements sont intemporels et ne nous permettent pas, par conséquent, de donner une datation précise du drame, si ce n'est un cartel figurant sous le tableau (non visible sur notre reproduction).

Fig. 4
Ex-voto donné par l'équipage d'un voilier remerciant N.D de Pompei, pour sa protection, durant une tempête
34x28 cm
© 2009, G. Angellotto.

La Fig.4, elle représente un ex-voto marin, une typologie récurrente de support qui focalise tous les regards, dans un pays où l'eau demeure un élément familier.

La Vierge avait été l'objet d'invocations répétées de la part de tous ceux qui furent confrontés aux périls de la mer. À la différence de l'ex-voto précédent, la division de l'espace reste dans l'horizontalité et non plus dans la verticalité, ce choix s'expliquant probablement pour respecter la surface de l'eau. Néanmoins, comme dans l'exemple précédent, deux sphères distinctes sont réservées : l'une à l'homme, l'autre à la Vierge. Dans le champ où se trouve le bateau, les marins ne sont représentés que par de petites silhouettes, alors que la Vierge protectrice, aux dimensions plus imposantes, occupe tout l'espace céleste. La mer, déchaînée, secoue fortement un navire en difficulté. De ce drame, celui-ci n'en sortira sain et sauf, seulement grâce à l'intercession surnaturelle. Il est courant que le « miraculé » soit, en général, une personne très pieuse[674]. Cet événement, exceptionnel, aura pour conséquences de le rapprocher indubitablement de Dieu, ou tout au moins de le faire réfléchir à ce monde surnaturel qui l'a secouru.

Dans ces trois cas exposés, le filtre conventionnel concerne aussi la couleur, donnée essentielle du code vestimentaire, dont la fonction emblématique obéit à une institution. Le bleu reste la couleur de Marie depuis le XIIe siècle, lorsque les enfants, voués à Marie, étaient vêtus de bleu. Le blanc, quant à lui, constitue la seconde couleur du vêtement de la Vierge, depuis que fut adopté le Dogme de l'Immaculée Conception datant de 1854[675].

Ces trois exemples expriment « *un fatto [è] innegabile : il popolo semplice non riusciva a pensare la vita con l'arroganza di un Promoteo, bensì con l'umiltà di chi*

---

[674] BURGALASSI, Silvano, « Gli ex voto marinari di Montenero : riflessioni di un sociologo » [Les ex-voto marins de Montenero : réflexion d'un sociologue], in *Mentalità religiosa, tradizioni popolare e « fortuna di mare » nella produzione votiva livornese e mediterranea* [Mentalité religieuse, traditions populaires et "fortune de la mer" dans la production votive de Livourne et de la Méditerranée], Livorno, 1986, Debatte, pp.55-72, p.64.

[675] Sur l'importance des couleurs et des symboles qui s'y rattachent, on pourra consulter les deux ouvrages de PASTOUREAU, Michel, *Dictionnaire des couleurs de notre temps. Symbolique et société*, Lyon, Bonneton Éditeur, 1992 et *Couleurs, images, symboles. Études d'histoire et d'anthropologie*, Paris, Le Léopard d'Or, 1996.

avverte una innata fragilità e tende la mano per sentire la forza di una Celeste Protezione »[676].

Enfin, il est toujours possible de trouver, dans d'autres régions méridionales italiennes, des ex-voto représentant des croix montées sur de petits édicules (Fig.5), posées sur le rivage, devant une mer énigmatique, ouverte[677]. Il s'agit peut-être du retour espéré d'un marin ou le signe tragique d'une séparation. Néanmoins, ce témoignage précis et informel de piété a pour but d'émouvoir le spectateur.

Fig.5
Croix votive érigée par des pêcheurs a Pizzo Calabro (Calabre) en 1983
© 1983, F.FAETA.

[676] COMASTRI, Angelo, « Gli ex-voto : documenti di storia e di fede » [Les ex-voto : documents d'histoire et de foi] in *Ex-voto, arte popolare e fede*, Mostra dal 16 luglio al 02 agosto 1991, Piombino, Centro Piombinese di Studi Storici, 1991, p.3. Trad. (Un fait indéniable : le peuple ordinaire ne parvenait pas à envisager la vie avec l'arrogance d'un Prométhée mais avec l'humilité de celui qui perçoit une fragilité innée et tend la main pour sentir la force d'une protection Céleste).

[677] FAETA, Francesco, *Nelle Indie di Quaggiù*, [Dans les Indes d'ici], Milano, Editoriale Jaca Book spa, 1996. L'expression « Dans les Indes d'ici-bas », remonte au XVIIIe siècle quand les missionnaires jésuites rencontrèrent des méridionaux et furent stupéfaits par leur isolement géographique et par leur grande misère matérielle. Leur première mission fut d'amorcer une évangélisation.

À notre connaissance, il n'existe pas d'ex-voto à Casavatore ou à Oliveto Citra et par conséquent, aucun hommage personnel n'est rendu à la Vierge par le biais de ce support.

Nous pourrions peut-être interpréter cette situation par le manque de relief qu'ont pris ces deux apparitions. Dans un contexte peu médiatisé, les croyants n'ont pas jugé utile de demander une grâce surnaturelle, d'autant plus que la Vierge du Rosaire, à Pompei ou que d'autres cultes pratiqués à quelques kilomètres, à Naples, peuvent, tout à fait, répondre au besoin du croyant pour une demande de grâce.

L'ex-voto revêt une certaine spécificité engendrée par une raison logique et cohérente : un accident, un malheur quelconque, une maladie restent des situations qui peuvent être confiées à la Vierge au Rosaire, à Pompei. Comme les dévots choisissent le moyen de communication le plus adapté, en fonction de leur requête et de leur situation financière, chaque ex-voto prend une forme différente de communication en fonction de l'individu. Il peut être un geste ou un engagement moral, témoignage de la fidélité réciproque entre Dieu, le Saint et le donateur. Le support devient un véhicule indéniable pour inscrire dans l'Histoire les faits importants de la vie d'une personne humble. La divinité est vénérée comme un talisman civique et pour cette raison, l'ex-voto revêt presque exclusivement des propriétés positives. Il représente l'univers conflictuel où l'homme humble est soumis aux élites. Son pouvoir documentaire prend donc de l'importance car il reste le reflet d'une situation sociale et doit être appréhendé comme une analyse anthropologique, culturelle et artistique. Nous remarquons, cependant, que dans le milieu urbain, l'intervention divine n'est pas sollicitée pour un accident de travail tel une chute d'un arbre ou la roue d'une charrette qui se brise. La tempête ou le naufrage ne sont pas évoqués non plus, l'intercession récurrente restant surtout la maladie.

En conclusion, l'ex-voto, que l'on peut considérer comme une imagerie sans réelle profondeur, ne reste cependant pas un témoignage religieux banal puisqu'il évoque une situation personnelle ou collective dans laquelle le croyant s'est investi pleinement. Il demeure un témoignage clair de la foi du peuple chrétien, dans la puissance médiatrice de Marie. Même s'il peut nous sembler répétitif par l'attitude stéréotypée des protagonistes, l'ex-voto sert de recours face au malheur. Mais, il demeure surtout un échange culturel concret, un stimulant médiatique, une rencontre avec l'au-delà.

Nous sommes donc face à un matériau riche et diversifié qui joue un rôle de médiation. Dans tous les cas, l'ex-voto matérialise un miracle et, nonobstant son caractère stéréotypé, il traverse le temps en exaltant un sentiment enraciné au plus profond de la mentalité humaine. Enfin, son rôle primordial s'inscrit dans une action publicitaire dont le but est de transmettre un moment tragique d'une existence et de le déclarer publiquement pour attester sa véracité et la grâce obtenue[678].

---

[678] Parmi les scènes de maladies typiques des espaces urbains fermés du XIXe siècle, les *bassi*, on représente une jeune femme avec du sang qui coule de sa bouche. Il s'agit d'une iconographie conventionnelle qui révèle la pauvreté et la maladie. Le sang exprime la gravité de la maladie et non une maladie en particulier même si l'on ne peut s'empêcher de penser à une maladie typique des agglomérations urbaines de l'époque, la tuberculose. PALUMBO, Genoveffa, « Lo spazio urbano della devozione. Malattia e grazia negli ex-voto per Maria Francesca delle Cinque Piaghe » [L'espace urbain de la dévotion. Maladie et grâce dans les ex-voto pour Marie-Françoise des cinq plaies] in *Campania Sacra*, 22, 1991, pp.461-488, p.470.

II. LES IMAGES PIEUSES

Lorsque la loi de la Maison de Savoie, datant du 26 mars 1848, reconnut la liberté de la presse (qui sera, par la suite, étendue à l'ensemble du territoire italien lors de l'unification), cette libéralisation développa l'aspect dévotionnel de l'édition italienne[679]. Si l'ex-voto, comme nous venons de le souligner, constituait essentiellement une réaction individuelle et se caractérisait par sa spontanéité, l'image pieuse, quant à elle, demeurait une représentation stéréotypée, sujette au filtre déformant de l'idéologie de l'Église, reflétant plus particulièrement une atmosphère collective. Ce support iconographique, à l'instar de l'ex-voto, bénéficia d'une dynamique de production importante. Les images pieuses, de petits formats, connurent une prolifération massive[680] car elles étaient peu onéreuses et faciles à manipuler, tout en s'insérant dans un réseau de pratiques sociales qui leur conféraient une importance particulière. Si l'Église sut recourir à l'art de l'image, ce fut pour éduquer et frapper l'imagination des plus humbles et, à côté de l'activité éditoriale, « *non si trascurò di rivolgersi ai più semplici, a coloro che non erano neanche in possesso dei rudumenti del leggere e dello scrivere ; a costoro era indirizzata la catechesi per immagini, o meglio per « immaginette. »*[681]. L'image pieuse devint donc, avant tout, l'objet d'une piété populaire plus que de l'intellect[682], son rôle étant pédagogique et se voulant « purificateur ».

Une autre considération s'impose, celle de la récurrence des sujets iconographiques. En effet, l'image pieuse reprenait souvent un personnage privilégié pour les enfants : le « Petit-Jésus » qui était « *mis en scène sur les images, de manière*

---

[679] Un recensement de tous les ouvrages dévotionnels au XIXe et XXe siècle sur la dévotion mariale a été réalisé par SCORRANO, Luigi, PAGLIARA, Enzo, *Le corone, i troni, immaginette mariane : libri di pietà e devozione alla Vergine tra Ottocento e Novecento,* [Les couronnes, les trônes, petites images mariales : livres de piété et dévotion à la Vierge entre le XIXe et le XXe siècle], Manduria, Barbieri, 1993, pp. 65-112.

[680] Jusqu'alors, c'est la France qui détenait le monopole culturel en raison des conditions politiques, sociales et économiques que l'unité géopolitique garantissait. C'est donc de ce pays que l'affirmation de l'édition de la carte imprimée a émané. PAGLIARA, Enzo, *Santini di serie. Santa Lega Eucaritica di Milano, Immaginette fra '800 e '900*, [Images pieuse], Manduria, Barbieri Edizioni, 1999, p.24.

[681] Ibid. p.24. Trad. (On ne négligea pas de s'adresser aux plus humbles, à ceux qui ne possédaient même pas les rudiments de la lecture et de l'écriture ; c'est à eux que s'adressait l'instruction religieuse par les images , voire par les petites vignettes).

[682] VIRCONDELET, Alain, *Le monde merveilleux des images pieuses*, Paris, Hermé, 1988.

réaliste comme un petit enfant menant sa vie ordinaire avec son père, sa mère, son camarade de jeux aussi, le petit Saint-Jean, à qui l'enfant du catéchisme va comme naturellement s'identifier »[683]. Ce vecteur de piété prépondérant avait la charge de remplir une fonction précise : « celle d'enseigner la langue de l'Église ».

En ce qui concerne l'image pieuse de la Vierge au Rosaire (Fig.6), elle représentait la Madone sur son trône, encadrée de Saint Dominique et de Sainte Catherine. La Vierge offrait le rosaire à la sainte et Jésus l'offrait au saint, afin de représenter les deux catégories de fidèles, l'homme et la femme. Cette iconographie, la plus diffusée, reprenait le tableau se trouvant dans la basilique de Pompei[684]. Cette représentation revêtit ainsi une puissance de diffusion indéniable qui témoignait aussi les besoins humains de croire en l'au-delà. Cette vignette pieuse reprenait les stratégies de communication commune aux images et véhiculait un message idéologique. La figure mariale devenait donc un excellent support publicitaire, malgré son aspect répétitif et l'attitude stéréotypée des protagonistes.

Fig.6

[683] ROSENBAUM, Catherine, *L'image de piété en France.1814-1914. Catalogue de l'exposition*, Paris, Musée-galerie de la Seita, 1984, p.87. À noter aussi l'apparition du bulletin des sanctuaires dont la résonance est internationale comme *Il Rosario e la Nuova Pompei* [Le Rosaire et la Nouvelle Pompei] pour ne citer que celui qui nous intéresse pour notre étude.

[684] Voir le chapitre 6, Fig.2.

Vergine del Rosario di Pompei (XXe siècle)
Crémone, museo del Lino (7 x 11 cm)
©lombardiabeniculturali.it

Fig.7
Santa Maria delle Cinque Piaghe (XXe siècle)
©Blog.liber.it

Nous pouvons aussi citer les vignettes représentant Sainte Marie aux Cinq-Plaies[685] (Fig.7).

Sur l'iconographie la plus répandue, la sainte est en posture de prière, un crucifix posé sur elle. Elle représente le monde féminin en lutte contre les maux quotidiens de la misère et de la maladie. Ces images furent utilisées, à l'origine, comme marque-page dans les missels mais, au fur et à mesure, l'habitude de les offrir lors des baptêmes, communions, enterrements ou mariages apparut. Àcôté de Sainte Marie aux Cinq-Plaies, d'autres images pieuses, aux innombrables thématiques circulèrent, dépeignant des épisodes de la Bible, des représentations de la Vierge ou encore des cérémonies religieuses comme le déroulement de la messe. On les considérait comme des « images de préservation » et le fidèle qui la portait sur lui, demandait au saint personnage, une protection particulière, en récitant la prière située au dos de l'image.

[685] Nous avons consacré un passage à Sainte-Marie aux Cinq-plaies dans le chapitre 1.

D'un point de vue graphique, ces petites images, de format rectangulaire pour l'essentiel, demeurèrent des exemples d'anonymat stylistique mais les catholiques croyaient au pouvoir miraculeux de ces reproductions religieuses.

Ainsi, l'image pieuse, à la différence de l'ex-voto, paraît moins autonome, car elle offre un modèle de comportement et se trouve plus en osmose avec le contexte socioculturel. Elle demeure l'expression d'un langage visuel typique de la culture religieuse. Néanmoins, l'ex-voto et l'image pieuse restent, tous deux, des moyens de communication complémentaires, puisque le premier émane d'un fidèle et le second provient de l'autorité ecclésiastique. Enfin, dans les deux cas, il est évident que la visée reste identique : celle frapper l'attention et l'imagination du fidèle pour attirer son attention et transmettre un message religieux.

III. La photographie et Thérèse de Lisieux

Comme nous l'avons constaté, l'ex-voto demeure, avant tout, un support de communication. Mais, au début du XXe siècle, la photographie devint elle aussi un outil de médiatisation permettant de faire connaître les personnages religieux, comme ce fut le cas avec la révélation des stigmates de Padre Pio[686].

À cette époque, cette technique nouvellement découverte, servit surtout de moyen de communication, dans la sphère privée des membres de familles émigrées, par exemple, en Amérique. Elle constitua un pont idéal pour diffuser les événements

[686] La photographie, à des fins politiques, est aussi reprise sous le fascisme et en particulier pour Mussolini. En 1926, dans le livre de Margherita Sarfatti à la gloire du *Duce*, figurent des photographies de Mussolini qui exhibe les plaies qu'il a reçues sur le Carso pendant la Grande Guerre : allongé sur un brancard de fortune, la tête bandée, immobile. Cette vision proposée au peuple lui a permis de construire sa propre image de leader politique, prêt à se battre dans les tranchées et à incarner les souffrances du peuple italien. On lui reconnaît aussi des miracles de guérison comme par exemple lorsque les enfants recouvrent la santé en posant la photographie du *Duce* sur leur oreiller ou d'autres encore qui souffrent de mutisme et retrouvent la parole après lui avoir juré fidélité. Pour une étude détaillée. LUZZATO, Sergio, *Padre Pio. Miracoli e politica nell'Italia del Novecento*, [Padre Pio. Miracles et politique dans l'Italie du XXe siècle], Torino, Einaudi, 2007, p.191-193.

majeurs familiaux, tels les baptêmes ou les mariages, auxquels les émigrés ne pouvaient assister. Par conséquent, le rendez-vous avec le photographe restait très important : on endossait ses plus beaux vêtements, tout en posant, avec dignité, afin de délivrer un message d'insouciance et de sérénité.

Mais si la photographie put être un vecteur familial et sentimental, elle n'en demeura pas moins un moyen de communication pour des personnages médiatiques en devenir, comme Sainte Thérèse de Lisieux (1873-1897), une jeune carmélite dont la tradition relata que Padre Pio l'aurait « rencontrée » par le phénomène de bilocation[687]. Sainte Thérèse souffrait de tuberculose et, à l'annonce du diagnostic, les supérieures du couvent s'attelèrent à la construction d'un futur culte. Les premiers clichés, datant de 1894, présentaient une mise en scène indéniable : à l'écart des autres religieuses, Sainte Thérèse, entourée d'attributs, comme la fleur de lys qui symbolise la pureté, encerclait de ses deux bras la croix du Christ. Cette scénographie visait à diffuser une promotion posthume. Comme Sainte Thérèse n'avait pas les caractéristiques physiques traditionnelles des futures saintes (fig.8), les photographies furent retouchées pour modifier l'ovale de son visage peu gracieux (fig.9), afin de correspondre, au plus près, à la représentation habituelle de la Vierge. Sur certains tirages, on lui dessina aussi un léger sourire afin de gommer l'apparence un peu rustre de la jeune femme et apporter de la douceur à son expression. Même les clichés la représentant sur son lit de mort furent modifiés : on accentua la couleur des roses posées sur son crucifix pour rappeler que la « promesse » de la future sainte, selon ses supérieures, était de faire tomber une pluie de roses à la réalisation de chaque miracle[688]. Dans ce cas, la jeunesse et la maladie participèrent à désigner Sainte Thérèse comme l'objet d'un attachement collectif. Après sa mort, les pèlerins qui se rendirent sur sa tombe, relataient, entre autres, des récits de guérisons exceptionnelles. De plus, afin de valoriser de façon supplémentaire le culte de la carmélite, des modifications furent aussi apportées à son propre journal, intitulé *Histoire d'une âme,* ceci afin de souligner de prétendus faits extraordinaires[689]. Ainsi,

---

687 Cette rencontre est relatée dans la plupart des biographies du saint capucin.

688 LAVABRE, Marion, « Sainte comme une image. Thérèse de Lisieux à travers ses représentations » in *Terrain*, 24, mars 1991, pp.83-90.

689 *Thérèse de Lisieux, Histoire d'une âme*, dont la première édition en 1898 est confiée à l'Office Central de Lisieux. Signalons que l'autobiographie de Thérèse respecte en tout point les vies médiévales qui ont de tout temps nourri l'imaginaire chrétien. Le caractère particulier de cette biographie est d'obtenir une canonisation future. « *Agissant d'ordinaire, non sur leur initiative personnelle mais à l'instigation d'une*

elle participa au premier document de son hagiographie, maintenant universellement connu. La rédaction de son journal fut primordiale car les décideurs envisagèrent une promotion posthume[690]. C'est pourquoi, la prieure carmélite, elle-même, se permit d'embellir la vie de Thérèse, en y ajoutant des miracles ou des extases[691].

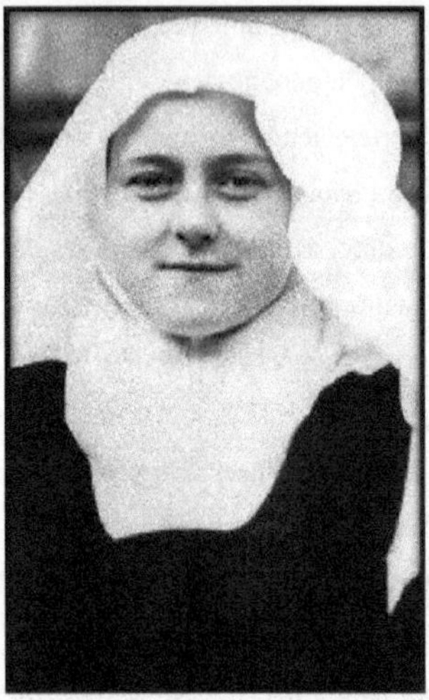

Fig.8
Sainte-Thérése de Lisieux
© phphata.net

Fig. 9
Sainte-Thérése de Lisieux
©carmel.asso.fr

Ainsi, comme rien ne la distinguait de ses sœurs mystiques, l'Église construisit, de toutes pièces, une sainte, même si « *tous les saints font figure de saints construits, en ce sens qu'étant nécessairement saints par suite d'une réputation faite par d'autres et du communauté ecclésiastique ou des supérieurs qui la gouvernent, les hagiographes doivent se conformer à des règles bien définies que commande la nature même de leur dessein [...] : preuve de l'héroïcité des vertus, miracles à faire reconnaître comme tels* ». AIGRIN, René, *L'hagiographie : ses sources, ses méthodes, son histoire*, Paris, Bloud et Gray, 1953, p.246.

690 En effet, toutes les religieuses ne rédigent pas leur biographie, elles ne sont que très peu à être soumises à ce régime particulier. Sur cet aspect, on pourra consulter l'article d'ALBERT, Jean-Pierre, « Hagiographiques. L'écriture qui sanctifie » in *Terrain. La fabrication des saints*, 24, 1995, pp. 75-82.

691 L'épisode de l'extase vise à provoquer la confusion avec la transverbération de Thérèse d'Avila (1515-1582), appelée la Grande Thérèse par opposition à la Petite Thérèse, celle de Lisieux. Le mysticisme de Thérèse d'Avila influença entre autre les théologiens du XIXe siècle.

rôle que les autres attendent d'eux, ils se retrouvent remodelés au niveau des représentations mentales et collectives »[692].

Fig.10
Sainte-Thérèse enlaçant la croix du préau (1896)
©Office central de Lisieux

Il nous est possible d'émettre une autre observation en détaillant le cliché ci-dessus (Fig.10) Il apparaît évident que Thérèse fut surélevée au-dessus des sœurs de la communauté, pour insister sur le fait qu'elle était l'élue Dieu et l'on façonna sa sainteté *in vivo*. Elle enlaçait une croix et tenait dans sa main droite une fleur de lys.

Ce cliché n'est qu'un échantillon des nombreuses photographies qui mettent en scène la jeune carmélite. Ainsi, « *d'une vie de sainte sans aucun signe objectif de sainteté, [...] la photographie par obéissance se révèle les meilleures façons de témoigner* »[693]. Il est flagrant, au vu de ces constatations, que Sainte Thérèse, canonisée

[692] DELOOZ, Pierre, *Sociologie et canonisations*, La Haye, Faculté de droit de Liège, 1969.
[693] LAVABRE, Marion, *op. cit.*, p.86.

en 1925, à Rome, n'a pas pu contrôler son image[694] en personne, à la grande différence de Padre Pio, qui, comme nous l'avons constaté dans nos travaux, avait su être personnellement convaincant.

La photographie, dans ces différents cas, s'inscrivit dans un système d'activité et d'entreprise assez révélateur. Pour Padre Pio[695] la photographie, assortie de procédés médiatiques contemporains, permit à son culte d'être géré au fil des années comme une « entreprise ».

En conclusion, ces remarques, sur les remaniements photographiques, soulignent que la photographie, censée proposer une image fiable du réel, est demeurée aux antipodes de sa fonction dans ce cas de figure, puisque Thérèse fut marquée, de son vivant, comme sainte potentielle. Cette technique fut mise au service d'une propagande bien réglée. À charge aux carmélites contemporaines de modifier la réalité, d'apporter des retouches sur les clichés afin que cette Normande, un peu joufflue, puisse correspondre aux canons physiques de la sainteté, à travers d'une mise en scène habilement menée[696].

IV. La mosaïque comme instrument de propagande

A. La représentation de Saint-Michel

La basilique de Renzo Piano fut, comme nous l'avons déjà évoqué, un vecteur promotionnel considérable. La présence des stigmates ne suffisant pas à conforter immédiatement Padre Pio dans son rôle de sainteté, le programme du sanctuaire dédié

[694] À titre d'exemple, nous pouvons rappeler que très tôt, les Carmélites ont pris des notes des réflexions de Sainte Thérèse pour constituer les *Novissima Verba*, recueil de pensées de la carmélite au cours des derniers mois de sa vie.

[695] On pourra se référer à la photographie de Padre Pio qui exhibe ses stigmates. (Chap. 4, Fig.2).

[696] Sur les représentations de Thérèse de Lisieux, on pourra se référer à l'article de LAVABRE, Marion, *op. cit.*

au moine capucin voulut prévoir un chemin, balisé par des mosaïques réalisées en 2009, par le père Rupnik (1954-)[697], afin de guider le pèlerin vers la crypte.

Il s'agit d'une illustration de la vie du Christ, modèle de sainteté, mais surtout d'une confrontation entre Saint-François et Padre Pio.

Au Moyen Âge, les fresques étaient des instruments de communication universelle qui reprenaient des scènes bibliques connues des fidèles. Cette volonté fut donc reprise pour la réalisation des mosaïques qui adoptent, à leur tour, le rôle de *Biblia Pauperun*. Outre leur fonction décorative, elles délivrent, et nous allons nous y attarder, de multiples messages. Nous remarquons aussi que l'auteur, Rupnik, n'a pas inventé une nouvelle technique puisqu'il reprend l'héritage de Giotto, utilisée dans la basilique supérieure d'Assise, mais en employant un support différent.

La crypte de la basilique est ornée de 24 fresques et nous avons décidé d'en étudier quelques-unes[698].

Les premières qui ont retenu notre attention sont celles où Saint-François se tient sur le seuil de Monte San Angelo (Fig.11). Ce sanctuaire, le plus ancien dédié à l'archange, fut, durant le Moyen Âge, un des lieux de pèlerinage les plus fréquentés. Dans la basilique, une chapelle garde d'ailleurs le souvenir du passage de Saint François. Néanmoins, en face, l'autre mosaïque met en scène Saint-Michel bénissant Padre Pio (Fig.12).

Rappelons que Saint-Michel était, avant tout, un saint guerrier et qu'au XVIIe siècle, sous l'influence de la Contre-Réforme, son culte prit un nouvel essor et acquit une particularité originale puisqu'il représentait le chef de la milice divine qui triomphait de Lucifer. Par conséquent, il symbolisa le triomphe de l'Église catholique contre le dragon de l'hérésie protestante.

Dans le cadre de ces mosaïques, Padre Pio reçoit l'investiture par Saint-Michel. Le moine capucin, investi d'une mission, se conduit comme un paladin alors que Saint-François n'a jamais fait la guerre : il était surtout l'apôtre de la non-violence alors que

[697] Le slovène Marko Ivan Rupnik entre en 1973 dans la Compagnie de Jésus. Après des études en philosophie et en art, il est ordonné prêtre en 1985.

[698] Pour visualiser l'ensemble des fresques, on pourra se rendre sur le site du Centre Aletti : http://www.centroaletti.com.

sur la mosaïque, Padre Pio reçoit une épée, l'arme de guerre. Nous sommes donc en présence d'un épisode inventé, d'une vision militante qui ne fait référence à aucun texte. Enfin, nous constatons un contraste entre les stigmates des deux protagonistes qui représentent, pour l'un, une violence subie et, pour l'autre, l'épée qui symbolise une violence à l'égard de quelqu'un d'autre.

Fig.11
Saint François sur le seuil du sanctuaire de Monte San Angelo
San Giovanni Rotondo
©centroaletti.com

Fig.12
Saint-Michel bénit Padre Pio
San Giovanni Rotondo
©centroaletti.com

B. La conversion

Sur une autre mosaïque (Fig.13), l'artiste représente la rencontre emblématique en 1219 entre Saint François et le sultan Malek El-Kamil.

Le franciscain espérait convertir le sultan à la religion chrétienne tandis que la guerre sévissait entre les chrétiens et les Sarrazins. Il parvint à le convaincre et dix ans plus tard, le sultan rendit Jérusalem aux chrétiens. Les liens, ardemment tissés entre les deux protagonistes, se lisent directement sur cette mosaïque[699].

Cependant, sur la mosaïque (Fig.14) Padre Pio semble accueillir, sans préjugés, tous ceux, que l'on reconnaît grâce à leurs attributs, qui s'adressent à lui : le

[699] Sur cet épisode souvent attesté par les sources, on pourra se référer à l'article du moine bénédictin de l'abbaye d'En Calcat (diocèse d'Albi) : DURAND-GASSELIN, « Saint François et le sultan » in *Médium*, 14, 2009, pp.108-120.

scientifique, vêtu de sa blouse blanche et serrant deux manuels[700], le réalisateur, reconnaissable à la bobine qu'il tient contre lui[701], et le personnage féminin tenant un exemplaire de l'*Unità* à la main.

Si Saint François avait pour dessein de convertir le sultan à la foi chrétienne, cette mosaïque représente le moine capucin tentant de persuader trois représentants, d'une culture laïque et anticléricale, d'adhérer au dogme catholique. Ici, Padre Pio espère « sauver les âmes » et ce choix de l'artiste s'avère pour le moins ambigu : il laisse supposer que ces trois groupes ont l'obligation de se soumettre à l'autorité de Padre Pio. Il semble, toujours au regard de cette mosaïque, que la modernité de l'Italie ait été vaincue par le retour à une forme de religiosité antique, au détriment d'un souffle de modernité et de changement.

Fig.13
Saint-François annonce l'Évangile au Sultan
San Giovanni Rotondo
©centroaletti.com

[700] Afin de ne pas nous éloigner de notre sujet, on pourra se reporter à l'article de STENGERS, Jean, « L'Église et la science : problème d'autrefois et problème d'aujourd'hui » in *Revue belge de philologie et d'histoire*, 82, 2004, pp. 585-603.
[701] Nous évoquerons le cinéma comme média dans le dernier chapitre.

Fig.14
Padre Pio bénit les hommes et les femmes de culture
San Giovanni Rotondo
©centroaletti.com

1. La condition féminine

En nous appuyant sur cette mosaïque, nous souhaitons rappeler quelques aspects de la condition féminine, au XXe siècle, en analysant tous les changements intervenus durant cette époque.

Ce qui a surtout retenu notre attention est le fait que l'Église tente de s'allier aux femmes, jadis considérées comme un groupe social faible[702] car « *il existe une raison particulière aux femmes de supposer qu'elles favoriseraient la religion populaire et c'est leur réputation de piété. [...] La liturgie catholique tient la femme pour dévote* »[703].

[702] À Naples, par exemple, un groupe de femmes appelé « *Le Parenti del Santo* », s'est crée. Ces femmes prétendent être les descendantes de San Gennaro. Le 23 septembre, lors du miracle du Saint, elles arrivent les premières dans la cathédrale et lorsque le sang se liquéfie, elles jettent des pétales de roses au visage du Saint comme l'explique le documentaire *La Grande Storia*, qui a pour titre « Per Grazia ricevuta » diffusé sur Rai 3, 22 juin 2012, 130 min.

[703] LAPOINTE, Roger, *Socio-anthropologique du religieux*, Genève-Paris, Droz, 1988, p.166.

Rappelons que pour réagir à la déchristianisation des campagnes, l'Église avait trouvé, dès le XIXe siècle, l'alliée féminine en soulignant sa générosité et son altruisme. Cette alliance avait pu se faire car il subsistait « *una logica di femminilizzazione della religione che ne porta ad accentuare gli aspetti più sentimentali ed infantili e che si contrappone al modo laico e razionale, della scienza e del progresso, nel quale si muovono gli uomini* »[704].

Si, durant la seconde moitié du XIXe siècle, l'engagement social féminin dans les strates bourgeoises acquit une importance nouvelle[705], force est de remarquer qu'au début du XXe siècle, les hommes et les femmes occupèrent deux sphères sociales, bien délimitées l'une de l'autre. La division des lieux occupés par les hommes et par les femmes apparaît inégale, l'auberge et la place du village restant des lieux publics masculins par excellence, les femmes occupant l'espace domestique et plus particulièrement la cuisine où elles règnaient en parfaites souveraines.

Dans le cadre religieux, la situation était identique et comme il existait une séparation très franche entre les femmes qui assistaient à la messe et les hommes qui restaient à l'extérieur durant l'office à parler entre eux[706], un processus de déchristianisation, principalement masculin, s'amorça. Ce fut donc au sein du noyau familial que la femme acquit un certain pouvoir, en tant que membre de la famille, car elle devait procurer des conditions de vie favorables à ses enfants. La conscience de cette force morale, de ce pouvoir de maintenir l'équilibre familial[707] s'opposa à la faiblesse absolue de son existence, au sein du cadre social, puisque son identité était complètement fondue avec celle de la famille. Elle ne bénéficiait d'aucune

[704] SCARAFFIA, Lucetta, « Essere uomo, essere donna » [Être homme, être femme] in *La famiglia italiana : dall'800 a oggi* [La famille italienne: du XIXe siècle à aujourd'hui], a cura di MELOGRANI, Piero, Roma-Bari, Laterza, 1970, p. 125.

[705] GALASSO, Giuseppe, *op. cit.*, p.112. À la fin du XIXe siècle, le sport devient un mécanisme d'agrégation pour les couches bourgeoises et il fournit un rôle aux femmes. Rappelons que le tennis, inventé en Grande Bretagne en 1873, a vu ses premières compétitions féminines dès 1881. Ce phénomène participe amplement à l'émancipation de la femme.

[706] Ibid., p.198.

[707] Sur l'aspect particulier de la condition des femmes sous la dictature fasciste que nous ne pouvons traiter en raison de l'ampleur du sujet, on pourra se référer à l'article de DE GRAZIA, Victoria, « Le patriarcat fasciste. Mussolini et les italiennes (1922-1940) » in DUBY, Georges et PERROT, Michelle, *Histoire des femmes en Occident, V, Le XXe siècle*, Paris, Perrin, pp.197-232. Pour ne donner qu'un exemple, rappelons que sous la dictature, les propos concernant les femmes sont de cet acabit : « *Les femmes sont nées pour tenir la maison, enfanter et faire porter des cornes.* ». Ibid., p.209.

reconnaissance d'existence individuelle de la part de la collectivité. Néanmoins, elle établissait un rôle matriarcal très fort et cette omniprésence pouvait parfois nuire à l'équilibre des enfants comme l'évoque Leonardo Sciascia dans son ouvrage « *La Sicilia come metafora* »[708].

L'auteur porte un regard accusateur sur les femmes qui dominaient la société sicilienne. Ce roman permet au lecteur de comprendre le pouvoir de la femme qui, dans la famille, demeurait « *l'arbitra del matrimonio dei figli ; sceglie la sposa e al marito, non resta se non dare il consenso* »[709]. Et d'ajouter : « *La mia infanzia e la mia adolescenza sono state impregnate da questo sistema di potere* »[710]

Durant la Première Guerre Mondiale, la femme envahit, par nécessité, l'espace masculin dans un moment d'urgence. Néanmoins, après le conflit, elle rejoignit ses deux sphères principales c'est à dire la maison et l'église. Quelques années plus tard, Pie XII (1939-1958) encouragea le culte marial, une idée née en France, avec l'impulsion donnée par la Vierge de Fatima, arrivée en 1959, en Italie.[711].

La femme devait se conformer à l'obéissance, en conformité avec le modèle de la Vierge qui s'inscrivait dans un vaste répertoire, en focalisant sur des spécificités comme la pureté, le rôle protecteur et la figure maternelle. De surcroît, pendant longtemps, la relation entre la femme et la dévotion demeura inébranlable, comme en témoigne cet exemple avec Padre Pio : « *Une femme m'a raconté qu'après s'être*

---

[708] SCIASCIA, Leonardo, *La Sicilia come metafora*, [La Sicile comme métaphore], Milano, Mondadori, 1979.

[709] Ibid., p.15. Trad. (L'arbitre du mariage de ses fils ; elle choisit l'épouse et le mari n'a plus qu'à acquiescer).

[710] Ibid, p.15. Trad. (Mon enfance et mon adolescence ont été imprégnées de ce système de pouvoir).

[711] Du 28 mars 1943 au 29 août 1948, quatre reproductions de la statue de Notre-Dame de Boulogne moulées en 1939, ont parcouru la France et le but était de faire adhérer par le plus grand nombre, la consécration du Cœur Immaculé de Marie, suivant la formule de Pie XII. Ce pèlerinage extraordinaire appelé « Le Grand Retour », est orchestré par le clergé même si, par exemple, lorsque la statue arrive à Ajaccio, il est dit qu'il s'agit d'un mouvement spontané. PEROUAS, Louis, « Le Grand Retour de Notre-Dame de Boulogne à travers la France (1943-1948) » in *Archives des sciences sociales des religions*, 56, 1983, pp. 37-57. Dans ce cadre-là, le retour revêt un double sens car il s'agit du retour matériel de l'image mariale et du vrai retour des chrétiens à Dieu par l'intercession de la Vierge qui se fait missionnaire et va à la rencontre des chrétiens.

confessée au Padre Pio, elle alla comme à son habitude embrasser sa main et il lui apparut couronné d'épines et le visage baigné de sang »[712].

La femme, avant « le boum économique » des années cinquante où l'agriculture représentait le mode de production le plus développé, accepta « *il proprio posto, acquisito per nascita nell'ordine sociale e vive in modo conforme alle regole e alle norme del proprio ceto* »[713]. Elle revêtit les rôles successifs de fille, d'épouse et de mère, caractérisés, dans leur ensemble, par une dépendance à la figure masculine de la famille. Dans le milieu paysan, la femme contribuait aux tâches agricoles et exécutait les besognes dites « féminines » selon une tradition séculaire. Elle était assignée aux tâches inhérentes à l'économie domestique et, de cette façon, jouissait d'une sphère d'influence qui la plaçait, d'une certaine façon, dans une position plus enviable que la femme de rang social supérieur qui se trouvait être à la charge de son père ou de son époux.

Néanmoins, dans un cas comme dans l'autre, la famille se manifestait par « *il legame madre-figli che trasmette un sistema di valori basato sull'affettività* »[714] et plus particulièrement par une forte notion de solidarité, véhiculée principalement par la femme.

2. PERSPECTIVES FÉMINISTES

Dans les années soixante, la situation du pays changea radicalement puisque l'Italie devint un pays industrialisé. Par conséquent, le système de valeurs morales subit des modifications puisque l'on passa d'une mentalité de solidarité à un état d'esprit caractérisé par la compétitivité. Ces modifications intervinrent aussi au niveau familial puisque les concepts de *travail* et de *famille*, auparavant liés, surtout au niveau de la population paysanne, devinrent deux horizons de valeurs bien distincts. Le rôle de la

---

[712] MAC KEVITT, Christopher, « Contestation et fabrication d'un culte. Le cas de Padre Pio de Pietrelcina » in *Terrain*, 24, 1995, pp. 94-95.

[713] ROSSI SCIUMÉ, Giovanna, « Mutamenti della famiglia e condizione femminile » [Changements de la famille et condition féminine] in *Verso la società con la donna*, [Vers la société avec la femme], Roma, Unione Editori Cattolici Italiani, 1981, p.162. Trad. (Accepte sa propre place, acquise dès la naissance dans l'ordre social et vit de façon conforme aux règles et aux normes de sa propre classe).

[714] Ibid., p.163. Trad. (Le lien mère-enfants qui transmet un système de valeurs basé sur l'affection).

femme fut stigmatisé, elle était mère de famille, s'occupait de son intérieur et dans le cas où elle avait une activité salariée, sa forte cohésion fut remise en cause puisqu'elle devait remplir plusieurs rôles.

En ce qui concernait le père, la structure capitaliste dont il dépendait, le détacha de son rôle familial. Il eut moins de temps à consacrer à sa famille, situation qui eut une influence indéniable sur la figure maternelle. La mère délaissa progressivement son rôle de médiatrice entre le père et ses enfants laissant s'installer deux groupes bien distincts. Ainsi, les obligations du père contribuèrent à une diminution de son autorité, la figure maternelle gagnant davantage en crédibilité et en importance. Ainsi, la vie familiale se retrouva dans une situation de passivité à l'intérieur même de la structure sociale, puisque la division des tâches entre la mère et le père n'était plus aussi marquée qu'auparavant.

Et c'est dans ce contexte qu'au cours des années soixante[715], la pensée féminine évolua et les premiers collectifs féministes prirent de l'ampleur. Ainsi, de nouveaux groupes féministes virent le jour, crées par Carla Lonzi, figure emblématique du féminisme en Italie, comme « *Lotta femminista* » et « *Rivolta Femminile* ». Les revendications et les idéologies se transformèrent car les femmes voulaient exprimer le propre sens de leur existence. Ainsi, cette période octroya une fonction éducative à la femme et une liberté longuement revendiquée[716]. Le mouvement féministe se permit de critiquer les représentations mythiques de la femme, son exploitation et son infériorisation.

---

[715] Rappelons que les femmes italiennes ont obtenu le droit de vote en 1945, les congés maternités en 1950, la loi sur l'égalité des salaires date de 1960 et en 1968, l'adultère n'est plus puni par la loi.

[716] Sur le féminisme en Italie, on pourra lire l'article de ERGAS, Yasmine, « Le sujet femme. Le féminisme des années 1960-1980 » in DUBY, Georges et PERROT, Michelle, *op. cit.*, pp.667-676. Nous posons néanmoins un bémol quant à la situation en Italie du sud où, pour une importante frange féminine, le paradigme de vie demeure, pendant cette période, la cellule familiale et la maternité. RAMPAZZI, Marita, « Il prisma femminile fra Nord e Sud : uniformità e differenze nella transizione alla vita adulta » [Le prisme féminin entre le Nord et le Sud : uniformités et différences dans la transition vers la vie adulte] in *Capitale umano e Mezzogiorno. I nuovi termini della questione meridionale* [Capital humain et Mezzogiorno. Les nouveaux termes de la question méridionale], a cura di BRUNETTA, Renato et TRONTI, Leonello, Bologna, Il Mulino, 1994, p.390. Ce mode de pensée peut être perçu comme une voie originale à une époque où la tendance est de séparer les rôles, les devoirs et les espaces de l'homme et de la femme. Enfin, à toutes fins utiles, rappelons que la loi du 9 décembre 1977 sur la parité de traitement entre les deux sexes dans le domaine du travail vise à abolir toute discrimination en donnant la possibilité au père de s'absenter de son lieu de travail pour s'occuper de son enfant malade. SCARAFFIA, Lucetta, « Essere uomo, essere donna », *op.cit.*, p.193.

En effet, jusqu'alors reléguée à un rôle au foyer et celui de la garde des enfants, considérée comme inapte socialement, l'émancipation de la femme va permettre une ouverture favorable à de nombreux champs culturels et d'idées.

Les années soixante-dix, quant à elles, furent marquées par des mouvements collectifs féministes et estudiantins qui permirent un changement considérable de mentalité. On remarqua, tout d'abord, une division plus manifeste des rôles masculins et féminins, l'autonomie de la femme s'affirmant davantage, même si son désir de maternité restait très présent. Durant cette période, la société italienne marqua sa spécificité puisqu'elle parvint à concilier tradition et modernité, tout en maintenant de fortes spécificités socio-territoriales.

La femme occupa une fonction hégémonique dans la transmission de la culture et la mère devint « *l'unica figura che sembra conquistare potere [...]. Ad essa, sembra affidato per intero tutto il potere nella sfera della riproduzione, in particolare nella socializzazione infantile* »[717].

Padre Pio décéda en 1968, période de transformations sociétales considérables, et il est fort possible, et c'est là notre propre interprétation, que dans son geste d'absoudre entre autre la femme, il s'opposait à ce changement de mœurs. La frange féminine avait fait un choix, inversement à l'ordre établi par la religion, tandis que « *le donne hanno costantemente stabilito nei confronti di Maria una sorta di transfert della propria situazione di sofferenza e subalternità* »[718].

Désormais, la femme éveilla la méfiance de la part du clergé et des maris, le premier étant persuadé qu'elle était responsable du processus de déchristianisation et les seconds jalousant les rapports entretenus entre le curé et la mère de famille[719], convaincus que leur autorité paternelle était remise en question. Ainsi, les années soixante-dix modifièrent le rôle de la femme qui acquit une importance incontestable

---

[717] SARACENO, Chiara, *Pluralità e mutamento : riflessioni sull'identità al femminile*, [Pluralité et changement : réflexions sur l'identité au féminin], Bari, De Donato, p.131. Trad. (L'unique figure qui semble conquérir le pouvoir. [...] C'est à elle que semble confier tout le pouvoir dans le domaine de la reproduction, en particulier dans la socialisation infantile).

[718] PRANDI, Carlo, *La religione popolare fra potere e tradizione*, [La religion populaire entre pouvoir et tradition], Milano, Franco Angeli Editore, 1983. Trad. (Les femmes ont constamment établi à l'égard de Marie une sorte de tranfert de leur propre situation de souffrance et de subalternité).

[719] On ne manquera pas de rappeler qu'à plusieurs reprises, Padre Pio a dû se soumettre à des vérifications sur la nature de ses rapports avec les femmes. LUZZATO, Sergio, *op. cit.*, p.138.

« un'importanza inedita per la Chiesa tendenzialmente misogina e poco disposta ad accettare un rovesciamento di alleanze che la vede shierata con i più deboli »[720].

C. Le communisme

1. Communisme et Église

Au cours de la Seconde Guerre Mondiale, les catholiques et les communistes se préparèrent à se disputer le pouvoir politique de l'après-guerre. L'Église brandissait le symbole de l'anticommunisme en recourant comme symbole[721] à la Vierge de Fatima. Elle provoqua en Europe méridionale des visions imitatives, expérimentées avant tout par des enfants, visions qui continuèrent à se produire tout au long de la Guerre Froide[722]. Le communisme, combattu par l'Église depuis 1917, était considéré, en 1940, comme un ennemi international[723].

Comme évoqué dans le chapitre 4 au sujet de Padre Pio, la religion et la politique pouvaient avoir des liens étroits. Prenons l'exemple de la proclamation de sainteté de Jeanne d'Arc (1412-1431), le 16 mai 1920. Cet événement hautement

---

[720] SCARAFFIA, Lucetta, « Il cristianesimo l'ha fatta libera, collocandola nella famiglia accanto all'uomo. Dal 1850 alla Mulieris Dignitatem » [Le christianisme l'a rendue libre, la plaçant dans la famille aux côtés de l'homme. De 1850 à la Mulieris Dignitatem] in *Donna e fede. Santità e vita religiosa in Italia*, [Femme et foi. Sainteté et vie religieuse en Italie] a cura di SCARAFFIA, Lucetta e ZARRI, Gabriella, Bari-Roma, Laterza, pp. 440-493, p.442. Trad. (Une importance inédite pour l'Église tendanciellement misogyne et peu disposée à accepter un renversement qui la voit se ranger avec les plus faibles). Néanmoins, l'Église a parfois mis en doute le rôle de la femme dans la sphère religieuse. A ce sujet, rappelons que le mouvement des Focolari né à Trento sous l'égide de Chiara Lubich (1920-2008) pendant la Seconde Guerre Mondiale et dont la valeur principale est la fraternité dans la société a suscité méfiance et prudence de la part de la sphère ecclésiastique. Jean XXIII (1958-1963) est convaincu que ce courant charismatique est imprégné d'hérésie mais en 2013, un procès de béatification a été ouvert. Enfin, rappelons que pendant de longues années, quand l'URSS était démonisée, l'expression « *I comunisti mangiano i bambini* » [Les communistes mangent les enfants] était utilisée dans des pays comme l'Italie. Une des origines de cette phrase serait une référence à la famine russe de 1921. Ensuite, elle exprime le comportement hostile et la peur envers le bolchévisme. FALABRINO, Gianluigi, *I comunisiti mangiano i bambini, : la storia dello slogan politico*, [Les communistes mangent les enfants : l'histoire du slogan politique], Milano, Vallardi, 1994.

[721] Nous avons relaté les différentes apparitions portugaises dans le chapitre 3.

[722] CHRISTIAN, William, A, « Religious apparitions and the Cold War in Southern Europe » [Apparitions religieuses et la Guerre Froide en Europe du Sud], in *Religion, Power and Protest in Local Communities : the Northern Shore of the Mediterranean*, Berlin, Ed. Wolf E.R Mouton, 1999, pp.65-86.

[723] Le 19 mars 1937, Pie XI (1922-1939), dans sa lettre encyclique Divini Redemtoris, qualifie le communisme de « *bolchévique et athée* » ainsi que « *d'intrinsèquement pervers* ». Il ajoute « *qu'il ne peut admettre sur aucun terrain la collaboration avec lui de la part de quiconque veut sauver la civilisation chrétienne* ». http://www.vatican.va/holy_father/pius_xi/encyclicals (page consultée le 15 juin 2013)

symbolique, qui ne passa pas inaperçu en Italie car, si elle fut élevée au statut d'héroïne nationale en France, elle était avant tout « *una santa cattolica che appartiene anzitutto alla chiesa universale* »[724] Elle devint une héroïne et sembla donner au conflit un « *caractère de justice et d'amour* »[725] au lendemain de la Seconde Guerre Mondiale Ainsi, pour sortir de la crise post-belliqueuse, il était nécessaire d'avoir « *una nuova infusione di fortezza e di eroismo* » inséparable d'une « *nuova infusione d'amore* ».[726] En son temps, Jeanne d'Arc en avait appelé au Pape et aujourd'hui, le Pape semblait lui répondre : « *Sainte Jeanne d'Arc, je vous appelle au secours de votre patrie et de l'univers catholique* »[727].

Au cours du Concile de Vatican II, Jean XXIII tenta de rénover l'Église et, malgré la pétition de nombreux Pères, aucune condamnation du communisme ne fut exprimée[728]. Il revendiqua la centralité de la liberté religieuse « *soprattutto quando nei paesi al di là della "cortina di ferro" era in atto una negazione sistematica di tale libertà* »[729]. Cependant, le pape Jean-Paul II, lui, s'opposera au communisme en tentant d'y mettre un terme.

2. La femme et le communisme

724RUMI, Giorgio, Santità sociale in Italia tra Ottocento e Novecento, [Sainteté sociale en Italie entre le XIXe siècle et le XXe siècle] Torino, Società Editrice Internazionale, 1995, p.100. Trad. (Une sainte catholique qui appartient avant tout à l'Église universelle).

[725] Ibid. p.100. Les valeurs religieuses de cette canonisation sont reprises en 1920 par Padre Agostino Gemelli, un détracteur de Padre Pio que nous avons évoqué dans le chapitre 4. Au sujet de Jeanne d'Arc, il explique que des vertus comme « l'indépendance », « l'amour patriotique, l'héroïsme » sont compatibles avec « le sentiment religieux et l'amour de la vertu ». GEMELLI, Agostino, « Le due nuove Sante » [Les deux nouvelles Saintes] in *Vita e pensiero*, 30 maggio 1920, p.346. L'autre sainte évoquée aux côtés de Jeanne d'Arc est Margherita Maria Alacoque (1647-1690), canonisée par Benoît XV en 1920.

[726] GEMELLI, Agostino, *op. cit.*, p.346. Trad. (Un nouveau remède de force et d'héroïsme) inséparable d'un (nouveau remède d'amour).

[727] RUMI, Giorgio, *op. cit.*, p.104.

[728] Le 16 janvier 1963, un journal communiste révèle l'existence d'un accord secret par lequel l'Église catholique prit l'engagement d'aucune attaque contre le communisme lors du Concile Vatican II afin d'obtenir la présence de représentants d'orthodoxes russes au Concile. Sur le sujet, on peut lire l'ouvrage de MADIRAN, Jean, *L'accord de Metz ou Pourquoi notre Mère fut muette*, Versailles, Via Romana, 2006.

[729] ALBERIGO, Giuseppe, "*Il Concilio Vaticano II e le trasformazioni cuturali in Europa*, [Le Concile Vatican II et les transformations culturelles en Europe], in *Il cristianesimo nella storia* [Le cristianisme dans l'histoire], Bologna, Edizioni Dehoniane, 2, 1999, pp. 383.405. Trad. (Surtout quand dans les pays au-delà du rideau de fer, une négociation systématique d'une telle liberté était en cours).

Sans quitter des yeux les mosaïques de San Giovanni Rotondo, (Fig.14), on note que la femme, jusqu'alors considérée comme dépositaire des valeurs religieuses, se convertit au communisme. En témoigne « *L'Unità* » qu'elle tient dans la main, seule référence journalistique sur l'ensemble des fresques.

Face à l'avancée du communisme, l'Église tenta de trouver une alliée en la personne féminine pour transmettre les valeurs catholiques dans l'éducation des enfants et assumer des choix moraux à l'intérieur de la sphère familiale. La présence du quotidien était une référence claire au fait que Padre Pio « *era specializzato in miracoli di conversione* »[730]. Nous pouvons donc interpréter cette représentation comme la volonté du moine capucin de convertir le personnage, à l'instar d'autres conversions de communistes advenues par son intermédiaire[731].

L'une des figures féminines la plus médiatisées de cette conversion fut, sans conteste, Italia Betti, appelée la « *Passionaria dell'Emilia* », une enseignante de Bologne qui avait quitté le siège local de l'Union des femmes italiennes pour abjurer le communisme devant Padre Pio « *e pur di respirare l'aria di Padre Pio, si era stabilita a San Giovanni Rotondo, lei che percorreva in motocicletta la sua regione per portare il verbo di Lenin* »[732]. Rappelons que le Parti Communiste offrait, à cette époque, un espace d'expression à la femme et lui permettait de s'intégrer.

Rossana Rossanda (1924 -), journaliste et dirigeante du Parti Communiste dans les années 1950-1960 écrit qu'elle a passé toute sa vie en politique et déclare : « *Sono stata inclusa in un sistema politico. Non mi sono occupata di asilo nido [...] al punto che nel Partito Communista, forse era ancora il luogo migliore in cui stare per una donna*»[733].

---

[730] LUZZATO, Sergio, *op. cit.*, p.339. Trad. (Était spécialisé dans les miracles de conversion).

[731] Les hagiographes du moine capucin considèrent aussi que Giuseppe Di Vittorio, l'homme-symbole du communisme des Pouilles et du mouvement ouvrier italien, avait renié le communisme pour rejoindre Padre Pio. Les biographes assurent qu'à la mort de Di Vittorio, le moine a prononcé une oraison. LUZZATO, Sergio, *op. cit*, p.340.

[732] Ibid., p.340. Trad. (Et afin de respirer l'air de Padre Pio, elle s'était installée à San Giovanni Rotondo, elle qui parcourait à motocylette sa région pour porter la bonne parole de Lénine).

[733] ROSSANDA, Rossana, « Donne e politica » [Femmes et politique] in *Inchiesta. Donna tra politica e istituzioni : questioni di genere e ricerca sociale,* a cura di DEL RE, Alisa, 160, aprile 2008. Trad. (J'ai été insérée dans un parti politique [...]. Je ne me suis pas occupée de crèche. [...] au point que le Parti Communiste – était peut-être encore le meilleur endroit où se trouver pour une femme).

Le Parti Communiste représentait un instrument important d'intégration pour la femme, et elle put enfin jouir d'un caractère égalitaire avec l'homme[734]. Dans les années soixante, on entendait ce slogan : *« La famiglia è "la tomba dell'amore" che sintetizza l'accusa all'istituzione, vista come fine del movimento (innamoramento) e quale struttura oppressiva è sfruttatrice della donna »*[735]. Pour l'Église, le communisme représentait un danger pour le catholicisme ; il fallait le combattre et convertir ses adhérents, comme essaie de l'expliquer la mosaïque de Rupnik en matérialisant la soumission de la femme par ses yeux fermés.

Par conséquent, à la mort de Padre Pio, le cinéma fut très engagé, la science représenta la modernité et le mouvement féministe était à son comble.

Néanmoins, sur la mosaïque, les trois protagonistes baissent les yeux et la volonté de l'artiste fut, sans nul doute, de contrer les revendications féminines, les changements de thématiques dans le cinéma[736] et la science.

Les trois représentants semblent se soumettre à Padre Pio. Mais nous ne pouvons nous empêcher de remarquer que le parallèle entre Saint François (Fig.13) qui explique l'Évangile à un « infidèle » et Padre Pio (Fig.14), qui souhaite bénir les « nouveaux infidèles » paraît un peu « sulfureux ». Incontestablement, Padre Pio tente d'avoir un certain ascendant sur les masses, afin de les contrôler.

V. LE CARDINAL MINDSZENTY

Un autre « don » caractéristique de Padre Pio fut celui de la bilocation, que Saint-François, selon la tradition, expérimentait aussi.

---

[734] Le terme utilisé pour les membres est « compagnon ».

[735] MATTAI, Giuseppe, « La donna tra pubblico e privato» [La femme entre sphère publique et sphère privée] in *La donna nella chiesa e nel mondo* [La femme dans l'église et dans le monde], Napoli, Dehoniane, 1988, p.210. Trad. (La famille est "la tombe de l'amour" qui résume l'accusation à l'institution, vue comme la fin du mouvement (amoureux) et dont la structure oppressive exploite la femme). Dans les années quatre-vingt, on constate que les livres scolaires véhiculent des stéréotypes sexistes et ne correspondent plus à la réalité féminine tout en continuant à privilégier le sujet masculin. RUSPINI, Elisabetta, *Le identità di genere* [Les identités de genre], Roma, Carocci Editore, 2009², p.80.

[736] Pour des raisons liées à la richesse et à l'engagement politique du cinéma dans les années 1960-1970, nous ne pouvons développer cet aspect qui nous ferait indéniablement dépasser les limites de notre recherche. Néanmoins, dans le chapitre suivant, nous évoquerons l'aspect religieux du cinéma. Précisons qu'à cette époque, le cinéma de gauche était militant et anticlérical.

Sur la mosaïque (Fig.15), Rupnik reprend un épisode de la vie de Saint-François apparaissant à ses frères[737]. François y est représenté comme le héros de la foi et l'image du chariot de feu où trône le futur saint pourrait en être le symbole. Sur la mosaïque qui lui fait face (Fig.16), le fervent peut comprendre que Padre Pio, par son « don », rend visite au cardinal Mindszenty.

Le choix de cet épisode dérive, sans nul doute, du fait que, dans de nombreuses biographies de Padre Pio, ce dernier, par le don de la translation, aurait rendu visite au cardinal Mindszenty en lui apportant tout le nécessaire pour dire la sainte messe en prison. Ce choix présente, néanmoins, une certaine ambiguïté car le cardinal Mindszenty[738] (1892-1975), le primat de Hongrie s'était imposé, dès 1946, comme un dénonciateur farouche du régime communiste et du régime hongrois en particulier[739]. Toutefois, il est fort probable que peu de pèlerins le savaient. À la tête de l'Église hongroise, il avait été arrêté[740], inculpé et condamné à la prison à vie pour trahison envers l'État hongrois. Après d'âpres négociations, le cardinal s'installa à Vienne, plutôt qu'à Rome, et s'insurgea contre la proposition du Vatican qui lui demandait de renoncer à sa charge de primat de l'Église de Hongrie. Refusant de se retirer au moment de prendre sa retraite, Rome lui confisqua tous ses titres.

Des années plus tard, le pape Jean-Paul II parlera du cardinal en affirmant qu'il portait « la couronne d'épines »[741]. La mosaïque le célèbre donc comme un héros alors

---

[737] Cette mosaïque fait directement référence à l'une des fresques de Giotto dans la basilique supérieure d'Assise intitulée : « Les Frères Mineurs voient François rayonnant de gloire sur un chariot de feu ».

[738] Il est arrêté en 1949, torturé, mais ne cède pas et il est condamné à la réclusion à la perpétuité. Libéré en 1956 à la faveur de l'insurrection de Budapest, il doit se réfugier à l'ambassade des États-Unis après l'intervention des chars soviétiques. L'excommunication de 1949 est levée en 1971 lorsque Paul VI (1963-1978) le déclare « Victime de l'Histoire » (et non « du Communisme ») et obtient qu'il parte pour Rome. Il finit sa vie en exil à Vienne en 1975. Après la chute du régime, sa dépouille est ramenée à Budapest. KERTESZ, Stefen, *Church and state in Hungary : the Background of the cardinal Mindszenty trial*, [L'Église et l'État en Hongrie. Le fond du cardinal Mindszenty première instance] in The Review of politics, 11, 1949, pp. 208.219. On pourra aussi se référer aux articles de CROS, Céline, « Le Vatican et la Guerre Froide » in *Matériaux pour notre temps*, 37, 1995, pp. 46-49.

[739] Sur la situation en Hongrie entre 1945 et 1992, on pourra lire l'ouvrage de BOZSOKY, Paul G ; LUKACS, Laszlo, *De l'oppression à la liberté. L'Église en Hongrie 1945-1992. Chronique des événements ordinaires et extraordinaires. Témoins et témoignages*, Paris, Beauchesne, 1984, BOZSOKY, Paul G, « Un tournant pour l'Église de Hongrie » in *Études*, 340, 1974, pp. 761-771 ou BOZSOKY, Paul G ; LUKACS, Laszlo, « De l'oppression à la liberté » in *L'Église en Hongire 1945-1992. Chroniques d'événements ordinaires et extraordinaires. Témoins et témoignages*, Paris, Beauchesne, 1993.

[740] Sur l'arrestation du cardinal Mindszenty, voir l'article de SICARD, Émile, « La politique religieuse et la situation des cultes en Hongrie et en Tchécoslovaquie » in *Politiques étrangères*, 14, 1949, pp. 153.166.

[741] *Osservatore Romano* du 19 février 1990, p.8.

que les événements que nous venons de relater prouvent que le cardinal Mindszenty n'avait plus sa place au sein de l'Église, même si le pape avait proclamé sa réhabilitation.

En effet, célébré comme un héros par certains, cet épisode permit de relancer l'ancien primat, « *à des fins d'orchestration de l'oubli des formes politiques dans lesquelles s'est coulée l'Église, l'ancien primat, durant les années 1970-1980, n'existait plus dans les relations entre l'Église et l'État* »[742]. Sur cette mosaïque, nous pourrions considérer que Padre Pio représente une sorte d'antithèse du Concile Vatican II puisqu'on le voit apporter du pain et du vin au cardinal Mindszenty pour qu'il célèbre la sainte messe.

Une question nous interpelle, néanmoins : pourquoi Padre Pio, par l'intermédiaire de l'Église, n'apporta-t-il pas son aide au juge anti-mafia[743], Rosario Livatino, assassiné le 21 septembre 1990 ou même au prêtre Giuseppe Puglisi[744], assassiné, lui aussi, par Cosa Nostra, le 15 septembre 1993[745], tous deux considérés comme « martyrs de la justice » ? Leur courage, leur abnégation, leur vie sacrifiée relèvaient pourtant d'un acte dévotionnel, intrinsèquement lié à la vie civique. Ces martyrs de la mafia auraient pu servir d'institutionnalisation de nouvelles figures de victimes. Leur parcours respectif, hors du commun, aurait pu s'agencer parfaitement à la fabrication hagiographique du moine capucin, tout en étant transposé dans un contexte contemporain, même si leurs assassinats, au même titre que Saint-Michel, s'avéraient anachroniques dans la vie de Padre Pio.

---

[742] FULOP, Mihali, « et.*al.* », « débats par Mihaly Fulop, Vasilios Makrides, Patrick Michel, Alexandre Popovic » in *Autres temps. Les cahiers du christianisme social*, 1993, 38, pp. 18-32, p.31.

[743] La littérature sur la mafia est considérable. Nous nous limiterons à citer deux ouvrages qui en retracent l'histoire : RENDA, Francesco, *Storia della mafia*, [Histoire de la Mafia], Palermo, Sigma Edizioni, 1997 et LUPO, Salvatore, *Histoire de la mafia des origines à nos jours*, Paris, Flammarion, 1998.

[744] Sur le parcours du juge Rosario Livatino, on consultera l'article de PUCCIO-DEN, Deborah, « De la sainte pèlerine au juge martyr : les parcours de l'antimafia en Sicile » in *Politix*, 77, 2007, pp. 105-128 ou, toujours du même auteur, « Victimes, héros ou martyrs » in *Terrain : religion et politique*, 51, 2008, pp.94.111.

[745] Le prêtre Giuseppe Puglisi a été béatifié le 25 mai 2013 lors d'une cérémonie à Palerme présidée par le cardinal Salvatore De Giorgi au nom du papa François.

Fig.15
Saint-François apparaît aux frères dans un chariot de feu
San Giovanni Rotondo
©centroaletti.com

Fig.16
San Pio apporte le pain et le vin au prisonnier, le cardinal Mindszenty
San Giovanni Rotondo
©centroaletti.com

Les représentations de Rupnik exaltent, nous l'avons vu, la suprématie de Padre Pio. L'artiste, en s'appuyant sur des scènes religieuses documentées sur la vie de Saint-François, se joue de mécanismes d'appropriation orientés, aux antipodes du chemin spirituel de Saint-François.

Si nous voulons évaluer les portées et les limites du travail de Rupnik, force est de constater qu'un problème iconographique, touchant à la fois aux principaux épisodes de la vie de saint François et aux événements réels de l'existence du moine capucin, se pose. Cette œuvre représente, en fait, moins les principes religieux que les faits « sulfureux » de Padre Pio. La portée religieuse de l'œuvre disparaît complètement au profit d'un message de propagande et le concept de modernité est annihilé au profit de la tradition.

⁂

CONCLUSION

D'abord, il est possible de noter que l'ex-voto, en dépit de son manque de profondeur, ne représente pas un témoignage religieux banal : il évoque l'humanité douloureuse du croyant qui s'est investi pleinement dans ses remerciements au personnage divin. Cette mise en scène de l'intimité, ajoutée au langage de l'émotion, approchent le naturalisme et, pour ces raisons, ce support participe pleinement à la pérennisation du culte.

Ensuite, les images pieuses, imprimées à grande échelle, jouent un rôle exclusivement pédagogique et répondent aux canons de l'Église qui souhaite imposer un modèle comportemental de vertu. À Pompei, la liberté de la presse a permis une diffusion rapide de ces supports de petites dimensions et une circulation à grande échelle, puisque les émigrés pouvaient se les procurer facilement et être ainsi assurés d'une protection céleste par le saint patron ou la Vierge vénérés dans leur village natal.

De plus, l'apparition de l'outil photographique a offert un moyen de communication supplémentaire quant à la diffusion d'un culte. Mais, comme nous l'avons constaté, parfois, des retouches ont falsifié volontairement le support et, plutôt que de proposer un portrait réel du saint ou de la sainte, la photographie n'offre, comme dans le cas de Sainte-Thérèse, qu'une mise en scène théâtrale. Ainsi, elle pose, dans une certaine mesure, un problème d'éthique.

Un problème pratiquement identique s'est posé avec Padre Pio à qui l'on reprochait de s'infliger des automutilations et de mettre en évidence, sur des photographies, les mitaines ou les pansements qui masquaient ses plaies. Mais la photographie, au même titre que le corps par ailleurs, est devenue un formidable support médiatique, voire publicitaire[746].

Enfin, les mosaïques, situées dans la basilique de San Giovanni Rotondo, outre l'aspect religieux qu'elles confèrent, occupent un champ politique de premier ordre. Le

[746] HAMON, Romuald, « La stigmatisation du Padre Pio : un usage du corps éclairant la pathominie » in *Pratiques et usages du corps dans notre modernité*, sous la direction de DOUCET, Caroline et GASPARD, Jean-Luc, Toulouse, Eres, 2009, pp. 85-96.

culte qui est rendu au moine capucin, n'est donc pas spontané mais orchestré par l'Église, délivrant, de cette façon, aux nombreux fidèles des messages orientés, indiquant clairement la posture, comme le ferait tous supports journalistiques ou filmiques. Ainsi, les quatre moyens de communication évoqués dans ce chapitre demeurent avant toute chose un matériau populaire visuel qui revêt une dynamique culturelle indéniable.

CHAPITRE 8

TECHNOLOGIES MÉDIATIQUES CONTEMPORAINES

INTRODUCTION

Si les apparitions mariales des années quatre-vingts, en Italie comme à l'étranger, se sont multipliées de façon surprenante, l'une des principales raisons fut sans nul doute, l'arrivée d'une nouvelle ère technologique[747].

En effet, le monde des apparitions mariales se conjugue aussi à la technologie et assure ainsi l'hégémonie de l'Église. De nos jours, la médiatisation du phénomène marial est encore assurée par des moyens technologiques toujours plus performants qui bouleversent d'une certaine manière les bases spatio-temporelles : d'une part le culte tend à s'internationaliser très rapidement, et, d'autre part, la création de pèlerinages virtuels contribue à délocaliser le sacré.

Mais force est de constater que ce phénomène n'est pas nouveau puisqu'une première forme de délocalisation s'imposait déjà à Lourdes, dès 1860, avec la diffusion de la copie de la grotte qui se diffusait dans le monde entier[748]. Par conséquent, le dévot se trouve face à « *una singolare clonazione di un paessaggio sacrale che annulla le distanze chilometriche* »[749].

Néanmoins, d'autres méthodes permettent la médiatisation d'un culte, comme le témoignage de personnages éminents au sujet de situations parfois complexes. Dans le cas de Padre Pio, par exemple, le délégué apostolique de Benoît XV définit le moine capucin, le 24 mars 1920, comme « *Un santo !* »[750] et il lui apposa, de fait, le sceau de la reconnaissance[751].

---

[747] L'époque est marquée par les apparitions à Medjugorje dès 1981 et ont influencé, par une diffusion médiatique soutenue, des apparitions dans des endroits pour le moins surprenants et inédits comme Kibeho au Rwanda. Rappelons aussi que Jean-Paul II faisait preuve d'une indulgence protectrice envers de tels phénomènes.

[748] La reproduction fidèle de la grotte concerne de nombreux pays. Pour s'en tenir à un exemple français, citons le cas de Bruc (Bretagne) construite en 1911. Cette décision émane d'une religieuse, sœur Émilie, qui, guérie d'un cancer après une visite à Lourdes, a demandé dans son testament la réplique du lieu miraculeux.

[749] GALLANI, Clara, *Il miracolo e la sua prova. Un etnologo a Lourdes* [Le miracle et sa preuve. Un ethnologue à Lourdes], Napoli, Liguori, p.149. Trad. (Un clonage singulier d'un paysage sacral qui annule les distances kilométriques).

[750] VERGINEO, Gianni, « L'ombra di Padre Pio » [L'ombre de Padre Pio] in *Rivista Storica del Sannio*, 2/2003, pp.141-176, p.174. On assiste au même phénomène pour la Vierge de Guadalupe dont l'image prodigieuse reconnue par l'Église est imprimée et donc médiatisée, telle une photo *ante litteram*.

[751] Afin de nuancer ce propos, nous souhaitons rappeler que l'Église, après avoir construit un culte peut aussi le déconstruire comme dans le cas de Sainte-Philomène. Le corps de cette adolescente a été retrouvé dans les catacombes de Priscilla à Rome le 25 mai 1802. Non seulement on a retrouvé à ses côtés une

Nous avons constaté dans le chapitre précédent que les moyens de communications traditionnels étaient des supports médiatiques incontestables. Nous souhaitons, à présent, nous attarder quelque peu, sur les médias et les nouvelles technologies qui procèdent à la diffusion de phénomènes religieux.

Sans étudier à fond le fait médiatique, avec ses limites et ses responsabilités, nous souhaitons dans une première partie nous attarder sur certains aspects médiatiques de la radio et de la presse. Ensuite, nous nous attacherons à examiner quelques caractéristiques du cinéma et de la télévision. Puis, nous nous intéresserons à l'arrivée d'Internet sur la scène visionnaire et l'impact qu'il produit sur le plan de la communication. Enfin, notre curiosité se portera sur le potentiel communicationnel de Padre Pio et sur la création spontanée d'une communauté juive, démunie d'outils médiatiques.

I. LES NOUVEAUX MEDIUM CULTURELS RELIGIEUX : LA RADIO ET LA PRESSE

A. LA RADIO

À notre époque contemporaine, la diffusion culturelle de masse, sur le plan institutionnel, a été reconnue par la Démocratie Chrétienne Italienne, après sa victoire aux élections du 18 avril 1948, victoire due, selon elle, à son alliance avec l'Église ainsi qu'à la gestion commune des moyens d'information, considérés par les autorités ecclésiastiques *« con materna ansia e vigilante sollecitudine*[752] ». Pie XII (1939-1958)

ampoule de sang desséché, signe de martyr mais l'épigraphe représentait trois flèches qui précisait l'arme qui l'a tuée et la présence de deux ancres, quant à elles, symbolisent la foi. Le 10 août 1802, les reliques sont transférées dans l'église Mugnano del Cardinale à Nola (Naples) et le chanoine Francesco Di Lucia compose le récit du martyr supposé de Sainte-Philomène. Selon des fidèles, des guérisons et des miracles sont obtenus suite à des prières devant les reliques et cet aspect miraculeux a diffusé la dévotion. Néanmoins, au début du XXe siècle, des doutes apparaissent sur le statut de martyre par manque de sources documentaires. En 1961, le culte fut rayé du calendrier par la Sacrée Congrégation des Rites mais Sainte-Philomène reste néanmoins une sainte officielle de l'Église catholique. Cet exemple illustre à quel point l'Église peut décider de prendre parfois une distanciation nécessaire.

[752] « Encyclique Miranda Prorsus » in *La Civiltà cattolica*, 21 settembre 1957, p.562. Trad. (Avec une angoisse maternelle et une vigilante sollicitude).

avait néanmoins recommandé de limiter la liberté d'expression à la télévision et au cinéma.

Le parti de la Démocratie Chrétienne proposa une protection de l'espace catholique dans la politique et pérennisa, de fait, l'alliance avec la hiérarchie ecclésiastique. La radio, comme un médium moderne utilisé par l'Église, joua un rôle déterminant dans cette perpétuation de l'esprit religieux. Inventée par Giugliemo Marconi, en 1895, elle fut, à l'origine un instrument dont les applications étaient réservées aux militaires ou aux autorités maritimes. Néanmoins, elle devint rapidement un médium populaire, une arène où l'on pouvait mener des combats[753].

De son côté, l'Église l'utilisa aussi comme instrument de communication : en témoigne la création de Radio Maria[754], dont le programme bénéficiait d'une audience importante sur tout le territoire national et dont le but consistait à répandre la piété mariale, par l'intermédiaire de la récitation du rosaire. Dès ses débuts, en 1983, elle se dota d'une centaine de relais et les nombreux groupes de responsables eurent pour tâche de sponsoriser la radio. Radio Maria constitua un lien indéniable avec les auditeurs, en leur proposant des histoires de vie ou de conversions.

Il faut aussi signaler, par son aspect inédit, le premier documentaire radiophonique réalisé par Sergio Zavoli en 1958, intitulé *Clausura*, qui permit à l'époque de s'intéresser à une réalité impénétrable : les Carmélites déchaussées cloîtrées. Ce premier document sonore explorait un monde souvent mal compris et inconnu[755].

---

[753] On pourra rappeler le combat mené contre le Communisme au travers des discours de Padre Lombardi, appelé « Il microfono di Dio ». Ces messages étaient des avertissements qui mettaient en garde les auditeurs contre le danger communiste. ZIZOLA, Giancarlo, *Il microfono di Dio. Pie XII, Padre Lombardi e i cattolici romani* [Le microphone de Dieu. Pie XII, Padre Lombardi et les catholiques romains], Milano, Mondadori, 1990.

[754] Radio Maria est fondée en 1983, peu après les premières apparitions à Arcellasco (Côme). Cette radio émet vingt-quatre heures sur vingt-quatre et diffuse les nombreux cas de conversions, de miracles, d'expériences de fidèles, majoritairement des femmes, d'origine modeste, FATTORINI, Emma, *Religiosità e culti tra Otto e Novecento*, Roma, Carocci Editore, 2012, p.174.

[755] Lors de l'enregistrement, la règle du carmel est respectée puisque ce sont les sœurs elles-mêmes qui réalisent le document. En effet, l'ordre religieux contemplatif, est basé sur la renonciation totale au monde extérieur afin de se rapprocher de Dieu et se traduit par une spiritualité faite de silence et de prières. Le documentaire peut être consulté sur http:// www.luismenichelli.blogspot.com/clausura-1958 (page consultée le 10 juin 2013). Le journaliste a obtenu le prix Italia, décerné par la presse italienne en 1958.

Mais au fil des années, Radio Maria devint un espace d'expression où les débats contemporains, comme l'opposition au droit à l'avortement, firent les beaux jours de la station radiophonique. Récemment, le média, revendiquant un combat identitaire fort, s'est vivement mobilisé pour empêcher l'euthanasie d'Eluana Englaro[756].

[756] L'événement, qui a eu un retentissement médiatique de premier ordre, a donné lieu à un film : *Bella Addormentata* (Traduction française : « La Belle Endormie ») drame de Marco BELLOCCHIO, avec Isabelle Huppert et Alba Rohrwacher, Italie, Cattleya, 2012, 115 min.

B. La presse, un média traditionnel

Le développement de moyens de communications, comme la presse écrite, parlée, télévisée, va permettre de consolider le marché de l'industrie culturelle et donc de médiatiser les cultes suivis par les fidèles.

Cette situation concerna la sphère internationale comme en témoigne l'exemple de Pompei. En effet, la presse, et plus particulièrement, le mensuel intitulé « *Il Rosario e la Nuova Pompei* »[757], créé en 1884, joua un rôle primordial dans la diffusion de la dévotion à la Vierge au Rosaire puisqu'il fut envoyé aux émigrés italiens à travers le monde. Le 8 mai 1889, jour de la fête du Rosaire, une lecture universelle fut organisée pour permettre aux nombreux fidèles de prier de concert. Imprimée en 22000 exemplaires, la revue s'avèra donc être un atout publicitaire important, de par sa large diffusion mensuelle, un support médiatique qui s'ajoutait aux autres revues et ouvrages et qui diffusait le rayonnement de Pompei[758]. Les fascicules, regroupant neuvaines et suppliques, imprimés à grande échelle, entre 1890 et 1900, participèrent aussi à faire connaître le culte marial et à faire naître une commune identité religieuse.

En ce qui concerne Padre Pio, rappelons que de nombreuses revues comme *Gente* ou *Gente Mese* ont publié, durant des années, des chroniques sur Padre Pio et sur ses dévots, réalisant des tirages exponentiels. Pendant des années, la dévotion au frère capucin fut associée à la dévotion à la Vierge. Citons quelques titres évocateurs de ces revues : « L'Ultimo miracolo. Padre Pio Piange Lacrime di Sangue » [Le Dernier miracle de Padre Pio] in *Gente Mese*, un mensuel de politique, d'actualité et de culture daté du 9 août 1994 ou encore, dans la même revue « *Padre Pio e la Madonna* » [Padre Pio et la Vierge] datant du 11 avril 1996. D'autres instruments de diffusion écrite existent encore avec la revue *Voce di Padre Pio*, éditée en six langues à San Giovanni Rotondo[759].

---

[757] Trad. (Le Rosaire et la Nouvelle ville de Pompei).

[758] PEPE, Ludovico, Memorie storiche dell'antica Valle di Pompei,Valle di Pompei, B. Longo, p.131.

[759] Il serait intéressant dans un prochain projet de travail de nous intéresser au rôle des médias en nous plaçant du point de vue des Capucins dont le sujet a été amorcé par ROTTI, Luciano, « The beatifiation and the media » [La béatification et les médias] in *The voice of Padre Pio*, 30, 2000, pp. 7-9. Pour des informations complémentaires sur les différents organes médiatiques relatifs à Padre Pio, on pourra

Après le tremblement de terre de 1980, la presse s'illustra dans le journalisme dit « populaire », c'est-à-dire qu'elle répondait consciemment aux attentes de ses lecteurs. À Oliveto Citra, de nombreux périodiques s'intéressèrent à l'événement surnaturel, suite à une note de la presse du Vatican en date de novembre 1985[760]. Dès lors, les grands journaux nationaux envoyèrent leurs journalistes sur place[761]. L'ensemble des articles, force est de la constater, étaient teintés d'ironie mais contribuèrent cependant à la réputation de l'événement. Les nombreux articles eurent pour conséquence la venue de centaines de pèlerins de la périphérie napolitaine car :

Essi vivevano in luoghi popolatissimi, in cui i mass media locali fornivano una cassa di risonanza agli eventi olivetani in grado di avere un ruolo fondamentale nella diffusione degli eventi.[762]

Ceux-ci vivaient dans des lieux très peuplés, où les médias locaux fournissaient une caisse de résonnance aux événements d'Oliveto Citra capables de remplir un rôle fondamental dans la diffusion des événements.

Enfin, à Casavatore, la situation fut tout à fait différente car la subjectivité et la recherche du scoop occupaient le devant de la scène. Par conséquent, la presse n'était plus un outil d'informations mais devenait un support empreint de sensationnalisme, à l'instar des autres moyens de communication cités et permit à l'Église de réaffirmer sa présence dans la société de masse.

---

consulter l'article de MARGRY, Peter, Jan, « Un beatus ovvero il culto bulldozer di Padre Pio… *op. cit.*, pp. 70-72.

760 Après de nombreuses recherches, nous ne sommes pas parvenus à retrouver cet entrefilet.

761 Citons parmi d'autres : *Il Giorno* (Milan), *La Stampa* (Turin), *Il Corriere della Sera* (Milan) ou *Il Messaggero* (Rome). *Il Mattino*, quant à lui, avait déjà traité le sujet en juin. Même les hebdomadaires populaires, comme *Cronaca Vera* publient deux articles en juillet et février 1986. Cf. APOLITO, Paolo, *Il cielo in terra…*, *op. cit.*, p.35. Dans le même ouvrage (p.36), figure un recensement du nombre de pèlerins et de leur provenance suite à lecture de ces articles.

762 MARGRY, Peter, Jan, « Un beatus …*op. cit.*, pp.38-39

II. Le cinéma et l'expression du surnaturel

L'invention du cinéma constitue un phénomène nouveau de l'histoire dévotionnelle en tant qu'instrument de communication. Sa fonction, dans son rôle de communication, « *réside dans la nécessité qu'il a de montrer, de donner à voir et au besoin, de donner à entendre* »[763] même s'il naquit au cœur d'une civilisation technique qui aurait pu revêtir une origine profane.

Ce nouveau moyen d'expression exploita souvent le thème de la religion et l'Église s'adapta à ce changement, même si pendant longtemps, la culture fut considérée comme antichrétienne.

L'invention du cinéma, dès la fin du XIXe siècle, permit de mettre en place un nouveau véhicule de dévotion en proposant une conception moderne de la vie du Christ.

L'un des premiers films issus de cette rencontre du dernier-né des arts avec le thème de la religion, s'intitula *La Vie et la Passion de Jésus-Christ*[764]. Il s'agissait d'un film religieux, muet, proposant la Passion du Christ en treize tableaux et pour lequel les opérateurs étaient allés filmer des lieux saints et emblématiques comme Jérusalem et Lourdes. La préoccupation du film était, sans nul doute, de permettre au croyant d'accéder à la possibilité d'assouvir sa sentimentalité religieuse. Mais il sembla que le souci du spectaculaire prima sur la sincérité spirituelle.

C. Le cinéma documentaire, un instrument d'investigation

Le but du cinéma documentaire est indubitablement pédagogique puisqu'il tente de proposer un regard sur un phénomène social précis. Il concerne ainsi les sphères

[763] GARDIES, André, *Le récit filmique*, Paris, Hachette, 1993, p.133.
[764] Frères Lumières, 1897.

sociologiques ou anthropologiques et résulte d'un travail scientifique. On peut ainsi supposer que la recherche d'objectivité reste fondamentale[765].

En présentant des documents authentiques, le documentaire demeure la conclusion d'un long travail de recherche qui vise à toucher le sentiment dévotionnel profond du spectateur et non sa superficialité. Néanmoins, nous pourrions penser que ce genre cinématographique servit avant tout à diffuser une carte postale d'une région perçue souvent comme folklorique.

Citons ainsi le cas du documentaire *Il male di San Donato*[766] qui traite d'une forme de ritualité magico-religieuse du Salento (Pouilles), le culte de la Madonna del Pierno, en s'appuyant sur les expériences d'Ernesto de Martino. Mais, force est de remarquer que ce qui attira les jeunes cinéastes de l'époque fut la découverte d'un monde archaïque, dans lequel prévalaient des aspects relevant de la magie et de la religion. Ce territoire vierge représentait idéologiquement et stylistiquement un défi à relever.

Néanmoins, certains films peuvent tout aussi bien remplir une fonction pédagogique lorsqu'ils sont diffusés dans des lieux particuliers comme les salles de patronage, les salles paroissiales, puisque « *la fonction principale du cinéma réside dans la nécessité qu'il a de montrer, de donner à voir et au besoin de donner à*

---

[765] Cependant, la frontière est parfois ténue entre le film documentaire qui traite des aspects sociaux et le film de fiction sociale. Sur ce sujet particulièrement passionnant, on pourra consulter l'article de DURAND, Jean-Pierre, « Filmer le social ? » in *L'Homme et la société*, 42, 2001/4, pp.27-44.

[766] DI GIANNI, Luigi, *Il male di San Donato* [Le mal de San Donato], 1965, 10 min. Le documentaire relate les festivités organisées en août en l'honneur de San Donato, protecteur des épileptiques et des personnes souffrant de maladies mentales. Dans la croyance populaire, c'est le saint en personne qui provoque la maladie et concède ensuite la guérison. Par le passé, on pensait que l'épileptique était en réalité une personne possédée par une force supérieure. Rappelons aussi la réalisation d'un documentaire de Luciano Emmer, *Il miracolo di San Gennaro* [Le miracle de Saint Janvier], Italie, 1948, documentaire, 8 min. Le réalisateur a tenté, non pas d'enquêter sur la possible liquéfaction du sang de Saint Janvier mais a souhaité appréhender la signification sociologique profonde de cette croyance. Il a dû demander l'autorisation aux autorités ecclésiastiques pour filmer l'intérieur de la cathédrale napolitaine. « *E le reazioni dei fedeli, la loro partecipazione emotiva, l'impazienza dimostrata da alcune donne (le « parenti » del santo) furono cose che più colpirono un regista come Emmer di origine trentina e forse proprio per questo particolarmente attrato da questo aspetto della religiosità meridionale* ». « La presenza meridionale oltreoceano » in *La Storia di Napoli, del Mezzogiorno occidentale e della Sicilia*, a cura di Giuseppe GALASSO e ROMEO, Rosario, Napoli, Edizioni del Sole, 1991, p.341. Trad. (Et les réactions des fidèles, leur participation émotive, l'impatience démontrée par certaines femmes [« les membres de la famille du Saint»] furent les aspects qui frappèrent le plus un réalisateur comme Emmer venant du Trentin et peut-être précisément attiré pour cette raison par cet aspect de la religiosité méridionale).

entendre»[767]. L'existence d'un tel réseau de salles demeure une condition essentielle de l'action catholique par le cinéma.

C'est à la fin des années vingt que le cinéma devint « une arme » pour l'Église qui profita de l'arrivée de ces nouveaux moyens de communication pour tenter de reconquérir le terrain perdu par la déchristianisation. L'Office, dans ce cas de figure, dut veiller à ce que les cinémas paroissiaux ne disposaient que de films autorisés afin de protéger la « vertu » du peuple chrétien.

En 1934, Pie XI évoqua pour la première fois, dans l'encyclique *Divini Illius Magistri,* la question sur le rôle du cinéma et, l'année suivante, en 1935, l'encyclique *Vigilanti Cura* eut pour but d'exposer au fervent l'attitude à adopter face au cinéma.

D. Le film hagiographique

Lors de l'effondrement de la monarchie en 1943 - 45, avant que la Démocratie Chrétienne n'arrive au pouvoir, l'Église se présenta comme un pouvoir de substitution. À cette époque, la religion, dans la société contemporaine, était devenue un objet de réflexion, et le cinéma, guidé par des sujets spécifiques déterminés, se présentait comme un sujet actif.

La Seconde Guerre Mondiale vit s'affirmer le courant néoréaliste qui cherchait d'une part, à reconquérir le réel et d'autre part, à s'affirmer comme une transition du fascisme à la démocratie. Le premier film qui s'inscrivit dans ce courant demeure, incontestablement, *Roma, città aperta*[768], film traitant le thème de la Résistance. La

[767] GARDIES, André, *op. cit.,* p. 25. Parmi les réalisateurs qui s'attachent à faire entendre le message religieux, on citera à nouveau Ermanno Olmi qui dans son film, *Il Posto*, relate la vie d'un jeune garçon qui, après un entretien d'embauche, commence à travailler dans une grande entreprise à Milan. Il voit ses rêves de jeunesses s'évanouir face à cette réalité grise et monotone qui l'attend. Un jour, alors qu'il remplace un ouvrier qui garde une digue en haute montagne, la vie reprend alors que tout paraissait marqué par le destin de la mort. *Il Posto*, OLMI, Ermanno, avec Alessandro Panseri, Italie, 1961, drame, 105 min.

[768] ROSSELLINI, Roberto, *Roma, città aperta*, avec Anna Magnani, Italie, Excelsa Film, 1945, drame, 104 min. Sur le néoréalisme et parmi les nombreux articles à disposition, on pourra consulter, BEN-GHIAT, Ruth, « Un cinéma d'après-guerre : le néoréalisme italien et la transition démocratique » in *Annales, Histoires, Sciences Sociales*, 6/2008, pp.1215-1248.

volonté de ce genre cinématographique était de proposer des histoires ayant valeur de témoignages.

Mais une autre source d'inspiration pour le cinéma surgit avec le récit de la vie des saints. La gageure pour réussir une telle entreprise fut d'unir l'authenticité avec le septième art. Dans ce cas, l'activité narrative faisait usage du langage audiovisuel qui devint un médium particulier pour évoquer les âmes habitées par la foi. Mais faire un film sur le Christ

> *signifie donc faire un film sur le message universel de l'Évangile et correspond à une approche de l'ambiguïté fondamentale (ou mystère) du phénomène religieux qui consiste en effet en sa capacité de transcender les événements historiques, tout en reconnaissant s'y être profondément inséré*[769].

E. Le Sacré au cinéma

Néanmoins, pour qu'un film participe à un quelconque processus de sacralisation, il est indispensable qu'il invite à la concentration et à l'exaltation du spirituel par « *un style qui le solennise et le situe dans des perspectives d'éternité qui fait que [...] l'amour, la souffrance, le monde de l'enfance acquièrent dans le souvenir une seconde dimension* »[770].

Cependant, il faut savoir aussi doser le merveilleux, comme dans le cas du *Journal d'un curé de campagne*[771], un récit épuré, fondé sur la voix intérieure du prêtre. Ce film s'appuie sur des séquences d'une grande sobriété, dénuées d'effet mélodramatique et d'interprétation mystique. Son dessein était, sans nul doute, d'approfondir la vérité chrétienne.

---

[769] CAPANI, Ermelinda, M, *Cinema e sacro* [Cinéma et Sacré], Roma, EGE, 2003. Traduit de l'italien par Blanche Bauchau, « Le sacré au cinéma», Paris, Petite Bibliothèque des arts, 2007, p.46.
[770] AGEL, Henri, *Le cinéma et le sacré*, Paris, Le Cerf, 1953, p.8. Cette remarque concerne plus particulièrement le film *The Miracle of Our Lady Of Fatima* (La Dame de Fatima), de John Brahm, 1952, drame, avec Susan Whitney, Angela Clark, 102 min. Le chant est de Bernadette de Henry King.
[771] BRESSON, Robert, *Journal d'un curé de campagne*, d'après le roman homonyme de Georges Bernanos récompensé par l'Académie Française (1936), avec Claude Laydu et Adrien Borel, Italie, 1951, drame, 110 min. Le film a reçu le Grand Prix du cinéma français en 1951 ainsi que le Grand prix du Festival de Venise en 1957.

Parallèlement à des films extrêmement pieux, et parmi la grande variété du genre cinématographique, il existe un cinéma de fictions qui retrace les vicissitudes de personnages religieux dont les tribulations peuvent se révéler comme un levier pour l'Église.

L'un des films que nous avons retenu pour évoquer la notion de Sacré[772] au cinéma est le film *Cielo sulla palude*[773], d'Augusto Genina, film traitant l'histoire culturelle d'une société au travers d'un fait divers. En effet, Maria Goretti (1890-1902) jeune fille de famille pauvre, honnête et travailleuse, trouva la mort en défendant sa virginité[774]. Canonisée par Pie XII, en 1950, et promue Sainte Martyre de l'Église Catholique Romaine, elle représentait ainsi l'archétype de la conduite à suivre pour toute jeune fille. Le titre italien du film, *Cielo sulla palude* proposait un antagonisme évident entre la quiétude de l'âme, « *il cielo* » (le ciel) et la rudesse du paysage « *la palude* » (le marais). Ce film comportait une veine néoréaliste, comme en témoignent, d'une part, le choix des acteurs, issus des paysans de la campagne romaine, et d'autre part, la représentation de l'héroïne bien éloignée des images stéréotypées et hiératiques traditionnelles des saints.

En outre, le ciel plombé de la Plaine Pontine (appelés aussi les marais Pontins, au sud de Rome), avant la politique de bonification, dominait le parcours désespérant de la famille, plongée dans des conditions de pauvreté et d'ignorance dramatiques[775]. Avec

---

[772] De nombreuses recherches ont été réalisées sur la définition de sacré. Citons parmi tant d'autres, OTTO, Rudolf, *Le sacré*, Paris, Payot, Petite Bibliothèque, 1995 ; ELIADE, Mircéa, *Le sacré et le profane*, Paris, Gallimard, 1987 ; CAILLOIS, Robert, *L'Homme et le Sacré*, Paris, Gallimard, 1950.

[773] *Cielo sulla palude* (traduction française : La Fille des Marais), GENINA, Augusto, avec Ines Orsini et Mauro Matteucci, Italie, 1949, drame, 111 min. Le film a été primé à La Mostra de Venise en 1949 et a reçu le Prix International de l'Office Catholique International du Cinéma.

[774] C'est aussi le cas de Teresa Mangianello (1849-1876), née à Montefusco (Avellino) et qui, à l'âge de 21 ans, devient membre d'un tiers ordre de son village, appelé Tertiaire et fonde la Congrégation des Sœurs Franciscaines Immacolatines. Sa vie exemplaire lui vaudra la béatification le 22 mai 2010. Son histoire est racontée dans un film *Teresa Manganiello. Sui passi dell'amore* [Teresa Manganiello. Sur les pas de l'amour] de TORDIGLIONE, Pino, avec Federica Citarella, Italie, 2011, drame, 90 min. Le but du film est de transmettre aux jeunes générations des valeurs chrétiennes comme l'altruisme. Le début du film prend appui sur le témoignage d'une journaliste blessée en Afghanistan, et qui découvre le manuscrit de son propre père avec lequel elle n'entretient plus de relations depuis longtemps. Il y raconte un voyage en Irpinia et fait longuement allusion au personnage et à l'œuvre de Teresa. On pourra aussi se référer à l'ouvrage de BALDASSARRE, Fausto, *Teresa Manganiello (1849-1876)*, Pietradefusi (Avellino), Suore Francescane Immacolatine, 1997.

[775] GUERRI, Giordano Bruno, *Povera santa, povero assassino* [Pauvre sainte, pauvre assassin], Milano, Bompiani, 2008, pp. 9-73. L'auteur évoque dans ce chapitre, les malheurs et les drames des familles habitant dans cette région. Par exemple, il nous précise que le taux de mortalité infantile, deux tiers des enfants est dû aux maladies héréditaires et aux conditions d'hygiène insuffisantes.

les prises de vue, le spectateur remarque les cadrages en contre-plongée qui accentuent la menace du ciel, comme une allégorie du Destin planant sur cette famille de journaliers. Les personnages sont filmés dans les gestes de leur vie quotidienne, ils font le signe de croix avant le repas, se rendent à la messe pendant que les autres villageois vont se divertir le jour de marché. L'unique espérance qui occupe la vie de la famille reste la présence du Seigneur. Maria Goretti, toute habillée de blanc, semble irréelle et s'oppose à un paysage, dominé par l'obscurité, qui exerce une forte prégnance sur l'hostilité de la nature au milieu de laquelle se déroule la plupart des scènes.

Augusto Génina semble s'être *« volontairement refusé à toute interprétation apologétique, à toute prise de parti devant l'événement. Il a laissé à la nature toutes ses chances jusqu'au risque de faire "paraître" la grâce superflue »*[776].

Même si le film est construit comme une transcription libre de l'histoire de Maria Goretti, le cinéma devient, dans ce cas précis, le dépositaire d'un mythe puissant inscrit dans un monde différent. Il agit comme un instrument de transmission et l'objectif du réalisateur est clair : la figure de la Vierge incarnée par Maria, *la Mater Dolorosa*, revient sur le devant de la scène pour chasser la femme tentatrice et faire de la protagoniste, « l'icône de l'innocence ».

Pour l'Église, ce type de récit offrait des représentations identifiables et « *può agire sulla società contribuendo a definire e modificare il modo in cui i suoi membri pensano se stessi e le proprie relazioni sociali* »[777].

Par conséquent, le film s'inscrivit dans les modèles de sainteté féminine[778] du XXe élaborés par l'Église et destinés à l'utilisation et à la consommation populaire. Dans le film, le spectateur partage la courte vie d'une vierge martyre, morte à douze ans, poignardée à plusieurs reprises par son agresseur sexuel à qui elle avait refusé de céder. Si, jusqu'alors, Sainte-Agnès était l'exemple même de la vertu chrétienne au IVe siècle, son histoire était devenue trop ancienne, presque invraisemblable, pour avoir

[776] BAZIN, André in *Radio-Cinéma-Télévision*, 6 mai 1951.
[777] ORTOLEVA, Peppino, *Cinema e storia. Scene del passato* [Cinéma et histoire. Scènes du passé], Torino, Loescher, 1991, p.156. Trad. (Peut agir sur la société en contribuant à définir et à modifier la façon que ses membres pensent d'eux-mêmes et de leurs propres relations sociales).
[778] On peut penser à Bernadette Soubirous qui combat la maladie.

encore un impact sur la société contemporaine[779]. Maria Goretti, quant à elle, était une paysanne, non une patricienne, et par conséquent, elle représentait un cas de martyr élémentaire à la portée de tous. Ainsi, le cinéma offrait à la spectatrice contemporaine un chemin de « pureté » et tentait de l'éloigner de la faute originelle[780].

Le choix de ce personnage charismatique, aux antipodes de la société pré-moderne, s'explique aussi car les vertus, comme l'ignorance, la jeunesse et le travail restent des valeurs pour l'Église des années quarante. Par conséquent, la jeune Maria se présentait comme le personnage idéal pour le culte populaire : elle ressemblait à ses contemporaines et n'était pas enfermée dans un couvent. Évoquer son enfance était une façon d'indiquer au spectateur les erreurs à ne pas commettre. Par conséquent, le film devint un instrument de communication et put aussi revêtir des qualités de propagande car :

Nei testi [...] cinematografici, la società nel suo insieme formula e riformula continuamente la propria storia : essi sono, insieme, luogo di rappresentazione del mondo e dell'esperienza quotidiana, proiezione della psiche collettiva, strumento di socializzazione e di aggregazione[781].	Dans les textes [...] cinématographiques, la société dans son ensemble formule et reformule continuellement sa propre histoire : les textes sont à la fois le lieu de représentation du monde et de l'expérience quotidienne, projection de la psyché collective, instrument de socialisation et d'agrégation.

Par conséquent, le film sur Maria Goretti permit au spectateur de suivre l'héroïne dans la quotidienneté. L'histoire ne recèlait aucun fait miraculeux, elle fut créée par l'Église et offrit un modèle féminin moderne dans le paysage mélodramatique italien.

[779] Le culte s'est perpétué hors des frontières italiennes comme en témoigne la construction de l'église Santa Maria Goretti à Épinal (Vosges). L'église a été consacrée en 1966 et se situe dans le quartier de la Vierge et de la Quarante semaine.

[780] On reprend ici une réflexion présente dans l'ouvrage *Identità italiana e identità europea nel cinema italiano dal 1945 al miracolo economico,* [Identité italienne et identité européenne dans le cinéma italien de 1945 au miracle économique], a cura di BRUNETTA, Gian Piero, Torino, Edizioni della Fondazione Giovanni Agnelli, 1996, p.374.

[781] Ibid., p.153.

Dans le film de Genina, le monde profane est symbolisé par le serpent que Maria trouve dans un buisson et que le spectateur peut assimiler à une allégorie de Satan. Ce détail participe à développer le modèle culturel, à travers les différentes phases de la vie de Maria Goretti, « construites » dans un but précis, celle de l'obéissance. Il faut néanmoins préciser que quelques critiques se scandalisèrent de ce que la sainteté de la jeune fille ne fut pas traitée de manière plus visible mais si « *tout est naturellement explicable, il reste encore de la place pour une réalité transcendentale au déroulement normal du déterminisme, et c'est là un critère de cette transcendance même* »[782].

Néanmoins, tous les projets de cet acabit ne parvinrent pas tous à convaincre le spectateur, à l'instar du film *Le miracle de Fatima*[783]. La vocation de ce film visait avant tout la commercialisation massive d'un produit, selon un schéma hollywoodien. Le réalisateur proposait une atmosphère édulcorée et il eut recours, en outre, à des personnages fictifs, à du pittoresque « bon marché » et à un humour plus que discutable. L'exubérance du technicolor paracheva ce film modeste dont l'apothéose fut, sans nul doute, la scène où le rougeoiement et le tourbillonnement spectaculaires du soleil écrasent la séquence. Il s'agissait, dans ce type de film, de proposer le cinéma comme un loisir moderne et triomphant. Dans ce cas, le processus de sacralisation fonctionna péniblement car les valeurs ne répondaient pas à l'affect des spectateurs et peinaient à retransmettre le parcours dévotionnel des jeunes voyants de Fatima.

Nous souhaitons évoquer aussi un autre film qui traite du Sacré, réalisé par Roberto Rossellini réalisé en 1950 : *Francesco, giullare di Dio*[784] car il reprend deux thèmes du film d'Augusto Genina sur Maria Goretti : la vie quotidienne et la présence

---

782 AGEL, Henri, *op. cit.*, p.135.

783 BRAHM, John, *The miracle of Our Lady Fatima* [Le miracle de Notre-Dame de Fatima], 1952, avec Susan Whitney et Angela Clark, États-Unis, Bryan Foy, 102 min.

784 ROSSELLINI, Roberto, *Francesco, giullare di Dio* (traduction française : *Les Onze Fioretti de François d'Assise*), 1950, avec Aldo Fabrizi, Italie, 1949, drame, 75 min. Parmi les nombreux films qui traitent du religieux, on pourrait citer le film de Vittorio De Sica, *Miracolo a Milano* [Miracle à Milan], 1951, avec Francesco Golisano et Emma Grammatica, Italie, 100 min. Ce conte poétique qui diffère indubitablement des films que nous avons évoqué dans notre travail, utilise à foison le merveilleux comme la fuite dans le ciel sur les balais, les miracles extraordinaires comme l'apparition soudaine des objets désirés par les pauvres. Les miracles sont cependant des miracles pauvres, les trucages sont visibles. On atteint une limite du réel. Le film, qui a reçu la Palme d'Or au festival de Cannes en 1952, a été l'objet d'un article très complet par LÉGLISE-VIAN, Michelle, « Sur *Miracle à Milan* de Vittorio De Sica » in *Les Temps Modernes*, 75, janvier 1952. Le film, d'inspiration chrétienne, reçu un accueil élogieux en France.

du surnaturel[785]. Le spectateur est invité dans l'univers des franciscains où le thaumaturgique est évoqué par la qualité du silence et du recueillement devant la Croix de la petite chapelle où se rendent Saint François et ses compagnons. Même si les détracteurs ont qualifié l'œuvre cinématographique « *d'une image d'Épinal d'une affligeante médiocrité* »[786], un prédicateur franciscain a néanmoins fait des commentaires dithyrambiques sur le travail de Rossellini :

> *Le film – son titre l'indique assez – ne veut pas être une vie de Saint-François, [...] il vise un but plus étroit et plus ardu : présenter sous forme d'anthologie quelques fragments des Fioretti [...]. On oublie trop que les saints ne naissent pas saints*[787].

Ainsi, Rossellini voulait présenter un message contemporain qui s'inscrivait dans le cadre d'une époque redevenue, par bien des aspects, païenne. Chez Rossellini, l'évocation du travail quotidien et la suggestion de Dieu restent deux notions fondamentales.

Nous pouvons affirmer que ces deux exemples de films, proches de l'esthétique, s'éloignent tout de même, d'une certaine manière, de l'hagiographie traditionnelle, au même titre que le film que nous allons évoquer à présent traitant un nouveau modèle de sainteté.

En effet, le film d'Emmanuele Crialese, *Respiro*[788], propose un portrait de femme basé sur un mythe sicilien, une légende locale, celui de la naissance d'une sainte à Lampedusa. Elle fut rejetée par les habitants de son village avant de disparaître complètement. Foi et magie cohabitent dans la vie quotidienne et, dès le début du film, le rapport complexe à la mère est, ici, traité sur le mode fantastique. En effet, la génitrice y est présentée comme une exorciste.

Dans cette région, la tradition et le machisme ancestral demeurent un socle d'une vie simple qui s'organise autour de la pêche. Les enfants passent leur temps à attraper

---

[785] On pourrait voir aussi une autre analogie entre le film d'Augusto Genina et un autre film de Roberto Rossellini, *Paisà*, 1946, avec Maria Michi et Dots Johnson, Italie, drame, 124 min. En effet, la dernière séquence du film laisse apparaître un paysage d'eau et de ciel.

[786] AGEL, Henri, *op. cit.*, p.75.

[787] Ibid., p.78.

[788] CRIALESE, Emanuele, *Respiro* [Je respire], 2002, avec Valeria Golino, Italie, Drame, 95 min.

des oiseaux pour les manger rôtis et à se battre avec une violence non maîtrisée. Si ce type de violence fait partie du paysage, la brutalité que subit Grazia fut d'être envoyée, de force, à Milan, afin de se faire soigner. Pour éviter cet exil forcé, elle s'enfuit et son fils aîné, Pasquale, l'aidera à se dissimuler dans une grotte, jusqu'au moment où toute sa famille et tout le village l'oublieront en la croyant morte.

L'histoire de Grazia décrit une réalité sociale où la violence est insoutenable. Les images du film, déchirées par les violentes couleurs primaires de l'île, le bleu, le jaune et le rouge des bateaux, semblent intemporelles. Le film se déroule dans un village si préservé de la vie moderne qu'il en devient mythique alors que la réalisation reste continuellement sobre et ne frôle à aucun moment le « documentaire naturaliste ». Grazia est une incarnation de la Mère nourricière et elle trouve son plus grand réconfort dans la mer où elle plonge après chaque crise.

III. La télévision, l'aube d'un monde nouveau

La radio et la télévision font partie des produits de la culture populaire et restent les principaux agents à travers lesquels s'exprime l'esprit culturel de la modernité[789].

À partir des années soixante, la télévision entre dans les foyers et elle devient le centre de l'espace domestique. Cette invention, qui représente un symbole de transformation dans un pays qui se veut moderne, tout en restant lié aux valeurs du passé, demeure un profond changement avec la sécularisation des institutions, des mentalités et des comportements.

Même si l'Église prévient les fidèles sur les dangers du « *magico occhio luminoso* »[790], le 14 février 1958, Pie XII fait de Sainte Claire d'Assise (1194-1253) la patronne de la télévision et plus généralement des moyens de communication. Selon la tradition, la sœur clarisse, immobilisée dans son lit, un soir de Noël, reçut une vision de la crèche, transfigurée dans la basilique de Saint-François[791]. Par conséquent, il fallait que par « *questo mezzo così trasparente si manifesti anche la verità e la virtù, su cui è necessario si fondi l'ordine civile* »[792].

---

[789] On peut noter néanmoins que la télévision amène des éléments intéressants de changement, notamment dans les dessins animés ou les films qui redéfinissent l'identité et le rôle des genres en proposant des discours transgenres et transsexuels. Par exemple, en 2001, le long métrage d'animation *Shrek*, continue à utiliser ces deux concepts. *Shrek* 1 montre le triomphe du couple mixte qui se matérialise à travers l'histoire d'amour entre la princesse Fiona et l'ogre Shrek mais dans *Shrek 2*, en 2004, les auteurs insèrent, peut-être pour la première fois dans un film d'animation à l'attention des enfants, le concept d'homosexualité et de transgenre : le Prince Bleu porte du brillant à lèvres et la voix est celle de Ruppert Everett, Pinocchio porte un string et la barmaid de l'auberge est une transgenre, amoureuse du prince Bleu.

[790] On reprend ici une expression de MONTELEONE, Franco, *Storia della radio e della televisione in Italia*, [Histoire de la radio et de la télévision en Italie], Venezia, Marsilio, 2001.p.295. Trad. (« L'oeil lumineux magique »)

[791] NIOLA, Marino, *I Santi patroni*, [Les saints patrons], Bologna, Il Mulino, 2007, p.145.

[792] *Documenti pontifici sulla radio e sulla televisione (1929-1962)* [Documents pontificaux sur la radio et sur la télévision], Città del Vaticano, Edizioni della radio vaticana, 1962. Trad. (Ce moyen de communication si transparent se manifeste aussi la vérité et la vertu sur lesquelles il est nécessaire que se fonde l'ordre civil).

Le même document faisant référence à *l'Encyclique Miranda Prorsus,* nous éclaire également sur certaines prises de position du Concile Vatican II, en s'exprimant, le 8 septembre 1957, sur le cinéma, la radio et la télévision:

> *Elle permet en effet de participer par l'ouïe et par la vue, à l'instant même où ils se passent, aux événements lointains, d'une façon suggestive, qui s'apparente à un contact personnel, et le sentiment de proximité s'accroît grandement à cause de l'intimité de la vie familiale. Avec le grand avantage de maintenir plus facilement grands et petits à l'intérieur du foyer domestique, la télévision peut contribuer à renforcer les liens d'amour, de fidélité et de pureté*[793].

En outre, les émissions religieuses diffusées à la télévision se devaient d'être attrayantes pour le spectateur et pour cette raison, le Concile Vatican II, conscient de la puissance médiatique de la télévision, consacra aussi un décret aux instruments de communication sociale, *l'Inter Mirifica*[794] qui reconnaissait les bienfaits des médias : ils pouvaient servir à diffuser la parole de l'Église.

F. LA TRANSMISSION DES CÉLÉBRATIONS LITURGIQUES DANS LA SOCIÉTÉ DES MÉDIAS

La télévision peut parfois faire l'objet de critiques de la part de l'Église, comme ce fut le cas lors des apparitions en Bosnie-Herzégovine, en 1981, quand la Vierge sanctionna la télévision qui, selon elle, portait atteinte à la prière. Elle aurait dit : « *Spegnete i vostri televisori, le vostre radio e fate i programmi di Dio* »[795].

Néanmoins, ce média représentait un instrument de communication très utile pour l'Église, puisqu'à de nombreuses reprises, les visions et les messages furent

[793] http://www.vatican.va (page consultée le 20 septembre 2013).
[794] Approuvé le 4 décembre 1963, il s'agit d'un document qui affirme les principes importants sur le rapport entre l'Église et les moyens de communication. Le point principal est que l'Église a le droit d'utiliser ces moyens pour son ministère et qu'elle doit en garantir l'utilisation morale selon ses enseignements.
[795] « Medjugorje », *Circolare del gruppo di preghiera* « Regina Pacis » di Torino, 4, ciclostilato, p.2

diffusés par le biais d'émissions télévisuelles[796]. Les fervents pouvaient ainsi assister à l'office sans quitter leur foyer et, d'une certaine manière, y participer pleinement.

Ainsi, la télévision put diffuser la célébration de la messe, une situation pouvant paraître paradoxale, car même si la liturgie qui se déroulait dans l'église avait la possibilité de réunir plusieurs centaines de personnes, cet acte reste néanmoins un acte individuel. C'est pourquoi, la retransmission de la messe n'est pas un instrument neutre de communication religieuse puisqu'il modifie certaines formes culturelles comme la relation personnelle avec la foi[797].

En effet, notre rapport avec la réalité reste conditionné par la vision car le téléobjectif télévisuel dans l'église représente un angle de vision sur un autre angle visuel. De plus, si la célébration eucharistique demeure un langage de la foi, la transmission télévisuelle présente un métalangage qui ne se focalise pas uniquement sur la foi mais aussi sur la célébration. La télévision, dans ce cas précis, devient un second langage pouvantt éloigner le fervent de la foi[798].

Le fidèle ne doit donc pas oublier que la diffusion de la messe n'est pas à considérer comme une quelconque émission que l'on pourrait rapprocher d'un produit médiatique. La retransmission de la liturgie reste avant tout l'occasion de s'associer à un rite. Une autre inquiétude fit aussi son apparition, car ces offices télévisés pouvaient aussi occasionner graduellement la disparition des prêtres et des confessionnaux afin de privilégier une réalité virtuelle.[799]

---

[796] On retiendra par exemple l'exemple des larmes de la Vierge de Civitavecchia (Rome) à partir du 2 février 1995, occasion pour les médias de diffuser ce « miracle » et de produire du sensationnalisme. L'évêque décide de s'éloigner de la prudence recommandée par sa hiérarchie et révèle à la télévision deux mois plus tard qu'il a été témoin de la « quatorzième lacrymation ».

[797] La relation entre la Messe et la télévision a fait l'objet d'un article très intéressant par BOURGEOIS, Henri, « Les médias et leurs modes de transmission » in *Recherches de Sciences Religieuses*, 81, 1993, pp.29-38.

[798] Pour des indications supplémentaires, on pourra consulter l'article du moine bénédictin Giorgio Bonaccorso qui décrit la relation entre la messe et la télévision. BONACCORSO, Giorgio, *Azione rituale e azione drammaturgica*, [Action rituelle et action dramaturgique] sur le site www.chiesacattolica.it/cciv4_doc.

[799] Un chapitre sur les risques des médias modernes dans l'Église se trouve dans l'ouvrage de ZIZOLA, Giancarlo, *La Chiesa nei media* [L'Église dans les médias], Torino, SEI, 1996, p.156 et suivantes.

G. LES ÉMISSIONS RELIGIEUSES

Cependant, la télévision reste avant tout une entreprise commerciale et le type d'informations transmises s'attache surtout à stimuler et à mobiliser l'attention du spectateur.

Il nous semble utile de rappeler, par exemple, la création en 2003 de *Tele Radio Padre Pio* qui retransmet directement, depuis San Giovanni Rotondo, dans le monde entier. Par conséquent, « *he's no obscure personage with tales of miracles from the distant past, but a 'contemporary' person, about whom the public have heard directly by radio, television and the printed media* »[800].

Ainsi, la médiatisation du moine capucin est parfaitement assurée parmi les plus puissants, par ce moyen de communication, communication approuvée par Jean-Paul II lui-même, qui lors du phénomène à Medjugorje rappela que : « *la televisione [...] ha mostrato il suo carattere di mezzo proprio di una religiosità che cerca l'immediatezza dell'esperienza, il realismo della visione*[801] ».

Si, à l'époque païenne, fleurissaient les oracles et les sibylles, les voyants apparaissent aujourd'hui à la télévision. Par le biais de programmes comme *Miracoli*[802] (Fig.1) qui présenta plus de quarante émissions, les phénomènes extraordinaires reconnus par l'Église, ainsi que les récits de personnages mystiques et prétendus voyants, les événements à caractère religieux sont diffusés à une grande échelle. Ce type d'émission est marqué par le sensationnalisme qui règle les circuits de la communication de masse et amplifie les événements insolites.

---

[800] MARGRY, Peter Jan, « Merchandising and sanctity : the invasive cult of Padre Pio, [Merchandising et sainteté : le culte envahissant de Padre Pio] in Journal of Modern Italian Studies, 7, 2002, pp. 86-115, p. 101. Trad. (Il n'est nul personnage obscur racontant des contes miraculeux tirés d'un passé lointain : c'est une personne 'contemporaine' dont le public a pu entendre parler directement à la radio, à la télévision et dans les médias écrits).

[801] BAGET-BOZZO, Gianni, « I messaggi della Madonna » [Les messages de la Madone] in *La Repubblica*, 20 août 1986. Trad. (La télévision [...] a montré son caractère de réel moyen d'une religiosité qui cherche l'immédiateté de l'expérience, le réalisme de la vision).

[802] L'émission, retransmise par Rete 4, est présentée par le journaliste et écrivain Piero Vigorelli et par Elena Guarnieri.

Par exemple, le 13 juillet 2003, une émission traitait du miracle commun entre la Vierge de Guadalupe au Mexique et celui de la statue de San Pompilio, à savoir la présence d'une image miraculeuse dans l'œil des deux groupes sculptés[803]. Ce type d'émission, il va sans dire, relèvait d'une construction symbolique, qui incluait la présence des autorités religieuses. En effet, parmi les invités figuraient plusieurs éminences, comme l'évêque auxiliaire de l'Aquila, Giovanni D'Ercole, un éditorialiste de la revue *Famiglia Cristiana*, un représentant de l'ordre des Comboniens du Sacré Cœur, le curé de Montecalvo Irpino (au premier plan de la figure 2), des religieuses et le père Gabriele Amorth, prêtre catholique et chef exorciste du Vatican.

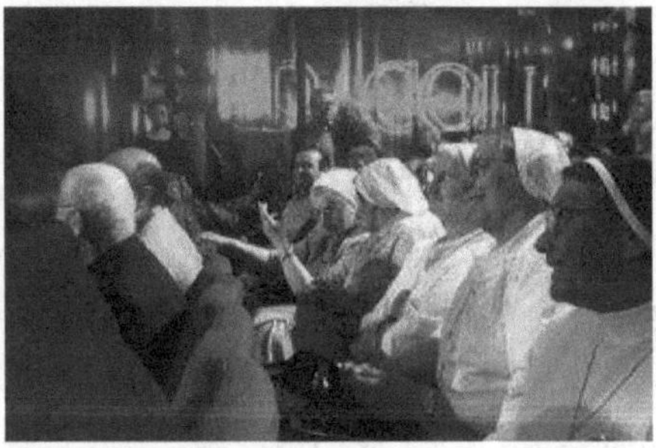

Fig.1
Émission *Miracoli* du 13 juillet 2003
© www.sanpompilio.it.

Fig.2
Émission *Miracoli* du 13 juillet 2003

[803] Nous avons traité cet aspect dans le chapitre 5.

© www.sanpompilio.it.

On remarque que la transmission en direct permit d'amplifier publiquement les témoignages du phénomène en valorisant les témoins.

Les premiers pas de la médiation des événements religieux de grande ampleur se firent surtout lors de l'ouverture du Concile Vatican II en 1962, quand Jean XXIII (1958-1963) se rendit à Loreto et à Assise pour implorer l'aide de la Vierge.

Ensuite, chaque déplacement se faisait sous l'œil de la télévision et *Il diario del Concilio* (« Le Journal du Concile ») était diffusé sur la Rai afin de rendre compte des travaux du Concile. Le pontife suivant, Paul VI (1963-1978) se rendit, lui, en Galilée et à Jérusalem, sous l'œil des caméras. De la sorte, le culte lié aux images se perpétua pendant le Concile et la présence de la télévision servit une promotion publique.

Ainsi, de nos jours, les livrets dévotionnels qui jouaient jadis un rôle de diffusion ont fait place à des outils de plus grande distribution comme les reproductions vidéo. Par conséquent, « *La visione tecnologica moltiplica l'immagine [...] mettendo definitivamente il cielo sulla terra, eliminando ogni residua dimensione di privilegio del veggente e del rapporto col cielo* »[804].

Ainsi, si la télévision semble avoir parfaitement intégré la dimension religieuse de la péninsule. Cependant, une question reste ouverte : la messe retransmise en direct n'annihile-t-elle pas la pudeur et l'intimité recherchées par les fidèles qui se rendent à l'église pour assister directement à l'office ?

---

[804] APOLITO, Paolo, *Il cielo in terra…*, *op. cit.*, p.239. Trad. (La vision technologique multiplie l'image [...] en mettant définitivement le ciel sur la terre, en éliminant chaque dimension restante de privilège du voyant et du rapport avec le ciel).

IV. INTERNET, UN NOUVEAU MODE DE SACRALISATION

Le visionnarisme des années quatre-vingts fut, en grande partie, technologique[805]. Sans renoncer aux formes les plus ancienness de communication, ce nouveau visionnarisme entra sur Internet et y gagna une plus grande visibilité : de nombreuses pages de forums de discussion, des listes d'adresses et d'innombrables liens sont désormais à la portée de l'utilisateur.

À la grande différence de la télévision qui relie des lieux physiques, l'arrivée récente d'Internet permet de constater qu'un nouveau type de pèlerinage aide à atteindre directement l'image sacrée en rendant ainsi le voyage physique complètement inutile. L'épisode des visions et des apparitions mariales à Medjugorje sembla ouvrir une nouvelle ère dans l'histoire des apparitions.

En effet, sous l'influence américaine[806], grandement relayée par Internet, les voyants furent désormais promus à une dimension internationale, à la différence du profil qui prévalait jusque dans les années soixante. Ainsi, d'une part, le voyant s'est émancipé mais, d'autre part, et, il s'agit là de l'effet paradoxal d'Internet, le voyant devient plus anonyme, ses « messages » sont dispersés par des échanges virtuels avec des protagonistes invisibles. Ce nouveau moyen de communication permet ainsi de démocratiser le phénomène de l'apparition.

A. LA VIERGE EN RÉSEAU

Si Internet a contribué largement au développement des nouvelles modalités et des nouvelles pratiques d'informations et de communications, c'est, en partie, parce que cette communication proposait une interface de médiatisations des croyances

---

[805] APOLITO, Paolo, « Visions mariales sur Internet à la fin du XXe siècle » in *Ethnologie française*, 2003/2, tome XXXVII, pp. 641-647, p.643.

[806] Une grande partie de l'ouvrage de Paolo APOLITO, *Internet e la Madonna*, Milano, Feltrinelli, 2002 est consacrée à la situation d'Internet au visionnarisme aux États-Unis.

religieuses[807]. Même si l'Église a proposé l'écoute de la messe par voie hertzienne, y décelant ainsi un certain confort, notamment pour les personnes âgées ou invalides, ainsi que la possibilité de dialoguer avec le prêtre par le biais d'outils comme Internet[808], il est nécessaire de rappeler que des théologiens contemporains, comme Johann Baptist Metz, considèrent que la diffusion de la messe à distance peut comporter certains risques parmi lesquels :

Che l'elettronica finisca per sostituire sempre più quel che sarebbe pastoralmente richiesto in fatto di incontro e di communicazione personale nei confronti dei più deboli della società e della comunità ecclesiale[809].

Que l'électronique finisse par remplacer de plus en plus ce qui serait ecclésiastiquement demandé en matière de rencontre et de communication personnelle à l'égard des plus faibles de la société et de la communauté ecclésiale.

L'utilisation d'Internet produit aussi des pèlerinages virtuels. Avec ce nouveau moyen de communication, un même culte peut être organisé dans des pays différents et éloignés, dans des lieux sacrés mais pas uniques, permettant ainsi à la dévotion d'être vécue en temps réel, sans participation personnelle concrète. Ce nouveau moyen de communication accélère indéniablement la diffusion d'un culte car les pèlerins ont la possibilité de communiquer grâce à l'instrument informatique, échangeant leurs expériences spirituelles simultanément, en temps réel, et, ainsi remplaçant les cérémonies collectives des grands sanctuaires.

Dans les apparitions contemporaines, la Vierge recommande le ciel et non la grotte comme protection quotidienne comme ce fut le cas à Oliveto Citra. Ainsi, le lieu sacré change et diminue la signification topographique au bénéfice des moyens technologiques qui en assurent la médiatisation. La Vierge peut apparaître dans des lieux inédits et suivre le voyant par le biais des sphères de la médiatisation, comme si

807 On pourra, pour comprendre pleinement les enjeux d'Internet, se référer à l'article de HACKETT, Rosalind, I, J, « Religion et Internet » in *Diogènes*, 3/2005, 211, pp.86-99.

808 FATTORINI, Emma, *op. cit.*, p.163. Précisons que le Vatican possède son propre site site web : http://www.vatican.va.

809 METZ, Johann Baptist, "La trappola elettronica. Osservazioni teologiche sul culto religioso in televisione » [Le piège électronique. Observations théologiques sur le culte religieux à la télévision] in *Concilium*, 6, 1999, pp. 83-84.

aujourd'hui, les lieux religieux cosmiques dotés de montagnes ou de grottes n'étaient plus indispensables à la diffusion d'un culte.

Lors des échanges des messages mariaux par Internet, on remarque une évolution significative de leur contenu. Les médias, de nos jours, ne diffusent plus le miracle obtenu et, par conséquent, dans le cas de Casavatore, il fut difficile de savoir si la Vierge avait accompli quelques miracles car les articles de *Il Mattino* n'y firent aucunement référence. Les rares messages ont surtout insisté sur la conversion.

Si, dès 1985, les pèlerins d'Oliveto Citra ou de Casavatore se retrouvaient *in situ* de façon spontanée, en petits groupes, ils vivaient une expérience hautement spirituelle. Par la suite, lors d'événements extraordinaires identiques, les témoignages des voyants se propagèrent par l'intermédiaire des médias et les groupes mariaux, formés en Europe et aux États-Unis, partagèrent conjointement leur expérience et diffusèrent ainsi le culte.

B. Les conséquences négatives

Néanmoins, ces nouvelles technologies possèdent également une autre face avec des effets néfastes.

D'abord, si la Toile semble apporter une démocratisation de la relation avec « l'au-delà », l'effervescence mariale à travers l'utilisation d'Internet est rendue impossible par quelconque contrôle des autorités ecclésiastiques. L'outil technologique favorise les liens, hors de ces institutions. Si le Vatican avait, autrefois, encouragé ces moyens de communication modernes, aujourd'hui, ces mêmes moyens se diversifient sans cesse et rendent impossible les dits contrôles. Par voie de conséquence, fleurissent ainsi des groupes de prières, sans filiation cléricale, se développant en dehors des organisations religieuses officielles[810]. Ainsi, la communication numérique ne joue plus en faveur de l'*auctoritas* car les possibilités de contrôle des voyants s'en considérablement trouvent réduites.

---

[810]Pour des détails supplémentaires, on pourra se référer à l'ouvrage de FATTORINI, Emma, *op. cit,* pp. 162-167,

Une autre conséquence inattendue semble être l'utilisation des confessionnaux devenus forcément inutiles car, la messe étant aussi diffusée sur Internet, les mots prononcés dans le prêche sont destinés, non pas aux seuls dévots présents dans l'église, mais aussi à tous ceux qui écoutent l'homélie à distance, celle-ci devenant une réalité virtuelle. L'évolution de la pratique individuelle du culte devient donc difficile. De plus, Internet gomme toutes les individualités, puisque les nombreux messages sur la Toile ne permettent guère d'identifier ses auteurs :

> *C'est le lieu du flux intarissable de messages : là, le sujet est le message de lui-même, non pas la source car cette dernière impliquerait un sujet extérieur au message qui soit stable, alors que sur la Toile toute subjectivité n'existe qu'en tant que message : c'est une représentation changeante qui sombre dans un système de déviations continues*[811].

Même si tous les voyants peuvent s'affirmer, on assiste à une forte dépersonnalisation de leur rôle qui n'est pas sans rappeler une situation caractéristique du XIXe siècle : une mise à l'écart des voyants, par les autorités ecclésiastiques dans le cas de Lourdes, par exemple. Enfin, on constate la perte de la dimension locale et communautaire. En outre, grâce à Internet, le commerce du sacré est devenu florissant, puisque les demandes de guérisons ne cessent d'augmenter, au risque d'assister à des déviances évidentes[812].

V. LE POTENTIEL COMMUNICATIONNEL DE PADRE PIO

Comme nous l'avons déjà précisé dans le chapitre 4, les groupes de prière à l'attention de Padre Pio firent leur apparition dès 1930. On constate donc que la communauté capucine maniait déjà les outils de communication. Si Padre Pio revêtit immédiatement une force médiatique indéniable, c'est grâce aux Frères religieux qui

[811] APOLITO, Paolo, « Visions mariales sur Internet…, *op. cit.*, p.643.

[812] Pour des informations très détaillées sur les risques provoqués par Internet, on pourra se référer à APOLITO, Paolo, *Internet e la Madonna*, Milano, Feltrinelli, 2002, pp.162-176.

sortirent de leur réserve, pour raconter leur propre témoignage à propos de Padre Pio. Le sentiment religieux a été un véhicule de communication et a encouragé la création du culte.

On peut considérer que la transformation de la société contemporaine a, dans certains cas, marqué le terme de l'hagiographie traditionnelle, considérant que même dans un contexte non religieux, on peut parfois se retrouver face à des situations rappelant certains traits de la sainteté populaire.

Dans un article étonnant de Marie-Christine Pouchelle[813] qui rapporte la permanence des attitudes de dévotion, depuis les premiers siècles du Christianisme, on apprend que les « fans » féminines du chanteur Claude François *conservent*, comme une relique, un bout de tissu d'un de ses costumes de scène trempé de sueur[814]. Le contexte est sans nul doute différent car les fans n'identifient pas leur idole comme un saint (puisqu'il ne revêt pas un rôle de médiation) mais ils le considèrent tel un Dieu, qui les domine. Les stars contemporaines ne succèdent pas aux saints mais ils leur empruntent certains traits que l'on pourrait substituer à des comportements « religieux ».

Comme nous l'avons expliqué, les médias de masse contribuent parfois à diffuser, outrancièrement, un personnage religieux comme ce fut le cas de Padre Pio. Face à cette situation pour le moins extraordinaire, nous sommes à même de nous interroger : ce phénomène religieux ne se rapprocherait-il pas des cultes rendus par les fans à leurs idoles ? On y retrouve tous les éléments chers à « l'idole », tels la lumière, la présence des projecteurs[815] et l'engouement créé par les fans. Ainsi, depuis des décennies maintenant, l'évocation du moine capucin participe à en faire un personnage du « show-business », à l'instar d'une personnalité artistique comme cela fut le cas pour Claude François.

Il est bien entendu que nous envisageons cet aspect comme une métaphore, car en effet, Claude François demeure un *élément de culture* et non un *culte*. Au demeurant, ne peut-on pas assimiler un phénomène de starification dans le cas du moine capucin? En

---

[813] POUCHELLE, Marie-Christine, « Sentiment religieux et show buisness : Claude François, objet de dévotion populaire » in *Les Saints et les stars : le texte hagiographique dans la culture populaire*, réunis par Jean-Claude SCHMITT, Paris, Beauchesne, 1983, pp. 277-297.

[814] Ibid., p.285.

[815] Et en particulier les lasers verts qui mettent en lumière la figure du capucin à la nuit tombée comme nous l'avons évoqué dans notre chapitre 4.

effet, la surexposition médiatique de Padre Pio a fait de lui un homme d'affaires, comme en témoignent les sommes considérables qui furent réunies pour la construction de l'hôpital à San Giovanni Rotondo. Les objectifs du groupe soutenant Padre Pio et de celui stimulant la mémoire de Claude François consistent à perpétuer le souvenir du personnage, d'organiser son culte public et d'alimenter les dévotions privées[816].

Par conséquent, nous assistons à une permanence des attitudes de dévotion, comme la mise en lumière et la vénération des reliques considérées comme des expressions majeures du culte rendu aux saints, mais comme aussi une considération reprise par les stars. Cette surexposition médiatique a permis de faire du personnage religieux un homme d'affaires, unanimement salué par les médias, à titre posthume, comme on le ferait n'importe quelle star du cinéma ou du showbusiness.

VI. Médiatisation d'un comportement religieux de rupture

A. Création spontanée d'une communauté juive

Pour conclure cette partie consacrée aux techniques médiatiques contemporaines de diffusion d'un culte, nous avons souhaité analyser l'exemple de San Nicandro (Pouilles). Au XXe siècle dernier, afin de le mettre en exergue, une médiatisation s'organisa, non pas avec un moyen médiatique technologique, mais grâce à l'action d'un seul homme, Donato Manduzio (1885-1948), surnommé « Le Moïse des Pouilles ». Cet évènement eut lieu à un moment où le culte lié à Padre Pio prenait son essor. Même si cette histoire extraordinaire est désormais presque tombée dans l'oubli, nous allons tenter de comprendre comment s'orchestra la médiatisation locale de ce

[816] Un petit journal à usage interne intitulé « Avec le cœur » en l'honneur de Claude François fait office de bulletin paroissial. De plus, les prétendues manifestations mystiques du chanteur dans le monde des vivants sont ponctuées d'une odeur de rose qui rappelle sans nul doute les odeurs des récits hagiographiques traditionnels.

phénomène dans une société déjà médiatisée, en l'absence de tout contexte socioreligieux et sans aucun ressort médiatique[817].

Au début du XXe siècle, en Italie méridionale, dans la région du Gargano, la piété populaire était alimentée de deux façons par l'Église : « *Da un lato, le forme di una devozione vissuta come dolorismo e come penitenza : quadri di Gesù coronato di spine, [...]. Dall'altro lato, i luoghi di una fede interpretata come ascetismo e come mistica* » [818]. Cette hégémonie de l'Église était, sans nul doute, l'un des phénomènes qui contribua à la naissance de cette forme d'agitation sociale.

En 1931, à San Nicandro, petit village des Pouilles, un petit groupe de paysans décida de se convertir au judaïsme sous l'influence de Donato Manduzio, un invalide de guerre, réputé dans son village pour ses pouvoirs de guérisseurs.

En effet, en 1930, dans la nuit du 10 et 11 août, Donato Manduzio déclara à des congénères, avoir subi une vision au cours de laquelle un mystérieux individu lui donnait une Bible. Le jour suivant, il se procura l'ouvrage en question qu'il lut pour la première fois de sa vie et révéla :

Avec un grand étonnement, je vis la Création, et comment l'Éternel existait avant que la terre fût créée. [...]. Tout de suite, je déclarai aux « peuples » le Dieu Unique et les paroles du Sinaï et comment le Créateur repose dans le samedi. [...]. Et je célébrais la sainteté du Créateur dans l'étendue des cieux[819].

---

[817] Il nous faut préciser que le village s'était déjà retrouvé sur le devant de la scène car il a été l'un des premiers centres socialistes italiens et lieu des luttes contadines dans les Pouilles septentrionales.

[818] LUZZATO, Sergio, op. cit., p.25 ; Trad. (D'un côté, les formes d'une dévotion vécue en tant que dolorisme et pénitence : cadres de Jésus portant la couronne d'épines, [...]. De l'autre, les lieux d'une foi vécue avec ascétisme et mysticisme).

[819] CASSIN, Elena, *San Nicandro, histoire d'une conversion*, Paris, Plon, 1957, p.23. L'auteure a réalisé une enquête sur la conversion au judaïsme dans la petite ville de Sannicandro, située au nord-est du promontoire du Gargano qui comptait à l'époque 17 000 habitants, pour la plupart travailleurs agricoles. Elle s'est basée sur le journal laissé par Manduzio qui reconstitue l'histoire de cette petite communauté. Elle se trouve à Safed en Israël lorsqu'elle apprend casuellement que non loin de là vit une colonie d'italiens convertie au judaïsme depuis une vingtaine d'années. Nous en profitons pour préciser qu'Elena Cassin s'est aussi intéressée à un autre fait religieux, plus étendu géographiquement ; la conversion de certains méridionaux aux différentes sectes évangéliques.

C'est effectivement en ces termes que Donato exprima, dans son journal intime, sa conversion à la religion d'Israël. Il vivait alors dans une région pétrie de catholicisme, sans être pour autant un pratiquant et ne connaissait pas les textes des Saintes Écritures. Né en 1885 dans une région majoritairement peuplée d'ouvriers agricoles, il n'était jamais allé à l'école car, pour subvenir aux besoins de sa famille très pauvre, il fut contraint de travailler très tôt. Il se maria, en 1910, et lorsque la guerre fut déclarée, c'est au 94ème régiment d'infanterie qu'il apprit à lire et à écrire. Au retour de la guerre, il fut reconnu invalide ne pouvant plus exercer les travaux des champs. Grâce à ses connaissances en magie et en astrologie, il fut bientôt reconnu comme le « sorcier » du village. Il ne dérogea donc pas à la coutume où « *chaque petite ville, chaque village, dans les Pouilles, a son guérisseur, son devin qui soigne et parfois guérit les malades, fait des filtres* »[820].

Au moment de sa vision, ce paysan autodidacte souhaitait comprendre les mécanismes de la Création du monde et de fait, il se sentit attiré par la religion d'Israël qui pouvait répondre, selon lui, à ses préoccupations existentielles.

À ce moment-là, il décida de rompre définitivement avec la religion catholique, car sa lecture de l'Ancien Testament lui fournit un sentiment de fraternité avec un peuple qu'il imaginait disparu depuis des siècles. Par conséquent, il entreprit d'exposer sa conviction personnelle à sa famille et à ses amis qui s'avérèrent tiraillés entre leur héritage culturel catholique et la révélation de cette nouvelle religion.
Selon Donato Manduzio, Dieu l'avait élu pour jouer un rôle semblable à celui que Moïse avait exercé dans le désert et pour cette raison, fort de sa popularité, il tenta de convertir une partie des habitants de son village, « *gente in tutto simile a quella di altri villagetti sonnacchiosi : tarda, annoiata, accigliata, sognante ad occhi aperti* »[821].

Cette redécouverte de la Bible par des paysans, éclaira d'une lumière nouvelle, presque irrationnelle, la terre du Gargano et l'on retient surtout que les affinités spirituelles avec le peuple hébreu ne sont passées par aucun intermédiaire médiatique traditionnel.

---

[820] Ibid., p.20.
[821] LAPIDE, Phinn, E, *Mosé in Puglia*, Milano, Longanesi and C, 1958, p. 15. Trad. (Des gens strictement identiques à ceux d'autres petits villages figés : retardés, blasés, renfrognés, rêvant les yeux ouverts).

En effet, Donato Manduzio n'a jamais eu de lien direct avec le peuple juif avant sa conversion « *jusqu'au jour où il apprend que les villes sont pleines de ce peuple qu'il a cru disparu* »[822]. Il ignorait l'existence des communautés juives en Italie. C'est donc l'extraordinaire personnalité et le pouvoir de conviction de Donato Manduzio qui amena une partie des habitants de San Nicandro à se convertir au judaïsme.

Néanmoins, pour expliquer cette conversion, qui représente un comportement plutôt inattendu dans cette région du sud italien, où la religion courante reste le catholicisme, une hypothèse se profile. La dévotion de masse qui s'exerça autour du personnage de Padre Pio encouragea peut-être les habitants de San Nicandro à ne pas suivre la majorité des fervents du moine capucin. Si d'une part, le livre sacré dont la lecture convertit un sceptique reste un fait fréquemment mentionné dans les récits de conversion, cette adhésion au judaïsme, à ce moment précis de l'Histoire, revêt des aspects inédits : les événements à San Nicandro se déroulèrent au moment où le moine capucin était l'objet d'une intense dévotion depuis qu'il avait reçu les stigmates en 1918. Néanmoins, comme nous l'avons déjà analysé dans le chapitre 4, certaines révélations officielles entamèrent la dévotion populaire du pays à l'égard de Padre Pio, et pourraient expliquer, selon notre avis, la raison d'une possible désaffection des masses paysannes catholiques à l'égard de l'Église officielle.

De fait, cette situation permet de penser que la conjoncture religieuse poussa les convertis de San Nicandro vers « *una società nuova e verso il sogno di un passato puro, l'età d'oro o i bei tempi passati* »[823] en les éloignant des pratiques culturelles réglées par l'institution.

En outre, le printemps 1931, date à laquelle Donato Manduzio s'intéressa de plus en plus près au judaïsme, marque le point culminant des persécutions largement médiatisées contre Padre Pio. Ce comportement commun pourrait bien résulter d'une réaction contestataire de la religion officielle en vigueur à cette époque et d'une quête collective du divin que l'Église catholique de Rome peinait à fournir à ces croyants de San Nicandro. En 1936, à la suite de la dénonciation de l'archiprêtre, don Vincenzo

[822] CASSIN, Elena, *op. cit.*, p.6.
[823] HOBSBAWN, E.J, *I ribelli, forme primitive di rivolta sociale* [Les rebelles, formes primitives de révolte sociale], Torino, Einaudi, 1966, p. 103. Trad. (Une société nouvelle et vers le rêve d'un passé pur, d'un âge d'or ou des beaux jours révolus).

Pienarbarca, un juge de paix imposa une amende aux disciples de Donato Manduzio et leur enjoignit de ne plus tenir de réunions et de ne plus baptiser. En réalité, les autorités redoutaient toute marque de non-conformisme et Donato Manduzio incarnait un véritable danger, mettant en péril l'ordre établi.

En septembre 1938, les premières lois raciales hitlériennes, instaurées par Mussolini, fortement discriminatoires à l'égard des juifs, furent promulguées[824]. Elles n'eurent pas de conséquences particulièrement graves pour les adeptes de San Nicandro. Néanmoins, le Rabbin, depuis Rome, leur fit savoir qu'ils n'étaient pas concernés, n'étant pas considérés comme juifs, d'autant que leur conversion n'avait jamais été légalisée. Et leur vie se poursuivit entre l'hostilité des autorités fascistes et l'organisation des principales fêtes juives, dans un climat d'isolement jamais égalé jusqu'alors.

B. L'ÉMIGRATION EN ISRAËL

Sur les quarante paysans catholiques convertis au judaïsme, trente décidèrent de s'adonner à la vie du kibboutz et émigrèrent ainsi en Israël au lendemain de la Seconde Guerre Mondiale. L'émigration signifiait, pour les populations du Gargano, une rupture irrémédiable avec un passé souvent synonyme, de misère et la possibilité de débuter une nouvelle vie. Cet exode rappelait l'histoire de nombreux méridionaux qui, à cette époque, furent contraints de fuir leur terre pour vivre décemment dans un autre pays ou sur un autre continent ou bien encore, pour échapper à un système politique oppressif. Le choix de ces habitants de partir en exil ne peut être considéré comme anachronique puisqu'il s'inscrivait directement dans une démarche d'exode qui touchait aussi le sud italien, à une époque où de nombreux paysans tremblèrent sous l'oppression fasciste. Dans le cas de San Nicandro, l'exil correspondit à la décision d'abandonner « *la terra*

---

[824] La persécution des juifs sous le fascisme n'étant pas notre sujet d'étude, nous citons cependant un ouvrage intéressant qui expose les principales clés de la Shoah : SARFATTI, Michelle, *La Shoah in Italia*, Torino, Einaudi, 2005.

dei loro padri e gettare quello che era il loro retaggio, la loro lingua, il loro passato per trapiantarsi in un paese straniero che poteva essere la patria spirituale »[825].

Il faut cependant retenir que cet exil était dû non pas à des raisons politiques mais pour des raisons religieuses. Il présentait un des aspects exemplaires puisqu'il n'y avait eu aucun contact entre les nouveaux convertis et les fidèles de la religion à laquelle ils adhérèrent, donc, par conséquent, sans aucune médiation, ni médiatisation. Lorsqu'ils rencontrèrent un juif « né dans la loi », envoyé de Rome, pour venir étudier la situation à San Nicandro qui suscitait tant de perplexité au sein de la communauté israélite, ils découvrirent que le peuple hébreu n'avait pas disparu.

Ce n'est qu'en 1946, à la veille de la mort de Donato, que le grand rabbin de Rome autorisa la circoncision collective des juifs de San Nicandro, avant qu'ils ne rejoignissent la Terre Promise. Néanmoins, ils partirent sans leur chef spirituel et d'aucuns diront à son sujet: « *noi rimanemmo orfani e soli, pieni di dolore perchè a lui non era stato dato di vedere la terra d'Israele coi suoi occhi, come era avvenuto per Mosé* »[826].

Ainsi, la terre du Gargano qui conférait depuis toujours à ses habitants une forte dimension religieuse, devint un étrange laboratoire d'expérience en 1931[827]. De fait, si le récit d'Elena Cassin gardait la spontanéité d'un récit de voyage, l'auteure s'attacha néanmoins à retracer les racines historiques et sociales du phénomène étudié.

Notre brève analyse de l'ouvrage laisse apparaître que cette conversion revêtait une certaine forme de révolte sociale même si le fait était passé inaperçu à l'époque, en raison du faible poids social des protagonistes et de la volonté de l'Église de ne pas communiquer sur ce phénomène. Si la culture religieuse du Gargano prédisposait l'individu à naître et à vivre selon le modèle de l'Église catholique, il ne nous semble pas hors de propos de supposer que cette conversion était due, non seulement au fruit

---

[825] LAPIDE, Phinn, E, *op. cit.*, p.262. Trad. (La terre de leurs pères et de jeter ce qui avait été leur héritage, leur langue, leur passé pour s'établir dans un pays étranger qui pouvait être leur patrie spirituelle).

[826] Ibid., p. 246. Trad. (Nous restâmes orphelins et seuls, perclus de douleur car lui, n'avait pu voir la terre d'Israël avec ses propres yeux comme Moïse l'avait fait).

[827] Il demeure néanmoins difficile d'analyser l'ensemble des rasions du comportement religieux du groupe car le matériau d'étude est souvent lacunaire même si le journal de Donato Manduzio demeure une source primordiale pour comprendre les différentes étapes de cette conversion.

d'un franc rejet de l'Église et de son hégémonie, mais aussi à la volonté de suivre un chemin initiatique personnel en cette époque historique particulièrement troublée.

Il est d'ailleurs fort probable que Manduzio se soit rendu compte que la vie d'un paysan, dans l'Ancien Testament, n'était pas si différente de la vie qu'il subissait dans les Pouilles, en 1930. Selon l'historien britannique Eric Hobsbawn, ce cas de conversion d'un prophète de campagne à la religion juive, faite sans aucune médiation à l'hébraïsme, fut unique en Europe[828]. De nos jours, la ville, caractérisée par un développement urbanistique anarchique initié après la Seconde Guerre Mondiale, n'a laissé de cette aventure inédite que la présence d'une synagogue (Fig.3).

Fig.3
Façade de la synagogue à San Nicandro (2013)
CdA.

⁂

[828] HOBSBAWN, Eric, « Gli eberi di San Nicandro » [Les juifs de San Nicandro], in *Internazionale*, 888, 25 febbraio 2011, pp. 2.

CONCLUSION

Ce dernier chapitre avait pour objectif de proposer une lecture partielle des moyens de communication contemporains.

À l'issue de ces observations, force est de remarquer que nous sommes passés de l'époque médiévale, quand la Vierge demandait au voyant de lui construire un sanctuaire, à une nouvelle ère où les messages peuvent renfermer un appel général à toute l'humanité pour se repentir. L'évocation du cas inédit de Donato Manduzio s'explique en partie par le fait que la population de San Nicandro baignait dans une atmosphère d'effervescence religieuse, comme tant d'autres d'ailleurs, à une époque où un quelconque changement des conditions de vie du paysan, par la lutte sociale, avait disparu. Le charisme du protagoniste et la volonté de trouver des réponses engendra cette situation anachronique.

Les médias actuels produisent un effet de réalité. Le premier moyen de communication et de dialogue puissant fut, sans conteste, la télévision. Ces nouveaux moyens de communication alimentent le riche marché de la foi et parviennent à faire circuler des messages à caractère universel.

Nous souhaitons rappeler que, si l'Église a parfois condamné les technologies qui renvoient à notre époque moderne, elle a eu, elle-même, recours à ces mêmes technologies pour communiquer ses idées et renforcer sa propre dimension. L'abondance des moyens de communications modernes semble démocratiser le rapport entre le Ciel et la Terre. Il nous faut toutefois rappeler que l'élément déclencheur de la médiatisation démesurée à l'époque contemporaine fut, sans nul doute, Padre Pio. De là, découla une volonté commerciale qui permit une pérennisation de son culte et de son pèlerinage.

CONCLUSION GÉNÉRALE

CONCLUSION

Notre travail, nous souhaitons le rappeler, débuta, tout d'abord, du constat qu'un tremblement de terre représentait indéniablement un élément de rupture qui modifia et transforma les populations, comme on put le lire au sujet du séisme de 1908 en Calabre:

Fu per questa ragione, [...], che alcuni nelle nostre contrade, provati così duramente dal terremoto, assunsero, dopo di questo ed in conseguenza di esso, quel contegno ostile, non solo contro la religione, ma contro Iddio stesso, a cui fu inteso, con orrore, rimproverare blasfemamente la crudeltà e la insipienza [829].	Ce fut pour cette raison, [...] que certains habitants de nos régions, éprouvés si durement par le tremblement de terre, affichèrent, après celui-ci et à cause de celui-ci, ce comportement hostile, non seulement contre la religion, mais contre Dieu lui-même à qui on reprocha, avec horreur et en blasphémant, la cruauté et l'ignorance.

Par conséquent, un séisme entretient indubitablement des répercussions négatives sur le clergé local et sur les lieux de culte, car la religion est à la fois un aspect sociologique de premier ordre, mais aussi un instrument culturel. Pour remédier à cet état de fait, l'Église dut se hâter de renouer avec la vie religieuse afin de redonner confiance à la population et réagir ainsi contre l'inertie, contre la prostration physique qui s'abattaient sur les habitants.

Dans un pays où les privilèges fiscaux pour l'Église sont encore et toujours en vigueur[830], nous avons souhaité nous intéresser au séisme de l'Irpinia de 1980 et à l'épidémie visionnaire en Campanie qui en a résulté, en 1985. Nous avons considéré que cette latence, durant cinq ans, pouvait s'expliquer par une prise de conscience progressive à savoir que le séisme pouvait revêtir une dimension théologique, et le cas échéant, une notion de punition divine. En 1980, l'événement dramatique pouvait être

[829] DENISI, Antonio, « L'impegno della Chiesa reggina per il terremoto del 1908» [L'engagement de l'Église de Reggio-Calabria pour le tremblement de terre de 1908] in *Rivista Storica Calabrese*, 1-2, 1994, pp.9-24, p.18.

[830] Cette loi a été votée en vertu des Accords du Latran en 1929. Le *cinq pour mille* signifie qu'une part de l'impôt sur le revenu est destinée aux caisses du clergé. En outre, *le huit pour mille* concerne une autre part des impôts qui doit aller à une confession religieuse ou, à défaut, à un programme d'aide sociale géré par l'État italien et qui bénéficie surtout à l'Église catholique.

une réponse à une industrialisation avortée, à l'omniprésence du crime organisé ou même au clientélisme.

Nous sommes partis du fait qu'un séisme reste un facteur de déstabilisation et d'un déséquilibre qui peut créer une perte de foi, même s'il nous fut néanmoins difficile d'éclaircir le point de vue du clergé sur cet aspect précis.

La première partie de notre travail considère le tremblement de terre comme une possibilité de mettre en place de nouvelles dévotions. Nous y avons vu, là, le signe d'une réaction de l'Église qui souhaitait délivrer un message aux populations et nous nous sommes particulièrement intéressés aux différents éléments qui pouvaient permettre d'installer une croyance, suite à une apparition. La plupart des événements surnaturels qui avaient surgi, s'éteignirent en quelques jours ou en quelques semaines, car ils ne réunissaient pas, ils ne mobilisaient pas et ils ne trouvaient pas de porte-parole. Certains connurent un petit succès local et suscitèrent quelques dévots mais ne firent pas l'objet d'un développement plus important, outre mesure.

À l'issue de ce travail, plusieurs conclusions s'imposent et, en premier lieu, c'est **un constat d'ordre topographique.** En général, la configuration géographique occupe une place essentielle dans la construction d'un culte. Cependant, à Casavatore, le territoire ne proposait pas de références religieuses et par conséquent, ne déclencha pas le mécanisme de la mémoire collective.

Ainsi, l'apparition, unique, n'a pas permis de mettre en place un culte pérenne. À Oliveto Citra, même si la fréquentation du lieu demeura modeste, les éléments topographiques renvoyant à des localisations pieuses, désignées dans les Évangiles, ont fonctionné comme un élément catalyseur et ont permis de lancer le culte. Sur ce point, notre recherche s'est attachée à mettre en lumière le culte de Padre Pio, même s'il n'existe aucun lien avec le séisme de 1985, afin de démontrer combien l'archétype du paysage biblique, pouvait servir le développement d'un culte. Le territoire n'était en fait constitué que de réemplois de formes, d'images, de représentations, présentes dans la Bible et qui permettaient la spatialisation des références religieuses. Dans l'iconographie chrétienne, les buttes appellent des calvaires, les chemins de croix renvoient au Golgotha. Dans le cas auquel nous nous sommes intéressés, le lieu s'imposait comme un site prophétique.

Un **second constat** concerne l'**aspect historique**. En effet, à Pompei, l'action de Bartolo Longo s'inscrivait dans le contexte de la Révolution Industrielle, moment crucial où les sociétés se s'étaient vues contraintes d'inventer et d'élaborer de nouveaux filets de convention. Dans le cas de Pompei, la convention concerna la mise en place du culte marial. Cette décision était destinée à fabriquer un ciment social, au même titre que le prétexte de loterie, imaginé par Bartolo Longo, qui représenta un modèle d'interaction pour encourager les plus faibles pénalisés par une organisation sociale inégale. Ils avaient le sentiment ainsi de pouvoir se divertir, au même titre que l'élite. De plus, rappelons que l'aire contadine abandonnée se caractérisait, à l'époque, par l'ignorance, par une rare pratique religieuse mais surtout par des aspects de superstitions et des fêtes populaires bruyantes.

Dans son projet, Bartolo Longo a donc tenté de répondre aux exigences de ces paysans, réduits à la misère et qui ne profitaient pas des aspects du développement et de la modernisation. Il a voulu aussi intérioriser la religion populaire, en opérant à une œuvre d'élévation et de purification et en élaborant la construction d'un sanctuaire.

En effet, de façon générale, les sanctuaires peuvent être comparés à une « *eruzione vulcanica della fede, [e] sono come vulcani della coscienza religiosa contemporanea* »[831]. Il n'est pas inutile de rappeler que Bartolo Longo était contemporain de la guerre de Libye, geurre qui demeure un moment important pour l'histoire des sanctuaires italiens en proposant un modèle de chrétienté à l'Europe bouleversée par la Guerre. Bartolo Longo a donc été en mesure de mobiliser les paysans de l'Italie méridionale autour d'un projet commun, à une époque où la région était décimée par une émigration de masse.

Le cadre historique est tout aussi important à San Giovanni Rotondo puisque la première route ouverte, entre Foggia et Manfredonia, le fut par le gouvernement fasciste pour valoriser les terrains de cette région. Ce n'est qu'à partir de ce moment-là qu'une

---

[831] LONGO, Bartolo, *Il Rosario e la Nuova Pompei*, XI-XII, 1912, pp. 393-394. Trad. (Éruption volcanique de la foi [et) sont comme des volcans de la conscience religieuse contemporaine).

liaison avec San Giovanni Rotondo fut rendue possible[832]. Indubitablement, ce fut cet aspect qui permit un développement du culte à Padre Pio.

En outre, on constate aussi **un aspect historique religieux traditionnel** comme dans le cas de la réactivation du culte à Montecalvo Irpino. Elle n'était pourtant pas liée à un contexte proprement historique, mais à une volonté de remettre en vigueur un culte abandonné. Le prêtre du village, Don Teodoro, n'a pas cherché à développer outre-mesure la dévotion à la Mamma Bella, mais il a souhaité conserver quelques aspects festifs, comme en témoigne encore la fête patronale qui se déroule, chaque année, en août, dans le village.

Si l'installation d'une tradition à Casavatore n'a pas fonctionné, c'est tout le contraire qui se passa à Pompei, à la fin du XIXe siècle. La participation initiale des paysans a permis de réagir à la transformation rapide de la société qui pouvait affaiblir ou détruire des modèles sociaux. L'action de Bartolo Longo rappela la fonction sociale de la religion. Dans cette perspective, l'avocat des Pouilles eut recours à des matériaux anciens pour construire une tradition et

In questo caso, l'elemento di invenzione risulta particolarmente chiaro, poichè la storia che entrò a far parte della conoscenza comune o dell'ideologia della nazione, dello stato [...] non è quella effettivamente conservata nella memoria popolare ma è stata selezionata, scritta, resa in immagini diffusa e istituzionalizzata da persone appositamente incaricate[833].

Dans ce cas, l'élément d'invention apparaît particulièrement clair puisque l'histoire qui fit partie de la connaissance commune ou de l'idéologie de la nation, de l'État [...], n'est en effet pas celle conservée dans la mémoire populaire mais a été sélectionnée, écrite, mise en image et institutionnalisée par des personnes sélectionnées exprès.

Néanmoins, un paradoxe émerge car, en effet, la tradition reste immuable, par définition. Elle sous-entend des pratiques fixes, une répétition et s'oppose à toute innovation. Mais, l'idéologie libérale du XIXe siècle, avec ses changements sociaux créa des vides qu'il fallut colmater avec des traditions réinventées.

---

[832] SIRAGO, Vito, *Storia di Benevento del Sannio*, Benevento, Edizioni Lome, 2007, p.200.
[833] HOBSBAWN, Eric, J, *L'invenzione della tradizione*, Torino, Einaudi, 1987, p.15.

En outre, à Casavatore, l'absence de tradition religieuse cultuelle n'entraîna pas une disparition immédiate de dévotion à la *Regina della Scuola*. Il est effectivement plus aisé de mettre en place une dévotion lorsque figurent des liens, avec un quelconque passé religieux qui permettent de répéter un modèle de sainteté. Il est aussi possible qu'une tradition se construise de toutes pièces et perdure au fil des siècles, comme dans le scoutisme, dont Baden-Powell (1857-1941) en fut son promoteur. Par conséquent, la mise en place d'un culte peut dépendre d'une apparition mariale, de la redécouverte casuelle d'un groupe sculpté, mais encore de la création de toute pièce d'une ville nouvelle.

Il semble aussi que **l'aspect charismatique du promoteur** du culte soit étroitement lié à sa diffusion. Les cas les plus emblématiques demeurent ceux de Padre Pio et de Bartolo Longo.

Padre Pio connut la capacité, grâce à son charisme et à l'instar de Bartolo Longo, de développer une ville, dans un cadre essentiellement religieux. Tous deux représentent des acteurs essentiels dans la diffusion d'un culte à grande échelle. Néanmoins, à la différence de Padre Pio, Bartolo Longo n'a jamais suscité de polémiques vis-à-vis de l'Église, son objectif étant seulement celui de faire naître une dévotion mariale. Padre Pio, lui, vivement critiqué par l'Église à certaines périodes de sa vie, a tout mis en œuvre, en affichant, de manière ostentatoire, par exemple, ses stigmates pour que son culte ne devienne pas un culte posthume Si Saint-François a reçu les stigmates deux ans avant de mourir, le moine capucin les a conservées pendant cinquante ans. Dans le cas de Casavatore, les voyantes, comme en attestent les articles de journaux de l'époque, éprouvèrent la nécessité de se mettre en avant, peut-être pour, inconsciemment, tenter de donner de l'importance à cet événement dont elles avaient rapporté le témoignage. En effet, il était difficile, dans cette ville de la périphérie napolitaine, en l'absence de passé religieux particulier et de reliques, de pérenniser un culte.

Dans le cas de Bartolo Longo, la situation reste différente puisqu'il apporta lui-même le tableau de la Vierge au Rosaire en fournissant ainsi un support à une future dévotion. Sa personnalité lui permit de devenir l'autorité du lieu qui, plus tard, prendra l'initiative de construire un sanctuaire.

Par conséquent, si l'on note un « passage en force » de la part de Padre Pio, à Pompei, c'est avant tout l'importance du comportement individuel qui prévaut, comme en atteste la volonté de Bartolo Longo de demander à chaque habitant une petite obole pour contribuer à l'édification d'un sanctuaire. Ainsi, en tentant de rechristianiser la société de la fin du XIXe siècle, il reste considéré comme le dépositaire d'une tradition, en affichant clairement son hostilité à la modernité. Cette tradition, inventée, voulait à la fois inculquer un système de valeurs et de conventions, tout en luttant contre l'émigration caractéristique de cette période.

De plus, les **moyens médiatiques traditionnels et modernes** demeurent un élément primordial pour pérenniser une nouvelle dévotion. Ils garantissent la structuration de l'événement et immortalisent l'identité religieuse. Des documents, rédigés par des personnages charismatiques comme Bartolo Longo, permirent de figer la tradition inventée mais aussi de la légitimer. Ces textes officiels participèrent ainsi à la cohésion d'un groupe. Mais, un saint ne doit pas se contenter de mener seulement une vie vertueuse, pour constater sa sainteté, une reconnaissance par l'Église reste obligatoire. Dans le cas de Padre Pio, cette décision anticipa le culte qui lui est désormais consacré. Par conséquent, au XXe siècle, Padre Pio a été considéré comme un héros moral.

Mais, n'oublions pas que la médiatisation passe aussi par une enfance et un parcours de vie prédestinés. À Casavatore et à Oliveto Citra, les témoins de l'événement surnaturel n'eurent pas, d'après les témoignages et les documents, de parcours personnel religieux. Dans les sources concernant les deux villes, les témoins ne sont même pas nommés. De plus, habituellement, lors d'une apparition, les témoins décrivaient souvent l'apparence de la Vierge, ce qui ne fut pas le cas dans ces deux villes. Cette lacune contribua très certaienement à minimiser l'événement.

Padre Pio, quant à lui, n'est jamais resté silencieux, même si ses paroles et miracles étaient diffusés, en général, par ses autres frères capucins. En outre, à l'instar de Bartolo Longo, il encourageait à réciter le Rosaire, la prière la plus répétée et donc la plus médiatique, considérée comme « *l'arma contro tutti i mali del mondo* »[834].

Notons aussi que **l'architecture** reste un support médiatique très important comme en témoigne, par exemple, la basilique à Pompei. De par son aspect ostentatoire célébré par le baroque, elle peut être considérée comme un instrument, pour renforcer l'autorité de Bartolo Longo. Elle se fonde sur un niveau supérieur, au même titre que la basilique de San Giovanni Rotondo, réalisée par l'un des architectes les plus en vue de ce début XXIe siècle. Dans les deux cas précités, l'édifice religieux fut construit à des fins de développement du culte.

Mais une forte médiatisation peut aussi desservir un lieu, comme ce fut le cas à Pietrelcina. Les dévots à Padre Pio se rendaient en nombre dans le Gargano et leur présence dérangeait cruellement le village natal du moine. On peut supposer que c'est pour cette raison que les autorités du village décidèrent de construire le couvent des Capucins, inauguré en 1928, car « *si pensò che se in paese, ci fosse stato il convento, Padre Pio sarebe potuto tornarvi* »[835]. Néanmoins, l'édifice n'a pas suffit à médiatiser le culte à Pietrelcina. Alors, en août 2013, on inaugura une statue de Padre Pio, qui le représente à l'âge de vingt ans. **(annexe 6)**[836].

À travers toutes ces différentes initiatives, Padre Pio devint donc « un produit de la civilisation moderne » dont la médiatisation atteignit son sommet lors de sa canonisation par Jean-Paul II, le 16 juin 2002. Ainsi, le moine capucin obtint une forte reconnaissance et une plus forte résonance, tout en n'ayant jamais quitté le sud italien. La conséquence de ce fort engouement reste que ce culte contemporain a presque fait disparaître l'ancien pèlerinage à la grotte de Saint Michel. Dans ce cas précis, la sainteté est devenue un produit de grande consommation.

---

[834] MARGRY, Peter Jan, « Un beatus ovvero il culto bulldozer di Padre Pio. Un'indagine etnoantropologica » [Un bienheureux, c'est-à-dire le culte bulldozer de Padre Pio] in *Rivista Critica Sociologia*, 141, 2002, pp.51-79, p.65. Trad. (L'arme contre tous les maux du monde).

[835] MONTELLA, Carmine, *Cose nostre*..., op. cit., p.238. Trad. (On pensa que s'il y avait un couvent dans le village, Padre Pio aurait pu revenir).

[836] À la même date, le 15 août 2013, une exposition, intitulée « La Pietrelcina di San Pio », est inaugurée dans le palais communal De Tommasi-Bozzi. Elle retrace les moments les plus significatifs de l'enfance et de la jeunesse du moine.

Toutefois, en arrière-plan, il ne faut pas, non plus, négliger **l'aspect politique,** agissant fortement sur le développement d'un culte.

En effet, à Oliveto Citra, en mai 1985, les habitants votèrent, presque à l'unanimité, pour un maire communiste et pour un conseil communal communiste. Le leader politique, Fulvio Piranese, du parti de la Démocratie Chrétienne, qui participa aux interrogatoires, fut évincé, lors de l'élection du Parti Communiste. Immédiatement après cette victoire, les apparitions mariales furent l'objet de toutes les attentions.

On pourrait penser que, face à la rupture de ce paradigme, la Démocratie Chrétienne ait voulu « profiter » d'une apparition de la Madone face aux électeurs. Cette situation rappella les événements de Fatima, en 1917, où la Vierge demandait à la Russie de se convertir au Cœur Immaculé de Marie. À l'époque, ce message s'inscrivait parfaitement dans le cadre de la condamnation du communisme par l'Église. À Fatima ou à Oliveto Citra, il est possible d'y percevoir une volonté d'instrumentalisation pour un changement d'orientation politique, les communistes ayant toujours posé des problèmes à l'Église, comme en témoigne ce passage écrit par Bartolo Longo : « *Come indurrla (quella gente dispersa e umiliata) ad amore e fratellanza, se vivono diffidenti l'un dell'altro e si rubano a vicenda, [...] imbevuti delle massime dei selvaggi e dei comunisti* »[837].

En s'intéressant de plus près au sujet, il en résulte qu'au XVIIe siècle, une situation presque identique s'était déjà produite en Lorraine, avec les calvinistes de l'époque, en lieu et place des communistes d'aujourd'hui[838]. Dans ce cas de figure, peut-on parler d'un retard des mentalités dans le paysage italien politique en cette fin XXe siècle ?

À l'issue de cette étude, nous avons constaté que les éléments médiatiques pour favoriser le développent d'un culte peuvent prendre diverses configurations. De plus, la question à propos de la sainteté s'est transformée dans le temps. En effet, le modèle de

---

[837] LONGO, Bartolo, *op. cit.*, p.73. Trad. (Comment les pousser – ces gens désespérés et humiliés- à l'amour et à la fraternité s'ils se méfient les uns des autres et se volent entre eux, imprégnés par les règles des sauvages et des communistes).

[838] HARMAND, R, "Les miracles de Salival, la légende de Saint-Livier et la polémique de Rambervillers et de Paul Ferry en 1623-1624 » in *Bulletin Mensuel de la Société d'Archéologie Lorraine et du Musée Historique Lorrain*, 7, 1907, pp.190-212.

vertu a évolué vers un modèle protecteur, puis s'est dirigé vers des instruments de stratégies politiques ecclésiastiques, en l'absence de références pour l'Église locale, comme à Casavatore ou Oliveto Citra. Dans ce dernier cas, l'épidémie visionnaire a eu pour conséquence de ne pas dépasser les frontières du Mezzogiorno.

Ainsi, à la suite de ces diverses recherches, il nous semble que nous ayons apporté quelques réponses sur la façon dont un séisme pouvait modifier, même de façon temporaire, l'organisation des villes et des villages concernés par une telle tragédie.

Enfin, pour conclure ce travail, en ayant ainsi rapproché les notions de catastrophes naturelles et de punitions divines, nous ne pouvons que faire allusion au film de Roberto Rossellini, *Stromboli. Terra di Dio*[839]. Son titre évocateur marque un lien entre le cratère et Dieu. La scène finale, représentant l'héroïne qui gravit les pentes du volcan en implorant le nom de Dieu, garde, dans son intégralité, le rapport ambigu, s'il existe, entre un tremblement de terre et les sentiments religieux.

---

[839] *Stromboli, terra di Dio*, ROSSELLINI, Roberto, avec Ingrid Bergman, Italie, drame, 1950, 107 min. Souvent, une confrontation est faite avec le film américain *Vulcano* qui ont un sujet commun. *Vulcano*, DIETERLE, William, avec Anna Magnani, États-Unis, 1949, drame, 106 min.

BIBLIOGRAPHIE

RÉFÉRENCES

Notes sur la méthodologie de classement des références

Nous avons choisi d'organiser notre bibliographie en deux sections : **les sources (primaires et secondaires)** et la **bibliographie par chapitre**. Les sources primaires constituent des documents originaux, fondamentaux pour initier notre recherche. La bibliographie par chapitre rassemble les ouvrages, biographies ou films qui ont soutenu et orienté notre réflexion tout au long de notre travail. Elle n'est pas exhaustive mais résulte de choix sélectifs parmi une bibliographie abondante. Pour une meilleure lisibilité, nous avons choisi d'attribuer à chaque référence un numéro.

LES SOURCES

I-Sources primaires

1- Interviews

1. Interview du diacre Gaetano Marino (Casavatore) en août 2009.

2-Interview de Don Teodoro (Montecalvo Irpino) le 25 février 2011

2- Articles de presse (Par ordre chronologique de parution)

3. « Il Santo predice la sua propria fine » in *Il Mattino*, 4 giugno 1919.

4. « Il miracolo di un santo » in *Il Mattino*, 5 giugno 1919.

5. BUONANNO, B, « E quando è arrivato il Papa » in *Il Mattino*, 26 novembre 1980.

6. RUFINI, Paolo, « L'Irpinia era fatta per tremare » in *Il Mattino*, 27 novembre 1980.

7. SCIASCIA, Leonardo, « Terremoto : quei presepi fanno comodo » in *Il Mattino*, 5 décembre 1980.

8. MORAVIA, Alberto, « Ho visto morire il Sud » in *L'Espresso*, a. XXVI, 49, 7 dicembre 1980.

9. CASERTA, Renato, « Vergogna ! hanno gridato a Pertini » in *Il Mattino*, 25 dicembre 1980.

10. « Quei giorni delle macerie, della paura e della rabbia » in *Il Mattino* (supplemento), 25 gennaio 1981.

11. « Ecco i tre baronissi » in *Il Mattino*, 1981.

12. RENARD, J, « La grande peur de Naples » in *L'express,* 28 février 1981, p.49.

13. SIANI, Giancarlo, « Nonna manda il nipote a vendere l'eroina » in *Il Mattino*, 22 settembre 1985.

14. CASERTA, Renato, « L'ora di religione finirà in Parlamento » in *Il Mattino*, 14 dicembre 1985, p.6.

15. MAIETTA, C, « Le bambine hanno detto d'aver visto la Madonna quando in classe si parlava d'apparizioni mistiche » in *Il Mattino*, 16 dicembre 1985.

16. MAIETTA, C, «Dove si parla di "apparizioni" » in *Il Mattino*, 17 dicembre 1985, p.10.

17. GIORDANO, Rocco, *I comuni a nord di Napoli : una strategia per lo sviluppo*, congrès à Gruma Nevano intitulé « Strutture urbane, economia e sviluppo dei Comuni a nord di Napoli », maggio 1987.

18. GOZZINI, Mario, « Il crocifisso e la religione vera » in *L'Unità*, 3 mars 1988.

19. GINZBURG, Natalia, « Non togliete quel crocifisso : è il segno del dolore umano » in *L'Unità*, 25 marzo 1988.

20. TURI, Anna Maria, « Perchè oggi appare la Madonna » in *Sette giorni illustri del Corriere della Sera*, supplément du Corriere della Sera, 21 maggio 1988.

21. AMMANITI, C, « Il sisma come la Guerra » in *La Repubblica*, 5 ottobre 1997.

22. « Chez Padre Pio, le bazar de la sainteté » in *Libération*, 17 juin 2002.

23. « Vivacità di un'antica religiosità popolare a Montecalvo Irpino. Riscoperta la devozione alla Madonna dell'Abbondanza » in *L'Osservatorio Romano*, 278, dicembre 2002.

24. SICILIANO, Angelo, « Aperto a Montecalvo Irpino il 29 settembre 2009, il Giubileo Pompiliano per il terzo centenario della nascita di San Pompilio Maria Pirrotto » in *Corriere-Quotidiano del Irpinia,* 11 ottobre 2009.

25. TRECCAGNOLI, P, « Trincea Terzigno » in *Il Mattino*, 20 ottobre 2010.

26. « Turismo : il 1984, un anno sprecato. Il Sud paga di più" in *Il Mattino*, 20 ottobre 2010.

27. STELLA, G.A, « Abbiamo perduto l'idea di bellezza : i barbari sono tra noi e spesso costruiscono edifici nei quali non abiterebbero » in *Corriere della sera*, 14 marzo 2012.

28. CAPORALE, A, « Un paese orribile ma gli ho dato un futuro » in *Il Fatto Quotidiano*, ottobre 2012, p.8.

II-Sources secondaires

A-Encyclopédies et ouvrages généraux sur l'Italie

29. STORIA DEL MEZZOGIORNO, *Il Mezzogiorno nell'italia unita*, Vol. XII, Napoli, Edizioni del Sole, 1994.

30. STORIA D'ITALIA, *Le regioni : la Campania dall'Unità a oggi*, Vol. IV, Torino, Einaudi, 1975.

31. « La tradizione religiosa nel Mezzogiorno nell'Italia Unita » in *Enciclopedia Storia del Mezzogiorno*, Vol. XII, chapitre III, Roma, Editalia, 1994.

32. APRILE, Pino, *Terroni*, Milano, Edizioni Piemme, 2010

33. BRANCACCIO, Giovanni, « L'immagine del Mezzogiorno » in *Storia del Mezzogiorno*, vol.XIV, Napoli, Edizioni del Sole, 1991.

34. GHIRELLi, Antonio, *Storia di Napoli,* Torino, Einaudi, 1973.

35. GUICHONNET, Paul, *Histoire de l'Italie*, Paris, PUF, 1969[8].

36. ROMANO, Salvatore Francesco, *Storia della questione meridionale*, Palermo, Edizioni Pantea, 1945.

B- Ouvrages et articles généraux sur la religiosité populaire

37. AGNOLETTO, Attilio, *La religione popolare, tre interpretazioni : la cattolica, la protestante, la sociologica,* Milano, Istituto Propaganda Libreria, 1991.

38. AIGRIN, René, *L'hagiographie : ses sources, ses méthodes, son histoire*, Paris, Bloud et Gray, 1953.

39. DELOOZ, Pierre, *Conditions sociologiques de la sainteté canonisée*, Liège, Faculté de Droit, 1960.

40. DELOOZ, Pierre, *Sociologie et canonisations*, La Haye, Faculté de Droit de Liège, 1969.

41. *La religion populaire. Actes du colloque International organisé à Paris du 17 au 19 octobre 1977 au Musée des Arts et Traditions Populaires*, Paris, Éditions du Centre National de la Recherche Scientifique, 1979.

42. DUPRONT, Alphonse, *Du sacré, croisades et pèlerinages. Images et langages*, Paris, Gallimard, 1987.

43. DURKHEIM, Émile, *Les formes élémentaires de la vie religieuse*, Paris, PUF, 2003[5].

44. HOBSBAWN, Eric, J, *The Invention of Tradition*, Cambridge University Press, 1983.

45. LALIBERTE, Micheline, « L'émergence pour l'intérêt de la religion populaire et son histoire : aux origines d'un débat (1960-1970) » in *Rabaska : revue d'ethnologie de l'Amérique française*, 7, 2009, pp. 7-26.

46. LANGLOIS, Claude, *Problèmes d'histoire des religions*, Bruxelles, ULB, 1998, pp. 128-129.

47. POULAT, Emile, *Église contre bourgeoisie*, Bruxelles, Castermann, 1977, p.117.

48. RIVIÉRE, Claude, *Introduction à l'anthropologie*, Paris, Hachette, 1992.

49. WOODWART, Kenneth, L, *Comment l'Église fait les saints*, Paris, Grasset, 1992.

C- Ouvrages et articles généraux sur la religiosité populaire du Mezzogiorno

Sur la religiosité populaire, la bibliographie est très dense, à la hauteur de l'intérêt qui a animé les historiens. Nous avons donc écarté les ouvrages de vulgarisation.

50. *Guida di Napoli e dintorni*, Napoli, Libreria Scientifica, 1912.

51. BASILE, Aniello, *La religione popolare in Irpinia*, Avellino, Pergola, 1983.

52. BEVILACQUA, Piero, *Breve storia dell'Italia meridionale dall'Ottocento ad oggi*, Roma, Donzelli Editore, 1993.

53. BOLGIANI, Franco, « La religione popolare, problematica storico-critica » in *Pellegrinaggio e religiosità popolare*, Padova, Messagero, 1983.

54. CARDAMONE, Giuseppe et SCHIRRIPA, Pino, « *Lo scoglio e la salvezza : un culto terapeutico in Calabria* » in Quaderni del laboratorio di storia daedalus, 4, 1990, pp. 127-145.

55. CIPRIANI, Roberto « et. *al.* », *Sociologia della religione*, Roma, Edizioni Borla, 1985.

56. CLEMENTE, Pietro, « L'anthropologie italienne et l'Italie » in *Terrain*, 12, 1989.

57. CORDIER, Umberto, *Guida ai luoghi miraolosi d'Italia*, Casale Monferrato, 1996.

58. CORSICATO, Nina, *Santuari, luoghi di culto, religiosità popolare. Il culto mariano nella Napoli d'oggi*, Napoli, Liguori editore, 2006.

59. DE MARTINO, Ernesto, *La terra del rimorso : contributo a una storia religiosa del Sud*, Milano, Il Saggiatore, 1976[3].

60. DE MARTINO, Ernesto, *Il mondo magico*, Torino, Boringhieri, 1948.

61. DE MARTINO, Ernesto, *Sud e magia*, Milano, Feltrinelli, 2007[6].

62. DE ROSA, Giuseppe, *La religione popolare. Storia, teologia, pastorale*, Roma, Edizioni Padine, 1981.

63. DI NOLA, Pietro, *Gli aspetti magico-religiosi di una cultura subalterna italiana*, Torino, Boringhieri, 1976.

64. FORTUNATO, Giustino, *Che cosa è la questione meridionale ?,* Rionero in Vulture (Potenza), Calice Editori, 1993.

65. GALASSO, Giuseppe, *Passato e presente del meridionalismo*, Napoli, Guida Editori, 1978.

66. GALASSO, Giuseppe, *L'altra Europa : per un'antropologia storica del Mezzogiorno d'Italia*, Milano, Mondadori, 1982.

67. GRAMSCI, Antonio, *La questione meridionale*, Roma, Editori Riuniti, 1966.

68. GRAMSCI, Antonio, *Passato e presente del meridionalismo*, Napoli, Guida Editori, 1978.

69. LANTERNARI, Vittorio, *Religione primitiva e religione popolare : corso di etnologia*, Roma, Bulzoni, 1975.

70. « Religione e religiosità popolare » in *Ricerche di storia sociale e religiosa*, Roma, Edizioni di Storia e Letteratura, 11, 1977.

71. NIOLA, Marino, *I Santi patroni*, Bologna, Il Mulino, 2007.

72. PORTELLI, Hugues, *Gramsci et la question religieuse*, Paris, Éditions Anthropos, 1974.

73. PRANDI, Carlo, *La religione popolare fra potere e tradizione*, Milano, Franco Angeli Editore, 1983, pp.174-179.

74. PRANDI, Carlo, *La religione popolare fra tradizione e modernità*, Brescia, Queriniana Edizioni, 2002.

75. RAMI, Lucilla, « Religiosità e magia nel Sud. Appunti per un'analisi della dinamica socio-religiosa nel Mezzogiorno » in *Sociologia*, 3, 1972, pp. 95-145.

76. ROMANO, Salvatore, *Storia della questione meridionale*, Palermo, Edizioni Pantea, 1945.

77. ROSSI, Annabella, *Le feste dei poveri*, Bari, Laterza, 1971.

78. ROSSI, Annabella, *Un caso di magia tra i monti Picentini*, Salerno, Università degli Studi, 1976.

79. RUMI, Giorgio, *Santità sociale in Italia tra Ottocento e Novecento*, Torino, Società Editrice Internazionale, 1995, p.100.

80. TURI, Anna-Maria, « Perchè oggi appare la Madonna » in *Sette giorni illustrati del Corriere della Sera,* 21, supplemento al Corriere della Sera, maggio, 21, 1988, pp. 30-50.

D-Références littéraires

81. DE BEAUVOIR, Simone, *La force de l'âge*, Paris, Gallimard, 1960.

82. DUMAS, Alexandre (père), *Voyages en Italie : le Corricolo*, Paris, Boulé, 1846.

83. FERNANDEZ, Dominique, *Porporino ou les mystères de Naples*, Paris, Grasset, 1974.

84. FERNANDEZ, Dominique, *Le voyage d'Italie. Dictionnaire amoureux*, Paris, Plon, 1997.

85. GONCOURT, Edmond, *Carnet italien*, Paris, Charpentier et Fasquelle, 1894.

86. JOVINE, Francesco, *Le terre del Sacramento*, Roma, Donzelli, 2012.

87. LAMARTINE, Alphonse (de), *Graziella* (1ère édition séparée), Paris, Librairie Nouvelle, 1853.

88. LEVI, Carlo, *Cristo si è fermato a Eboli*, Torino, Einaudi, 1990[3].

89. MAROTTA, Giuseppe, *L'oro di Napoli*, Milano, Rizzoli, 1947.

90. PRINA, Serena, *Invito alla lettura di Domenico Rea,* Milano, Mursia Editore, 1980.

91. QUASIMODO, Salvatore, *Tutte le poesie*, Milano, Mondadori, 1984.

92. REA, Domenico, *Spaccanapoli*, Paris, Verdier, 1986.

93. SCIASCIA, Leonardo, *La Sicilia come metafora*, Milano, Mondadori, 1979.

94. SERAO, Matilde, *Il ventre di Napoli*, Milano, Trèves, 1884.

95. SERAO, Matilde, *La Madonna e i santi*, Napoli, Angelo Trani, 1902.

96. SERAO, Matilde, *Vecchia Napoli*, Milano, Garzanti, 1959.

97. SILONE, Ignazio, *Fontamara*, Milano, Mondadori, 1983.

98. SILONE, Ignazio, *Vino e pane*, Milano, Mondadori, 1985.

99. STENDHAL, *Rome, Naples et Florence*, Paris, Gallimard, 1987.

100. STRATI, Saverio, *La Marchesina*, Milano, Mondadori, 1977.

101. STRIANO, Enzo, *Il resto di niente*, Milano, Mondadori Editore, 2005.

102. TOMASI DI LAMPEDUSA, Giuseppe, *Il Gattopardo*, Milano, Feltrinelli, 1985[8].

103. VOLTAIRE, *Poème sur le désastre de Lisbonne*, Londres, les Éditions de Londres, 2012.

III-Filmographie, documentaires et documents sonores (par ordre chronologique)

104. *Roma città aperta*, drame de Roberto Rossellini, produit par Excelsa Film, avec Anna Magnani, Italie, 1945, 104 min.

105. *Cielo sulla palude*, drame d'Augusto Genina, produit par Arx Film, avec Ines Orsini et Mauro Matteucci, Italie, 1949, 111 min.

106. *Clausura*, documentaire sonore de Sergio ZAVOLI, 1958, 51 min.

107. *Francesco, giullare di Dio*, drame de Roberto Rossellini, produit par Rizzoli Amato, avec Aldo Fabrizi, Italie, 1950, 75 min.

108. *Tarantula*, documentaire de Gianfranco Mingozzi, Italie, 1962, 20 min.

109. *Concilio ecumenico Vaticano II del 11 ottobre 1962*, documentaire d'Antonio Petrucci, Italie, 1962, 116 min.

110. *Don Camillo e l'onorevole Peppone*, comédie de Carmine Gallone, produit par Angelo Rizzoli, avec Fernandel et Gino Cervi, Italie, 1963, 97 min.

111. *Ieri, oggi e domani*, comédie de Vittorio De Sica, produit par Carlo Ponti, avec Sofia Loren et Marcello Mastroianni, Italie, 1963, 118 min.

112. *Le mani sulla città*, drame de Francesco Rosi, produit par Galatea Film, avec Rod Steiger et Salvo Randone, Italie, 1963, 105 min.

113. *Il male di San Donato*, documentaire de Luigi Di Gianni, Italie, 1965, 35 min.

114. *Matrimonio all'italiana*, comédie de Vittorio De Sica, d'après la pièce de théâtre *Filumena Marturano* par Eduardo de Filippo, avec Sofia Loren et Marcello Mastroiani, Italie, 1964, 102 min.

115. *L'albero degli zoccoli*, drame d'Ermanno Olmi, produit par RAI/GPC Italia avec Luigi Ornaghi, Italie, 1978, 170 min.

116. *Fortapàsc*, drame de Marco Risi, produit par Angelo Barbagallo et Gianluca Curti, avec Libero De Rienzo, Italie, 1999, 110 min.

117. *Mehari*, court-métrage de Gianfranco de Rosa avec Alessandro Ajello, Italie, 2000, 11 min.

118. *Padre Pio tra cielo e terra*, Giulio Base avec Michele Placido, Italie, 2000, 2 épisodes de 90 min.

119. *Respiro*, drame d'Emanuele Crialese, produit par Domenico Procacci, avec Valeria Golino, Italie, 2002, 95 min.

120. *Gomorra*, drame de Matteo Garrone, d'après le livre de Roberto Saviano, produit par Fandango, avec Salvatore Abruzzese, Italie, 2008, 137 min.

121. *La Grande Storia : Il Concilio Vaticano II*, documentaire produit par Maria Iva Casanova pour Rai Tre, 5 settembre 2009, 118 min.

122. *La Grande Storia : Per Grazia Ricevuta*, documentaire produit par Maria Iva Casanova pour Rai Tre 22 giugno 2012, 130 min.

123. *Il caso Enzo tortora. Dove eravamo rimasti* ? de Ricky Tognazzi, produit par Fulvio Lucisano, avec Ricky Tognazzi, Italie, 2012, 200 min.

IV-Sites internet

124. http://www.comuniverso.it : moteur de recherche sur les villes et villages italiens.

125. http://www.larousse.fr/encyclopedie/divers/italie_population : encyclopédie sur la démographie des villes italiennes.

126. http://www.legirel.mineurel.info : base de données juridiques et bibliographiques sur l'Europe.

127. http/www.unicosettimanale.it : site de l'hebdomadaire Unico.

128. http://www.lexilogos.com : dictionnaire en ligne.

129. http://www.mariadinazareth.it: site sur les apparitions mariales dans le monde.

130. http://www.comune.oliveto.citra.sa.it : site de la ville d'Oliveto Citra.

131 http://www.sanpompilio.it : site sur San Pompilio (Montecalvo Irpino).

BIBLIOGRAPHIE PAR CHAPITRE

Chapitre 1 : Séisme, société et religion

132. ALFANO, Giovanni Battista, *Conferenza a proposito del terremoto del 23 luglio 1930*, Pompei, Scuola tipografica di Pompei, 1930.

133. BAGLIO, Antonio, *Messina dalla vigilia del terremoto 1908 all'avvio della ricostruzione*, Messina, Istituto di Studi storici Galina Salvemini, 2010.

134. BERLIOZ, Jacques, *Catastrophes naturelles et calamités au Moyen Âge*, Tavarnuzze (Firenze), Sismel, Editions del Galluzzo, 1998.

135. BIAZZO, Salvatore, CARATELLI, Mimmo, DE FRANCESCO, Aldo, *Ultime voci dell'epicentro*, Napoli, Tullio Pironti Editore, 1981.

136. BRIFFAUD, Serge, « Vers une nouvelle histoire des catastrophes » in *Histoire des catastrophes naturelles.* Paysages-Environnement, Rencontres de Toulouse, 15 juin 1991, 1993.

137. CATARINELLA, Giuseppe, *Memorie di un terremoto* 1985, Potenza, U.N.L.A., 2006.

138. GRAHAM, Robert, A., « Profezie di guerra. Fatima e la Russia nella propaganda dei belligeranti dopo il 1942 » in *Civiltà cattolica*, 132, 1981, pp. 15-26.

139. DE SETA, Cesare, « La terra desolata » in *Magna Grecia*, anno XIV, 86 (147), febbraio 1967.

140. DE SETA, Cesare, *Dopo il terremoto, la ricostruzione*, Roma-Bari, Laterza, 1983.

141. DE STEFANO, Bruno, *Giancarlo Siani. Passione e morte di un giornalista scomodo*, Roma, Giulio Perrone Editore, 2012.

142. FILANGIERI, Angerio, « I centri storici minori della Camapnia » in *Cultura, materiali, arti e territorio in Campania*, Napoli, 1979, pp. 225.-227.

143. FUGENZI, Manuela, *Il mito del benessere*. 1981-1990, Roma, Editori Riuniti, 1999.

144. GALASSO, Giuseppe, *Intervista sulla storia di Napoli*, a cura di Percy Allum, Roma-Bari, Laterza, 1978.

145. GUIDOBONI, Emanuela et POIRIER, Jean-Paul, *Quand la terre tremblait*, Paris, Odile Jacob, 2004.

146. MIELI, Paolo, *Terremoto e trent'anni di cricca*, Roma, UGSI, 2010.

147. PLACANICA, Augusto, « Le conseguenze socioeconomiche dei forti terremoti miti di capovolgimenti e consolidamenti reali » in *Rivista Storica Italiana*, a. CVII, fasc. III, Edizioni Scientifiche Italiane, Napoli, 1995, pp. 831-839.

148. QUENET, Grégory, « La catastrophe naturelle, un objet historique » in *Hypothèses*, 1, 1990, pp. 11-20.

149. QUENET, Grégory, *Les tremblements de terre aux XVIIe et XVIIIe siècles. La naissance d'un risque*, Seyssel, Champ Vallon, 2005.

150. RUSSO, Giovanni, *Terremoto : le due Italie sulle macerie del Sud : volontari e vittime, camorristi e disoccupati, notabili e razzisti, borghesi e contadini, emigranti e senza tetto*, Milano, Garzanti, 1981.

151. SCARAMELLA, Pierroberto, « Chiesa e terremoto. Le reazioni ecclesiastiche al sisma del 1688 » in *Campania Sacra*, 23, 1992, pp. 229-274.

152. SIGNORELLI, Amalia, « Catastrophes naturelles et réponses culturelles » in *Terrain*, 19, 1992, pp. 147-158.

153. TANANT, Myriam, « Voir Naples-Dire Naples. Le cinéma de Francesco Rosi avec Raffaele La Capria » in *Chroniques Italiennes*, 5, (1/2004), série web,

154. VALLAT, Colette, « Pression socio-démographique et construction abusive dans l'agglomération napolitaine » in *Méditerranée*, 3-4, 1992, pp. 13.18.

155. VALLAT, Colette, « Naples : du centre historique au nouveau centre directionnel ou du désordre urbain à la recomposition des pouvoirs et des territoires » in *Annales de Géographie*, 573, 1993, pp. 503-518.

156. *19.35 Scritti delle macerie*, a cura di Paolo SPERANZA, Avellino, Laceno, 2005.

Chapitre 2 : Casavatore : une apparition en contexte urbain

157. *Chiesa di San Giovanni Battista. Storia, arte e tradizione*, Proloco Casavatore, 2009.

158. APOLITO, Paolo, *Il cielo in terra : costruzioni simboliche di un'apparizione mariana*, Bologna, Il Mulino, 1992.

159. BEAUJEU-GARNIER, Jacqueline, « Aspects de l'économie italienne » in *L'information géographique*, 5, 1953, pp. 177-186.

160. BIROTTI, Fabio, *Fuochi del vesuvio. Riti e pratiche devozionali*, Perugia, Gramma Editore, 2011.

161. BOCCADAMO, Giuliana, « La Santa dei Quartieri. Aspetti della vita religiosa a napoli nel Settecento » in *Campania Sacra*, 22, 1991, pp.351-394.

162. BONO, Giovanni, *Casavatore*, Naples, Società storica Napoletana, 1985.

163. BOUFFLET, Joachim, *Encyclopédie des phénomènes extraordinaires de la vie mystique. Tome 1 : phénomènes objectifs*, Paris, F.X de Guibert, 1992.

164. BOUFFLET, Joachim et BOUTRY, Philippe, *Un signe dans le ciel. Les apparitions de la Vierge*, Paris, Grasset, 2005.

165. CANZANELLA, Claudio, *I volti di Maria. Miti e riti,* Napoli, Altrastampa Edizioni, 2002.

166. CIPRIANI, Roberto «et *al.*», *La religiosità in Italia*, Milano, Mondadori, 1995, p.87.

167. CLAVERIE, Elisabeth, *Les guerres de la Vierge. Une anthropologie des apparitions*, Paris, Gallimard, 2003.

168. DURAND, Jean-Dominique, « L'aventure fascinante de l'Église » in *Vingtième siècle. Revue d'histoire*, octobre –novembre 2008.

169. GALLINI, Clara, *Croce e delizia. Usi e abusi e disusi di un simbolo*, Torino, Bollati Boringhieri Editore, 2007.

170. GAUDEMET, Jean, « L'accord du 16 février 1984 entre l'Italie et le Saint-Siège » in *Annuaire français de droit international*, 30, 1984, pp. 209-220.

171. GIUSTO, Silvana, « Giacomo Colombo e il Battista di Casavatore » *in Raccolta rassegna storica dei comuni*, 20, 2006, Arpino (Caserta), Istituto di Studi atellani, pp.44.48.

172. LANTERNARI, Vittorio, *Antrolopologia religiosa : etnologia, storia, folclore*, Bari, Dedalo, 1997.

173. LELIÉVRE, Olivier, *Madonna dell'Arco : Naples, les pèlerins de la douleur*, Bari, Paolo Malagrinò Editore, 1993.

174. PALUMBO, Giuseppe, "Lo spazio urbano della devozione. Malattia e grazia, ex voto per Maria Francesca della Cinque Piaghe" in *Campania Sacra*, 22, 1999, pp.161-188.

175. PROVITERA, Gino, RANISIO, Gianfranca, GILIBERTI, Emanuele, *Lo spazio sacro per un'analisi della religione popolare napoletana*, Napoli, Guida Editori, 1978.

176. PUCCIO-DEN, Deborah, « Victimes, héros ou martyrs ? » in *Terrain*, 2/2008, 51, pp.94-111.

177. RICCARDI, Andrea, « Il cattolicesimo della repubblica » in *Studi d'Italia : l'Italia contemporanea*, Roma-Bari, Laterza e Figli, 1999, pp.233-319.

Chapitre 3 : Oliveto Citra, un modèle de contagion visionnaire

178. ALBERT, Jean-Pierre, *Odeurs de sainteté : la mythologie chrétienne des aromates*, Paris, Éditions de l'Ecole des Hautes Études en Sciences Sociales (EHESS), 1996, p.56-57.

179. ALBERT LORCA, Marlène, « Les apparitions et leur histoire » in *Archives de sciences sociales des religions*, 116, 2001, p.63.

180. ANGELICCHIO, Nicola, BISCOTTI, Nello, FIORENTINO, Filippo, *Paesaggio nel Gargano*, Fasano di Brindisi, Schena Editore, 1993, p.9.

181. APOLITO, Paolo, *Dice che hanno visto la Madonna*, Bologna, Il Mulino, 1990.

182. APOLITO, Paolo, « Immagine-Corpo nella cultura popolare meridionale » in *Storia del Mezzogiorno*, a cura di GALASSO, Giuseppe e ROMEO, Rosario, vol.IX, Napoli, Edizioni del Sole, 1992, pp.181-214.

183. BACHELARD, Gaston, *La poétique dans l'espace*, Paris, PUF Quadrige, 1994[6].

184. CHEVALIER, Jean et GHEERBRANT, Alain, *Dictionnaire des symboles*, Paris, Robert Laffont, 2000, p.216.

185. CLAVERIE, Elisabeth, *Le monde de Lourdes*, Paris Gallimard, 2008, p.36.

186. FARICY, Robert, *Cronache di Medjugorje. Maria parla al mondo*, Padova, Messaggero, 1986.

187. FARICY, Robert, *Maria in mezzo a noi*, Padova, Edizioni Messagero, 1986.

188. FEUILLET, Michel, *Lexique des symboles chrétiens*, Paris, PUF, 2004.

189. GIRARD, Marc, *Les symboles dans la Bible. Essai de Théologie Biblique dans l'expérience humaine universelle*, Paris, Cerf, 1991.

190. HIERZENBERGER, *Gottfried* et NEDOMANSKY, Otto, *Tutte le apparizioni della Madonna in 2000 anni di storia*, Casale Monferrato (Alessandria), Piemme, 1996, p.12.

191. *La Bible illustrée*, Limoges, Droguet-Ardant, 1982.

192. LAURENTIN, René, *Les apparitions de Lourdes. Récit authentique*, Paris, José Corti, 1948.

193. LAURENTIN, René, *Multiplication des apparitions de la Vierge aujourd'hui. Est-ce elle ? Que veut-elle dire ?*, Paris, Fayard, 1988, p.58.

194. LAVARINI, Roberto, *Il pellegrinaggio cristiano : dalle origini ebraiche agli attuali sviluppi nell'Europa occidentale*, Milano, Cooperativa Libraria, IULM, 1996, p.635.

195. LECHEVALLIER, Gabriel, *Dictionnaire des arts divinatoires et des superstitions*, Paris, Éditions Succès du Livre, 2003, p.266.

196. MAGLI, Ida, *La Madonna*, Milano, Rizzoli, 1987, pp. 124-125.

197. SONTAG, Susan, *La maladie comme métaphore*, Paris, le Seuil, 1979, p.21.

198. URECH, Edouard, *Dictionnaire des symboles chrétiens*, Neuchâtel, Delachaux et Niestlé, 1972, p.7.

Chapitre 4 : Padre Pio, l'élaboration d'un culte

199. ABBUONANDI, Alberto, *Le streghe di Benevento e il simbolo dell'albero*, Benevento, Il Chiostro, 2007, p.5.

200. ALLEGRI, Renzo, *Padre Pio, l'uomo della speranza*, Milano, Mondadori, 1984.

201. ARASSE, Daniel, *Histoires de peinture*, Paris, Delanoël, 2004, p.123.

202. BACHELARD, Gaston, *La terre et les rêveries du repos*, Paris, Éditions José Corti, 1948, p.33.

203. BECKER, Annette, *La guerre et la foi. De la mort à la mémoire 1914-1930*, Paris, Armand Colin, 1994, p.8.

204. BONIFACE, Ennemond, « Phénoménologie du Padre Pio » in *Revue métaphysique*, 12, 1968, Éditions Métapsychique International.

205. BOUFFLET, Joachim, *Padre Pio. Des foudres du Saint-Office à la splendeur de la vérité*, Paris, Presses de la Renaissance, 2008.

206. CARILLO, Saverio, « Eccezioni della metànoia. A proposito del volume del Renzo Piano Building Workshop. La chiesa di Padre Pio a San Giovanni Rotondo » in *Studi su Padre Pio*, 1, 2006, pp.21-41.

207. CARUSO, Paola, *Santi, spiriti, streghe*, Benevento, Realtà Sannita Benevento, 2001, p.111.

208. CAVACIOCCHI, Giuseppe, *Padre Pio da Pietrelcina. Il fascino e la fama mondiale di un umile e grande francescano*, Roma, Giorgio Berlutti, 1924.

209. CHARCOT, Jean-Martin, « La foi qui guérit » in *Revue Hebdomadaire*, 7, décembre 1892, pp.112-132.

210. CHIRON, Yves, *Padre Pio, le stigmatisé*, Paris, Librairie Académique Perrin, 1989, p.190.

211. DE ROSSI, Giuseppe, *Padre Pio da Pietrelcina*, Roma, Berlutti, 1926.

212. DINZELBACHER, Peter, *Santa o Strega. Donne e devianza religiosa tra Medioevo ed età Moderna*, Genova, Edizioni Culturali Internazionali, 1995, p.160.

213. FEUILLET, Michel, *Lexique des symboles chrétiens*, Paris, PUF, 2004, p.50.

214. FEUILLET, Michel, « Le bestiaire de l'Annonciation : l'hirondelle, l'escargot, l'écureuil et le chat » in *Italies*, 12, 2008, pp.231-242.

215. GRAZIANO, Manlio, *Il secolo cattolico. La strategia geopolitica della Chiesa*, Roma-Bari, Laterza, 2010, p.46.

216. GRIFA, Salvatore, Antonio, *San Giovanni Rotondo. Storia di una città (A.D. 1861-1968)*, San Giovanni Rotondo, Edizioni Gargaros Terzo Millennio, 1998.

217. GUARINO, Mario, *Santo impostore. Contrastoria di Padre Pio*, Milano, Kaos Edizioni, 2003.

218. LUZZATO, Sergio, *Padre Pio. Miracoli e politica nell'Italia del Novecento*, Torino, Einaudi, 2007.

219. MARGRY, Peter Jan, « Merchandising and sanctity : the invasive cult of padre Pio » in *Journal of Modern Italian Studies*, 1, 2002, pp.88-115, p.95.

220. MARGRY, Peter Jan, « Un beatus ovvero il culto bulldozer di Padre Pio. Un'indagine etnoantropologica » in *Rivista Critica Sociologia*, 141, 2002, pp.51-79.

221. MONTELLA, Carmine, *Cose Nostre. Storie di vita pietrelcinese*, [s.l], [s.d], p.36.

222. MONTELLA, Carmine, « La matrice pietrelcinese della santità di Padre Pio » in *Collana di ricerche storiche, artisitiche e sociali sul Sannio nel contesto della cultura contemporanea*, 2004, 1, pp. 127-139, p.129.

223. MORCALDI, Francesco, *San Giovanni Rotondo nella luce del francescanesimo*, Parma, Editore Mantilli, 1950, pp.157-158.

224. NIOLA, Marino, *I Santi patroni*, Bologna, Il Mulino, 2007, p.117.

225. *Padre Pio da Pietrelcina, Recueil de lettres. Correspondance avec ses directeurs spirituels*. 1910-1922, Paris, Téqui, 2001, p.1337.

226. PERONI, Luigi, *Padre Pio, il San Francesco dei nostri tempi*, Borla, [s.l], 1998.

227. WOLF, Hubert, *Le Pape et le Diable. Pie XII, le Vatican et Hitler : la révélation des archives*, Paris, Éditions du CNRS, 2008.

Chapitre 5 : Processus de réactivation d'un culte à Montecalvo Irpino

228. ALIMENTI, Dante, *Le apparizioni della Madonna : Lourdes, Fatima, Guadalupe*, Bergamo, Editrice Velar, 1988, p.198.

229. ARASSE, Daniel, *L'Annonciation italienne : une histoire de perspective*, Malakoff, Hazan, 1999.

230. BÉLIGAND, Nadine, « La fabrication des idolâtres. Le corps-image : Christs-rois et dévots dans les Sierras mexicaines (1765-1770) in *Histoire, monde et cultures religieuses*, 22, 2012, pp.91-134.

231. BOSCO MARIA CAVALETTI, Giovanni, *Relazione ufficiale del rinvenimento di un gruppo di tre statue nel Palazzo Pirrotti in Montecalvo Irpino*, 2001.

232. BOSCO MARIA CAVALETTI, Giovanni, *I teschi che parlarono di D*io, Montecalvo Irpino, 2005, p.4.

233. BROWN, Peter, *Il culto dei santi*, Torino, Einaudi, 1983, pp.37-74.

234. Père BRUNE, François, *La Vierge au Mexique ou le miracle le plus spectaculaire de Marie*, Paris, Le Jardin des Livres, 1998.

235. Père BRUNE, François, *Le secret de ses yeux, le plus grand mystère du Mexique*, Paris, Le Temps Présent, 2009.

236. CAPOZZI, Luigi, *Pompilio Maria Pirrotti*, Roma, Edizioni dell' Accademia degli Incolti, 1996, p.30.

237. CIAMBELLI, Patrizia, « Le culte des âmes du Purgatoire : rituels de la mort à Naples » in *Actes du colloque de la Société d'Ethnologie française. Ethnologie des faits religieux en Europe*, Paris, CTHS, 1988, pp.269-278.

238. DE CILLIS, Arturo, *My name is Pumpilio. Montecalvesi ad Ellis Island tra il 1892 e il 1924*, [s.l], [s.n], 2008.

239. DOMENICI, Davide, « L'acculturation religieuse : le cas du Mexique » in *American Anthropologist*, 38, 2010, pp.149-152.

240. GIACALONE, Fiorella, *Il corpo e la roccia. Storia e simboli nel culto di Santa Rita*, Roma, Meltemi, 1996.

241. LAFAYE, Jacques, *Quetzalcòatl et Guadalupe. La formation de la conscience nationale au Mexique (1531-1813)*, Paris, Gallimard, Bibliothèque des Histoires, 1974.

242. *Le Madri di Capua.* La collezione del Museo campano, Regione Campania, 2006.

243. PAOLUCCI, Antonio, *Piero della Francesca*, Firenze, Cantini, 1989. Traduction française, Paris, Herschern, 1992, p.51.

244. PAOLUCCI, Antonio, *Le Pietà*, Milano, Skira, 1997.

245. ROUILLARD, Dom Philippe, « Pourquoi l'Église canonise-t-elle les saints ? » in *Saints d'hier et d'aujourd'hui*, Paris, Desclée De Brouwer, 1996, pp.37-49.

246. SCARAFFIA, Lucetta, *La santa degli impossibili. Vicende e significati della devozione a Santa Rita*, Torino, Rosenberg&Sellier, 1990.

247. TARDI, Lorenzo, *Vita della Beata Rita da Cascia*, Foligno, Per Gio Tomassini Stamp, 1805.

248. TOSTI, Osvaldo, *San Pompilio Maria Pirrotti delle Scuole Pie. Lettere di direzione spirituale*, pp.32 et 47.

249. VIOLI, Roberto, P, *Religiosità e identità collettive. I santuari del Sud tra fascismo, guerra e democrazia*, Roma, Edizioni Studium, 1996.

Articles de la revue *Disputationes Pompilianae* (Par ordre chronologique de parution)

250. UOLLO, Giuseppe, « La Madonna delle Grazie o del Suffraggio di Montecalvo e il tema della Madonna allatante » in *Disputationes Pompilianae*, 1, 2005, p.54-64.

251. Don Teodoro Rapuano, « Introduzione » in *Disputationes Pompilianae*, 2, 2005, p.5.

252. DEL VECCHIO, Marisa, « San Pompilio, figlio del Secolo Illuminato » in Disputationes Pompilianae, 3, 2006, pp.98-101.

253. MUOLLO, Giuseppe, « *La Madonna dell'Abbondanza, il ritrovamento, il restauro, la conservazione* » in *Disputationes Pompilianae*, 3, 2006, p.96.

254. « Uno sguardo storico-cronologico » in *Disputationes Pompilianae*, 4, 2006, pp.133-141.

255. Don Teodoro Rapuano, « Introduzione » in *Disputationes Pompilianae*, 2, 2006, p.65.

256. BELLUCCI, Federica, « Il quartiere Trappeto nel centro storico di Montecalvo Irpino : tra radici e future » in *Disputationes Pompilianae*, 7, 2006, p.260.

257. Don Teodoro Rapuano, « Introduzione » in *Disputationes Pompilianae*, 4, 2009, p.1.

Chapitre 6 : « La Nuova Pompei », une tradition inventée

258. AVELLINO, Luigi, *Pompei : i primi 50 anni del Comune tra cronaca e storia*, Pompei, Laboratorio Grafico Dehlos, 1978, p14.

259. BORZOMATI, Pietro, « Bartolo Longo, fondatore di una città-santuario » in *I Santuari eredi e protagonisti nella cultura d'Europa*, Atti del secondo Congresso Europeo su Santuari e pellegrinaggi dal 17 al 21 novembre 1998, Città del vaticano, 1998, pp. 131-136.

260. CAGGIANO, Pietro, RAK, Michele, TURCHINI, Angelo, *La Madre Bella*, Pontificio Santuario di Pompei, 1990, p.28.

261. CORDASCO, Francesco, *La società italiana di fronte alle prime migrazioni di massa*, Roma, Morcelliana, 1968.

262. DE SPIRITO, Angelo, « Il Santo nella storia del Mezzogiorno » in *Sociologia*, 2, 1976, pp.99-118.

263. FATTORINI, Emma, *Religiosità e culti tra Otto e Novecento*, Roma, Carocci Editore, 2012, pp.61.66.

264. GRASSINI, Piero, « Aspetti sociali e religiosi di un mondo di trasformazione nel Mezzogiorno » in *Studium*, gennaio 1963, pp.13-19.

265. ILLIBATO, Antonio, *L'Archivio Bartolo Longo. Guida-inventorio*, Napoli, D'Auria Editore, 1986.

266. IOZZELLI, Fortunato, *Roma religiosa all'inizio del Nove*cento, Roma, Edizioni di Storia e Letteratura, 1985, p.299.

267. *Bartolo Longo, « urbanista » a valle di Pompei*. 1876-1926, a cura di IULIANO, Marco e FEDERICO, G, Serena, Napoli, Edizioni Scientifiche Italiane, 2000, p.7.

268. LONGO, Bartolo, *Storia del santuario di Pompei, Pompei*, Pontificio Santuario di pompei, 2000.

269. Don Giulio MARTINETTO, *Attenti ai contadini*, Torino, Berruti, 1953, p.34.

270. MOINE, Jean-Marie, « Les barons du fer. Les maîtres de forge en Lorraine du milieu du XIXe aux années trente. Histoire locale d'un patronat sidérurgique » in *Revue Belge de philologie et d'histoire*, 69, 1991, pp.991-998.

271. MONTI, Sebastiano, *Religione e geografia III. Epifania mariana e contaminazione laica del turismo religioso*, Napoli, Loffredo Editore, 2008, p.193.

272. RIES, Julien, « Les métamorphoses du sacré. Acculturation, inculturation, syncrétisme, fondamentalisme » in *Homo Religious*, série II, Milano, Editoriale Jaca Books, 2009, pp.9-21.

273. RIZZI ZANNONI, Giovan Antonio e GUERRA, Giuseppe, *La topografia dell'Agro Napoletano*, [s.l], 1793.

274. ROSSI DORIA, Manlio, *Dieci anni di politica agraria nel Mezzogiorno*, Napoli L'Ancora del Mediterraneo, 2004.

275. SICA, Paolo, *Storia dell'urbanistica. L'Ottocento*, Bari, Laterza, 1976.

276. *Bartolo Longo e il suo tempo. Atti del convegno dal 24 al 28 maggio 1982*, a cura di VOLPE, Francesco, Roma, 1983.

Chapitre 7 : Les moyens de communication traditionnels

277. ALBERIGO, Giuseppe, *Histoire du Concile Vatican II. 1959-1965. Le Concile vers une nouvelle époque. L'annonce et la préparation*, Paris, Cerf, 1997.

278. ALBERT, Jean-Pierre, « Hagiographiques. L'écriture qui sanctifie » in *Terrain*, 24, 1995, pp.75-82.

279. BOZSOKY, Paul G, « Un tournant pour l'Église de Hongrie » in *Études*, 340, 1974, pp.761-771.

280. BURGALASSI, S, « Gli ex voto marinari di Montenero : riflessioni di un sociologo » in *Mentalità religiosa, tradizione popolare e « fortuna di mare » nella produzione votiva livorneses e mediterranea*, Livorno, Debatte, 1986, pp.55-72.

281. CHRISTIAN, William, A., « Religious apparitions and the Cold war in Southern Europe » in *Religion, Power and Protest in Local Communities : the Northern Shore of the Mediterranean*, Berlin, Wolf E.R Mouton, 1999, pp.65-86.

282. COMASTRI, Angelo, « Gli ex voto : documenti di storia e di fede » in *Ex voto, arte popolare e fede. Mostra dal 16 luglio al 2 agosto 1991*, Piombino, Centro Piombinese di Studi Storici, 1991, p.3.

283. COUSIN, Bernard, « Ex-voto provençaux et histoire des mentalités » in *Revue régionale d'ethnologie. Le monde alpin et rhodanien*, Grenoble, CNRS, 1977, pp.183-212.

284. COUSIN, Bernard, « L'ex-voto, document d'histoire, expression d'une société » in *Archives des sciences sociales des religions*, 48, 1979, pp.107-124.

285. CREUX, René, *Les Ex -Voto racontent*, Lausanne, Editions de Fontainemore, 1979.

286. CROS, Céline, "Le Vatican et la Guerre Froide" in *Matériaux pour notre temps*, 37, 1995, pp.46-49.

287. DIDI-HUBERMAN, Georges, *Ex-voto : image, organe, temps*, Paris, Bayard, 2006, p.72.

288. DURAND-GASSELIN, « Saint-François et le Sultan » in *Médium*, 14, 2009, pp.108-120.

289. ERGAS Yasmine, « Le sujet femme. Le féminisme des années 1960-1980 » in DUBY, Georges et PERROT, Michelle, Histoire des femmes en *Occident*, V, Le XXe siècle, Paris, Perrin, pp.667-676.

290. FAETA, Francesco, *Nelle Indie di Quaggiù*, Milano, Editoriale Jaca Book spa, 1996.

291. FALABRINO, Gianluigi, *I comunisti mangiano i bambini : la storia dello slogan politico*, Milano, Vallardi, 1994.

292. GEMELLI, Agostino, "Le due nuove Sante" in *Vita e pensiero*, 30 maggio 1920, p.346.

293. GRAZIA, Victoria, « Le patriarcat fasciste. Mussolini et les italiennes (1922-1940) » in DUBY, Georges et PERROT, Michelle, *Histoire des femmes en Occident*, V, Le XXe siècle, Paris, Perrin, pp.197-232.

294. HAMON, Romuald, « La stigmatisation du Padre Pio : un usage du corps éclairant la pathominie » in *Pratiques et usages du corps dans notre modernité*, sous la direction de DOUCET, Caroline et GASPARD, Jean-Luc, Toulouse, Eres, 2009, pp.85-96.

295. HERRMANN-MASCARD, Nicole, *Les reliques des saints, formation coutumière d'un droit*, Paris, Éditions Klincksieck, 1975.

296. KERTESZ, Stefen, « Church and state in Hungary : the Background of the cardinal Mindszenty trial » in *The Review of politics*, 11, 1949, pp.208-219.

297. LAPOINTE, Roger, *Socio-anthropologique du religieux*, Genève-Paris, Droz, 1988, p.166.

298 LAVABRE, Marion, "Sainte comme une image. Thérèse de Lisieux à travers ses représentations » in *Terrain*, 24, mars 1991, pp.83-90.

299. LAVARINI, Roberto, *Il pellegrinaggio cristiano : dalle origini ebraiche agli attuali sviluppi nell'Europa occidentale*, Milano, Cooperativa Libraria, IULM, 1996, pp.570-571.

300. LUPO, Salvatore, *Histoire de la mafia des origines à nos jours*, Paris, Flammarion, 1998.

301. MAC KEVITT, Christopher, « Contestation et fabrication d'un culte. Le cas de Padre Pio de Pietrelcina » in *Terrain*, 24, 1995, pp.94-95.

302. MATTAI, Giuseppe, « La donna tra pubblico e privato » in *La donna nella chiesa e nel mondo*, Napoli, Dehoniane, 1988, p.210.

303. PAGLIARA, Enzo, *Santini di serie. Santa Lega Eucaristica di Milano. Immaginette fra'800 e '900*, Manduria, Barbieri Edizioni, 1999.

304. PASTOUREAU, Michel, *Dictionnaire des couleurs de notre temps. Symbolique et société,* Lyon, Bonneton Editeur, 1992.

305. PEROUAS, Louis, « Le Grand Retour de Notre-Dame de Boulogne à travers la France (1943-1948) in *Archives des sciences sociales des religions*, 56, 1983, pp.37-57.

306. POUPARD, Paul, *Le Concile Vatican II*, Paris, PUF, 1983.

307. PUCCIO-DEN, Deborah, « De la sainte pèlerine au juge martyr : les parcours de l'antimafia en Sicile » in *Politix*, 77, 2007, pp.105-128.

308. RAMPAZZI, Marita, « Il prisma femminile fra Nord e Sud : uniformità e differenze nella transizione alla vita adulta » in *Capitale umano e Mezzogiorno. I nuovi termini della questione meridionale*, a cura di BRUNETTA, Renato et TRONTI, Leonello, Bologna, Il Mulino, 1994, p.390.

309. ROSENBAUM, Catherine, *L'image de piété en France. 1814-1914. Catalogue de l'exposition*, Paris, Musée-galerie de la Seita, 1984, p.87.

310. ROSSANDA, Rossana, « Donne e politica » in *Inchiesta. Donna tra politica e istituzioni : questioni di genere e ricerca sociale,* a cura di DEL RE, Alisa, 160, aprile 2008, p.20.

311. ROSSI SCIUME, Giovanna, « Mutamenti della famiglia e condizione femminile » in *Verso la società con la donna*, Roma, Unione Editori Cattolici Italiani, 1981, p.162.

312. RUSPINI, Elisabetta, *Le identità di genere*, Roma, Carocci Editore, 2009^2, p.80.

313. SARACENO, Chiara, *Pluralità e mutamento : riflessioni sull'identità al femminile*, Bari, De Donato, 1987.

314. SCARAFFIA, Lucetta, « Il cristianesimo l'ha fatta libera, collocandola nella famiglia accanto all'uomo. Dal 1850 alla Mulieris Dignitatem » in *Donna e fede. Santità e vita religiosa in Italia,* a cura di SCARAFFIA, Lucetta e ZARRI, Gabriela, Bari-Roma, Laterza, pp.440-493.

315. SCORRANO, Luigi e PAGLIARA, Enzo, *Le corone, i troni, immaginette mariane : libri di pietà e devozione alla Vergine tra Ottocento e Novencento*, Manduria, Barbieri, pp.65-112.

316. SICARD, Emile, « La politique religieuse et la situation des cultes en Hongrie et en Tchécoslovaquie » in *Politiques étrangères*, 141849, pp.153-116.

317. STENGERS, Jean, « L'Église et la science : problème d'autrefois et problème d'aujourd'hui » in *Revue belge de philologie et d'histoire*, 82, 2004, pp.585-603.

318. VECCHI, Alberto, *Devozione popolare a San Antonio di Padova*, Padova, Messagero, p.15.

319. VIRCONDELET, Alain, *Le monde merveilleux des images pieuses*, Paris, Hermès, 1988.

Chapitre 8 : Technologies médiatiques contemporaines

320. AGEL, Henri, *Le cinéma et le sacré*, Paris, Le Cerf, 1953, p.8.

321. *Cinema e religioni*, a cura di Sergio Botta ed Emanuela Prinzivalli, Roma, Carocci Editore, 2010.

322. BÉGUIN, Marcel, *Le Cinéma et l'Église. 100 ans d'histoire (s) en France*, Paris, Les Fiches du cinéma, 1995.

323. CAPANI, Ermelinda, M, *Cinema e sacro*, Roma, EGE, 2003.

324. CAPPABIANCA, Alessandro, *Il cinema e il sacro*, Genova, Microart's Edizioni, 1988.

325. CASSIN, Elena, « Quelques facteurs historiques et sociaux de la diffusion du protestantisme en Italie méridionale » in *Archives des sciences sociales de religion*, 2, juillet-décembre 1956, pp.55-72.

326. CASSIN, Elena, *San Nicandro, histoire d'une conversion*, Paris, Plon, 1957, p.23

327. COLAFEMMINA, Cesare, *Mosé nelle nostre terre*, Fasano, Schena Editore, 2006.

328. DAVIS, John, A, *Gli ebrei di San Nicandro*, Firenze, La Giuntina, 2013.

329. FORD, Charles, *Le cinéma au service de la foi*, Paris, Plon, 1953.

330. GALLANI, Clara, *Il miracolo e la sua prova. Un etnologo a Lourdes*, Napoli, Liguori, p.149.

331. GARDIES, André, *Le récit filmique*, Paris, Hachette, 1993, p.133.

332. *L'immagine del suono. I primi vent'anni della radio italiana"* par GIANI Isola in *Réseaux*, 1992, vol. 10, 52, pp. 147-148.

333. GUERRI, Giordano Bruno, *Povera santa, povero assassino*, Milano, Bompiani, 2008.

334. HACKETT, Rosalind, I, J, « Religion et Internet » in *Diogènes*, 3/2005, 211, pp.86-99.

335 HOBSBAWN, E.J, *I ribelli, forme primitive di rivolta sociale*, Torino, Einaudi, 1966, p. 103.

336. HOBSBAWN, Eric, « Gli ebrei di San Nicandro » in *Internazionale*, 25 febbraio 2011.

337. LAPIDE, Phinn, E, *Mosé in Puglia*, Milano, Longanesi and C, 1958.

338. MARGRY, Peter Jan, « Merchandising and sanctity : the invasive cult of Padre Pio, [Merchnadising et sainteté : le culte envahissant de Padre Pio] in *Journal of Modern Italian Studies*, 7, 2002, pp. 86-115, p. 101.

339. MAYER, Jean-François, « Croire en ligne : usages religieux d'Internet et catholicisme contemporain » in *Transversalités*, 2010, 116, pp. 45-62.

340. METZ, Johann Baptist, "La trappola elettronica. Osservazioni teologiche sul culto religioso in televisione » in *Concilium*, 6, 1999, pp. 83-84

341. MONTELEONE, Franco, *Storia della radio e della televisione in Italia*, Venezia, Marsilio, 2001.

342. ORTOLEVA, Peppino, *Cinema e storia. Scene del passato*, Torino, Loescher, 1991, p.15.

343. PIAULT, Marc Henri, *Anthropologie et cinéma*, Paris, Nathan, 2000.

344. PIVATO, Stefano, « L'organizzazione cattolica della cultura di massa durante il fascismo » in *Italia contemporanea, rassegna dell'Italia nazionale per la storia del movimento di liberazione*, 132, luglio-settembre 1978.

345. OUCHELLE, Marie-Christine, « Sentiment religieux et show buisness : Claude François, objet de dévotion populaire » in *Les Saints et les stars : le texte hagiographique dans la culture populaire*, réunis par Jean-Claude SCHMITT, Paris, Beauchesne, 1983, pp. 277-297.

346. SARFATTI, Michelle, *La Shoah in Italia*, Torino, Einaudi, 2005.

347. SCHIFANO, Laurence, *Le cinéma italien de 1945 à nos jours*, Paris, Armand Colin, 2011[3].

348. VERGINEO, Gianni, « L'ombra di Padre Pio » in *Rivista Storica del Sannio*, 2/2003, pp.141-176, p.174.

349. ZIZOLA, Giancarlo, *Il microfono di Dio. Pie XII, Padre Lombardi e i cattolici romani*, Milano, Mondadori, 1990.

350. ZIZOLA, Giancarlo, *La Chiesa nei media* , Torino, SEI, 1996, p.156.

Bibliographie

ANNEXES

ANNEXE 1

Article de Renato CASERTA de *Il Mattino* du 14 décembre 1985.

Le texte décrit la polémique sur l'enseignement scolaire
et l'ingérence de l'Église au sein de l'école laïque.

L'ora di religione finirà in Parlamento

Roma – Il problema è scottante ed è di nuovo polemica. Dopo mesi di intenso lavoro si è giunti alla fase conclusiva dell'intesa tra Italia e Santa Sede per concordare i programmi e la concreta attuazione dell'insegnamento della religione nelle scuole, esclusa l'università. Il ministro della P.I., Franca Falcucci, ne ha dato comunicazione alle competenti commissioni della Camera e del Senato, ma si sono avute immediate reazioni negli ambienti politici laici. In realtà, i programmi non sono stati ancora definitivamente fissati, ma ci sono indicazioni di massima che, dopo un'intesa con la Conferenza Episcopale Italiana, dovrebbero diventare legge con un decreto del presidente della Repubblica. Il Parlamento, in sostanza, non discuterà i programmi. E su questo punto sono sorti i contrasti. Si arriverà probabilemnte ad un dibattito parlamentare perché indipendenti di sinistra e radicali hanno già annunciato la presentazione di mozioni. Ed il confronto in aula potrebbe mettere a dura prova la maggioranza.

Ma, innansitutto, qual è la materia del contendere ? Come verrebbe organizzata l'insegnamento ? Nelle scuole secondarie di primo e secondo grado, compresi i licei artistici e gli instituti d'arte, le ore settimanali di lezioni rimarrebbero quante sono ora, salvo successive intese. Nelle scuole elementari e nelle scuole materne verrebbero assegnate all'insegnamento religioso complessivamente due ore settimanali. I testi da adottare dovranno avere il nulla osta della CEI e dell'Ordinario diocesano. Ci sono poi le norme per la scelta degli insegnanti che non saranno solo religiosi ma anche laici forniti di specifici titoli.

Sono sorte però due questioni : una riguarda il ruolo del Parlamento sul problema dell'insegnamento della religione e l'altra la sostanza dell'accordo con la Santa Sede, anche se non ancora perfezionato. Indipendenti di sinistra e radicali sostengono con durezza che il Parlamento deve pronunciarsi esplicitamente sull'argomento e fanno notare che al momento dell'approvazione del nuovo Concordato, la Camera votò un ordine del giorno accettato dal governo e firmato anche dai gruppi di maggioranza, stabilendo l'obbligo per l'Esecutivo di sottoporre preventivamente al giudizio del Parlamento – ogni successiva intesa tra governo e Chiese Cattolica-. Quanto al merito dei programmi e della scelta degli insegnanti sono state espresse riserve da più parti. I repubblicani,ad esempio, sostengono che « è pericolosa l'introduzione delle due ore di insegnamento religioso nella scuola materna. Si tratta di un approccio precoce al tema e tale da indurre a differenziazioni sulla pelle dei bambini ». Ci sono inoltre perplessità sull'appartenenza « pleno iure » degli insegnanti di religione agli organi collegiali scolastici : la loro partecipazione sarebbe « discriminante in quanto potenzialmente decisiva per la promozione e la bocciatura degli allievi ».

Molte obiezioni : è si rischierebbe di rimettere in discussione tutto il complesso problema dell'inseganamento della religione. Si riaprirebbero i contrasti politici, anche nella maggioranza e si alimenterrebbero di nuovo polemiche che dividerebbero il mondo della scuola. Che ne dice il ministro Falcucci ? Afferma, senza mezzi termini, che la via seguita è quella giusta : « É stata già adottatanel gennaio del 1984 allorché il presidente del Consiglio espose al Parlamento le linee informative del nuovo Concordato, prima della sua definizione, senza tuttavia divulgare il testo dei Patti. In quella occasione, gli indirizzi del Parlamento furono espressi, non su testi, ma sulla informativa del presidente del Consiglio , comprensiva, tra l'altro di un'ampia illustrazione della materia relativa all'insegnamento della religione nelle scuole pubbliche, su cui pertanto il Parlamento ebbe già occasione di pronunciarsi ». La sen. Falcucci contesta, poi, che le intese possono stravolgere le norme concordatorie, e afferma che « non è previsto alcun automatismo, ogni anno i genitori eserciteranno il diritto di sceglierese avvalersi o non dell'insegnamento della religione, compilando un apposito modulo-tipo che il ministero della Pubblica Istruzione sta predisponendo ».É chiarito così un altro punto di polemica di questi giorni.

ANNEXE 2

Article de Carmella MAIETTA de « *Il Mattino* », du 17 décembre 1985, p.10.

Récit de l'apparition mariale à Casavatore.

A Casavatore, tra la gente che crede di intravvedere il viso della Madonna o il Volto Santo

Dove si parla di «apparizioni»

Sulle prime difficilmente realizzi che tutte queste persone, soprattutto donne, imboccano via San Pietro per un motivo preciso: tutta Casavatore è piena di gente che sembra indaffaratissima ad andare avanti e indietro a sbrigare cose urgenti. Sarà perchè questo centro, schiacciato dalla vicina metropoli, deve «contenere» circa 24mila abitanti in poco meno di due chilometri quadrati; poi però ti rendi conto che via San Pietro non è una strada di transito, ti ci devi recare apposta, e soprattutto vieni a sapere che qui si trova la scuola delle «apparizioni», la media Nicola Romeo. Inutile cercare un posto per parcheggiare, tutte le buche di cui è costellata la pavimentazione stradale sono coperte da altrettante vetture; e di macchine ne arrivano a getto continuo scaricando decine di automobilisti che vanno ad aggiungersi alle centinaia di persone in sosta davanti alla scuola e che osservano attentamente un punto in alto sulla parete dell'edificio. Il muro ha diverse striature molto sfumate e parecchi non vedono che «questi» segni; ma sono sempre parecchi quelli che credono di intravvedere ora il viso della Madonna ora il volto Santo; e qualcuno spergiura che la testa in realtà è più piccolina per cui si tratta del bambino Gesù.

Ma l'«apparizione» non era avvenuta sull'albero nel cortile della scuola? La domanda raccoglie occhiate indignate e insieme sorrisi di scetticismo. La folla intanto aumenta e non si fa a gomitate per guardare meglio solo perchè i «segni» sono molto in alto sotto una finestra centrale dietro la quale diversi bambini dall'aria impaurita osservano questo assembramento che si ingrossa e che diventa sempre più vociferante.

E la scuola? Per il momento è in pieno caos. Impensabile fare lezioni normalmente, per quanti tentativi faccia il preside Carmine Gargiulo (è stato anche sbarrato il cancello di ingresso) non puoi ignorare quella massa di persone che gesticola e grida. Le bambine della I D, le prime che hanno affermato di avere visto venerdì scorso la Madonna apparire su un albero non sembrano impressionate più di tanto. E i loro racconti si arricchiscono a mano a mano che si parla, di particolari inediti. Ora fanno a gara a dire al cronista cosa hanno visto. Ecco Gilda Cangiano, la prima in assoluto a «vedere» un'immagine indistinta, ma subito si fanno avanti Loredana Troncone, Carmela D'Auria, Pamela Manzoni e Filomena Esposito a rivendicare la loro parte di coprotagoniste e dietro tutte le altre. Hanno la parlantina sciolta, ora parlano anche di volti santi, di croci sospese in aria, di cimiteri. (E su richiesta del preside hanno messo tutto nero su bianco: ieri mattina nel compito di italiano hanno descritto le loro «visioni»).

Arriva l'ordine di rientrare in classe. Il preside ce la mette tutta perchè l'andamento scolastico non venga stravolto. Della faccenda «che ha già creato troppa confusione» non parla volentieri; la scuola ha tanti di quei problemi (tra le altre cose doppi turni e termosifoni ancora spenti) che questa storia delle «apparizioni» rischia di aggiungere altra precarietà.

E la Chiesa? Il parroco Domenico D'Auria, che ha avuto un dialogo con le bambine e una discussione in curia, chiarisce subito che la cautela non è mai troppa sottolineando come siano difficili certe interpretazioni quando si tratta di bambini. Monsignor Franco, della Curia Arcivescovile ricorda il rigore con il quale la Chiesa si accosta a certi fenomeni, soprattutto, come in questo caso, quando assumono i connotati di subitaneo «entusiasmo» collettivo.

Carmela Maietta

ANNEXE 3

Article de « *Il Mattino* » (non signé), du 16 décembre 1985, p.6.

Récit de l'apparition mariale à Casavatore.

Le bambine hanno detto d'aver visto la Madonna quando in classe si parlava d'apparizioni mistiche

Adesso c'è persino chi è andato a deporre dei fiori ai piedi di quell'albero, nel cortile della scuola media «Niçola Romeo», di Casavatore. È lì che le bambine della 1. D giurano di aver visto la Madonna. La notizia ha impiegato poco a fare il giro del paese e ora sono in tanti a non essere agitati da troppi dubbi, a gridare al miracolo, e a sostare davanti alla scuola (centinaia di persone «in pellegrinaggio» per tutta la giornata, sino a notte). Certo è che la «visione collettiva» (dapprima è stata una sola bimba, Gilda Cangiano, a raccontare di aver visto la Madonna, poi tutte le sue compagne di classe) è avvenuta proprio mentre l'insegnante Rita Rocco stava parlando delle «apparizioni» che da qualche tempo avrebbero per protagonisti alcuni ragazzini di Oliveto Citra, un paesino del Salernitano. D'altra parte qualche giorno prima la professoressa Rocco di storia e geografia si era recata in visita ad Oliveto Citra insieme con alcune alunne della 1. D (le stesse che poi hanno raccontato di aver fatto la stessa esperienza dei coetanei del Salernitano). E così, se a Casavatore c'è chi non vuol sentire ragioni e parla senza mezzi termini di «miracolo», in tanti ritengono l'accaduto niente altro che un fenomeno di autosuggestione collettiva. Insomma, sottolineano gli scettici, le premesse psicologiche per impressionare una classe di prima media c'erano tutte.

Resta il fatto che nel paese la vicenda dell'«apparizione» nel cortile della scuola ha suscitato clamore. Da parte sua il parroco di Casavatore, Domenico D'Auria, ha voluto parlare a lungo con alcune delle bimbe. Come avviene in questi casi, massima cautela da parte della Curia, dove innanzi tutto vogliono capire con precisione come sono andate le cose. «Siamo in attesa di delucidazioni dal decano della zona, che dovrebbe inviarci una relazione» — ha detto monsignor Franco, un prelato della Curia arcivescovile.

ANNEXE 4

Hymne à l'attention de la Regina del Castello.

Les paroles sont écrites par Fulvio Piranese sur l'air d'une ancienne mélodie folklorique méridionale

INNO ALLA VERGINE o INNO ALLA REGINA DEL CASTELLO

Andiamo al castello
A visitar Maria ;
Ti prego, Madonna mia,
Non ti scordar di me.
Il ventiquattro maggio
E stato un giorno bello
A dodici bambini
Apparve al castello [*bis*]

Noi olivetani
Preghiamo sempre insieme :
« Ave Maria Vergine
Mamma di Gesù »
Tutte le sere
veniam a recitar
Le nostre preghiere
Per farci perdonar [*bis*]

Le nostre preghiere
Dettate dai nostri cuor
Accoglile con gioia
E portale al tuo Gesù.
Ti prego, Madonna mia,
Conducici a gesù
Perchè non lo lasciamo
Nella vita mai più [*bis*]

Ti prego, Madonna mia,
Non ci lasciare mai ;
Proteggi il nostro popolo
Tutti i pellegrini
che accorrono ai tuoi piè
noi li attendiamo
Sempre in preghier.
Ti prego, Madonna mia,
sorreggili per via.
Noi ti preghiamo
E ti offriamo i nostri cuor [*bis*]

Per mare e per terra
sei nominata tu,
Regina del castello
Tutta piena di virtù.
I popoli del mondo
verranno ai tuoi piè
e tutti invocheranno :
« Portaci con te ne ciel » [*bis*]

E portarlo a Gesù.
Un giorno ti vedremo
Tutti quanti insieme
E per sempre canteremo :
« Viva, viva maria » [*bis*]

Le grazie che ci offri
Son boccioli di rose ;
Noi ti benediciamo
E ci offriamo al tuo gesù.
E poi in paradiso
Godremo il tuo Figliol
E insieme ai cherubini
Canterm le tue virtù [bis]

ANNEXE 5

Supplica alla Madonna di Pompei

(da recitarsi l'8 maggio e la prima domenica di ottobre a mezzogiorno)

I. - *O Augusta Regina delle vittorie*, o Vergine sovrana del Paradiso, al cui nome potente si rallegrano i cieli e tremano per terrore gli abissi, o Regina gloriosa del Santissimo Rosario, noi tutti, avventurati figli vostri, che la bontà vostra ha prescelti in questo secolo ad innalzarvi un Tempio in Pompei, qui prostrati ai vostri piedi, in questo giorno solennissimo della festa dei novelli vostri trionfi sulla terra degl'idoli e dei demoni, effondiamo con lacrime gli affetti del nostro cuore, e con la confidenza di figli vi esponiamo le nostre miserie.

Deh! da quel trono di clemenza ove sedete *Regina*, volgete, o Maria, lo sguardo vostro pietoso verso di noi, su tutte le nostre famiglie, sull'Italia, sull'Europa, su tutta la Chiesa; e vi prenda compassione degli affanni in cui volgiamo e dei travagli che ne amareggiano la vita. Vedete, *o Madre*, quanti pericoli nell'anima e nel corpo ne circondano: quante calamità e afflizioni ne costringono! *O Madre*, trattenete il braccio della giustizia del vostro Figliuolo sdegnato e vincete colla clemenza il cuore dei peccatori: sono pur nostri fratelli e figli vostri, che costarono sangue al dolce Gesù, e trafitture di coltello al vostro sensibilissimo Cuore. Oggi mostratevi a tutti, qual siete, *Regina di pace e di perdono*.

Salve Regina.

II. - È vero, è vero che noi per primi, benché vostri figliuoli, coi peccati torniamo a crocifiggere in cuor nostro Gesù, e trafiggiamo novellamente il vostro Cuore. Sì, lo confessiamo, *siamo meritevoli dei più aspri flagelli*. Ma Voi ricordatevi che sulla vetta del Golgota raccoglieste le ultime stille di quel sangue divino e l'ultimo testamento del Redentore moribondo. E quel testamento di un Dio, suggellato col sangue di un Uomo-Dio, vi dichiarava *Madre nostra*, *Madre dei peccatori*. Voi, dunque, come nostra *Madre*, siete la nostra *Avvocata*, la nostra *Speranza*. E noi gementi stendiamo a Voi le mani supplichevoli, gridando: Misericordia!

ANNEXE 6

Statue de Padre Pio, inaugurée à Pietrelcina le 16 juin 2013, le représentant jeune,.

FSC
www.fsc.org
MIX
Papier | Fördert
gute Waldnutzung
FSC® C083411

Kolibri 360 GmbH
Ferdinand-Jühlke-Straße 7
99095 Erfurt, Deutschland
produktsicherheit@kolibri360.de

Druck:
CPI Druckdienstleistungen GmbH
im Auftrag der
Kolibri 360 GmbH
Ferdinand-Jühlke-Str. 7
99095 Erfurt